선박설계학 개정7판

※ 본 도서의 초판은 2004년도 울산대학교 지원 연구비로 집필되었다. 이에 감사한다.

선박설계학 개정7판

제1판 발행 2006년 8월 10일
제7판 발행 2021년 1월 29일
제7판 2쇄 2023년 2월 10일

지은이 권영중
펴낸이 최국주
펴낸곳 동명사
출판등록 1950년 11월 1일(제1-76호)
주소 (우 10881) 경기도 파주시 회동길 50(문발동)
전화 031-955-7200(대표)~2, 7203(편집부), 7204(물류)
팩스 031-955-7205
전자우편 webmaster@dmsbook.com
홈페이지 www.dmsbook.com

ISBN 978-89-411-8219-1 93550
값 29,000원

머 리 말

대학 조선공학과의 영문 명칭이 'Department of Naval Architecture'이며, 이 중의 'Naval Architecture'는 '조선공학'이라는 뜻 이외에 '선박설계과학(Science of Ship Design)'이라는 뜻이 있듯이 대학과정의 조선공학전공에서 '선박설계'는 필수적 성격의 과목이다. 따라서 조선기사시험의 2차 시험은 '선박설계' 과목만을 주관식으로 전형하고 있으며(합격의 기준이 100점 만점에서 60점 이상 취득임), 조선기술사 시험의 주된 출제 내용도 선박설계로 되어 있다. 하지만 각 대학 교과과정 상의 '선박설계학' 과목 강의 내용이 천차만별인 관계로 이러한 시험을 준비하는 수험생들에게 어려움이 있었던 것이 사실이다. 특별히 1976년 정부가 공과대학 졸업예정자에게 조선기사시험을 의무적으로 부과했을 때는 이러한 문제가 더욱 심각했었다. 이에 그 당시 대학의 '선박설계' 과목 강의를 담당하고 계셨던 교수님들[김재근(서울대), 마순일(부산대), 홍성완(인하대)]께서 본 저자에게 대학교육용 선박설계 교과서를 집필해 보라는 권유를 내리신 적이 있었으며, 이의 실행을 늘 생각하면서도 본 저자가 너무나 우둔하고 게으른 탓에 30년 세월이 흐른 후에야 이를 시도하고 있다. 이 분들께 이 지면을 통해서나마 용서를 빈다.

이 책은 특별히 고(故) 우암(牛岩) 김재근(金在瑾) 교수님의 각별하신 지도와 하교에 따라 1965년부터 자료를 수집하고, 대학 강단에서 32년째 선박설계과목 강의를 수행해 본 경험에 힘입어서 초판 집필의 용기를 냈었다. 이 책의 집필 동기와 지침을 주신 고 우암 선생님께 심심한 감사의 말씀을 드린다. 아울러 우암 선생님의 생존 시에 이 책을 집필해서 감수 받지 못한 게으름을 영전에서나마 다시 한 번 사죄드린다.

이 책은 대학 선박설계과목의 강의 교재로 편찬하였다. 따라서 선박설계를 위한 경험식이나 표준적인 설계 자료 이외에, 선박설계를 위한 바탕지식의 수록에 역점을 두었다. 본 도서의 집필 때 특별히 많이 참조한 문헌을 소개하면, 김재근 교수님(서울대)의 강의노트, R. L. Townsin 및 I. L. Buxton(University of Newcastle upon Tyne, U.K.)의 강의

노트, M. G. Parsons(University of Michigan, U.S.A.)의 강의노트, R. M. Cameron (University of Glasgow, U.K.)의 강의노트, M. Mori(일본)의 선형설계 노트, 선박설계 연구회(대한조선학회) 특별공개강좌 강의자료, 『선박기본설계학』(박명규 · 권영중 편저, 한국이공학사), 『선박설계』(황종흘 · 임상전 역편, 문운당), 『조선지식입문』(박승균 저, 동명사), 『조선일반』(권성철 외 6인 공저, 한진중공업주식회사), 『Ship Design and Construction』(R. Taggart, SNAME), 『Modern Ship Design』(T. C. Gillmer), 『Ship Design for Efficiency and Economy』(H. Schneekluth), 『Ship Design and Performance for Masters and Mates』(C. B. Barras) 등이다. 아울러 제 11 장에 수록된 「프로펠러 설계」 원본은 최군일 박사(초판 당시 현대중공업주식회사)가 집필하였으며, 개정판에서 일부 보완되었다. 본 도서는 대학의 교과과정에 편성되어 있는 '선박설계과목'의 교재용으로 집필되었으므로(3학점짜리 2~3과목 용), 별도의 과목에서 강의되는 선체구조설계, 선박계산, 선박동력장치, 선박의장, 선박조종론, 선체진동론, 선체저항론 등의 내용은 비교적 간략히 다루든지 생략하였다. 본 도서에 사용된 용어는 원칙적으로 조선용어사전(대한조선학회편)에 따랐으나, 규정관련 내용은 규정에서 사용된 용어를 그대로 쓴 경우도 있다. 또한 영어 용어가 우리말 용어와 동일하게 사용되는 경우는 이해를 돕기 위하여 영어 원어를 그대로 사용한 경우도 있다. 학회의 용어사전 용어와 규정에 사용되는 용어와의 차이가 있는 것은 참고로 부록 Ⅱ에 수록하였다.

본 도서는 대학 교육용 교재로뿐만 아니라 조선기사, 조선기술사 및 입사시험 전형 등 각종 자격시험의 준비서 및 조선 현장의 설계 지침서로서도 활용될 것을 기대한다.

이 책의 편찬을 위한 원고 정리에 울산대학교 선박설계연구회원[고기둥 · 김대준 · 박지현 · 시평수 · 이문태 · 이상주 · 전정욱 · 조용성 · 최한찬(이상 2004년) 및 권영근 · 김진봉 · 김태형 · 문재철 · 박건민 · 박철한 · 박현준 · 이성수 · 이태원 · 최종수 · 고승현 · 김경열 · 김문수 · 김현정 · 남태욱 · 도지운 · 배경덕 · 원유상 · 임성수 · 최진광(이상 2005년), 김기환 · 김동우 · 김세운 · 김효준 · 윤동민 · 조재원 · 홍민오 · 유승현 · 구혜영 · 한아름(이상 2006년) 등]의 도움이 컸다. 이들의 노고에 감사한다.

개정6판(2015년)에 비하여 개정7판(2021년)에서는 특히 다음 내용을 수정, 보완토록 노력하였다.

■ 새 기술이 적용된 새로운 형태의 선박,

■ 변경된 선박국제규정(MARPOL, EEDI, EEXI, SEEMP 등 Air pollution관련 규정, 평형수 관련 규정, IGF코드, IMO협약 개정 현황 등)

이와 관련하여 「제16장 선박국제규정 동향」의 초기(2013년) 집필은, 한국선급의 김창욱 도면승인실장, 박준현 팀장, 김해경 팀장, 조병삼 팀장, 변상호 책임검사원, 김승민 책임검사원의 도움을 받아 작성하였으며, 개정6판(2015년) 개정은 한국선급의 김창욱 기술지원본부장, 염철웅 수석검사원, 임성환 수석검사원, 최병철 책임검사원, 김영욱 책임 검사원, 이상수 책임 검사원, 김승민 책임검사원의 도움을 받아 작성하였고, 본 개정7판(2021년)의 제16장 개정에는 한국선급의 김창욱 전무, 임성환 상무, 조병삼 팀장, 안용택 팀장, 진재호 책임, 김회준 책임이 수고해 주셨다. 이들의 도움에 깊이 감사한다. 아울러 신기술, 표 14.3(Fujii–Takahashi법과 권영중법의 비교) 및 제13장(군함설계와 상선설계의 주요 차이점)의 참고문헌 추가 및 오타 등과 관련된 사항도 수정보완 하였으며, 각종 시험에 잘 출제되는 연관지식을 'Tip'으로 수록하였다. 또한 본 도서의 별첨(AutoCAD에 의한 선박도면 작도법)을 AutoCAD 2021년 버전을 사용하여 개정하였다. 이에는 서울대학교 노명일교수가 수고해 주셨다.

또한 이 책의 출간에 지원을 아끼지 않은 동명사의 도움에 심심한 사의를 표한다.

2021년 1월

권 영 중

〈※개정7판의 주요 수정 부분〉

2.2.1–[3], [4] / 2.2.2–[1], [2], [5], [6] / 표2.3 / 2.2.3–[6], [7], [10], [11] / 그림2.8(신규) / 3.2.5 / 그림6.2 / 8.1.4–[1] / 그림11.4(4–2) / 그림11.4(4–3) / 13장의 참고문헌 / 표14.3 / 14장의 참고문헌 / 16.2.2 / 그림16.1(신규) / 그림16.5(신규) / 16.2.3 / 그림16.6(신규) / 표16.1(신규) / 16.2.4 / 16.2.5–[3] / 16.4.1 / 16.4.2–[1], [2] / 16.4.3–[1], [2] / 16.4.4–[1], [2] / 그림16.10(신규) / 16.4.5–[1], [2], [3] / 16.5.1 / 16.5.2 / 16.6.2 / 16.7.2–[3] / 16.13 / '찾아보기' 용어 / 별첨[AutoCAD(V. 2021년)에 의한 선박도면 작도법]

차 례

[별첨] AutoCAD에 의한 선박도면 작도법

: 관련 데이터는 도서출판 동명사 홈페이지 자료실(www.dmsbook.com)에서 다운받으실 수 있습니다. (358페이지의 차례 참조)

제 1 장 설계 일반

1.1 시스템공학과 설계공학

1.1.1 설계의 의미

설계라는 의미는 필요로 하는 기능을 하나의 제품으로 구체화하는 과정이다. 이런 의미의 설계공학은 인공물 과학의 분야 중에 하나이며 자연과학보다는 응용과학을, 분석보다는 종합에 중점을 두고 있다.

설계공학은 종합학문이므로 자연현상 자체를 깊게 이해하는 것을 목적으로 하는 자연과학과는 다르다. 이런 점에서 설계공학에는 특별히 다음과 같은 3가지의 요건이 필요하다.

[1] 설계철학(design philosophy)

설계공학은 자연과학, 기초공학, 생산공학 등과 관련이 있을 뿐만 아니라 경제학, 심리학, 사회학, 정치학 등과도 관련이 있으며, 나아가서는 공업디자인, 건축학, 미술적 설계, 예술 등과도 긴밀한 연관성을 갖고 있는 특성이 있다. 따라서 필요로 하는 설계의 목적을 최적화하기 위해서는 가치철학에 입각한 '설계철학(design philosophy)'의 정립이 필요하다.

[2] 설계방법론(설계기술)

설계공학에서는 목표를 실현하기 위한 방법론(설계기술)이 주요 대상이 된다. 과학적인 방법론의 존재가 없으면, 설계는 단순한 경험에 의존하는 것이 되어 버린다. 설계 대상에 그유한 고유 기술적 성격과, 대상에 공통되는 공통 기술적 성격이 있어 양자는 그림 1·1 에서처럼 개념적으로는 종·횡의 관계로 표시된다.

예를 들어 자동차의 설계기술(설계방법론)을 생각해 보면, 자동차설계의 고유한 현가(suspension)장치나 조종장치 등의 설계를 위한 고유설계기술 외에 다른 제품과 공통적으로 이용되는 신뢰성 해석 등과 같은 공통설계기술이 활용된다. 최근 들어 CAD/CAM이나 시스템공학 등의 수법이 추가되어 공통설계기술도 그 중요성이 점차 증가하고 있다.

최적의 설계법 정립에는 고유설계기술과 공통설계기술이 마치 차의 양 바퀴와 같은 역할을 한다고 하겠다. 그러나 고유설계기술과 공통설계기술에 대한 방법론으로서의 조화는 실제로 상당히 어려운 것이다.

그림 1·2에서는 설계의 양면적 배반관계를 개요적으로 보여주고 있다.

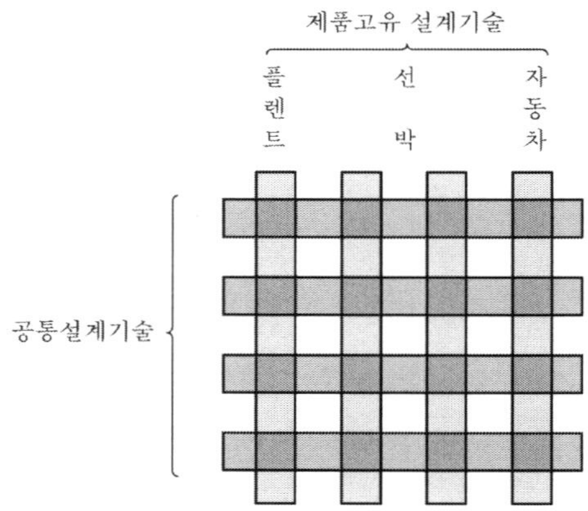

그림 1·1 고유설계기술과 공통설계기술

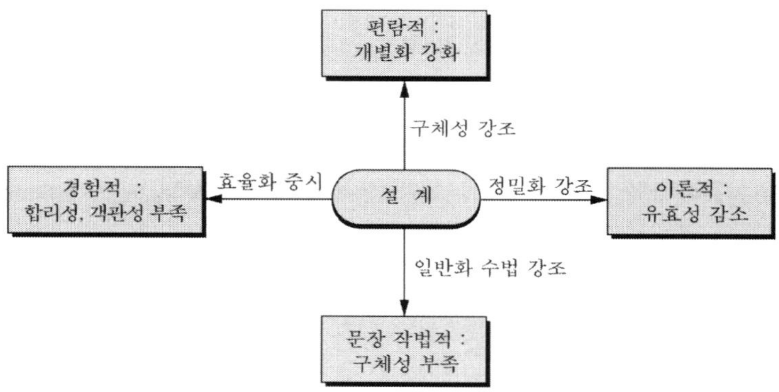

그림 1·2 설계 방법론에서의 배반관계

[3] 설계대상

설계공학은 반드시 구체적인 설계대상을 염두에 두어야 할 필요가 있다. 설계공학에서는 흔히 방법론의 중요성만 강조하다가 보면 자칫 잘못하여 현실성 있는 설계대상의 존재를 잊고 탁상공론적인 허상의 대상(소위 toy model)에의 적용결과가 실제 문제에도 유효한 것과 같은 착각에 빠져 과대평가를 하는 경우가 있다. 따라서 설계방법론은 반드시 실제 문제에 적용해서 유효성을 확인할 필요가 있다. 또 한편 실제 문제를 취급함으로써 유효하고 일반성이 있는 방법론을 역으로 구축하는 것도 가능하다.

1.1.2 시스템과 설계공학

[1] 시스템의 정의와 특징

'시스템(system)'을 일반적으로 정의하면 다수의 구성요소가 유기적인 질서를 가지고 동일한 목적을 위해 행동하는 집합체(또는 체계)라고 할 수 있으며, 좀 더 구체적으로 소개하면 다음과 같은 4가지의 특징을 가진 관련 요소의 집합체이다.

① 구성요소(component)로 되어 있다.
   시스템은 요소나 장치 등으로 구성되어 있다.

② 구성요소들이 연결되어 있다.
   시스템은 요소가 결합되어 있을 뿐만 아니라, 서로 관련이 있으며 상호간에 영향을 주고받고 있다. 이것을 시스템이 구조(structure)를 갖는다고 한다.

③ 고유의 목적(system purpose, objective)을 갖는다.
   시스템에는 반드시 목적이 있다. 이 점은 인공물의 시스템설계에 있어서 기본이 되는 것으로, 상세한 것은 [2]항에서 설명한다.

④ 외부로부터 제어(control)가 가능하다.
   이 조건은 인공물 시스템(artificial system)의 특징이다. 시스템에는 태양계와 같은 자연 시스템(natural system)이나, 생물 시스템(biological system)을 생각할 수 있지만, 이 조건에 따라서 인공물 시스템은 자연 시스템과 명확하게 구별된다.

시스템은 그 성격, 구성요소, 목적, 구성법 등에 의해 여러 가지로 분류가 가능하다. 예를 들어 대상의 관점에서 분류하면 하드시스템(hard system)과 소프트시스템(soft system)으로 되고, 구성의 측면에서 분류하면 집중형 시스템과 분산형 시스템으로 분류된다.

하드시스템은 이 책에서 취급하는 설계대상 자체와 같은 기계 등의 시스템이고, 소프트시스템은 설계지원의 컴퓨터 시스템과 같은 것이다.

집중형 시스템은 시스템의 판단이 단일하게 집중화되어 있는 것을 가리킨다. 집중형 시스템이 대규모가 되면 많은 서브시스템(subsystem)으로 구성되게 되고 각 서브시스템은 소위 계층구조(hierarchical structure)형이 되는 경우가 많다. 이 경우 하위 계층(level)은 상위 계층의 총괄하에 놓이게 된다.

한편, 분산형 시스템에서는 복수의 의사결정자가 독자적인 의사결정 기구를 갖는 동시에 전체로서 협조되도록 되어 있다. 즉, 분산형 시스템에서는 각 시스템이 각각 독자의 동작을 행하면서도 상호간에 무언가 정보교환의 기능을 갖고 협조가 이루어진다. 반면에 분산형 시스템은 각 구성요소가 자율적 기능을 가지고 있어서, 자율 분산형 시스템이라고 말할 수 있다. 기계 등의 시스템에서도 고도의 자동화·지능화가 되면 이러한 자율 분산형 시스템이 될 수 있다.

[2] 시스템공학과 설계공학

시스템의 설계와 운용을 도모하는 기술이 시스템공학(또는 시스템기술)이므로, 시스템을 대상으로 한 설계기술 즉, 설계공학은 시스템공학의 일부분이라 할 수 있다.

또한 시스템공학은 '고유기술'에 대해서 '취합한 기술'이라고 말할 수 있다. 그러나 시스템공학은 단순히 취합한 기술만은 아니다. 이것은 본래 다음과 같은 세 요건을 만족하는 기술이다.

① 명확한 목표를 실현하기 위한 '목적(또는 기능)지향'의 기술이다. 시스템설계에도 우선 명확한 목적을 정하는 것이 가장 중요하다.

② 목적을 실현하기 위한 기술수단이 필요하다. 이를 위해서는 '고유기술의 활용'이 불가피하다. 컴퓨터기술도 시스템을 실현하는 경우, 하나의 기술이고 이것을 이용하여 시스템이 '지적 시스템(intelligent system)'이 된다.

③ 시스템기술의 대상은 일반적으로 대규모(반드시 대형일 필요는 없다) 이다. 종래에는 기계나 시스템의 특별한 기법 없이 경험적으로 설계가 가능하였지만 2차 세계대전 후 시스템이 급속하게 대규모화하고 복잡하게 되면서 새로운 공학이 요구되고 시스템공학이 체계화되었다.

시스템공학에서 수행되는 순서는 그림 1·3과 같고, 필요성(needs)의 탐구, 목적설정으로 시작하여 설계안의 책정, 평가, 최적화로 이어지고, 이 중에서 각종 기법(방법론)이 구사된다(표 1·1).

표 1·1 주요한 시스템기법

기법의 분류	주요한 기법명
해 석 기 법	다변량 해석, 회귀분석, 상관분석
시뮬레이션기법	GPSS, SIMSCRIPT, 시스템 dynamic
구 조 화 기 법	KJ법, 브레인스토밍, PPDS
최 적 화 기 법	선형 계획법, 비선형 계획법, 조합계획법, 동적 계획법
평 가 기 법	매트릭스법, 관련 트리법, 유틸리티법, technology assessment
예 측 기 법	외삽법, 시나리오법, 델파이법, cross impact matrix법
관 리 기 법	PERT/TIME법, CPM법
신 뢰 성 기 법	FMEA법, FTA 법
모 델 링 기 법	ISM, DEATEL
그 외 기 법	퍼지기법, GA기법, MCDM법, EDB기술, AI기술, CE기술, KBS기법 등

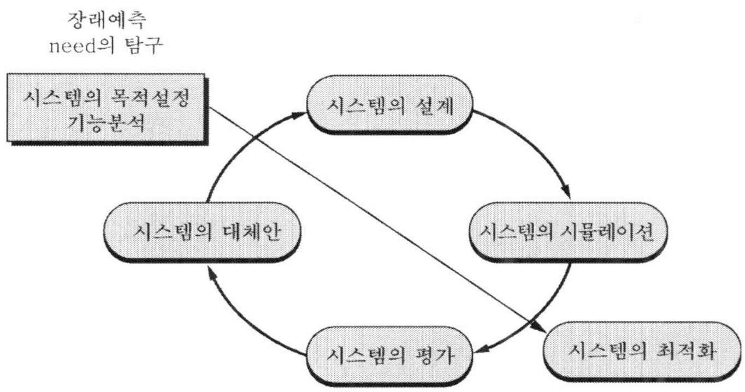

그림 1·3 시스템 계획의 순서

1.2 설계의 분류

설계의 내용상의 분류는 엄밀한 정의는 아니고 대부분 관습에 따라 부르는 것이며 목적에 따라서 분류된다. 크게 나누면 앞에 설명한 공통기술적인 의미에 중점이 있는 경우와 고유기술적인 의미로 사용되는 경우가 있다. 예를 들어 설계분류는 다음과 같은 것이 있다.

① 제품의 종류에 의한 분류

승용차설계, 선박설계, 항공기설계, 원자력 플랜트설계 등과 같이 제품의 종류로 나누어지는 분류로, 관습적으로 사용되는 것이다.

② 요소설계와 시스템설계

대상이 기계요소와 같은 것인가, 그들이 조합된 시스템의 설계인가에 의해 분류되는 것이다. 각각에 있어서 사용되는 방법론도 서로 다르다.

③ 기구설계, 구조설계, 배관설계, 장치설계 등

설계대상을 특정의 기능 구분으로 나눈 경우로서 제조사(maker)의 설계조직 등은 이와 같은 분류에 따라 정해지는 경우가 많다.

④ 성능설계, 의장설계, 형상설계, 배치설계 등

설계처리의 내용에 따라서 분류한 것으로써 이 경우는 CAD시스템의 분류 등에 사용되는 경우가 많다.

⑤ 강도설계, 열설계, 공기역학설계 등

설계처리 중에 행해지는 공학해석의 종류에 따른 분류로 이 경우도 역시 컴퓨터시스템의 분류 등에 사용되는 경우가 많다. 또 설계대상이 특히 역학적 성질 등에 좌우되는 경우, 예를 들어 항공기의 개념설계나 기본(기능)설계에 있어서 공기역학적인 기체형상의 설계라든지, 열기관에 있어서 열역학적인 설계 등을 가리키는 경우 등에도 이와 같은 호칭이 사용된다.

⑥ **개념설계, 기본설계, 상세설계, 생산설계 등**

설계 진행과정(process)에 기초한 분류로 설계처리에 있어서의 일련의 흐름을 각 단계로 나타냄과 동시에, 각 단계에서 수행되는 설계처리의 특징도 대략 규정하고 있다.

⑦ **검색형 설계, 시행착오형 설계, 최적(화)설계 등**

이는 설계 처리내용의 성격에 따른 분류로 위 ⑥항의 각 설계과정 중에서 수행되는 처리 내용을 구체적으로 나타낸 것이다.

⑧ **신규설계와 유사설계**

설계대상에 대해서 새롭게 처음부터 설계를 하는 경우가 신규설계이고, 과거의 설계 예를 기본으로 하여 약간의 수정을 가해 설계하는 경우가 유사설계이다. 대부분의 제품설계는 많든 적든 간에 유사설계이다. 특히 선박설계는 유사설계를 그 속성으로 갖고 있다. 또한 설계대상이 새로운 경우의 설계를 개발설계라 부르기도 한다. 아울러 개념설계에서 새로운 설계를 하는 경우를 창조설계라고 부르는 경우도 있다.

1.3 선박설계 일반

1.3.1 해사기술(marin technology)과 선박설계(ship design)

J. A. Teasdale의 해사기술분야 분류 그림 1·4에서처럼 해사기술분야는 크게 조선공학(또는 선박설계과학)분야, 선박건조과학분야, 해운 및 선박운용분야 등으로 나눌 수 있으며, 이 중에서 조선공학(naval architecture)분야의 궁극적 목적은 선박설계기술의 습득과 향상에 있다. 또 한편 해양공학분야도 해사기술분야의 일부분이며, 조선공학분야와 해양공학분야의 관계를 소개하면 다음과 같다. 즉 조선공학은 해양공학의 한 분야이며, 조선공학은 해양공학의 여러 세부 분야들과 가장 폭넓게 연관성을 갖고 있는 분야라 할 수 있다. 1982년 10월에 UNESCO 주최로 대학과정의 해양공학 교육에 관한 심포지엄이 개최된 바 있으며, 이때 작성된 보고서(UNESCO reports in marine science, “Ocean engineering teaching at the university level”, Oct. 1982)에 수록되어 있는 내용 중에서 해양 공학의 세부분야 예를 발췌하면 표 1·2와 같다. 아울러 이 보고서에서 지적하고 있는 해양공학의 역할을 소개하면 다음과 같다. 여기서 조선공학과 관련이 깊은 항목에 *표를 첨부하였으므로 이를 통해서 조선공학과 해양공학의 관계를 이해하기 바란다.

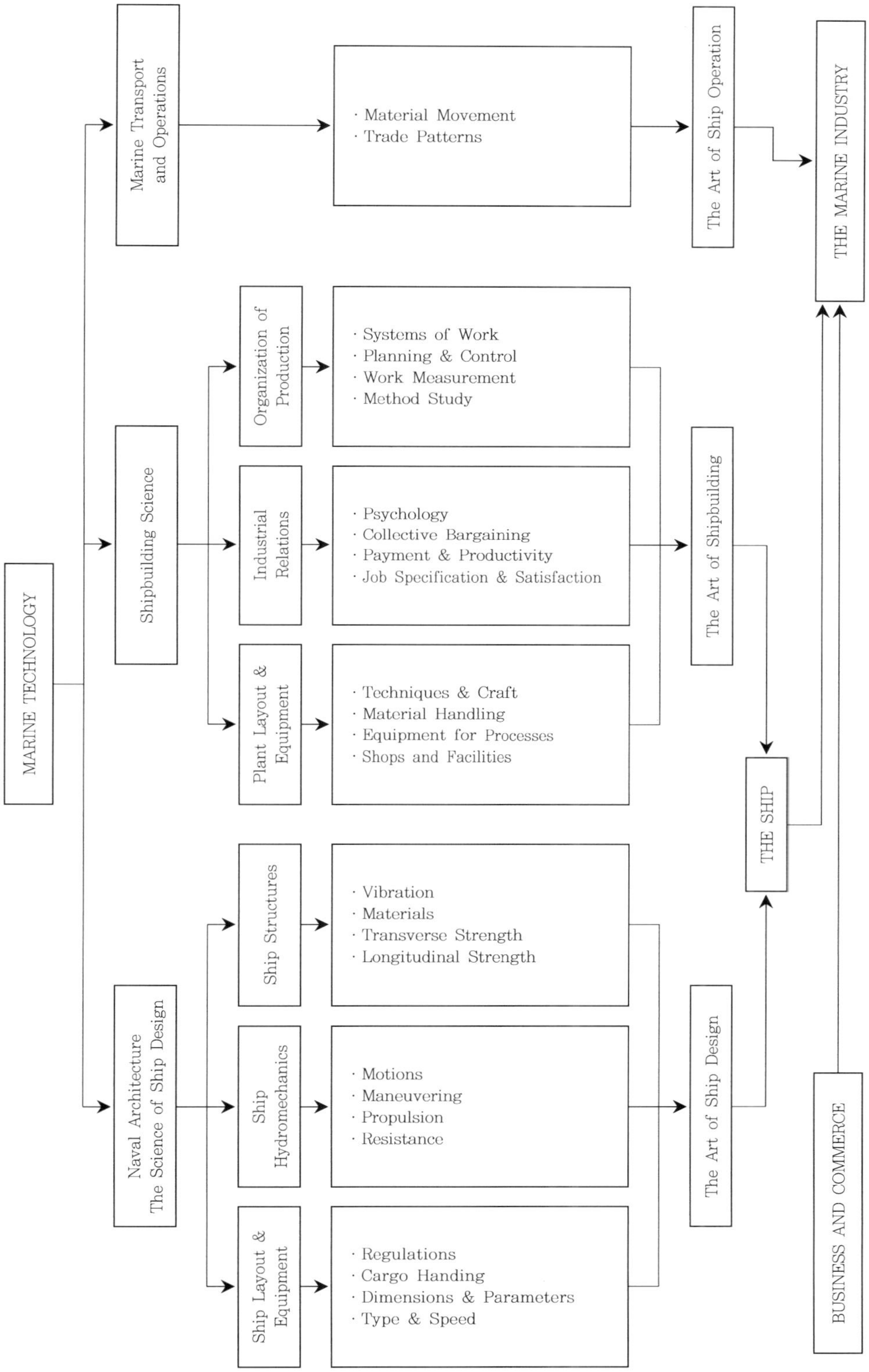

그림 1·4 해사기술분야(by Dr. J. A. Teasdale)

표 1·2 해양공학의 세부분야 예

준설분야(dredging or dredging ship*)
어업공학(fisheries engineering*)
해안 · 항만공학(harbour and coastal engineering)
선박동력장치분야(marine engineering*)
자원공학분야(mining engineering)
해양구조물공학분야(offshore engineering*)
조선공학분야(naval architecture*)
수중음향학분야(underwater acoustics)
수질공학분야(water quality of estuaries engineering)

① 해양자원개발*

hydrocarbons(오일, 가스 등/drilling rigs, platforms)/광물자원(채광설비)/생물자원(어업, 양식업 등)/에너지(간만 차, 조류, 파랑, 열, 염도변화도, biomass, 바람 및 태양열의 활용)/물(바닷물의 담수화, 빙산)

② 해상, 해중, 해저를 통한 상품, 여객, 자원, 동력 등의 수송*

ship & vehicles/cables(통신 및 전기에너지 수송)/pipelines(oil, gas, slurries, chemicals etc.)

③ 해양탐사* 및 연구

자료의 수집 및 분석/과학적 탐사

④ 해양오염 방지

공해방지/침식 및 침니 control/폐기물 문제/위험(사고 또는 인위적)으로부터의 보호

⑤ 해안 및 연안개발

항구 및 항만/산업설비/터미널 및 창고/위락 및 거주시설*/간척(reclamation)

1.3.2 선박의 설계

[1] 선박설계 과정의 분류

상선의 설계를 한마디로 말하면 최소의 동력으로서 선주가 요구하는 재화중량과 선속을 갖는 선박을 설계하는 것이라고 말할 수 있다. 이를 위한 주요 작업의 대략적인 순서는 그림 1·5와 같다. 여기서 선형설계를 일반적으로 선도개발, 프로펠러 등의 설계에 한정해서 생각하기 쉬우나 선형설계에서 가장 중요한 작업은 기본 계획, 즉 주요요목의 선정과

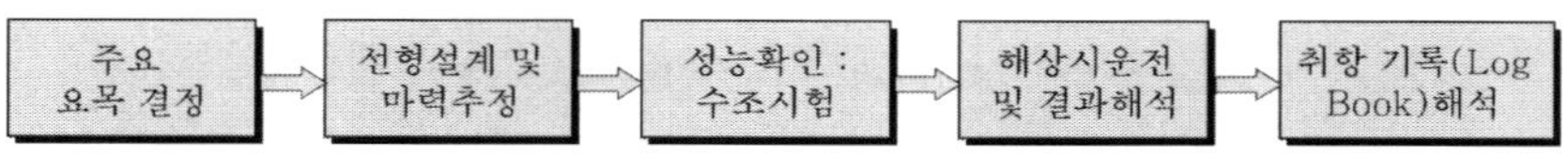

그림 1·5 상선 설계의 대략적 과정

이를 위한 자료의 정비이다. 즉, 선주가 요구하는 선속과 재화중량(또는 콘테이너 적재수)을 만족하는 범위 안에서, 가능한 한 경하중량이 가볍고 주기 마력이 적게 소요되며 선박 건조비가 최소가 되도록 주요 요목(L, L/B, C_b, C_p, LCB 등)을 선정한다. 이 때 선체 주요요목은 배의 조종성, 선체 운동성, 내항성 등의 제 성능, 선체강도, 일반배치 등의 측면에서도 검토되어야 한다. 따라서 시간과 노력이 허락하는 한, 광범위한 조사와 면밀한 검토과정을 거치는 것이 중요하다. 이때 컴퓨터에 광범위하게 구축된 데이터베이스를 이용해서 빠른 시간 내에 문제를 해결하는 것이 필요하다.

선박설계는 통상적으로 신속하고 개략적인 설계 단계에서부터 구체적이고도 정밀한 설계단계로 나선형(spiral) 형태의 과정을 통하여 수행된다. 하지만 세부적인 설계단계는 조선소의 설계관련 시스템, 축적된 기술자료 및 조직 등에 따라서 다소 차이가 있다. 여기서 일반적인 선박설계 과정을 소개하면 다음과 같다. 아울러 국내 조선소의 기술적 설계과정에 초점을 맞춘 선박건조과정, Taggart 및 Buxton의 나선형 설계과정들을 그림 1·6, 그림 1·7 및 그림 1·8 등에 소개하였다.

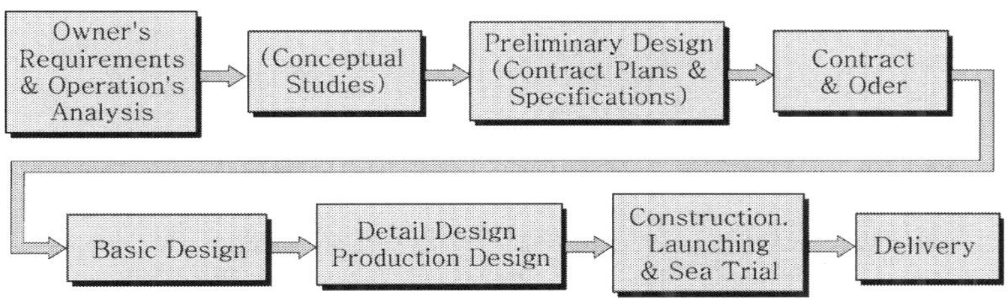

그림 1·6 기술적 선박설계 및 건조 과정

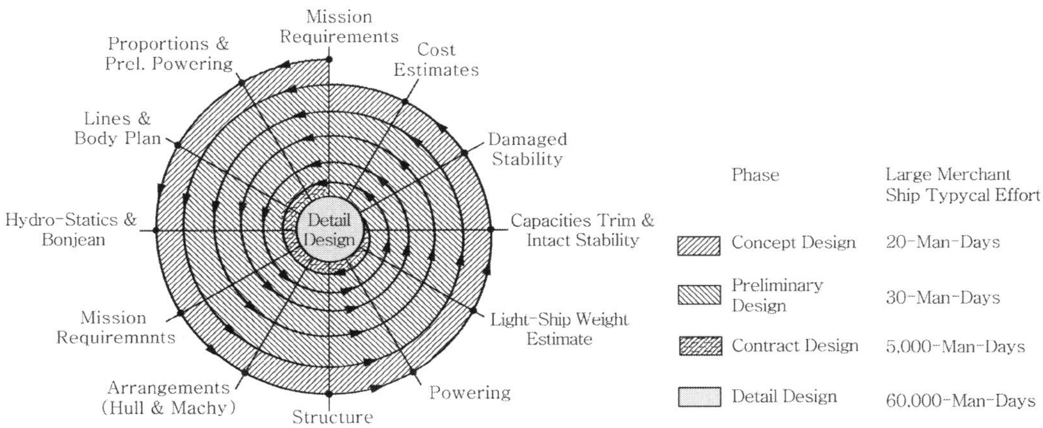

그림 1·7 Basic design spiral by R. Taggart

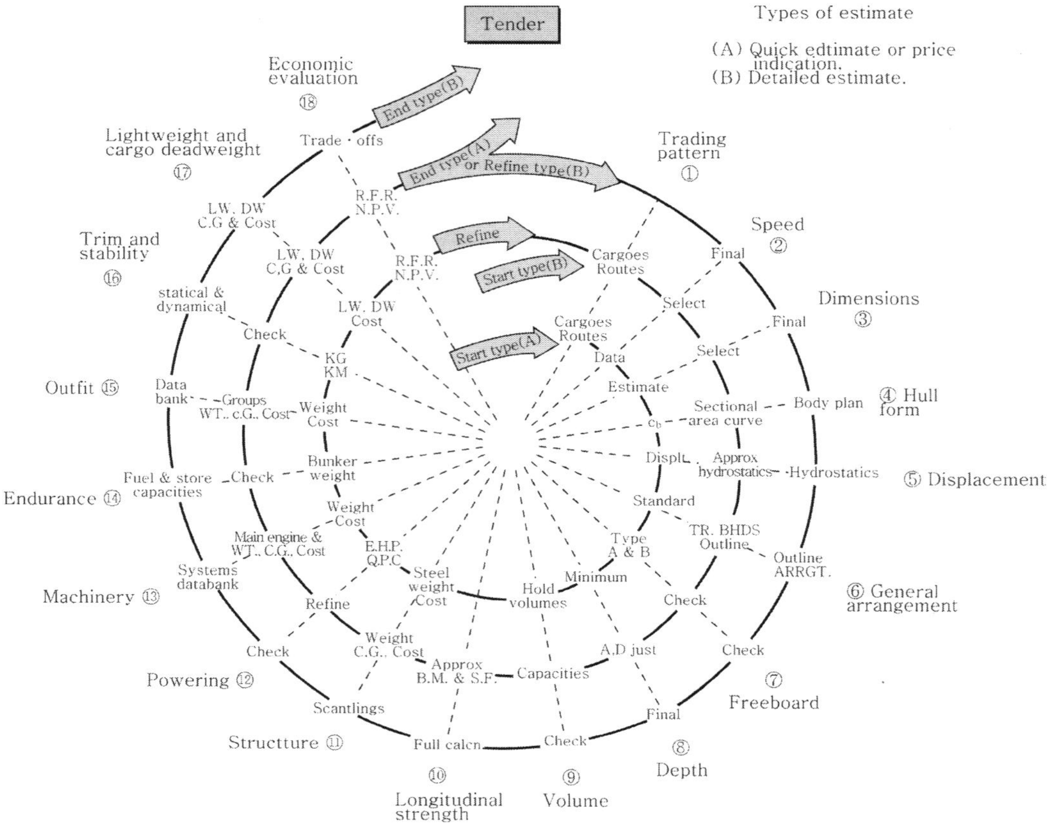

그림 1 · 8 Design spiral by I. L. Buxton

1) 설계의 일반적인 과정(design general process)

① 기술적 설계(technical design) : 치수(dimension), 형식(form), 도면(plans) 등

② 가격 평가(cost estimation) : 재료비(material), 노동비(labour) 등

③ 경제성 평가(economic evaluation) : 최적의 경제성을 선택
[재화중량계수(=DWT /Δ), NPV(Net Present Value), RFR(required freight rate). 여기서 RFR의 정의는 15. 2. 2절 참조]

2) 기술적 설계(technical design) 과정

① 실행 가능성(feasibility)이나 개념적 검토 [conceptual studies, 이 단계를 개념설계(conceptual design)라고도 함] 〈shipbuilder, shipowner, or consultant〉

② 예비설계(preliminary design) / 계약설계(contract design)

③ 기본설계(basic design)

④ 상세설계(detail design) / 생산설계(production design)

3) 계약을 위한 견적의 요구 기간

① 빠른 견적(the quick estimate) : 1주 기간 내

② 일반적인 상세 견적(the moderately detailed estimate) : 2주~8주 이내

③ 완전한 상세 견적(the fully detailed estimate) : 최고 4개월 이내

[2] 선박설계를 위한 각 과정의 주요 내용

1) 선주의 요구 사항(owner's requirements)

선박은 맞춤옷과 같이 주문생산에 의해서만 생산된다는 속성이 있는 관계로 선주의 요구사항은 법규에 저촉되지 않는 한 반드시 설계에 반영되어야 한다. 선주요구사항의 주요한 항목들을 소개하면 다음과 같다.

- 선속, 재화중량, 적하율(또는 재화계수, stowage factor : 화물 1톤을 적재하는데 필요한 화물용적, 45는 표준이며 42는 중량물임), 그레인 용적(grain capacity), 포장화물 용적(bale capacity), 화물 종류, 화물의 냉동 여부, 선회반경, 항속거리, 행동반경(radius of action), 기관 종류, 동력마진, 하역 시 특수사항(해당사항이 있는 경우), 하역장치, 디프탱크(해당사항이 있는 경우), 화물 단위의 특징(예 컨테이너), 정박항구시설의 특성(해당사항이 있는 경우), 여객수(해당사항이 있는 경우), 선원수 및 선실의 수준, 공실(public room : 식당, 사교실, 음악실 등), 주요 치수의 제한성(운하, 수로, 항구 등의 제한) 기타 특기사항(예 ice class, bow & stern thruster, twin skeg, special rudder 등)

2) 기본설계(preliminary design or basic design)

기본설계를 위한 기초이론의 습득이 대학과정 선박설계 교육의 주된 목표로 되어 있다. 따라서 본 과정은 [3]에서 좀 더 구체적으로 알아본다.

3) 계약설계(contract design)

계약설계는 기본설계보다 더 상세하게 설계되며 도면 역시 좀 더 큰 축척(scale)으로 작성된다. 본 설계에서는 기술자의 견적을 위한 도면과 인가를 위하여 선급에 제출되는 도면의 작성을 목적으로 한다.

4) 상세설계(detail design)

상세설계 또는 생산설계라고도 하며 기능공이 현장에서 공작을 위하여 사용할 도면의 작성을 목적으로 한다.

[3] 기본설계 과정

선박설계 과정에서 수행되는 반복과정을 개념적으로 나타내기 위해 design spiral을 이용하는 경우가 많다. 그림 1·7 및 그림 1·8은 선박의 기본설계에 있어서 design spiral

의 예이다. spiral의 주위에는 배의 속력, 흘수, 길이, 폭 등이 순서대로 나열되어 있으며 일주하면 차례대로 정해져서 한 바퀴 돌고 경제성 등과 같은 평가가 행해진다. 만족할 만한 평가 결과 값이 나오면 검토가 완료되며 불만족일 때는 다시 한 번 돌면서 각 항목을 수정하면서 검토를 하여 만족할 때까지 반복한다.

기본설계는 매우 중요하기 때문에 설계 단계에서 충분한 검토가 뒷받침되어야 한다. 조선소에 따라 다소 차이는 있지만 기본설계에는 대략 다음과 같은 내용이 포함된다.

① 주요 요목의 결정

② 시방서(사양서, specification, spec라고도 함)의 작성

③ 일반 배치도(G/A, general arrangement plan)의 작성

④ 중앙단면도(midship section plan)의 작성

⑤ 선도(lines)의 결정과 형상설계

⑥ 기관실 배치도의 작성

⑦ 주요 기기의 요목 결정

⑧ 조선재료의 목록 작성

이와 같은 기본설계의 과정을 그림 1·9와 같이 예시할 수도 있다.

이 설계를 위하여 유사선의 자료, 고려해야 할 법규 및 규정, 관련 선급(classification society) 및 등록 국가 등을 미리 조사하고 검토할 필요가 있다.

여기서 검토해야 할 주요 국제규정 및 협약, 세계의 주요 선급 및 등록 국가 등의 예를 소개하면 다음과 같다.

1) 주요 국제규정 및 협약

① SOLAS(International convention for the safety of life at sea, 해상인명안전협약, 1974, Protocol 1978 including 1981 up to 2000 amendments)

② ICLL(International convention on load lines, 국제만재흘수선협약, 1966 and Protocol 1988)

③ International convention on tonnage measurement of ships, 1969

④ MARPOL[International convention for the prevention of pollution from ships, 해양오염 방지를 위한 국제협약, 1973 including Protocol of 1978(ANNEX I, IV & V) and Amendments, and Protocol of 1978(Reg.13 & 16 of Annex VI)]

⑤ Convention on the international regulations for the preventing collisions at sea, 1972 including 1981, 1987, 1989 and 1993 amendment

⑥ International telecommunication and radio regulation, 1974 including 1982, 1987, 1990 and 1997 amendment

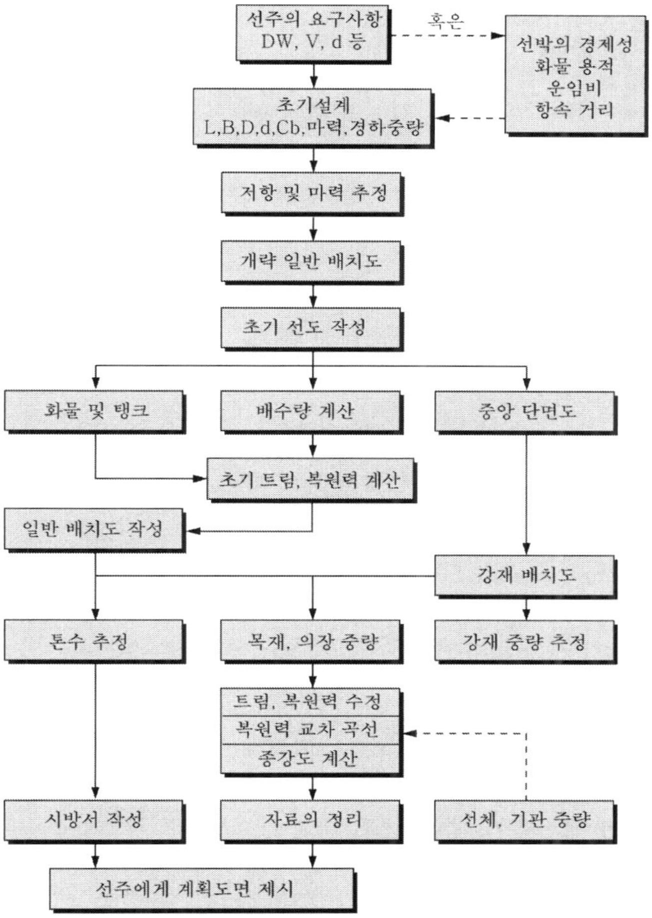

그림 1·9 기본설계 과정

⑦ U.S.C.G. rules and regulations for foreign flag vessels operating in the navigable waters of the United States

⑧ Panama and Suez canal navigation rules and regulations including tonnage measurement

⑨ ILO convention concerning crew accommodation on board ship, No.92 and No.133

⑩ Others : Class rules(각종 선급규정), CSR(Common Structure Rules, 공동구조규정 또는 규칙), PMA(Permanent Means of Access), 연료탱크 보호규정, PSPC(Performance Standard for Protective Coating), Ice class rule[2.2.3절 및 제16장 참조]

2) 세계의 주요 선급 협회

① 한국선급(KR : Korean Register of Shipping), ② 영국선급(LR : Lloyd's Register of Shipping), ③ 미국선급(ABS : American Bureau of Shipping), ④ 노르웨이선급(DNV : Det Norske Veritas), ⑤ 일본선급(NK : Nippon Kaiji Kyokai), ⑥ 프랑스선급(BV : Bureau Veritas), ⑦ 독일선급(GL : Germanischer Lloyd), ⑧ 이탈리아선급(RINA : Registro Italiano Navale), ⑨ 중국선급(CR : Chinese Register of Shipping), ⑩ 브라질선급(SINAVAL : Brazilian Shipbuilding Association)

※ 국제선급협회연합(IACS : International Association of Classification Societies)

3) 국가별 등록 기관 예

① 영국(DOT : Department of Trade), ② 미국(USCG : Unites State Coast Guards), ③ 노르웨이(NMD : Norwegian Maritime Directorate), ④ 호주(AMSA : Australian Maritime Safety Authority), ⑤ 독일(SBG : See-Berufsgenossenchaft), ⑥ Panama, ⑦ Liberia

1.3.3 상선설계 때 고려해야 할 기본 원칙

상선설계의 3대 조건은 경량화, 최적의 강도 및 기동성이며, 3대 요소는 설계를 위한 이론, 자료 및 경험이다. 또한 상선 설계 때 고려하여야 할 일반적 사항을 좀 더 구체적으로 소개하면 다음과 같다.

① 선주의 요구사항을 만족해야 한다.
② 모든 법규나 의사법규를 만족하여야 한다.
③ 초기 선가 및 유지비 등 측면에서 최적의 경제성이 유지되어야 한다(단, 군함의 경우는 combat efficiency가 최우선임. 제13장 참조).
④ 불필요한 중량이나 공간으로 인한 손실이 없도록 설계해야 한다.
⑤ 선주가 원하는 운전 특성을 갖도록 해야 한다.
⑥ 모든 시설은 각각의 기능에 부합되도록 가장 효율적이고도 적절한 위치에 배치하여야 한다.
⑦ 접근 통로 역시 중요하므로 적당하고 적합하게 배치되어야 한다.
⑧ 관습, 풍습, 전통도 중요하므로 간과해서는 안 된다.

제 2 장 상선의 종류, 경향, 크기 및 선속

2.1 상선의 종류

설계 때 고려할 측면에 역점을 두면서 선박의 주요 종류들을 살펴보면 다음과 같다.

2.1.1 기관실 위치에 의한 분류

기관실의 위치에 따라 선미기관선과 중앙부기관선으로 나뉘게 된다. 중앙부기관선과 선미기관선의 장단점을 비교해 보면 다음과 같다. 여기서 제시한 단점들은 반대로 다른 선종의 장점으로 작용한다.

[1] 선미기관선에 비한 중앙부기관선의 단점

① 추진축(propelling shaft)에 의한 중량의 손실이 크다.
② 추진축로(tunnel)에 의한 공간의 손실이 크다.
③ 긴 추진축 때문에 하역능률이 떨어진다.
④ 축 전달효율이 저하된다.
⑤ 코퍼댐(coffer dam)으로 인한 손실이 더 클 수 있다. 여기서 '코퍼댐'이란 두 인접 구획 사이에 마련된 공간으로서 손상 등으로 기름이나 물이 인접 구획에 새어드는 것을 방지하기 위한 구획을 말한다.

[2] 중앙부기관선에 비한 선미기관선의 단점

① 트림 조정상 문제가 발생한다.
② 시야가 멀어서 조종이 불편하다.
③ 중앙부 보강 효과가 낮아진다.

[3] 준선미(semi-aft)기관선

컨테이너선 등 방형계수(C_b)가 비교적 작은 경우에 많다.

2.1.2 선루에 의한 분류

선루(superstructure)의 종류인 선수루(forecastle 또는 f'cle deck), 선미루(poop deck), 선교루(bridge deck)의 설치법에 따라서 그림 2·1과 같이 분류할 수 있다. 여

①	flush decker (평 갑판선)	
②	flush decker with forecastle (선수루 붙이 평 갑판선)	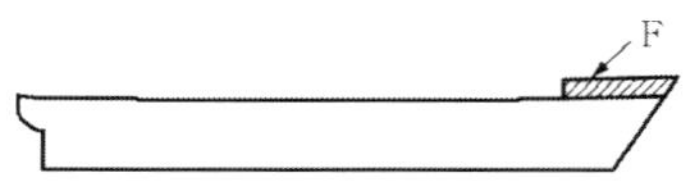
③	well decker (요 갑판선)	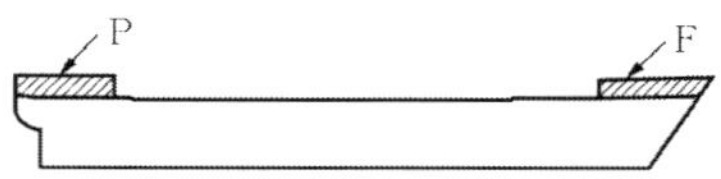
④	three islander (삼도형선)	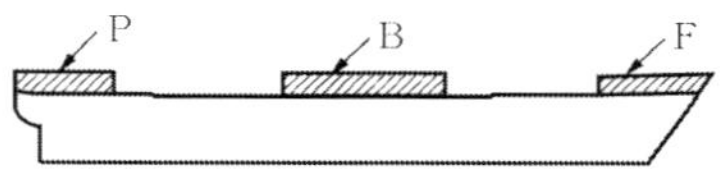
⑤	trunk (트렁크선)	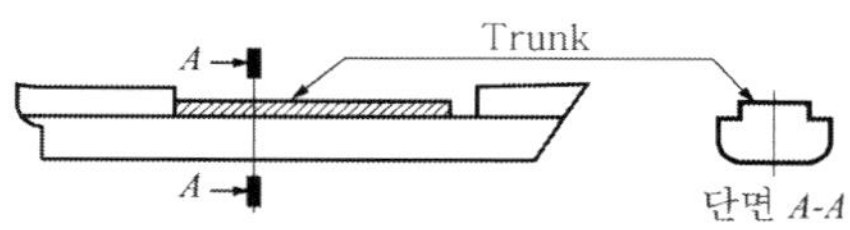
⑥	shelter decker(차랑갑판선) 및 awning decker(전통갑판선)	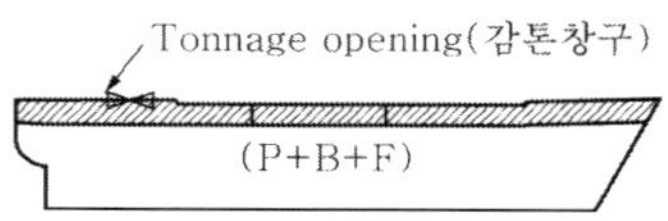
⑦	sunken forecastle (저선수루선)	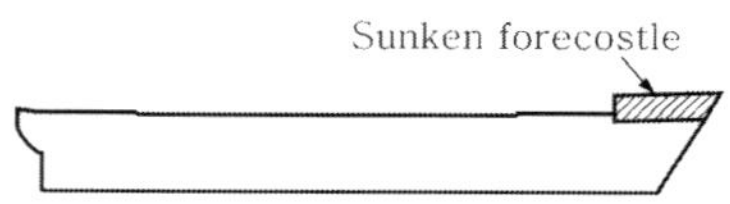
⑧	raised quarter deck (저선미루선)	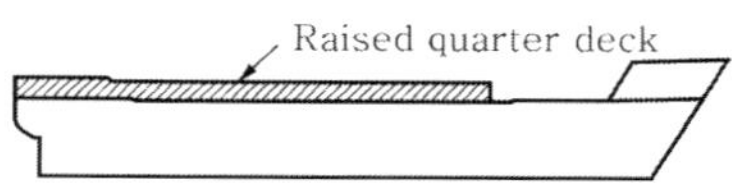

그림 2·1 선루 위치에 따른 분류

기서 선미루 및 선교루를 설치하는 주요 목적은 조타실을 설치해서 조정의 편리성을 높이는 것 이외에, 선수루는 선수파의 그린워터(green water)를 줄이는 효과가 있다. 또한 선교루는 굽힘모멘트 측면에서 가장 취약한 선체중앙부를 보강하는 목적과 진동을 줄이기 위한 목적으로 설치하는 경우가 많다.

여기서 차량갑판선(shelter decker)과 같은 경구선(light scantling vessel)과 전통갑판선(awning decker)과 같은 중구선(full scantling vessel)에서 서로 주요 치수가 같은 경우에 재화중량, 용적, 총톤수, 선가(船価) 측면에서의 특성을 비교해 보면 표 2·1과 같다.

표 2·1

	경구선(light scantling vessel)	중구선(full scantling vessel)
재화중량의 크기	더 작다	더 크다
용적의 크기	서로 같다	서로 같다
총톤수의 크기	더 작다	더 크다
선 가	더 싸다	더 비싸다
적당한 화물	경량물	중량물
stowage factor 크기	더 크다	더 작다
선박의 예	shelter decker	awning decker

2.1.3 기능에 의한 분류

기능에 의하여 상선을 다음과 같이 분류할 수 있겠다. 이 중에서 최근에 부가가치가 비교적 높은 선박으로 각광을 받고 있는 컨테이너선과 LNG선에 관해서는 2.1.6 및 2.1.7에서 좀 더 구체적으로 살펴본다.

[1] 일반화물 운반선(GCC : general cargo carrier)

① 일반화물선(general cargo ship), ② 중량물화물선(heavy cargo carrier), ③ 냉동화물선[refrigerated cargo ship(일명 reefer라고도 함)], ④ 목재운반선(lumber carrier), ⑤ 컨테이너선(container), ⑥ VLCS(very large container ship : 7500 TEU급 이상의 대형 컨테이너선), ⑦ Feeder선(얕은 수심용 소형 컨테이너선), ⑧ TSL(techno super liner, 내항용 초고속 컨테이너선), ⑨ 개구형 일반 화물선(OHGC : open hatch general cargo carrier) 등이 있음.

[2] 산적화물선(bulk carrier)

산적화물선(bulk carrier : B/C)은 산적(撒積)화물선, 살물(撒物)선, 벌크화물선 등 여러 가지 명칭으로 불린다.

① **액체화물선**(liquid bulk) : 유조선(oil tanker), 화학제품운반선(chemical tanker), 원유운반선(crude oil carrier : CC)

② **고체화물선**(solid bulk) : 광석운반선(ore carrier), 광탄선(ore/coal carrier), 건화물선[dry bulk carrier : 예 cement tanker, lumber chip carrier, coal ship(collier) 등]

③ **다목적 화물운반선**(combination carrier 또는 multipurpose bulk carrier) : 광석·원유겸용선(ore/oil carrier), 산적·광석겸용선(bulk/ore carrier), 광석·산적·원유겸용선(ore/bulk/oil carrier : OBO)

④ small TK(tanker) : 재화중량(DWT) 10,000톤 미만 급 탱커

⑤ handy type B/C 또는 TK : 운항에 따른 위험 부담이 작고, 수익률 및 제반 운항 면에서 적합한 크기의 선박으로서 대략 10,000~40,000 DWT(최대 5만 DWT 미만)급의 벌크화물선 또는 10,000~60,000 DWT급의 탱커[※ 25,000~50,000 DWT급 TK 또는 PC(product carrier, 석유제품운반선) : MR(medium range)급 선박]

⑥ Handymax B/C : 40,000~60,000 DWT급의 벌크화물선

⑦ Panamax type B/C : 파나마운하를 통과할 수 있는 최대 선폭(106 ft)의 선박으로서 통상 60,000~80,000 DWT급의 벌크화물선[※ 6만-8만 DWT급 TK 또는 PC선 : LR 1(large range 1)급 선박][※ New Panamax Type : p.70[3]참조]

⑧ Aframax(average freight rate assessment maximum tanker) 또는 LR 2(large range 2)급 TK : 운임 측면에서 가장 경제적인 크기의 탱커로서 대략 80,000~120,000 DWT급의 탱커

⑨ Cape type B/C(또는 Cape size B/C) : 주로 곡물 수송을 위하여서 남아프리카의 케이프타운(Cape Town) 및 케이프혼(Cape Horn)을 운항하는 선박으로서, 비교적 운항에 경제적인 크기의 선박으로서 대략 12만~18만 DWT 정도(흘수 18.1 m 이하)급의 벌크화물선

⑩ Suezmax TK : 수에즈 운하를 통과할 수 있는 최대 크기의 탱커로서 대략 120,000~180,000 DWT급의 탱커

⑪ very large bulk carrier(VLBC) : 대략 20만 DWT급 이상의 대형 벌크화물선

⑫ very large crude-oil carrier(VLCC) : 175,000~280,000 DWT급 대형 탱커

⑬ very large ore carrier(VLOC) : 20만 DWT급 광석운반선

⑭ very large ethane carrier(VLEC)

⑮ ultra large crude-oil carrier(ULCC) : 300,000 DWT급 이상의 초대형 탱커(유조선)
⑯ 기타 : supramax(52K-58K급) B/C, kamsaramax(80K DWT급) B/C

[3] 차량운반선(vehicle carrier)

차량전용운반선(pure car carrier : PCC), 자동차 페리선(car ferry), 차량·산적운반선(car/bulk carrier), 차량 및 트럭 전용운반선(pure car and truck carrier : PCTC)

[4] 액화가스운반선(liquified gas carrier)

LPG운반선(liquified petroleum gas tanker, −42.2℃), LNG운반선(liquified natural gas tanker, −161.5℃), PNG(pressurized naturalgas carrier), LNG-RV(LNG-regasification vessel) 또는 LNGRVS(LNG-regasification vessels) : LNG 해상터미널 탑재 액화천연운반선), LNGSRV(LNG shuttle and regassification vessel), CNG(compressed natural gas : 천연가스 압축운반선), VLGC(very large gas carrier : 6만 cbm 이상의 초대형 LNG 가스운반선), VLPG(very large LPG: 83,000DWT 이상급의 대형 LPG선), Q-max LNG[26만 DWT급 카타르(Qatar) LNG선], Q-flex LNG(20만 DWT급 카타르 LNG선)

[5] 여객선(passenger carrier)

크루저(cruiser), 객선(passenger ship), 화객선(passenger cargo ship), 자동차 페리선(car ferry)

[6] 기타 최신 선박

초전도선(magnetic hydro-dynamic propulsion : MHD, Fleming 왼손법칙 이용, 연구 중), 선수타선(bow rudder ship, 무동력선, 연구 중), 잠수지원선(diving support vessel : DSV, 2009.3에 한진중공업이 국내 최초로 진수), 해양작업지원선(PSV : platform supply vessel), LNG 벙커링선(LNG bunkering vessel), 친환경선(green ship 또는 eco ship)

아울러 하역시스템 측면에서 통용되는 다음의 용어도 익혀두기 바란다.

▸ RO/RO선

roll on/roll off의 약자로서 자행성이 있는 자동차 수송 때 혹은 컨테이너선(container) 화물을 트럭(truck), 트레일러(trailer) 등 운반기기에 실어서 이 운반기기의 자체 이동능력을 이용하여 실은 채로 양적하하는 하역방식으로서 선미, 선중간

램프(lamp) 등을 이용해서 횡방향 이동만으로 하역하기 때문에 수평형 하역(horizontal type)선이라고도 불리어진다. 주로 컨테이너선, 자동차운반선이나 자동차 페리(car ferry)선에 채용되고 있다.

▸ LO/LO선

lift on/lift off의 약자로서 Lo/Lo시스템에 의한 풀 컨테이너(full container)선을 말한다. 이 선박의 일반적인 선내 구조는 셀 구조(cell structure)라 부르는 컨테이너를 수납하기 위한 특수한 구조로 되어 있다. 즉, 4개의 철제앵글(steel angle)로 이루어진 가이드레일(guide rail)과 그것을 받치는 구조물에 의하여 선내는 컨테이너의 종횡 치수에 맞추어 수직방향으로 몇 개의 긴 셀(cell)로 분할되어 거기에 수직으로 포개어 쌓아올려 수납하게 된다.

lift on/lift off(Lo/Lo)시스템은 수직하역방식(vertical type)이라고도 부르며 셀 구조(cell structure)로 된 컨테이너선의 하역방식인데 오늘날 세계의 주요 항로에 취항하는 대부분의 컨테이너선은 이 방식을 취하고 있다. 이 배의 선적(船積) 양화(揚貨)의 어느 경우에든 크레인 또는 데릭(derrick)으로 컨테이너를 들어 올리거나 내리는 것만으로 하역작업이 완료된다.

중량이 가벼운 화물은 창(艙) 내에서의 횡 이동이 곤란하기 때문에 적 · 양화(積揚貨) 위치에서 곧 바로 후크(hook)를 걸어 하역할 수 있게 해치(hatch)의 폭을 크게 하거나 2열, 3열로 해치(hatch)를 구비하는 선형이 많이 채택되고 있다.

2.1.4 선체 지지방식에 따른 분류

선체 지지방식에 따라 배수량형(排水量型, displacement type), 수중익지지형(水中翼支持型, hydro plane type), 공기부양형(空氣浮揚型, air cushion vehicle : ACV), 반잠수형(半潛水型, semi submerged type), 잠수형(潛水型, submerged type) 등으로 나눌 수 있으며, 반장수형의 원리를 이용한 선박의 예로서 소수선면쌍동선(SWATH, Small Water-plane Area Twin Hull)을 들 수 있다. 여기서 배수량형에는 일반적인 선형 이외에 쌍동형(catamaran)과 삼동형(trimaran) 등이 있으며, 수중익 지지형에는 몰수익형(沒水翼型)과 반몰수익형이 있다. 또한 ACV에는 전주(全周) 스커트형과 측벽형(側壁型)이 있다. 배수량형은 아르키메데스의 원리에 의한 부력으로 선체를 지지하는 방식이고, 수중익지지형은 물 속 부분에 부착된 비행기 날개 단면형의 양력으로 선체를 지지하는 방식이다. 공기부양형은 선체 하부에 공기를 불어 넣어 배가 떠 있는 지지방식이다. 물에서의 저항이 감소하고 속도가 증가하게 된다. 반잠수형은 그림 2 · 4와 같이 이용 가능한 공간은 넓으면서도 조파저항이 작아 속도가 빠를 수 있으며, 잠수형은 조파저항이 없는 특성 때문에 관심을 갖고 연구되고 있다. 이상 각 선종의 개념도를 그림 2·2~2·6(출처 : 황종흘·임상전 역편, 『선박설계』)에 수록하였다.

이상에서 소개된 상선 중에서 컨테이너선 및 천연가스운반선(LNG)은 우리나라가 주도하고 있는 대표적인 고부가가치의 주력선이므로 2.1.5 및 2.1.6에서 그 특성을 좀 더 상세히 소개한다.

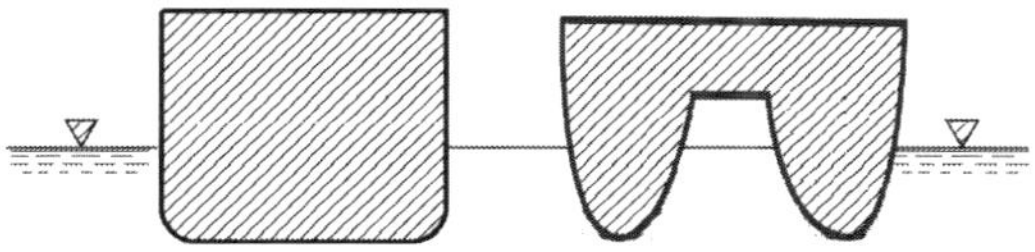

그림 2·2 배수량형(예 : 쌍동형선, 삼동형선)

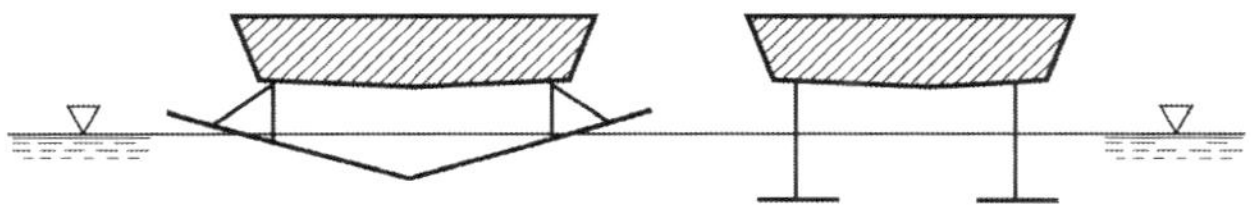

그림 2·3 수중익 지지형

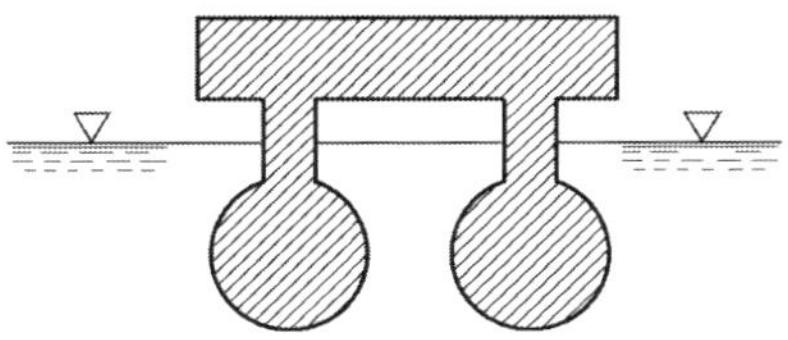

그림 2·4 반잠수형(예 : SWATH)

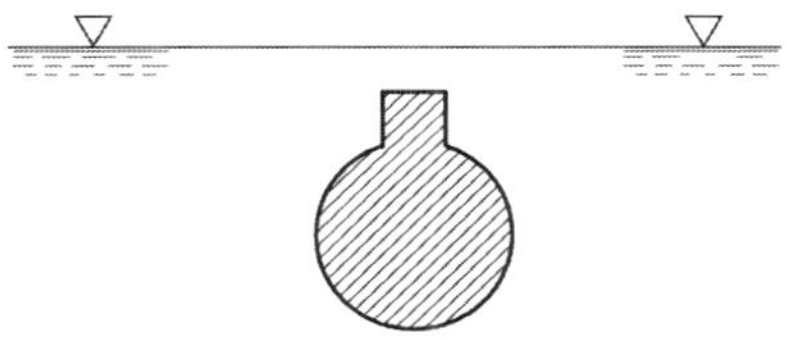

그림 2·5 잠수형

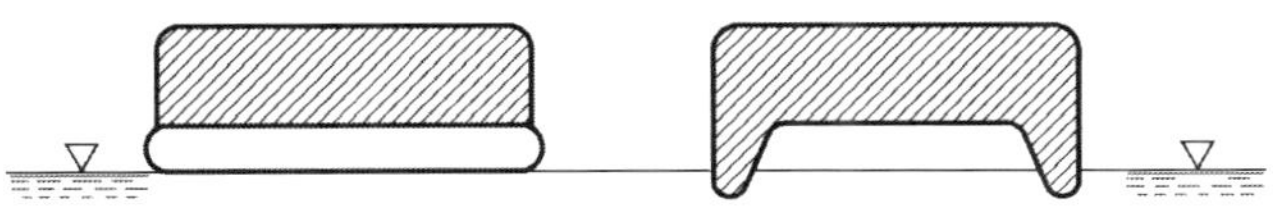

그림 2·6 공기 부양형(ACV)

2.1.5 컨테이너선(container)

컨테이너선은 1957년 Sea Land Service사가 T-2 탱커의 갑판상에 트럭수송용 컨테이너를 적재 수송한 데서부터 시작되어 일반화물의 'unit load system화'를 촉진시켰다.

[1] 컨테이너선의 장점

'door to door service'로 수송의 근대화가 이루어지고, 표 2·2에 예시된 바와 같이 하역 능률의 향상으로 하역비를 절감할 수 있다. 또한 정박일수의 단축과 운항횟수가 증가될 수 있다. 뿐만 아니라 고속화가 촉진되고, 경제성이 향상된다. 아울러 톤당 화물 운송료를 절감할 수 있으며, 화물 파손율이 저하되고, 도난이 방지되며, 포장을 간단하게 할 수 있고, 화물의 안전운송이 가능하게 된다. 또한 안전, 신속, 저가 운송으로 운송비의 절감이 가능하다는 등의 장점이 있다.

표 2·2 일반 화물선과 컨테이너선의 비교 예

	일반 화물선(만톤급)	500 TEU 컨테이너선	비 고
화 물	7500 kilo-ton	20 ft 컨테이너 500개	
시간당 하역률	1.5 ton × 60회 × 6 gang = 540 ton	15 ton × 30회 × 2 crane = 900 ton	
총 하역시간	7500/540 = 13.9 hr	500/60 = 8.3 hr	
연 작업시간	20명 × 6 gang × 13.9 hr = 1670 man-hr	10명 × 2 crane × 8.3 hr = 166 man-hr	1 gang당 20명, 1 crane당 10명
하 역 비	30 $ × 1670 man-hr = 50,100 $	30 $ × 166 man-hr = 5,010 $	가정 : 30 $/man-hr

[2] 컨테이너선 수송의 문제점

선가, 컨테이너 및 부대시설 등으로 인한 자본 지출이 크고, 시스템의 채산 유지에 대량의 화물을 필요하며, 터미널 컨테이너선(terminal container) 기기의 유지가 곤란하다. 또한 중량물 등의 취급이 불가능하고, 기항지가 제한되며, 항해 일정계획(schedule)의 변경이 어렵다. 뿐만 아니라 적하량의 불균형에 대한 적응성이 취약하고, 빈 컨테이너의 수송비용이 높다는 것을 들 수 있다.

[3] 컨테이너 수송의 대상이 되는 항로조건

컨테이너 수송의 대상이 되는 항로는 컨테이너화에 적합한 화물의 수요가 많고, 왕복항 화물의 적하량이 균형잡혀 있어야 하며, 항만 하역비가 높은 항로일수록 적당하다. 그리고 항로 양단 지역의 내륙 교통이 편리하고 항로의 길이가 너무 길지 않은 항로여야 한다.

참 고

무개형(無蓋型) 컨테이너선(open-hatched 또는 hatch-coverless container ship)
무개형 컨테이너선은 컨테이너 적재 수가 증가되고, 소요경비가 감소된다는 장점 때문에 1990

년 8월에 일본의 Teraoka 조선소에서 300 TEU급의 무개형 컨테이너선을 개발한 이래 네덜란드의 Verolme Schecpswerf 조선소(1993, 1500 TEU) 및 독일 Bremer 조선소(1994, 2200 TEU) 등에서도 이런 형의 선박이 개발된 바 있다. 우리나라에서는 1993년에 박명규 · 권영중 등이 2000 TEU급의 무개형 컨테이너선을 개발한 바 있으며, 국제해사기구(IMO)에서도 이런 형의 안정성에 관한 규정(Interim guidelines for open-top containership)을 1993년 7월 18일에 제정한 바 있다.

2.1.6 천연가스운반선(LNG)

[1] 천연가스운반선(LNG)의 종류

LNG는 그 구조적 특징에 따라 다음 1)에서 설명하는 바와 같이 탱크가 액화물의 하중을 주로 지지하도록 설계되어 있는 모스(moss)형과 화물하중을 탱크가 직접 감당하지 않고 단열내장재를 통하여 선각 전체에 골고루 걸리도록 설계되어 있어서 탱크 판의 두께가 비교적 얇은 금속판을 사용하는 멤브레인(membrane)형으로 대별된다[그림 2 · 7 참조]. 근래에 선박의 대형화 경향에 발맞추어 선박의 크기를 증대시키기에는 멤브레인형이 유리하므로, 이런 형의 LNG가 요즈음 건조되는 주종을 이룬다. 최근에는 다음 2)~5)번까지에서 요약된 바와 같이 서로 다른 명칭의 LNG선이 출현하였는데, 이들도 모두 일종의 멤브레인형이라고 볼 수 있다. 이들의 주된 차이점은 보온시공법에서 찾을 수 있다. 모스형 LNG선과 멤브레인형 LNG선의 개략적 구조를 그림 2 · 7에 수록하였다. 아울러 현재까지 개발되어 있는 LNG(liquified natural gas)선을 좀 더 상세하게 소개하면 다음과 같다.

1) **모스형**(ball type moss rosenberg)

알루미늄 합금으로 제작된 독립된 공 모양의 탱크가 스커트(원통형 curtain plate)에 지지되어 액화물의 하중을 감당한다. 이 타입은 만들 때나 사용할 때 멤브레인형에 비해 제작 때나 사용 때 주의해야 할 점이 적다는 장점이 있으나, LNG선의 대형화가 어려울 뿐만 아니라 선박이 높아져 바람을 많이 받으므로 조타장치와 계류 장치를 강화시켜야 한다는 단점이 있다.

2) **가스 트랜스포트**(GT, membrane type gas transport)

별도의 독립된 화물탱크가 없고 화물탱크 내부에 이중으로 단열박스를 설치하고 니켈 합금(INVA강, 니켈 36%)으로 된 얇은 판을 멤브레인으로 사용한다. 탱크의 지지 및 보온법, 일반적인 장점 및 단점은 3번(테크니가스)과 비슷하며 현재 가장 많이 사용되는 형식이다.

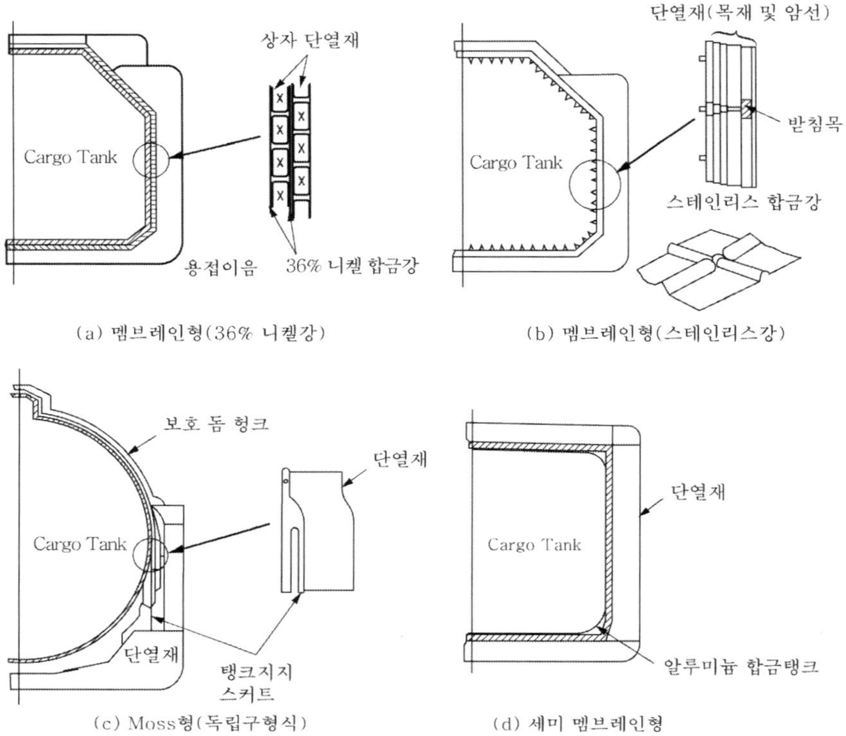

그림 2·7 멤브레인형 및 모스형 LNG선의 단면도
(출처 : 황종흘 · 임상전 역편, 『선박설계』)

3) 테크니가스(membrane type technigas)

2중 선체 내면에 단단한 보온을 하고 그 표면을 얇은 라이닝(lining) 마감을 함으로써 화물 중량을 선체가 직접 받도록 된 형식이다. 팔각으로 된 선체에 단열 패널과 스테인리스(SUS304)로 된 멤브레인을 사용한다. 이 타입은 선체가 최적화 크기로 작아질 수 있으며, 특수설비 증설을 할 필요가 없다는 장점이 있으나 모스형에 비하여 제작 및 사용상에 주의할 점이 많다는 단점이 있다. 특히 선체 외부의 충돌이나 좌초로 인한 손상요인을 적극적으로 피해야 한다.

4) S.P.B.(self-supporting prismatic I.H.I. type B)형

알루미늄 재질의 탱크 내부에 보강재(stiffener)가 있는 독립구조로서 하부를 받쳐 주고 있는 형이다. 라이닝은 없으며, 보온은 탱크 외면에 시공한다. 둥그런 탱크가 갑판 위로 올라온 모스형과는 달리 선체 속에 팔각의 독립된 알루미늄 합금 탱크를 가지고 있다. 선체가 최적화의 크기나 형태를 가질 수 있다는 장점이 있으나, 알루미늄 용접량이 많아서 용접자동화 라인 설비 투자가 필요하다는 단점이 있다. 또한 실용을 통한 장기적인 안전점검이 필요하다는 단점도 있다.

5) S.P.A.(conch type, self-supporting prismatic type A)

탱크 내부에 보강재가 있는 독립구조로서 하부를 받쳐 주고 있는 S.P.B.형과는 달리 이중선체 내면에 보온을 하고 그 속에 화물탱크를 만들어 넣은 타입이다. 탱크 재질은 S.P.B.형과 마찬가지로 알루미늄으로 하며, 라이닝은 없다. 이 형식은 특별한 장점이 아직 알려져 있지 않은 반면에, 불완전한 탱크를 전제로 하고 선체 내부에 보온함으로써 확실한 성능의 보장을 위한 시공 부담이 비교적 크다는 단점이 있다.

또한, 최근에 개발된 고부가의 LNG선을 예로 들면 다음과 같다. 아울러 좀 더 구체적인 연구개발 현황은 2.2.2 '최근에 개발의 관심도가 높은 선박의 예'의 [3]항 'LNG선의 대형화 및 다기능화'를 참고하기 바란다.

6) LNG-RV(LNG 운반-기화선, LNG-regasification vessel)

LNG선에 부유식 해양 플랜트 기능을 접목시켜 LNG를 운반하고, 해양 부유설비에 접안해 천연가스를 생산할 수 있는, 자체 기화설비를 갖춘 LNG선이다. 이 배는 'vessels'의 'S'를 붙여서 LNGRVS라 불리기도 한다.

7) LNG-FPSO(Liguified natural gas-floating production storage offloading vessel)

물에 떠서 생산하고 저장하며 하역할 수 있는 설비로서 해상 천연가스전이 육지와 멀리 떨어져 있을 때 천연가스를 육상으로 운반하지 않고 선박 자체의 생산설비를 이용하여 LNG를 생산할 수 있도록 설계된 선박이다.[※ 2008년 9월 삼성중공업이 세계최초로 수주한 바 있음]

8) 전기추진 LNG(liquified natural gas)

기화가스를 이용해 엔진을 돌리고, 이를 전기에너지로 바꿔 선박추진에 사용함으로써, 엔진과 기관실 배치를 최적화한 LNG 수송능력을 증가시킨 선박이다.

아울러 이중연소 엔진을 이용하여 보일러 연소 때 대량으로 유출되는 산화탄소화합물을 획기적으로 줄이고 기관실과 선박 추진시스템을 분리하여 한쪽 기관실의 기능을 상실해도 운행에는 영향이 없도록 안전성을 제고시키려는 노력을 하고 있다.

9) '액티브'LNG저장 탱크(ACT-IB : Aluminum Cargo Tank Independent type B)

대우조선해양(주)가 개발한 독립형 LNG 탱크다. 이 탱크는 알미늄 재질로 설계되었으며, 2010년 현재까지 개발된 독립형 LNG탱크 중 세계 최대 용량 규모로 알려져 있다.

지금까지 LNG선을 건조하기 위해서는 탱크 건조와 관련된 기술을 보유하고 있는 프랑스(GTT)나 일본(IHI) 기업에 사용료를 지불해야 했다.

[2] 천연가스운반선(LNG)의 화물탱크 설계상 고려할 점

LNG선의 화물탱크 설계 때 고려하여야 할 주요 사항은 다음과 같다.

1) 슬로싱(sloshing)

LNG선은 탱크의 크기가 일반 유조선의 2~3배 가까이 될 정도로 크다. 따라서 탱크 내부의 LNG가 운항 중에 출렁거려 탱크에 충격을 주는 슬로싱 현상이 발생하게 되므로, 상위 30%는 다른 부분에 비해 특별히 튼튼하게 보강해야 한다. 이런 점은 모스형보다 멤브레인형이 더 문제가 되는데, 모스형은 슬로싱의 충격이 이론적으로 계산 가능하고, 화물창의 모형이 공처럼 둥글어서 충격이 그렇게 크지 않은 반면에, 멤브레인형은 슬로싱으로 인한 화물창의 충격을 이론적으로 계산하는 것이 어렵고 사각 탱크라 손상을 입을 확률이 더욱 크다는 특징이 있다. 따라서 이론적 해석과 실험이 필요하다. 하지만 선박의 대형화 추세에 적응성이 높은 선형은 멤브레인형으로 알려져 있다.

2) 단열시스템

LNG선은 화물창의 초저온(−161.5℃) 상태 유지가 필요하며, 단열시스템에 문제가 발생할 경우 큰 사고로 이어질 가능성이 높다. 따라서 단열시스템의 설계에 특별한 주의가 필요하다. 화물탱크는 펄라이트를 넣어 만든 단열박스에 멤브레인을 붙여 만든다. 이 때 단열박스의 수분율은 2% 미만으로 낮아야 한다. 멤브레인의 경우 36% 니켈합금강과 스테인리스강으로 만든다. 36% 니켈합금강은 온도당 길이 변화율이 매우 낮아 90°까지 굽혀도 균열이 일어나지 않고, 스테인리스강은 용접이 쉽다. 용접은 대부분 자동용접을 하지만 곡면부는 수동용접을 한다.

여기서 천연가스의 냉동법을 참고적으로 소개하면 다음과 같다.

① **다단냉동법**(the cascade cycle) : 여러 가지 냉매를 이용해 차례로 천연가스의 온도를 낮춰 액화시키는 방법. 먼저 에틸렌 냉매로 프로판을 액화시키고, 액화된 프로판을 냉매로 다시 천연가스를 액화시킨다.

② **팽창법**(turbo expander cycle) : 천연가스를 가압(加壓)한 뒤 터빈을 이용해 빠르게 단열 팽창 시키면 천연가스의 온도가 급격하게 떨어져 액상으로 된다.

③ **혼합냉매법**(multi-component refrigerant cycle) : 적절하게 섞은 탄화수소와 질소혼합물을 냉매로 응축, 팽창시키면 초저온 상태가 되는데 이를 이용해 천연가스를 액화시킨다.

3) 기화가스

화물탱크 내에 조금씩 기화하는 가스(BOG, boil-off gas)를 스팀터빈 연료로 사용하여 배를 움직이는 에너지로 사용한다.

4) 자동화 설비

높은 폭발 위험으로 인해 정밀한 자동화 설비, 기관실 내부 장비와 항해 장비의 유기적 작동과 감시제어 시스템과 비상정지장치(ESD)와 여러 자동화 시스템의 통합을 위해 통합 자동화 장치가 필요하다.

2.2 현대 상선의 경향

2.2.1 연구 개발의 주된 관점

[1] 대형화 선박

일반적으로 선박이 대형화되면 저항측면에서 유리하고, 유지비가 저렴해지는 경향이 있으므로 상선에서의 초대형화가 더욱 더 추진될 전망이다. 20세기 선박의 대형화는 유조선(tanker)이 주도해서, 1970년대 초에 이미 30만 톤의 원유를 한꺼번에 운반할 수 있는 유조선이 보편화되었다. 현재 선박의 대형화 경향이 두드러진 것은 컨테이너선이다. 2015년에는 한국의 삼성중공업(2만 150 TEU급, 선주 : 일본 MOL사, 납기 : 2017.8) 및 일본의 이마바리조선소(2만 400 TEU급)가 2만 TEU급 극초대형 컨테이너선을 수주한 바 있다. 전 세계 해상물동량도 계속 증가해서 2000년 50억 톤에서 연평균 2억 5천만 톤씩 증가할 것으로 예견되고 있으므로 상선의 대형화는 더욱 힘을 얻고 있다. 또 대형화를 주도하는 선종은 크루즈선(호화여객선)과 LNG선이다[2.2.2절 참조]. 즉, 최근 경제적으로 여유가 있는 인구가 늘면서 관광과 유람을 함께 즐기려는 이용객이 계속 증가하는 추세다 세계 크루즈 인구는 2000년 약 800만 명에서 년 평균 60만 명 이상씩 증가할 것으로 전망되고 있다. 따라서 최고의 안락성과 쾌락성을 갖춘 대형화된 초호화판의 움직이는 호텔을 기대할 수 있다. 아울러 청정에너지인 LNG(액화천연가스)의 수요가 증가될 것이므로 대형화되는 LNG선이 또 하나의 21세기 주력 선종이 될 것이다.

[2] 고속화 선박

고속화를 위하여 새로운 선형, 고효율의 고속 추진시스템을 갖춘 선박이 현재도 출현하고 있다. 이를 테면 1965년 러시아가 처음 개발한 WIG선은 물에서 뿐만 아니라 공중에서 극히 저공(해면 위 5 m 이하)으로 운항함으로서, 연료는 비행기의 1/3만 소모하면서도 시속 550 km로 갈 수 있는 '나르는 선박'이다. 이 WIG선을 대형화해서 여객선이나 컨테이너선으로 활용하려는 연구가 진행되고 있다. 또한 삼동형(trimaran)이나 복합지지대형의 신선형과 높은 효율의 고성능 추진시스템의 초고속선박들이 건조될 것이다. 여기서 삼동형선은 일반 선형을 3개 붙여서 이용공간은 넓고 저항과 요동이 적도록 한 군함이 최근에 영국에서 개발되었으나 이 선형의 카페리나 화물선의 개발을 연구 중에 있다. 또한 2~3주가 소요되던 컨테이너선의 대서양 항로를 1주일 만에 운항 가능한 1500 TEU 초고속 컨테이너선 개발이 미국에서 실용화 단계에 있는 것으로 알려져 있다. 또한 2005년 10월에는 일본의 미쓰이조선소에서 42.8노트로 운항될 수 있는 TSL(techno super liner : Ogasawara호)을 건조한 바 있다. 이 초고속의 여객/화물운반선인 TSL은 2기의 가스터빈을 장착한 것으로 원래는 항공기용으로 개발된 엔진을 사용하고, 2기의 워터제트(water jets : 지름 235 cm)를 추진 장치로 사용하고 있으며, 선체의 운항 중에 부유를 위해 4기의 고속 디젤엔진을 사용하고 있다. 또한 2013년 11월 호주의 잉카 타즈마니아가 만든 '프란시스코호'(Francisco호 : 길이 99m, 1000명 승객과 자동차 150대 및 1100m^2의 면세점을 가지고 LNG 가스터빈과 워터제트를 장착한 대형 ferry선)는 시속 107km(58.1노트)인 세계 최고속 화객선이 출현하기도 했다.

[3] 자동화 선박

선박 운항이나 운전의 자동화율을 고도화시킨 선박의 개발에 노력이 경주되고 있다. 이를테면 현재 해상에서만 이루어지는 항해, 운전관련 모든 상황들이 21세기에는 육상기지로부터 통제, 제어가 가능한 수준으로 발전할 것으로 예상되며, 이로 인해 해상에 거주하는 승무원 수가 상당히 감소될 것이다. 또한 현재 선박에 적용되는 자동항법 장치, 선박용 블랙박스(black box), 전자해도 등 선박 통신관련 기술이 하루가 다르게 발전 변화하는 전자제어, 통신, 인터넷 등의 주변기술의 획기적 발달과 현재와는 상당히 다른 형태의 선박 운항제어장치가 적용될 것이고, 향후 2020년경 이후에는 무인화 선박까지 등장할 것으로 예상된다. 이의 조속한 실현을 위하여 선진 각국에서 활발한 연구를 진행하고 있으나 생력화(省力化)된 선박의 호칭도 각국의 선급협회에서 아직 통일되어 있지 않은 실정이다. 예컨대 이러한 생력화된 선박(또는 '기관구역무인화선'이라고도 함)을 영국 로이드선급에서는 UMS(unattended machinery space), 미국선급(ABS)은 ACSU(automatic control system for unattended engine room certified), 일본선급(NK)은 MO선 등으로 부르고 있다.

2011년 3월에는 세계 최초로 원격 제어 및 관리가 가능한 선박을 현대중공업(주)가 개발하고('Smart Ship'이라 명명), 이를 4천 500TEU급 컨테이너에 적용해서 덴마크 AP Moller사에 인도한 바도 있다.

또한 SMM 2014(세계조선해양전시박람회, 독일 2014년 9월 9~12일)에서 공개된 'Revolt호'(배터리 무인 추진선박, DNV-GL 제작) 및 '아쿠아리우스 USV(일본 에코마린파워의 무인선박)'를 예로 들 수 있으며, 2020년 10월에는 IBM과 Promare 해양연구소가 개발한 무인 자율운항선박(MAS, Mayflower Automous Ship, AI모델, 길이 100ft, 속도 12.5노트)이 대서양을 횡단한 바 있다.

[4] 환경친화적 신형식 선박

환경친화적이면서도 고부가가치가 있는 새로운 형태의 추진시스템을 갖춘 선박의 개발도 진행 중에 있다. 예를 들면 태양열전지를 이용한 전기구동의 소형 선박이 20세기 말에 일본 후쿠오카대학에서 시운전된 바 있다. 또한 왼손의 시지 방향에 있는 자장에 직각되는 중지 방향으로 전류를 흘러 보내면 엄지 방향으로 발생되는 힘에 의하여(flaming의 왼손법칙) 물을 분사시킴으로써, 제트기 원리로 프로펠러 없이 추진되는 소위 초전도선(MHD, magneto-hydrodynamic propulsion ship)의 연구도 진행 중에 있다. 이미 1988년에는 일본에서 이 원리를 이용한 소형 보트(Yamato 1호, LOA×B×D = 30.0 m×10.39 m×2.5 m)를 시속 15 km로 시운전한 바 있다. 이론적으로는 본 원리에 의해서 시속 185 km인 선박의 개발이 가능한 것으로 알려져 있다.

친환경적 선박과 관련된 규제도 강화되고 있는 실정이다. 즉, IMO는 선박기관이 배출하는 NOx 및 SOx 함유량을 규제토록 되어 있다. 이는 2011년 1월 1일 K/L선부터 적용되었으며[TIER Ⅱ Engine : 기관의 RPM조절만으로 대기오염을 저감시킨 1단계 기관), 2016년부터는 별도의 배기가스 정화기[예 SCR(Selective Catalistic Reduction), EGR (Exhaust Gas Recirculation)]의 설치를 의무화(TIER Ⅲ Engine : 별도의 대기오염 저감기를 설치한 2단계 기관)한 바 있다[MARPOL ANNEX Ⅵ]. 또한 1973년에는 밸러스트용 해수의 기름 혼합물질[유탁(油濁)물질]로 인한 해양오염방지 목적으로 분리밸러스트탱크(SBT : Segregated Ballast Tank) 및 세정설비의 설치를 의무화한데(MARPOL '73)이어서 2012년 1월 1월 K/L선부터는 또 다른 평형수처리기(Water Ballast Treatment)의 설치를 의무화해서 수중생물 이동에 기인된 해양 생태계의 혼란 및 파괴까지도 방지토록 한 바도 있다.

2013년도 Naval Architect(영국왕립조선학회 발행) 선정 세계최우수 선박의 키워드는 GET[친환경(green), 고연비(Efficiency), 첨단기술(Technology)]며, 이를 위한 개발의 예들을 소개하면 다음과 같다. 이중연료기관, 배기가스처리기, 전기추진시스템, CNG 디젤엔진, LNG 또는 메탄올 추진선(배기가스 감소량 : 황산화물 92~99%, 질소산화물 20~60%, 이산화탄소 23~25%), 배터리 추진 무인선(예 DNV의 'Revolt호'의 개념), LPG 추진선(대우조선해양, 2014년), 세계 최대 에코 컨테이너선(머스크 맥키니 몰러호 : 대우조선해양, 2013), 에코십(Greenlotus 32 : 영국 신항해운그룹), Al 선체 전기 추진선(Zerocat : 노르웨이, 프젤스트란드), 메탄올 추진 상선(Stena Germanica호 : Stena Line 선주, 폴란드 리모토와 조선소 제작), 수소선박연료(영국, 독일 연구 중) 등이며, 최근에 건조된 예를 보면, 세계 최초로 전기추진탱커선(GT 499톤, 대용량 리듐이온 베터리 3,480kwh, 약 10노트, 건조 조선소 : 일본 코아상요구조선소와 아무라조센조선소, 선주 : 아사히 탱커해운기업사)이 2022년 3월 인도되고, 또 2020년 9월에는 이산화탄소를 90% 줄인 풍력자동차운반선['Oceanbird호', L×D=200m×105m, 8m 높이 돛(wing sail) 5개, 적재규모 7000대, 평균 속도 10노트]이 개발되어(개발자 : 왈레니우스마린해운과 스웨덴왕립연구소), 2025년 상업운항을 목표로 한 바도 있다.

[5] 전용화 선박

20세기부터 현재까지 줄곧 이어오고 있는 경향 중에 또 하나는 한 가지의 전문 물품만 취급하도록 설계함으로써, 하역능률을 높이고 고속운송에 기여하려는 선박의 전용화이다.

2.2.2 최근에 개발의 관심도가 높은 선박 및 개발된 신기술의 예

[1] 대형 크루즈(Cruise)선의 개발

대표적인 고부가 상선이면서도 2009년 이전까지 전 세계 건조량의 96%를 유럽 조선소가 독식하고 있으며, 21세기에는 크루즈 인구가 연평균 60만 명씩 증가될 것으로 전망되고 있다. 우리나라에서도 이의 개발을 산업자원부의 정책과제로 선정하고 개발의 박차를 가하고 있는 선종이다. 현대, 삼성, 대우 등의 3대 조선소에서 2010년까지 개발을 추진하고 있다. 2009년 10월말 현재의 크루즈선 중에서 최대인 것은 STX유럽(Turku 조선)이 건조한 길이 360m, 폭 47m, 승선인원 9,400여명(승무원 포함), 총톤수 22만5톤급, 2700개의 객실 및 축구장 크기의 실내 공원을 보유하고 있는 'Oasis of the seas'호 이다(당시 선가 약 1조8200억 원, 선주 : 미국 Royal caribbean사).

[2] 컨테이너선의 초대형화

컨테이너선 물량의 증가와 경제성 제고의 목적으로 20세기 이래 대형화의 추세가 이어지고 있다. 예를 들면 지난 2003년에 삼성중공업(주)은 9,600 TEU급의 초대형 컨테이너선(VLCS)을 개발한 바 있었으며, 현대중공업(주)은 2005년에 13,000 TEU급의 초대형 컨테이너선을 세계 최초로 개발해서 독일선급(GL)으로부터 승인을 받은 바 있다. 또한 2015년에 20000 TEU급의 VLCS(very large container ship : 7500 TEU급 이상의 대형 컨테이너선)를 한국의 삼성중공업(21100 TEU) 및 한진중공업(20600 TEU)과 일본의 이마바리조선소(20400 TEU)가 수주한 바 있었다. 최근의 VLCS 개발 발자취를 보면, 2010년 삼성중공업 및 대우조선해양이 개발했던 18000 TEU급 선박의 선폭은 55 m에 달하며 갑판상부에 22층의 컨테이너를 적재할 수 있는 것으로 당초 12,500 TEU급으로 설계, 건조를 추진했으나 이를 길이를 405 m로 연장하면서 크기를 키워 20,000 TEU급으로까지 확장이 가능하였었다. 2009년 3월 31일 대우조선해양(주)은 당시 세계 최대 컨테이너선인 14,000 TEU급(선속 25놋트)을 건조하여 MSC사에 인도한 바 있었으며, 2011년에는 18,000 TEU급을 덴마크 AP Moller사로부터 수주한 바 있었다. 또한 2020년도에는 한국의 HMM해운사가 현대중공업, 대우조선해양, 삼성중공업에 분산 발주하여, 세계 최대 컨테이너선(24,000 TEU급)이 건조된 바도 있다. 초대형 컨테이너선은 현재 우리나라 조선소가 주도하는 고부가 선박이므로 2.1.5절에서 컨테이너선의 일반적인 특성을 좀 더 상세하게 소개하였다.

[3] LNG선의 대형화 및 다기능화

최근에 국내 조선소가 세계의 대형 LNG선의 대부분을 주문받고 있는 주력의 고부가선종이다. 천연가스 수요는 오는 2025년까지 매년 17% 이상 성장할 것으로 예상되고 있으며, 성능이 진화된 LNG선이 앞으로 국내 조선산업을 이끌어 갈 것으로 전망되고 있다. 즉, 국내 조선업체들이 새로운 개념의 차세대 LNG선 개발에 나서는 등 LNG선 수주 전쟁을 본격적으로 벌이고 있는 것으로 나타났다.

조선업계에 따르면 국내 조선소는 LNG-FSRU(floating storage & regasification unit, 부유식 액화천연가스 저장, 재기화설비)선과 PNG(pressurized natural gas carrier)선, CNG(compressed natural gas carrier)선 등 시장 요구에 부합하는 신개념 LNG선 개발에 박차를 가하였다.

LNG-FSRU선은 육상에서 50 km 떨어진 해상에 설치하는 대규모 하역 및 보관설비로, LNG선이 FSRU에 LNG를 하역한 후 액화천연가스를 기화시켜 육상 수요처에 공급하는 해상플랜트로 원거리에서 작업을 하기 때문에 폭발에 따른 피해를 최소화할 수 있는 장점으로 각광받고 있으며, 삼성중공업(주)은 2005년 현재 30만 m^3급 FSRU의 선형을 개발 완료한 상태이다. 실제로 현대중공업(2010.10 : 세계최초) 및 대우조선해양(2011.8 당시 세계최대 : 17만 3천 m^3급)의 LNG-FSRU를 수주한 바 있다. 또한 2007년 5월에는 대우조선해양(주)가 고압의 화물창으로 증발가스손실을 예방할 수 있는 SLNG(Sealed LNG)선을 개발한 바 있다.

PNG선 및 CNG선은 기존의 LNG선과 달리 압축된 가스를 실린더에 넣어 기체 상태로 운반하는 것으로 기존의 LNG선은 천연가스를 영하 163°의 극저온 상태로 액화시켜 부피를 600분의 1로 줄여 운반하는 방식으로 수십억 불에 달하는 천연가스재 액화 및 재 기화 설비가 필요하지만 PNG선과 CNG선은 별도의 시설투자가 필요 없다는 장점이 있다.

현대중공업(주)은 2005년에 미국의 에너시사와 공동으로 CNG선 디자인을 개발, 미국 선급협회인 ABS로부터 선체구조에 대한 심사를 통과했으며, 삼성중공업(주)은 노르웨이와 공동으로 PNG선의 선형개발을 완료했다.

차세대 LNG선 가운데 실전에 투입된 LNG선은 대우조선해양(주)이 개발한 LNG-RV(LNG-regasification vessel)선 및 삼성중공업(주)이 제작한 LNGSRVs(LNG-shuttle and regasification vessels)를 꼽을 수 있으며, 이들은 LNG의 운반하는 기능 이외에 LNG선에 기화장치를 장착, 액체 상태로 싣고 온 액화천연가스를 배에서 기화시켜 육상에 있는 소비시설로 직접 보내는 기능을 갖춘 선박이다.

아울러 좀 더 큰 VLGC(very large gas carrier : 6만 cbm 이상의 초대형 가스운반선)의 더 큰 대형화에도 박차가 가해지고 있다.

이렇게 LNG선은 국내·외 조선소의 관심도가 고조된 선박이므로, 이 LNG선에 관해서는 2.1.6절에서 좀 더 상세하게 알아보았다.

[4] **쇄빙 상선**(컨테이너, 유조선, 광물운반선 등)

지구 온난화로 인해 북극해의 결빙기간이 단축됨에 따라 북극항로에서 운항될 수 있는 쇄빙 내지는 내빙(耐氷) 성능이 향상된 선박의 개발에 박차가 가해지고 있다. 북극항로를 이용하면 캐나다, 그린란드 등 북극해역의 천연가스를 운반하기 좋을 뿐만 아니라, 극동에서 서유럽으로 가는 항로가 40% 단축되는 효과가 있다. 또한 부산-싱가포르-암스테르담 항로보다 북극항로는 30% 이상의 거리가 단축되는 것으로 알려져 있다. 세계 최초의 쇄빙선은 1864년 소련이 이미 건조한 바 있으나, 이것은 해양 조사 및 항로개척 정도에 이용하고 있을 뿐이었다. 쇄빙선 관련 규정은 2.2.3절의 [3]항을 참조하기 바란다.

2011년에 현대중공업은 당시 세계 최대의 쇄빙상선(19만 DWT급 철광석운반선)을 개발한 바 있다.

[5] **WIG선**(wing in ground effect ship)

1965년 소련에서 물위 0.2~2 m로 떠서 시속 550 km까지 운항될 수 있는 소형 WIG선을 개발한 이래 미국, 프랑스, 독일, 오스트리아, 일본, 한국 등에서 이를 대형화 및 상용화한 연근해 여객 WIG선 및 컨테이너 WIG선 개발의 관심도가 높다. 우리나라의 경우도 한국해양연구원, 해양수산개발원 및 해양수산부를 중심으로 시속 250 km, 100톤급, 40인승의 대형 위그선을 개발하고, 세계 최초로 군산에 중대형 상용 WIG선 생상 기지인 윙쉽중공업(주)이 2012년에 설립되었었다.

[6] **수소**(압축 및 액화), **메탄 하이드레이트**(methane hydrate) **및 액화애칠렌가스 운반선**

2019년 10월 호주의 GEV(Gloval Energy Venture)는 세계 첫 압축수소 운반선의 개념도를 선 보였으며, 2019년 12월 11일에는 일본 가와사키중공업이 세계 최초로 액화수소운반선(Suiso Frontier, −253°C에서 1/800로 액화)을 진수한 바 있다. 석유, 석탄 등 에너지자원의 부족과 세계 각국의 환경보호 정책에 따라 메탄 하이드레이트(methane hydrate) 운반선이 금세기에는 출현될 전망이다. 메탄 하이드레이트는 아직 이용하지 못하고 있는 잠재적 에너지원으로서 시베리아와 같은 영구 동토지대와 심해의 퇴적물 및 퇴적암에 광범위하게 분포되어 있으며(국내 동해에서도 매장 확인됨), 탄소기준으로 석탄, 석유, 가스량의 거의 2배에 가까운 것으로 알려져 있다. 또한 2015년 8월에는 현대미포조선이 세계 최초로 LEG(액화애칠렌가스) 운반선(12,000cbm급, 액화온도 −104°C, 선주 : 그리스 Eletson사)을 건조하기도 했다.

[7] 심해자원 개발을 위한 해양 구조물

활용도가 더욱 높아지고 있는 해양 석유자원 개발지역이 점점 더 깊은 심해역으로 이동할 수밖에 없다. 따라서 비교적 얕은 해역에서 사용될 수 있는 고정식 해양 구조물의 유용성은 한계에 이르고 있다. 이러한 문제를 해결하기 위하여 선박과 해양자원 개발 플랜트가 복합된 형태의 제품도 활발히 개발되고 있다. 예를 들면 21세기에는 이러한 목적으로 Drill-FPSO(예 스페인의 'MPF 1000', 2006년 건조착수), LNG-FPSO, LPG-FSO 등의 개발이 가속화될 전망이다. 예를 들면 삼성중공업(주)은 2011년 4월 세계 최초로 LNG-FPSO를 수주한 바 있다. 여기서 참고적으로 부유식 드릴쉽(drill ship)의 자기위치 제어법을 소개하면 다음과 같다. 즉, 드릴쉽이 시속 30-147.6 km가 넘는 태풍이나 허리케인, 높이 16 m에 달하는 파도를 견뎌내면서 기우뚱거리지 않고 바다에 가만히 떠서 3600 m 바다 밑 해저 바닥 속 12,000 m 석유를 시추할 수 있도록 하는 것은 자기위치제어 시스템(DPS, dynamic positioning system)의 역할 때문이다. 이 장치의 원리는 위성위치 확인체계(GPS, global positioning system)를 이용하여 인공위성으로부터 4기 이상의 전파를 잡아서 선박의 정확한 현재 위치를 파악하고 이 정보를 이용하여 컴퓨터가 선박 아래에 설치된 스러스터(thruster)를 작동하도록 하는 것이다. 예를 들어 배수량 10만 톤급(L : 228 m, D : 19 m, V : 12 kt)의 드릴쉽 경우 지름 3.5 m짜리 스크루의 스러스터 6개를 배 밑에 설치한다.

또한 한국 조선의 성장동력으로 삼성중공업, 현대중공업, 대우조선해양 등이 투자를 확대하고 있는 서브시플랜트(subsea plant)산업이 구미를 돋우고 있다. 서브시플랜트(subsea plant)산업은 심해저(수심 500m-1200m)의 유정에서 석유를 뽑아내는 플랜트를 말하는 것으로, 드릴쉽, FPSO등 바다 위 시설물 산업의 시장 규모보다 2배-3배 더 큰 것으로 알려져 있으나, 그동안에는 노르웨이, 독일, 미국의 4-5개회사가 독식하고 있었다. 서브시산업의 주요 장비에는 유정에 구멍을 뚫는 드릴링 장비, 유정에서 뽑아낸 기름과 물 · 진흙 등 불순물을 제거하는 분리장치(세퍼레이션모듈), 여러 유정에서 나오는 원유의 유압을 조절하는 집합관(매니폴더), 원유를 해상 FPSO로 올려 보내는 전기모터 펌프와 라이저파이프 등이 있다.

여기서 FPSO(floating production storage and off-loading)는 물에 떠서 자유로운 이동이 가능한 부유식 원유 생산용 선박을 의미한다. 2011년 1월에 대우조선해양은 당시 세계최대의 FPSO(190만 배럴 저장)를 2조 6천억 원에 프랑스 토털사로부터 수주한 바 있다.

아울러 사람이 직접 들어갈 수 없는 심해저의 무진장한 망간단괴, 망간각 또는 열수광상(망간, 니켈, 크롬, 코발트 등의 희소금속 덩어리)을 탐사할 심해잠수정(ROV, remotely operated vehicle) 내지 자동항법잠수정(AUV, autonomous underwater vehicle)의 성능향상 노력이 선진 각국에서 또한 활발히 진행되고 있다. 이러한 심해저 자원은 UN이 인류 공동의 자산으로 규정하여 선행투자국에게 조금씩 그 소유권을 인정해 주기 시작하는 단계이다. 우리나라는 단일 국가로는 여덟 번째로 선행투자국의 자격을 얻어 1994년 UN의 해양법이 발효되던 해에 태평양 공해상의 C-C(clarion-clipperton) zone에 15만 km^2에 대한 배타적 광구개발권을 UN으로부터 인정받았으며, 2003년까지 경제성이 높은 50%의 면적을 최종적으로 확정, 소유하기로 되어 있다.

여기서 세계 심해 잠수정의 개발 현황을 간단히 소개하면 미국의 4500m급으로 미국의 엘빈호가 있으며, 6천m급으로는 블란서의 노틸호, 러시아의 미르1와 2호 및 한국의 해미래호가 있다. 또한 6500m급에는 일본의 신카이6500 및 미국의 뉴 엘빈호가 있으며, 7천m급에는 중국의 자오룽호(유인 및 자체동력)가 있고, 11,000급에는 일본의 가이코호(무인)가 있다.

아울러 영양이 풍부하고 깨끗한 심층수를 개발한다든지, 해상공항, 해양목장, 해중공원용 초대형의 바지선형 구조물(BMT, barge mounted plant)의 개발에도 불이 붙어 있다. 항공모함을 다수 보유하고 있는 미국에서도 부유식 군사기지인 Mobile Offshore Base라는 것의 설계를 하고 있는 것으로 알려져 있다.

또한 조선기자재 산업의 급속한 발전으로 더욱더 안정되고 신뢰성이 있으며, 성능이 좋은 보조기계를 갖춘 선박의 출현도 일반적으로 기대할 수 있다. 실로 선박은 그 종류에 따라 수십만 부품 외에 400~700여 종의 보조기계로 구성된 종합시스템이라고 할 수 있다.

아울러 2003년부터 2011년 사이에 국내 조선소에서 개발한 신기술의 예를 참고적으로 소개하면 표 2 · 3과 같다.

표 2 · 3 최근(2003~2011년 10월 현재) 국내에서 개발된 신기술의 예

조선소	개발한 신기술(내용 요약)
현대중공업	•육상공법[2004년, 10만 5천 톤급 Afratanker(첼린저 1호)의 육상 건조 : 횡진수, 압축공기로 부양 후 밀고 당김] •디지털 CO_2 용접기(고장 최소화, 경제성 제고) •Plasma 자동용접기(2004년, Arc불꽃 길이를 증가시켜서 기존 TIG 용접 속도의 2배 능률로 향상) 및 디지털 용접기(2006년, 용접품질 및 보수 유지성 향상) •자동문자 마킹 시스템(2003년) •슈퍼 리프트공법(9 mm 오차의 해양 설비 조립 기술) •T-도크(2009.2) 및 H-도크(2009.4) 건조방식(개선된 텐덤식) •세계 최초 LNG-FSRU(부유식 액화천연가스 저장, 재기화 설비)수주; 17만m^3급(2010.10, 선주 : 노르웨이 Hoegh LNG사) •세계 최대 쇄빙상선 개발; 19만DWT, 철광석운반선, 1.7m 두께 빙해에서 6kt운항(2011) •세계 최대 해양설비운반선 수주; 반잠수식, 적재용량 11만톤, L×B×D=275m×70m×15.5m(2011.2, 선주 : 네덜란드 Dockwise사) •세계 최초의 원격 제어 및 관리선('Smart Ship') 건조(2011.3, 선주 : 덴마크 AP몰러 머스크사) •세계 최대 컨테이너선인 18400 TEU 수주(2013.5. 중국 차이나시핑 컨테이너라인, CSCL) •국내 최초의 선박충돌회피시스템(HiCASS) 개발(2014.7) •LNG선 증발가스(BOG) 100% 활용시스템 개발(2015.1) •1만 톤 해상크레인 준공(2015.2)

표 2·3 최근(2003~2011년 10월 현재) 국내에서 개발된 신기술의 예(계속)

조선소	개발한 신기술(내용 요약)
현대중공업	•Hi-Fin(프로펠러 허브에 부착하는 바람개비 모양 장치) 개발로 연료소모율 최대 2.5% 개선(2015.5) •DNV-GL(노르웨이-독일 선급)로부터 선박의 연료전지(SOFC) 발전시스템 설계에 대한 기본인증서(AIP) 획득(2020.11.24.)
현대미포조선	•세미 텐덤 건조 방식(두 배의 생산을 동시에 진행함으로써 도크 공간 활용의 극대화) •해양작업지원선(PSV : platform supply vessel) 인도(2014.9, 선주 : British Petroleum사) •세계 최초 액화 에칠렌가스운반선(LEG, 선주 : 그리스EC사) 건조(2015.8) •LR선급으로부터 암모니아연료추진선의 선급기본인증서(AIP) 획득(2020.7) •독자 기술로 전기추진선박[L·B·D=89.2m·12.8m·5.4m, 승객 375명, 선주 : 울산정보산업진흥원(UIPA)]의 건조계약 체결(2020.7, 인도 : 2020.10) •평형수무배출 컨테이너선 개발(2020.11, 공동개발자 : 고려해운, 한국선급)
현대 삼호중공업	•세계 첫 LNG추진 대형 컨테이너선(14,800TEU, 선주 : 싱가포르 EPS사) 인도(2020.9)
삼성중공업	•GS-CAD 설계시스템(2005년, 선체설계와 의장설계를 통합, 공저의 디지털화 달성) •mega block 공법(2004년, 육상의 100~130개 철구조물을 개당 2500~3000톤짜리 7~8개의 mega block으로 해상독에서 조립), giga block 공법(2006년, 개당 6천 톤 이상의 블록공법), 테라공법(2007년, 개당 만톤 이상의 초거대블록공법) •SOLAS(2004년, 최적항로 도출 시스템) •LNG-FPSO 세계 최초로 수주(2008년 9월), 건조 착수(2011.4, 선주 : Flex LNG사) •해적퇴치 통합시스템 개발(2011.1) •세계 최초 초대형 메탄 운반선(VLEC; 8만 8000m^3 급) 수주(2014.7) •LNG-FSRU의 재기화 설비 국산화 성공(2014.10) •LNG연료 추진 VLCC 세계 첫 수주(삼성독자 개발 LNG 공급시스템 'S-Fugas' 탑재, 선주 : 버뮤다지역선사)(2020.3) •업계 세계 최초로 천연가스 액화공정(NGL Cycle)기술의 상세설계인증서 획득(인증선급 : ABS)(2020.9) •독자 개발 원격자율 운항시스템(SAS) 탑재선(300톤급)의 원격자율운항 시연 성공(2020.10)
대우조선해양	•PI시스템 2004년, 프로세스 혁신 IT시스템의 개발 적용) •양면 슬리트 공법(이중 선체 블록을 끼워 맞춤) •링 타입 탑재 공법(선체 중앙부를 12개의 토막으로 나누어 제작 : mega block공법과 유사) •엑티브 LNG 저장탱크[ACT-IB] 개발(2010년) •세계 최대 컨테이너선인 18000TEU급 수주(2011.2 당시, 선주 : 덴마크 AP몰러 머스크사) •세계 최대 FPSO; L×B×D=325m×61m×32m, 190만 배럴원유저장가능, 2조6천억원(2011.1, 선주 : 프랑스 Total사) •'Napa-DSME Power(선박항해용 SW)' 개발(2011.4) •세계최대 LNG-FSRU수주; 17만3천400m3(2011.8, 선주 : 미국 Excelerate Energy사) •세계 최초 프랫폼 타입 해상풍력발전기선 건조(2011.9, 선주 : 독일 RWE AG사) •세계 최초 고압천연가스연료공급장치(FGSS) 개발(2013.6) •세계 최초 Weaving SAW 용접기 개발(2014.3) •'전선 설치 로봇' 세계 최초 상용화(2014.7) •세계 최대 에코 컨테이너선 건조(머스크맥키니몰러호, 2013.6) •세계 최초 LPG 추진선의 DNV-GL 기본승인(AIP) 획득(2014.10) •세계컨선(24,000TEU급) 인도(2020.7)[※HMM해운사의 현대, 대우, 삼성에 분산 발주된 것의 일환임]

표 2·3 최근(2003~2011년 10월 현재) 국내에서 개발된 신기술의 예(계속)

조선소	개발한 신기술(내용 요약)
한진중공업	•dam 공법(도크 작업분과 육상 작업분을 물속에서 접합, 도크 크기보다 더 큰 선박의 건조, 예 8100 TEU급 컨테이너선 건조) •국내 최초로 잠수지원선(DSVdiving support vessel) 진수(2009년 3월) •세계 최초 범용 LNG bunkering vessel 수주(2014.7, 선주 : 일본 NYK사)
STX 조선해양	•Skid Launching System(2004년, 육상공법 : 종진수, 유압식 부양 후 당김) •세미 텐덤 건조 방식 •디지털 도면 배포 시스템(2004년) •2009년 3월 ROSE(rendezvous on the sea for erection) 공법 개발(바다에서 결합하는 초대형 공법 •2009년 10월, STX유럽(TURK조선소)이 세계최대 크루즈선(GT 22만5000톤, 승선인원 9400며 명) 인도
성동조선해양	•GTS(gripper-jacks translift system) 진수법(2006년, 육상의 skid rail에서 완성 후 link beam을 통해 floating dock로 gripper-jacking하여 load-out하는 방식 : 종진수, 유압장치 자체가 움직여서 load out함) •'Extension synchro' 용접시스템 개발(2014.12)

〈참고사항〉 현대중공업그룹(: 중간지주사인 한국조선해양의 자회사 / ※지주사는 '현대중공업지주'임)

2.2.3 최근에 관심사로 되어 있는 새 규정 예

[1] CSR규정[참조: 16.1절]

CSR규정은 선체구조를 강화하기 위한 규정이며, IACS(international association of classification societies : 국제선급협회연합)가 추진하여 2006년 4월 1일부터 탱커 및 벌크선에 강제 적용한 CSR(common structure rules, 공동구조규정 또는 규칙)에 따라 환경 및 선박안전을 위한 신개념의 선체구조설계선이 생산되어 왔으며, 2015년 7월부터는 유조선과 산적화물선의 공동구조 규칙이 '통합공동규칙'으로 대체되었다[16.1.3 참조]. 기존 선박에 비해 화물중량, 단면 구조강도, 피로도, 좌굴현상 등에 차이가 있는 선박이 생산되고 있다.

이 규정에 따라 강화된 설계 조건의 주요 내용을 요약하면 다음과 같다.

- 설계 수명을 20년에서 25년으로 함.
- 기준 되는 항해 구역을 'world wide'에서 'North atlantic'으로 함.
- 구조해석시 지정된 하중조건(loading condition)을 추가함.
- 피로(fatigue) 계산 때 'world wide 20년'을 'North atlantic 25년'으로 함.
- 좌굴 보강 증가.
- 하중(load) 산정 때 동적영향(dynamic effect) 증가(선체운동이나 파랑변동압 등을 10%–15% 증가).
- 부식 여유분(corrosion margin) 증가.

이 기준을 적용하면 벌크선 제조용 철강재는 3~5%, 탱커는 6~10% 정도 쯤 늘어나, 선가 인상이 불가피한 것으로 알려져 있다. 이 규정의 특징은 연료탱커의 보호규정 및 충격으로부터 안전을 도모하기 위한 규정이며, 이에 더하여 휘발성 유기화합물인 VOC로부터 환경보호를 위한 장치 및 설비를 갖추게 하는 것이다. 이것은 국제해사기구(IMO, international maritime organization)에서 추진하는 GBS(goal-based standards)의 선체구조 분야에 해당하는 것으로 볼 수 있다. IMO는 2007년 8월부터 컨테이너선의 연료탱크 경우도 2중 선체를 의무화하였으며, 2009년 이후에는 선박의 물 밸러스트(ballast water)에 의한 수중 생물의 이동을 방지하는 시설 설치를 의무화 할 예정이다.

〈※참고사항〉 CSR 길이(L_{CSR}) : scantiling draft(설계흘수보다 크던지 같음)에서 FP와 타두재(rudder stock) 중심까지의 거리이다. 단, 이 길이는 하지만개흘수선상의 최대 길이(extrem length; 외판두께 포함)의 96%보다 작으면 안 되고, 97%보다 클 필요는 없다.

[2] PSPC(performance standard for protective coating) 규정[참조 : 16.6절]

2008년 7월 이후 계약 선박(또는 계약이 없는 경우는 2009년 1월 1일 이후 용골 거치 선박)부터는 밸러스트탱크의 도장 요건을 강화한 CPS(coating performance standard)가 IMO PSPC로 강제 적용되어서, 500GT 이상의 모든 신조 선박의 선박 밸러스트 탱크 도장 내구연한을 15년 유지토록 규정하였다[IMO resolution MSC 216(82)].

[3] PMA(permanent means of access) 관련 규정[참조 : 16.7절]

지난 2000년부터 IMO에서는 유조선 및 산적화물선에 대한 ESP(enhanced survey programme) 강화의 일환으로 PMA(permanent means of access)가 논의되어 2003년도 MSC 제76차 회의에서 SOLAS Reg. Ⅱ-1/3-6 및 부속된 Technical Provision인 IMO Res.133/4(76)을 채택하였고, 동 신설 협약은 2004년 7월 1일부터 발효되었다.

그러나 신설 협약은 PMA의 설치 및 유지 · 보수 면에서 여러 문제점을 안고 있어 해운업계 및 조선소 측에서 개선의 요구가 있었고, IMO에서는 이를 수용하여 개정안 IMO Res.151/8(78)을 2004년 5월 MSC 제78차 회의에서 채택하였으며 2006년 1월 1일부터 발효하기에 이르렀다. 이 기준을 적용하면 경하배수량이 약 1.5-2% 증가될 수 있는 것으로 알려져 있다.

한국선급(KR)에서도 IMO에서 개정 의결된 SOLAS Reg. Ⅱ-1/3-6 및 부속 technical provision인 IMO Res.151/8(78) 및 이에 대한 IACS UI SC191(draft) 내용을 정리 종합하여서 이와 관련된 상세지침서를 2004년 11월에 발행한 바 있다. 상세한 내용은 이 지침서를 참조하면 되며, 여기서 이 지침서의 주요 구성을 소개하면 다음과 같다.

① 이 규정의 일반 사항(개요, 경과, 적용 대상, 적용 시기 등)을 소개하고 있다.

② SOLAS Reg. Ⅱ-1/3-6 및 technical provision의 각 항목에 대한 IACS UI SC191을 본문, 해석, 배경, 참고, 해설의 형태로 그림과 원문을 곁들여서 안내하고 있다.

[4] 연료유 탱크 보호를 위한 신 규정[참조 : 16.8절]

대양 및 연안에서의 충돌 사고로 인한 해양오염 방지를 위하여 그동안 유조선의 화물창 구역의 2중 선체화를 규제한 바 있으나(MARPOL Res. 13F), 2008년 8월 1일부터는 컨테이너선까지 포함하여 연료유[H.F.O.(Heavy fuel oil), M.D.O.(Marine diesel oil), Gas oil] 총량이 600 m^3 이상인 모든 선박의 연료탱크를 2중화해서 보호하도록 하기 위한 국제 규정(MARPOL Annex I Reg. 12A)이 확정되어서 적용되도록 되어 있다. 이 규정의 좀 더 구체적인 내용을 표 7·9에 수록하였다.

[5] 쇄빙상선 설계 관련 규정(ice class rule)[참조 : 16.10절]

근래에 경제적인 이유로 쇄빙상선 설계가 증가하고 있다(2.2.2의 [4]항 참조). 본 항에서는 이러한 선박설계 때 고려할 특기 사항을 요약적으로 소개한다.

쇄빙선 설계 때 특별히 고려하여야 할 빙하중은 'ramming(충격쇄빙으로서 특히 선수부에 걸리는 이 하중이 문제가 된다)'과 'jamming(빙판 사이의 틈 속에 선박이 끼는 현상으로 특별히 이 하중으로 인한 선체 중앙부의 압축력이 문제이다)'이다. 대부분의 빙해역 선급규정의 빙하중 계산식은 이러한 조건을 가정하여 만들어졌다. 또한 이러한 규정 배경에는 러시아 규정의 빙하중 산정공식이 있으며, 러시아 규정은 이러한 최악의 조건 (즉, 선수부의 ramming, 중간측면부의 jamming)을 고려한 경험을 통해 얻어진 것이다.

빙해역을 운항할 선박은 일반 선급규정과 함께 운항항로의 빙상조건에 합당한 빙해역 규정을 만족해야 한다. 현재 빙해역에 적용되는 각국의 선급규정은 쇄빙선박에 요구되는 선체강도 요구조건과 규정의 발전과정에 따라 다음과 같이 크게 세 그룹으로 나눌 수 있다. 즉, 서유럽 국가의 선급규정(LR, DNV, BV, GL)과 미국의 선급규정(ABS)은 1971년도 핀란드-스웨덴 규정(Finnish-Swedish ice class rules, 1985년 개정)에 기초를 두고 있다. 반면에 구공산권 국가의 선급규정(폴란드, 동독 등)은 구소련 선급협회(USSR Register of Shipping, 1968년 도입, 1982년 및 1999년 개정)의 규정을 채택하고 있다. 그리고 캐나다의 경우에는 캐나다 북극해에 적용되는 독자적인 규정인 CASPPR(1972년 도입, 1995년 개정)을 사용하고 있다.

이제 각 선급규정의 특징적 내용을 좀 더 소개하면 다음과 같다. 즉, 캐나다와 러시아의 빙해역 선급규정은 자국의 북극해 빙상조건에 맞추어 높은 빙등급을 정하였기 때문에 빙상조건이 훨씬 온화한 발틱해의 겨울철에만 적용되는 핀란드-스웨덴의 규정에 비해 빙등급의 범위가 훨씬 넓다. 캐나다의 CASPPR 규정은 선박의 선체강도와 출력, 그리고 북극해 빙해역의 빙상조건에 따라 1, 1A, 2, 3, 4, 6, 7, 8, 10의 9단계로 구분을 하고 있다.

그리고 발틱해의 빙상조건에 맞추어 5단계의 저등급(A, B, C, D, E)이 설정되어 있다. CASPPR 규정은 선박이 평탄빙에서 약 3노트의 속도로 연속쇄빙을 하면서 진행할 수 있는 최대의 얼음 두께로 그 등급을 정하고 있으며 또한 이 등급과 관련하여 CASPPR 규정은 선박이 일 년 중 특정기간에 항행 가능한 지역을 정해 두고 있다. 한편 핀란드-스웨덴 규정은 겨울철 발틱해에서 운행하는 선박에 대하여 4가지 빙등급(IC, IB, IA, IA super)으로 분류하고 있다. 이 중에서 발틱해의 가장 높은 빙등급(IA super)에 해당하는 선박은 외부의 도움 없이도 자신의 추진력만으로 운행할 수 있는 반면에, 가장 낮은 빙등급의 선박은 빙상조건이 악화될 때는 유도쇄빙선의 도움이 필요할 경우도 있을 것이다. 발틱해의 빙상조건을 위해서는 러시아 규정도 역시 4가지 빙등급(L3, L2, L1, UL)으로 분류된다. 그러나 각 등급이 요구하는 선체의 강도는 핀란드-스웨덴 규정의 요구사항과 꼭 일치하지는 않는다. 또한 LR, ABS, DNV, BV, GL, NK의 규정은 발틱해의 빙상조건(Northern Baltic in winter season)을 4단계 혹은 5단계의 빙등급으로 설정하고 있다.

[6] 대기오염 저감 관련 규정[참조: 14장 참고문헌 53, 16.1절 및 16.2절]

IMO(MARPOL ANNEX VI)는 선박기관이 배출하는 NOx 및 SOx 함유량을 규제토록 되어 있다. 여기서 NOx의 절감을 위해서는, 2011년부터 2015년까지 적용되는 TIER II Engine 경우는 엔진제조회사에서 수정 가능하지만, TIER III가 적용되는 2016년부터는 'NO$_X$ Emission Control Area'가 적용되므로 별도의 배기가스정화기[예 : SCR(Selective Catalytic Reduction), EGR(Exhaust Gas Recirculation)]를 설치해야한다[2.2.1-4 참조]. 다음으로 SOx(황 함유량)를 줄일 수 있는 방법은 연료유에서 절감해야 한다. 따라서 0.1% 황 함유량의 연료를 사용해야 하는데 현재 0.1%를 만족하기 위해서는 M.G.O (Marine Gas Oil)를 사용해야 하므로 Engine room tank 구성 때 H.F.O(Heavy Fuel Oil) Tank, M.D.O(Marine Diesel Oil) Tank 외에 M.G.O(Marine Gas Oil) Tank를 추가로 설치하여 사용해야 할 것이다. 한 때 스크러버(scrubber, 탈황장치)가 사용되기도 했으나, 해양오염 우려로 많은 국가(예 : 미국, 프랑스, 싱가포르, 스페인, 포루트갈, 오만)가 스크러버선의 입항을 금지함에 따라서 이 장치는 사용하지 않는 추세다.

특히 2013.1.1 이후 계약선박 또는 2015.7.1 이후 인도되는 선박부터는 EEDI(16.2.2 참조) 10% 강화된 기준을 의무적으로 만족하도록 되어있으며, 년도별 규제내용은 그림 2·8을 참조하기 바란다.

참고적으로 '에너지효율설계지수(EEDI : Energy Efficiency Design Index)'를 단순화시켜 표시하면 다음과 같다(상세식은 16.2절 참조).

$$\text{EEDI} = \frac{\text{주기관출력} + \text{보조기관출력} - \text{CO}_2\text{저감인자}}{\text{화물량} \times \text{선속}}$$

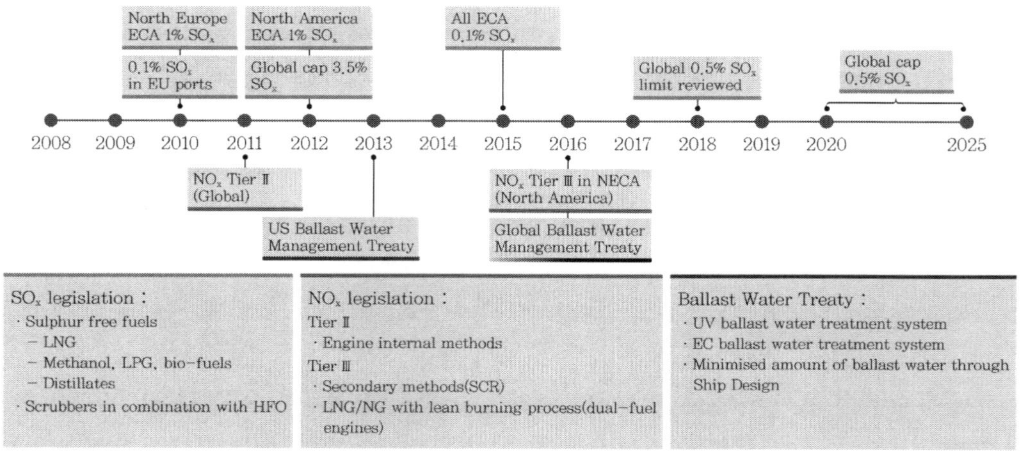

그림 2·8 년도별 규제 내용(MARPOL ANNEX VI)

[7] SOLAS에 추가된 기타 코드들

1994년 이후 IMO(International Maritime Organization, 국제해사기구)의 MSC(Marine Safety Committee, 해사안전위원회)에서 SOLAS(International Convention for the Safety of Life at Sea, 해상인명안전협약)에 추가로 신설한 코드들의 내용을 요약해 보면 다음과 같다.

▶ 곡물운반선용(제6장) : 국제곡물운송코드(IMO Grain Code).

▶ 위험물 운반선용(제7장)

- Part A : 산적의고체상태 또는 포장형 위험화물 운송선에 2004.1.1부터 적용되는 국제해상위험물코드(IMDG Code : International Maritime Dangerous Goods Code).
- Part B : 1986.7.1. 이후 건조된 화학제품운반선의구조와 설비에 관한 국제화학제품운송코드(IBC Code : International Gas Carrier Code).
- Part C : 액화가스운송선(1986.7.1발효, 2017년 개정안 발효)의 구조와 설비 관련 국제가스운송코드(IGC code : International Gas Carrier Code).
  제93차 회의(2014.5.14-5.23)에서 선체와 화물탱크 간 최소 거리를 대폭 증가시켜 액화가스 운반선의 폭발사고를 방지하기 위한 화물창 보호 요건이 강화된 국제가스선박 IGC코드를 채택하고, 이 개정안을 2017년 K/L선부터 적용토록 하였음. 개정안의 주요 내용은 선박 외벽에서 화물창까지의 길이를 기존 규정에서 760mm이던 것을 선박 크기와 화물탱크 형태에 따라 800mm~2000mm로 증가토록 하였음.
- Part D : 포장 형태의 핵연료, 플루토늄과 핵폐기물 운송관련 규정인 국제핵물질안전운송코드(INF Code).

- ▶ 핵추진선박용 규정(제8장)
- ▶ 선박의 안전관리 규정(제9장, 1998.7.1발표)
- ▶ 고속선의 안전조치(제10장) : 고속선(1996.1.1 이후 건조선, 2002.7.1 개정)에 강제 적용되는 국제고속선안전코드(HSC Code)
- ▶ 해상안전 증진을 위한 특별조치(제11장) : 선박의 강화검사, 선박식별 번호제도와 운용요건에 관한 항만 국제통제에 관한 규정(1996.1.1발효)
- ▶ 산적화물선(B/C선)에 대한 추가적 안전조치 : 1999.7.1 이후 건조된 화물밀도 1000kg/m^3 이상 되는 길이 150m 이상 B/C선과 화물밀도 1780kg/m^3 이상의 현존 B/C선의 구조적 요건에 관한 규정.

[8] 해적 퇴치 공간 관련 규정[참조 : 16.11절]

한국 국적을 가진 선박안전법 적용대상 선박은 해적에 대비하여 대피할 수 있도록 해적이 접근하지 못하게 하는 공간(CITADEL)을 두도록 관계 법령이 2011년 2월 24일 공포되어 적용되고 있다. 이 공간의 크기 및 시설 등의 상세한 조건은 국토해양부 고시문(제2011-60호, 2011.2.24) 및 한국선급 기준(Technical Information 2011-LAW-01)을 참조하기 바란다.

[9] 'Green Passport(Ship Recycling)' 관련 규정[참조 : 16.3절]

선박이 수명을 다하더라도 모든 재질의 재활용이 가능하도록, 설계단계부터 규제함으로서 환경에 미치는 악영향을 최소화하려는 목적으로 2003년 12월 개최된 IMO assembly 23차 회의에서 "The IMO Guideline on Ship Recycling[IMO Resolution A.962(23)]"이 발표되고 2005년 11월 개최된 MEPC총회에서 IMO Res. A.962(23)을 부분적으로 수정해서 채택하였다. 본 회의에서 이 새로운 협약은 2008년-2009년 채택을 목표로 개발키로 하였으며, 그 이전까지는 권고 상태로 유지토록 하였다.

이 MEPC work program의 주요 내용은 신조선의 설계 때부터 모든 재질의 재활용(recycling)이 쉽도록 하기위하여 배 안에 들어있는 위험 물질의 정보를 목록으로 만든 소위 'Green Passport'을 작성해서 활용토록하고 있다. 이를 위하여 설비(equipment) 제조사로부터 받은 목록을 재질(material)별 목록으로 취합하기 위하여 많은 시간과 노력이 들것으로 예상된다. 이 'Green Passport' 활용의 주요 내용은 다음과 같다.

▶ Green Passport의 구성 내용
- ship details,
- 위험 재질(hazardous material)이 쓰인 부위 및 양,
- 운항중 발생되는 폐기물(wast)의 위치와 양,
- 선박에 적재되는 위험 물질의 위치와 양.

▶ Green Passport 유지 활용
- 선박 건조자가 최초로 작성하고, 선박 인도 때 함께 인도함,
- 선주는 이를 계속적으로 update함,
- 선박 분해시 recycling facility에 이를 함께 인도함.

[10] 발라스트수 관리 관련 규칙[16.4절], IGF코드[16.5절] 및 MCL 협약[16.9절]

ballast water에 의한 환경파괴 문제를 규제하는 규칙, 가스연료 사용 선박의 안전성 관련IGF코드(최근 논의 중) 및 선원의 기본권 보장을 위한 MCL(2006 해사 노동 협약) 등은 제16장의 상기 절을 참조하기 바란다.

2012년 이후 건조선박은 평형수 처리기 설치를 의무화했으며, 기존선박은 2022년까지의 설치가 의무화되어 있다.

한편 현대미포조선은 평형수 배출 없는(ballast free) 친환경 대형선박(7500cbm급 '카이로스호', 선주 : 독일 베른하르트슐테사)을 2018년 10월 세계 최초로 건조한 바 있다.

[11] 화물 적재 및 안전 관련 규정(CSS Code)

운송되는 화물의 운송 단위(unit)에 대한 각국의 적재방법 및 고박 형식 등의 기준차이 때문에 사고가 자주 발생되고 있으므로, 적재 및 고박에 대한 통일된 기준을 적용하여, 안전을 기하고자 CSS Code(Code of Safe Practice for Cargo Stowage and Securing)가 IMO Res. A714(17)에 제정되어, 2015년 1월 1일 이후 용골거치(K/L)되는 컨테이너선에 강제로 적용되도록 하였다.

[12] 규정개정내용의 최신 정보사이트 및 상세내용

규정개정 내용의 최신 정보는 다음 사이트에서 찾을 수 있으며, 좀 더 상세한 규정 내용은 제16장에 수록하였다.

* http://krcon.krs.co.kr(KR-CON)
* http://www.krs.co.kr(한국선급홈 페이지)
* http://www.momaf.go.kr(해양수산부홈페이지)
* http://www.iacs.org.uk/publications(국제선급연합회)

2.3 선박의 크기 영향

기하학적인 상사성을 유지하면서 선박의 크기가 변화될 때, 다음에 열거한 항목의 측면에서 대형선이 소형선보다 모두 유리한 것으로 나타나 있다. 따라서 앞 절에서 소개된 바

와 같이 현대 상선의 주요 경향 중에 한 가지는 선박의 대형화에 있다. 하지만 선박이 커지면 선박의 구조중량이 증대될 것이다. 따라서 선박의 크기와 선체 구조중량과의 관계를 콘 절에서 검토해 본다.

- 분할 상환금(amortization cost)
- 연료비(fuel cost)
- 급료(salary cost)
- 생활비(subsistence cost)
- 유지비 및 기타 경비(maintenance & other cost)

이미 제1장에서 살펴본 바처럼 상선설계의 3대 목표는 첫째 가볍고, 둘째는 튼튼하며, 셋째는 최적의 경제적 속도로 운항될 수 있는 기동성을 보유한 선박을 설계하는 것이다. 여기서 '가벼운 선박' 측면의 경제성을 검토하는 중요 척도로 재화중량계수[(DWT)/Δ]가 이용된다. 이를 테면 중량 측면에서 재화중량계수[(DWT)/Δ]가 극대화된 선박을 설계하면, 재화중량이 극대화되어서 수입이 극대화된 선박이 될 수 있다는 뜻이다. 이를 위해서는 배수톤수(Δ)의 주요 항목인 선체 중량과 기관부 중량이 최소가 되도록 설계해야 한다. 따라서 선박 크기와 기관부 중량 및 선체 중량과의 관계를 다음에서 각각 검토해 본다.

또한 참고적으로 실적선 자료에 입각해서 '속장비와 재화중량과의 관계' 및 '선박속력, 길이와 배수톤수'와의 관계를 그림 2 · 10및 그림 2 · 11에 각각 수록하였다.

2.3.1 선박의 크기와 선체 구조중량의 관계

기하학적으로 상사한 두 배의 길이 축적비를 $\lambda\left(=\dfrac{L_2}{L_1}\right)$라 하면, 종강도는 다음과 같다.

$$\sigma=\frac{My}{I},\quad M\doteqdot\frac{\Delta L}{c} \tag{2 · 1}$$

여기서 σ는 종방향 응력(stress), M은 굽힘모멘트, I/y는 단면계수, L은 길이, Δ는 배수량, c는 파도에 따른 비례상수 이다.

이제 배의 크기에 따라 상수 c가 일정하다고 하면 $\Delta \backsim \lambda^3$, $L \backsim \lambda$이므로

$$M \backsim \lambda^4 \tag{2 · 2}$$

또 $y \backsim \lambda$이고 $I \backsim t \cdot D^3 \backsim \lambda^4$(단, t는 부재 두께)이므로 σ는 다음 식과 같이 표시될 수 있다.

$$\sigma \backsim \frac{\lambda^4 \cdot \lambda}{\lambda^4} \backsim \lambda \tag{2 · 3}$$

다음으로 σ가 일정해야 한다면 $I \backsim \lambda^5$ ($\because I \backsim My \backsim \lambda^5$)이어야 하고 따라서 $t \backsim \lambda^2$ ($\because I \backsim t \cdot D^3$)인 관계가 있음을 알게 된다.

한편 선체 구조중량(w_h)은 '선체표면적 × 두께'에 비례할 것이므로 '$w_h \backsim \lambda^2 \cdot t$'인 관계가 있고, σ가 일정해서 $t \backsim \lambda^2$이면, Δ에 대한 w_h의 비는 다음 식과 같이 λ에 비례해서 증감됨을 알 수 있다.

$$\frac{w_h}{\Delta} \backsim \lambda \tag{2 · 4}$$

이상의 검토결과는 큰 선박일수록 구조부재의 치수가 길이의 축적비 이상으로 커져야 하고, 따라서 선체구조중량비도 길이의 축적비 이상으로 커져야 함을 의미하고 있다. 그러나 실제로는 식 (2 · 4)와 같이 λ에 비례하면서까지 커지지는 않는다. 그 이유는 상기 모멘트 식에서 파도에 따른 상수 'c' 값은 큰 선박일수록 커지고, 따라서 M은 큰 선박일수록 작아진다. 말하자면 파도의 높이는 길이가 클수록 상대적으로 낮아지기 때문이다. 또한 부재 치수결정 때 고려하는 부식에 대한 마진(corrosion margin)은 일정한 것이 보통이므로 큰 선박이 유리하기 때문이다.

2.3.2 선박의 크기와 중량과의 관계

마찰저항계수 및 잉여저항계수 측면에서 대형선의 값이 소형선보다 작은 것으로 나타났다. 따라서 전체 배수량에 대한 기관부 중량비(W_m/Δ) 또한 대형선의 값이 작게 된다. 따라서 운송화물의 톤당 경비(cost/ton)도 그림 2 · 9와 같이 선박의 크기에 따라 일반적으로 감소되는 경향이 있다.

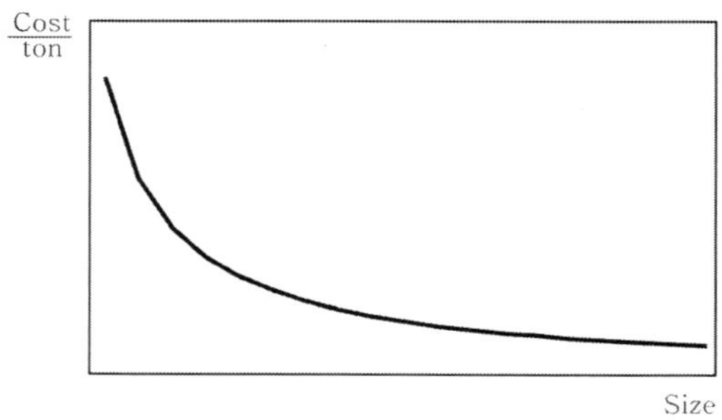

그림 2 · 9 선박 크기와 화물의 톤당 운송경비와의 관계

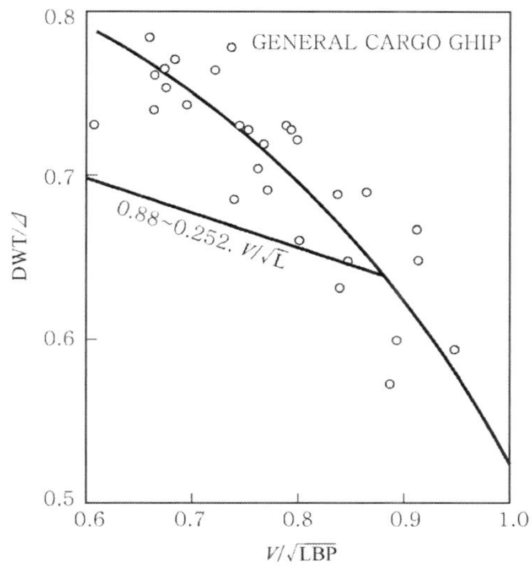

그림 2 · 10 속장비와 재화중량계수와의 관계
[※단위 표기없는 '속장비'의 전통적 단위 :
속도는 knot, 길이는 feet 단위를 의미함]

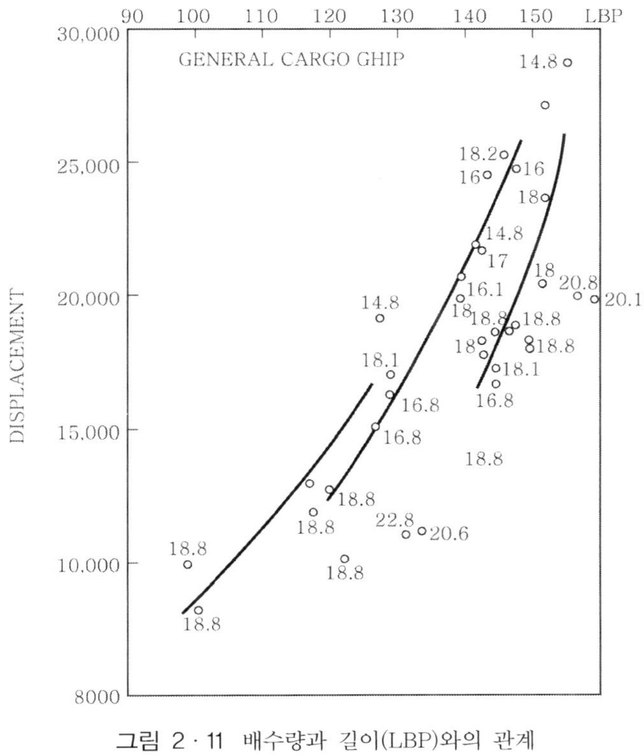

그림 2 · 11 배수량과 길이(LBP)와의 관계

2.4 선속의 정의 및 영향

상선설계의 3대 조건이 경량화, 최적의 기동성, 최적의 강도 등이므로 신조선의 계약속도 증명 및 운항 중 경제속도의 최적성은 매우 중요한 의미를 갖는다. 하지만 기존의 선박 속도성능 해석법상의 부정확성 때문에 선속 미달과 관련된 논쟁이 산업현장에서 종종 발생되고 있다. 이에 본 절에서는 시운전 속력 및 항해 속력의 정의를 소개한다. 선속성능 해석과 관련된 사항은 제 14 장에서 좀 더 구체적으로 살펴본다.

2.4.1 시운전 속도의 정의

시운전 속도란 시운전 코스에서의 속도를 말하며, 시운전 코스의 일반적인 조건은 다음과 같다.

① 바람, 파도, 조류가 없는 잔잔한 바다를 기준으로 하며,

② 시운전 배수량과 시운전 트림 상태와

<시운전 배수량의 예>

- 군함 : $\Delta_L + \frac{2}{3}$(소모품)
- 일반 화물선 : 공선(ballast)$\sim\frac{1}{5}$ DWT
- 원유운반선 : 공선 또는 만재 배수량

③ 선각 및 프로펠러의 조도(粗度)를 무시할 수 있는 깨끗한 표면 상태에서,

④ 설계상 전 출력(designed full power)을 투여했을 때의 속도를 말한다.

여기서 '설계상 전 출력'이란 '상용 축마력(normal SHP)' 또는 '설계상 최대 축마력(maximum designed SHP)'을 의미한다. 또한 이때 상용 축마력이란 배의 운항 때 항해속력을 내기 위해서 일반적으로 투여되는 상용출력을 말한다. 한편 설계상 최대 축마력이란 기관을 연속해서 최대로 작동시킬 수 있는 출력, 즉 '연속 최대출력(MCR, maximum continuous rating)'을 의미한다.

시운전 해석과 관련된 사항은 제 14 장에서 좀 더 구체적으로 다룬다.

2.4.2 항해 속력(designed sea speed 또는 designed service speed)

항해 속력이란 맑고 잔잔한 바다에서, 조도의 영향을 무시할 수 있을 정도로 표면이 깨끗한 선박의 만재 흘수상태에서 설계상의 최대 축마력의 일정 비율('출력 마진'을 고려한 비율)에서 낼 수 있는 속력을 말한다. 여기서 '출력 마진'이란 속력 시운전 조건과 상용 서비스 상태의 차이를 보정하는 마진을 말한다. 즉 이 마진은 해상에 존재하는 불규칙 파도

및 바람의 영향, 표면조도(hull roughness 및 fouling) 영향 등을 보정하기 위한 것으로서, 신조선의 속력 시운전 상태와 실제 항로의 운항상태 간의 동력 마진(power margin)을 나타내는 '서비스 동력 마진(service power margin)'과 표면조도 영향을 무시할 수 있는 신조선 경우의 동력 마진인 '씨마진(sea margin)'으로 구분해서 일컬어진다. 즉, 서비스 동력 마진(service power margin)의 경우는 해상에 존재하는 불규칙 파도 및 바람의 영향, 표면조도 영향 등을 보정하기 위한 출력 마진이며, 씨마진은 해상에 존재하는 불규칙 파도, 조류 및 바람 등의 영향을 보정하기 위한 마진을 말 한다. 즉, 씨마진은 다음과 같이 정의될 수 있다.

$$\text{씨마진}(\%) = [(Ps - Pc) \div (Pc)] \times 100$$

여기서 Ps는 상용출력을 의미하며, Pc는 정수 중에서 표면조도를 무시할 수 있는 상태에서 항해속력을 내기 위한 출력을 의미한다.

신조선 경우의 씨마진은 통상 정수(still water)저항만을 고려한 출력에 12~15%를 추가로 고려하는 것이 보통이다. 하지만 실제 항로에 존재하는 불규칙 파도, 조류, 바람 및 표면 조도 등의 저항은 정수저항에 비례해서 증감되는 것이 아닌 것이 분명하며, 이러한 출력 마진의 크기는 기관부 중량의 크기(따라서 재화중량의 크기), 연료소모율 측면에서의 유지비, 선가 등에 지대한 영향을 미칠 수 있다. 따라서 이러한 동력 마진 산정법 개선의 필요성이 1970년대부터 강력하게 지적되어 오고 있다(예 제17회 및 제18회 국제수조회의 보고서). 합리적인 속력 시운전 결과의 해석법과 출력 마진 산정법과 관련된 사항은 제 14 장에서 좀 더 자세히 소개한다.

2.4.3 설계 때 속력 증가에 미치는 영향 요소

설계 때 선속을 증가시킬 경우에는 일반적으로 다음과 같은 변화를 예견할 수 있다.

① 방형계수가 감소된다(선형이 홀쭉하여짐).

② 동력 증가를 위해서 기관용량을 증가시킴에 따라, 기관부 중량이 증가되고 연료소모율이 증가된다. 따라서 재화중량이 감소되고, 선가가 높아진다.

③ 연간 운항 횟수가 늘어난다.

④ 연간 화물의 운송량이 다소 증가될 수 있다.

이상에서 살펴본 영향중에서 ①과 ②는 지출이 증가되는 요인이 되는 반면에, ③과 ④는 수입이 증가될 수 있는 요인이 된다. 따라서 수입과 지출을 충분히 비교 검토해서 최적의 경제적 속도를 갖는 선박을 설계토록 노력해야 할 것이다.

제 3 장 중량추정

3.1 상선의 주요 중량 그룹(weight grouping for merchant ship)

선박의 톤수에는 총톤수, 순톤수 및 용적톤수 등과 같이 용적을 나타내는 것과 경하중량(또는 경하배수톤수), 재화중량 및 배수량(또는 배수톤수) 등과 같이 중량을 나타내는 것으로 구분된다. 본 장에서는 상선의 설계 과정에서 중량을 추정하는 법에 관하여 살펴본다.

먼저 배 자체의 중량을 나타내는 경하중량(또는 경하배수톤수, light weight 또는 light displacement)은 다음과 같은 항목으로 구성된다. 즉,

- 선각 중량(net hull steel weight)
- 의장품 중량(wood and outfit weight)
- 기관부 중량(machinery weight)
- 기타 마진(margin)

또한 선박에 실을 수 있는 중량으로 정의되는 재화중량(dead weight, DWT 또는 DW)에는 화물(cargo), 승객 및 승객의 짐(passengers and passenger's effect), 연료(fuel), 윤활유(LO, lubricating oil), 예비급수(RFW, reserved feed water), 물(fresh water, sanitary sea water), 승무원 및 승무원의 짐(crew and crew's effect), 창고품(stores : provision and running) 등이 포함된다. 그리고 만재 배수량(full load displacement)은 경하중량과 재화중량의 합으로 정의된다.

여기서 참고적으로 군함의 중량그룹을 소개하면 다음과 같다. 좀 더 상세한 것은 제 13 장을 참조하기 바란다.

① **경하중량**(light displacement) : 소모품이나 변동 하중물을 제외한 배 자체의 중량.

② **만재 배수량**(full load displacement) : 모든 것이 갖추어진 완전한 배의 중량.

③ **시운전 배수량**(trial displacement) : 전체 소모품중량의 $\frac{2}{3}$를 적재한 배의 중량

④ **표준 배수량**(또는 '기준배수량(톤)'이라고도 함 standard displacement) : 연료(FO)와 예비급수(RFW, reserved feed water)만 제외하고 모든 소요중량을 적재한 배의 전체 중량을 말한다. 군함의 표준배수량을 구성하는 주요 항목들을 나열해 보면 다음과 같다.

- 선각장치(hull and hull fitting)
- 방호장치(protection)
- 기계류(machinery)
- 병기(armament)
- 의장품, 창고품, 물, 헬리콥터, 항공기 등
- 밸러스트(ballast)
- 마진(margin)

용적톤수 산정법과 관련하여서는 1969년에 국제해사기구(IMO)가 '1969년 선박톤수 측정에 관한 국제협약'을 채택하고 1982년 7월 18일 발효한 바 있다. 하지만 기존 국내 총톤수보다 큰 국제 총톤수가 각종 국제협약에 적용될 경우, 기존 선박의 구조 및 설비의 변경을 초래하게 되므로 이러한 문제점을 해소하고자 IMO에서는 IMO Res.A.494(XII) 및 Res.A.541(13)을 채택하여 각종 국제협약증서에 국내 총톤수를 부기하여 이를 적용할 수 있도록 하였으며, 1993년 11월 23일에 개최된 제18차 총회에서 IMO Res.A. 758(18)을 채택하여 국제톤수 증서 상에 국내톤수를 부기하도록 최종 결의한 바 있다. 따라서 각국의 서로 다른 기존 톤수측정법과 국제협약톤수가 아직 병행해서 통용되므로, 이의 산정법이 매우 복잡하다. 이에 본 톤수의 산정법을 제 12 장에 수록하였다.

3.2 중량의 대략적인 추정법(estimation of approximate weight)

3.2.1 재화중량계수에 의한 추정

이미 알고 있는 재화중량의 계수$\left(\frac{DW}{\Delta}\right)$값으로부터 추정할 수 있다. 또는 표 3·1에서와 같이 재화중량을 포함한 경험식을 이용해서 추정할 수 있다.

표 3·1 재화중량을 이용한 중량 추정법

화물선 $= C \cdot (DW/10^3)^{0.045}/(v_s/\sqrt{Lg})^{0.54}$, $DW > 5000\,t$	
C value	일반 화물선 : (0.28~0.29) for form draft type (0.26~0.27) for 'with freeboard'

표 3·1 재화중량을 이용한 중량 추정법 (계속)

<table>
<tr><td rowspan="4">C
value</td><td>heavy cargo gear, multi-purpose : 0.27~0.28</td></tr>
<tr><td>대형 컨테이너선 : 0.25~0.26, 0.27 for 'no gear'</td></tr>
<tr><td>자동차운반선 : 0.22~0.25</td></tr>
<tr><td>부정기선, 연안선 : 0.29~0.31</td></tr>
<tr><td colspan="2">산적 화물선(ordinary type) ≒ (0.69~0.71) $(DW/10^3)^{0.046}$</td></tr>
<tr><td colspan="2">산적 화물선(open bulk type) ≒ 0.67 · $(DW/10^3)^{0.046}$</td></tr>
<tr><td colspan="2">탱커, 광물 운반선 ≒ 0.725 · $(DW/10^3)^{0.034}$, for DW>30,000t
×(0.97~0.98) for tanker with doub. botm., max. DW/Δ_F ≒ 0.88</td></tr>
<tr><td colspan="2">광석 · 원유 운반선 ≒ 0.715 · $(DW/10^3)^{0.034}$</td></tr>
<tr><td colspan="2">연안 탱커 ≒ 0.70 · $(DW/10^3)^{0.04}$, for DW>20,000t
≒ 0.67 · $(DW/10^3)^{0.04}$, for 'with doub. botm.'</td></tr>
<tr><td colspan="2">$v_s/\sqrt{Lg}$: 프루드수(Froude number)
v_s : 항해속도(service speed) (m/sec)
g : 중력가속도(acceleration of gravity) 9.80 m/sec^2</td></tr>
</table>

또한 C. B. Barras는 표 3·2와 같은 자료를 2004년에 소개한 바 있다.

표 3·2 Typical dwt coefficients for several Merchant ships[C. B. Barras]

Ship type	CD@SLWL	Ship type	CD@SLWL
Oil Tanker	0.88~0.860	Container ship	0.600
Ore Carrier	0.820	Passenger Liners	0.35~0.40
General Cargo Ship	0.700	RO-RO vessel	0.300
LNG or LPG Ships	0.620	Cross-channel	0.200

[주] • CD = deadweight/displacement
• SLWL : Summer Load Waterline(Mld. draft)

3.2.2 주요 치수에 의한 추정

[1] $\dfrac{L \cdot B \cdot D}{100}$(cubic number)에 의한 추정

① 선각중량(net hull steel weight) = $C_S \cdot \dfrac{L \cdot B \cdot D}{100}$

② 의장중량(wood & outfit weight) = $C_O \cdot \dfrac{L \cdot B \cdot D}{100}$

여기서 C_S, C_O 값은 그림 3·1 및 그림 3·2의 예에서처럼 유사선의 자료로부터 구할 수 있다.

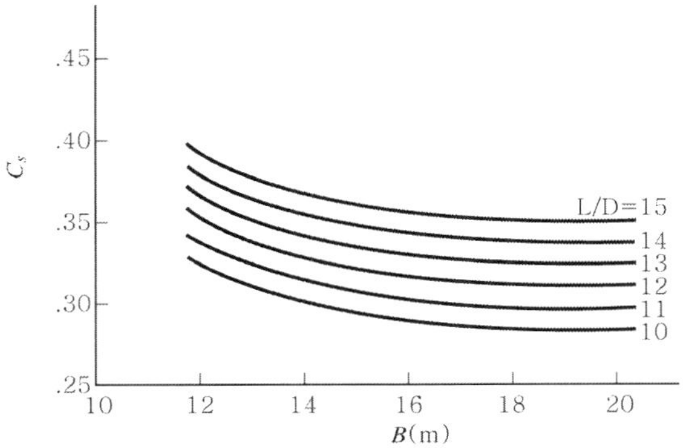

그림 3·1 L/D에 따른 선각중량계수

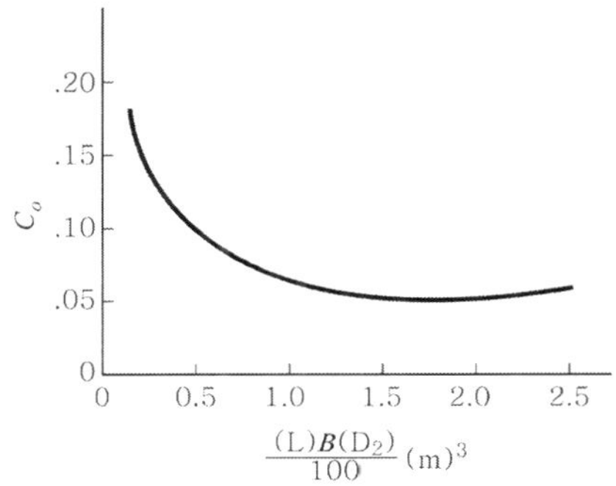

그림 3·2 의장품 중량계수

[2] 주요 치수에 의한 기타 추정법

1) L, B, D, F_n 을 이용한 총 경하중량(Δ_L) 추정

표 3·3 경하중량 추정용 약산식

일반 화물선	$260 \cdot (L \cdot B \cdot D/10^3)^{0.80} \cdot \{1+4(v_s/\sqrt{Lg}-0.20)\}$
부정기선, 벌크 화물선 (+ abt. 20% for open bulk type with heavy gear)	$(260 \sim 275) \cdot (L \cdot B \cdot D/10^3)^{0.78}$
대형 컨테이너선	$(325 \sim 350) \cdot (L \cdot B \cdot D/10^3)^{0.80}$, $v_s/\sqrt{Lg} \fallingdotseq 0.27$
자동차 운반선	$(25.5 \sim 0.067L) \cdot (L^2 \cdot B/10^3)$, $v_s/\sqrt{Lg} \fallingdotseq 0.22 \sim 0.25$
RO/RO 화물선	$(185 \sim 200) \cdot (L \cdot B \cdot D/10^3)^{0.92}$, $v_s/\sqrt{Lg} \fallingdotseq 0.25$
다목적선[*1]	$(290 \sim 320) \cdot (L \cdot B \cdot D/10^3)^{0.80} \cdot \{1+4(v_s/\sqrt{Lg}-0.20)\}$
연안 화물선	$(185 \sim 200) \cdot (L \cdot B \cdot D/10^3)^{0.90}$, for $L \cdot B \cdot D > 4000$
대형 탱커	$(1.0 \sim 1.1) \cdot (7.2-0.0015 \cdot L) \cdot (L^2 \cdot B/10^3)$, $+(10 \sim 15)$% for 'with double bottom'
광석 운반선	$(0.90 \sim 0.96) \cdot (L/10)^{1.8} \cdot (B+D)$
광석·원유 운반선	$(0.98 \sim 1.02) \cdot (L/10)^{1.8} \cdot (B+D)$
연안 탱커	$(200 \sim 220) \cdot (L \cdot B \cdot D/10^3)^{0.90}$, for $L \cdot B \cdot D > 4000$ abt. +10% for 'with double bottom'

표 3·3에 의한 경하중량 추정값은 탱커, 벌크 화물선 등의 전용선에서는 별로 오차가 없지만 화물선 등에서는 갑판의 층수 및 의장 정도에 따라 상당한 오차가 생길 수 있다. 예로서 무거운 하역장치 부설 3층 갑판선에서는 표 중 *1의 값보다 10~15% 정도 커지는 수가 있다.

2) L, B, D를 이용한 선각강재중량(W_S) 추정

선각강재중량의 중간 추정 단계에서는 통상 L, B 및 D만을 사용하는 방법을 택한다. 각 선형별의 대략 값은 표 3·4와 같다. 강재중량은 특히 대형 전용선인 경우 고장력강(高張力鋼)의 사용 범위, 적용되는 선급협회규칙 및 방식(防蝕)장치의 유무 등에 의해 무시할 수 없을 정도로 변화하는 경우가 있다. 또한 방형계수(C_b)가 각 선형의 평균적 수치와 상당히 다를 때에는 강재 중량은 거의 $C_b^{1/3}$에 비례하는 것으로 생각한다.

표 3·4 강재중량(W_S) 추정법

일반 화물선	$(40\sim41)\cdot L^{1.6}\cdot(B+D)\cdot C_b^{1/3}\cdot k/10^3$, $L/B \fallingdotseq 6.0\sim7.0$ k=0.97 (sing. Dk.), 1.0 (2 Dk.), 1.04 (3 Dk.)
벌크 화물선	$(35\sim36)\cdot L^{1.6}\cdot(B+D)/10^3$ abt. +15% for open bulk type
대형 컨테이너선	$(50\sim54)\cdot L^{1.6}\cdot(B+D)\cdot C_b^{1/3}/10^3$
자동차 운반선, RO/RO	$0.13\cdot L^{1.5}\cdot B$
연안 화물선	$36\cdot L^{1.6}(B+D)/10^3$ or $110\cdot(L\cdot B\cdot D/10^3)^{0.95}$
탱커(SBT type)	$(6.1\sim6.3)\cdot(L^2\cdot B/10^3)$, H.T. steel for Dk. & bottom
	$35\cdot L^{1.6}\cdot(B+D)/10^3$, DW < 80,000t
	abt. +(5~6)% for 'with double bottom'
연안 탱커	$38\cdot L^{1.6}\cdot(B+D)/10^3$ or $170\cdot(L\cdot B\cdot D/10^3)^{0.85}$
광석 운반선	$38.5\cdot L^{1.6}\cdot(B+D)/10^3$

3) L, B를 이용한 선체 의장품 중량(W_O) 추정

의장관계 중량은 깊이(D)에 관련되는 항목이 비교적 적다. 따라서 선체 의장품 중량(W_O)은 다음과 같은 식 (3·1)을 이용해서 추정할 수 있다. 이 식의 비례상수 k_O는 표 3·5의 값을 이용 할 수 있다.

$$W_O = k_O(L\cdot B) \tag{3·1}$$

표 3·5 선종별 k_O값

부정기 화물선	(2 decker)	0.30
정기 화물선	(2 decker)	0.40~0.45
다목적선	(3 decker)	0.46~0.55
벌크 화물선	(no gear)	0.16~0.18
	(with gear)	0.24~0.31
대형 컨테이너선		0.30~0.35
자동차 운반선		0.20~0.24
RO/RO type선		0.33~0.38
연안 화물선		0.20~0.25
탱커, 광물 운반선		0.16~0.19
광물·원유 운반선		0.21~0.27
연안 탱커		0.26

3.2.3 중앙부 단위 길이당 중량에 의한 선각중량(W_h 또는 W_S) 추정

$$W_h = C_h \cdot W_{\otimes} \cdot L$$

여기서 C_h : 유사선으로부터 구하는 계수

$W_{\otimes}$: 선체구조도로부터 구한 중앙(단면)부 단위 길이당 중량

3.2.4 기관부 중량(W_M)

$$W_M = k_m \cdot SHP \text{ (또는 } BHP \text{ 또는 } PS_{MCO})$$

여기서 k_m : 유사선으로부터 구하는 계수(표 3·6 참조)

SHP : 축마력(shaft horse power)

BHP : 제동마력(brake horse power)

PS_{MCO} : 주기관의 연속 최대출력

표 3·6 W_M/PS_{MCO}

디 젤 화물선 type (aft-eng.)		0.066~0.075
	$MCO < 5,000$ PS	0.065~0.070
	$MCO < 2,000$ PS	0.045
탱 커	diesel	0.070~0.080
	turbine	0.055
소형 탱커	$MCO < 2,500$ PS	0.055

이상 3.2절에서 살펴본 선박 중량의 대략적인 추정법 이외에 우수한 실적선 자료로부터 직접 비례적으로 추정할 수도 있다. 또한 이렇게 추정된 값을 보정하는 과정을 거치게 된다.

3.2.5 중량곡선

설계 초기에 전단력과 굽힘모멘트곡선을 구하기 위한 중량곡선 작성법을 요약하면, 먼저 선각중량, 기관부 중량, 의장품 중량 등을 추정하고, 이의 분포곡선 작성 때는 선박을 몇 개의 구간으로 나누고(통상 기관실 1구간을 포함해서 5-6구간으로 나눔) 곡선을 작성한다. 이 때 선각중량은 Cp 곡선[6.3절 참조] 형상을 참조하고, 여기에 기관부 중량 및 의장품 중량을 가미하면서 경하배수량의 중량곡선을 작성한다.

3.3 세목 중량 추정(detail estimation of weight)

일반배치도, 주요 사양, 중앙 단면도 등이 정리된 단계에서는 다음과 같이 보다 정확도가 높은 중량 추정을 할 수 있다.

3.3.1 선각강재중량(W_S : hull steel weight)

선각강재중량(W_S)을 최상층 갑판 이하의 주 선체부 중량(W_m)과 상부구조 중량(W_u)으로 구분하고, 다시 전자를 주로 중앙 단면도에 나타난 구조부재중량에 비례한다고 보는 부분(W_c)과 횡격벽 혹은 부분 칸막이벽 등 부분적 구조부(W_b)로 구분한다.

다만, W_c의 추정에 대해서는 일반 화물선과 같이 중앙단면구조와 선체 전후 부분 구조가 유사한 경우는 중앙 단면에서의 단위 길이당 중량($W_{\otimes}$)을 전체 길이에 대한 기준으로 해도 좋지만 전용선인 경우는 선창부와 그 전후부에서는 구조적으로 상당히 다르기 때문에 양자를 분리해서 취급하는 것이 타당할 것이다.

$W_{\otimes}$의 값은 전체의 구조 중량 추정에 아주 중요한 의미가 있으며 직접 중앙단면도에서 계산해서 구하는 것이 확실한 방법이지만 다음에서 주요 치수를 이용한 대략적인 값의 산정법도 소개한다.

여기에 사용된 구조 중량에 관한 여러 가지 기호는 그림 3·4와 같다.

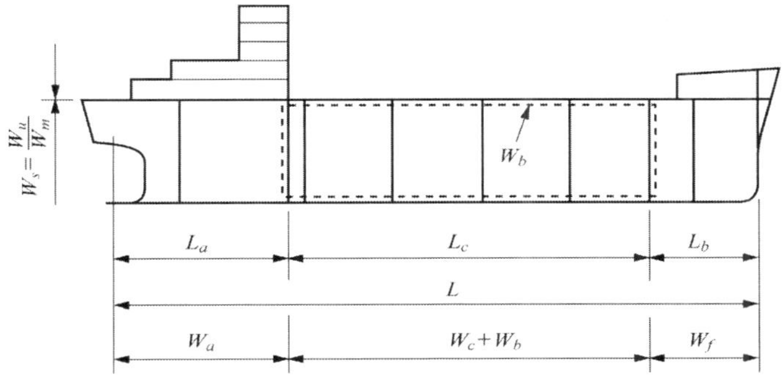

$$W_s = W_m + W_u$$
$$W_m = W_c + W_b + W_a + W_f$$
$$W_e = W_{\otimes} \cdot L_c$$

그림 3 · 4 구조 중량에 관한 기호

[1] 주요 선체구조 중량(W_m : steel weight of main hull)

전용선인 경우 $W_{\otimes}$는 배의 종류에 따른 구조 방식의 차이에 대응시키기 위해, 단위당 종통 부재중량(縱通部材重量, $W_{\otimes 1}$)과 횡방향 부재중량($W_{\otimes t}$)으로 분리해서 취급한다. 전용선의 방형계수변화 범위는 작기 때문에 고려하지 않지만, 보통 화물선의 경우는 방형계수의 변화도 고려하여서 식 (3 · 2) 및 식 (3 · 3)과 같이 구할 수 있다.

• 보통 화물선에 대해,

$$W_m \doteqdot 1.14 \cdot \omega_{\otimes} \cdot L \cdot C_b^{1/3} + W_b \tag{3.2}$$

• 전용선에 대해,

$$W_m = (W_{\otimes 1} + W_{\otimes t}) \cdot L_e + W_b + W_a + W_f \tag{3.3}$$

$\omega_{\otimes}$, $\omega_{\otimes 1}$, $\omega_{\otimes t}$ 및 W_b의 주항목인 가로격벽의 중량 자료를 다음에 수록했는데 특히 대형선에서는 구조법 또는 선급 협회 등에 따라 변화되고 있기 때문에 최신 자료를 참조할 필요가 있다.

표 3 · 9의 격벽 중량은 중앙부의 것이며, 기타의 격벽은 격벽의 위치에 대응하는 중앙부 격벽에 대한 면적 비율을 고려해서 구하면 된다.

또 부분적으로 디프 탱크 격벽(deep tank bulkhead) 등이 있는 경우도 같은 방법으로 구한다.

표 3·7 $\omega_{\otimes}$ (t/m)

화 물 선	single decker	$0.0040 \cdot L \cdot (B+D)$
	2 decker	$0.0042 \cdot L \cdot (B+D)$
	3 decker	$0.0044 \cdot L \cdot (B+D)$
컨테이너선		$0.0034 \cdot L \cdot (B+D)$

표 3·8 $\omega_{\otimes 1}, \omega_{\otimes t}$ (t/m)

	$\omega_{\otimes 1}$
벌크 화물선, 탱커(M.S.)	$4.3 \cdot (L^{1.6} \cdot B/10^4)^{0.70}$
탱커(H.T. for Dk. & Botm.)	$0.90 \cdot (L^{1.6} \cdot B/10^4)+13$
광물 운반선	$4.63 \cdot (L^{1.6} \cdot B/10^4)^{0.70}$
	$\omega_{\otimes t}$
벌크 화물선	$0.60 \cdot L \cdot (B+D)/10^3$
탱커, 광물 운반선	$0.165 \cdot L^{1.7} \cdot (B+D)/10^4$

표 3·9 격벽 1개의 중량(t)

화물선(flat type)	$6.7 \cdot (B \cdot D/10^2)^{1.5}$
벌크 화물선(corrugate type)	$9.0 \cdot (B \cdot D/10^2)^{1.5}$
탱 커(flat type)	$9.0 \cdot (B \cdot D/10^2)^{1.53}$
탱 커(swash bhd.)	$5.0 \cdot (B \cdot D/10^2)^{1.53}$

또한 보통 화물선에서 W_b에 포함되는 부분적 구조의 대략적인 값은 다음과 같다.

• 갑판 사이 부분 칸막이벽

$\fallingdotseq 0.009 \cdot$ (면적 m^2) $\cdot$ (판 두께 mm), (t)

• 기관실 내 부분 갑판

$\fallingdotseq 17 \cdot (L/10^2)^2$, (t)

또 전용선의 전횡치 격벽을 포함한 W_b의 대략 값을 표 3·10과 같이 구할 수 있다.

표 3·10 W_b (t)

벌크 화물선	$12.0 \cdot (L \cdot B \cdot D/10^4)^{1.74}$
탱커($L \cdot B \cdot D/10^4 > 45$)	$0.52 \cdot (L \cdot B \cdot D/10^4)^{2.33}$
탱커, 광물($L \cdot B \cdot D/10^4 > 45$)	$30.0 \cdot (L \cdot B \cdot D/10^4)^{1.26}$

그리고 전용선의 화물창 전후부의 중량 W_f 및 W_a는 표 3 · 11과 같이 추정할 수 있다.

표 3 · 11 W_a, W_f (t)

W_a	$(La \cdot B \cdot D/10^3) > 50$	$215 \cdot (La \cdot B \cdot D/10^3)^{0.70}$
	$(La \cdot B \cdot D/10^3) < 50$	$67 \cdot (La \cdot B \cdot D/10^3)$
W_f		$90 \cdot (Lf \cdot B \cdot D/10^3)^{0.87}$

[2] 상부구조 중량(W_u : steel weight of superstructure)

선수미루(船首尾樓), 갑판실 및 기타 중량의 개략 값은 표 3 · 12와 같이 추정할 수 있다.

표 3 · 12 weight of superstructure (t)

short f'cle poop	$0.0072 \cdot ls \cdot B^2$
long f'cle	$0.010 \cdot ls \cdot B^2$
deck house	$0.12 \cdot ld \cdot B$

여기서,

ls : 수선간 부분의 선루길이(m)

ld : 갑판실 길이의 합계(m), 배의 전체 폭에 걸쳐 있지 않는 경우는 전체 폭에 대한 환산길이를 택한다.

그 밖에 주요한 상부구조물의 대략 값은 다음과 같이 추정할 수 있다.

- 윈치하우스(winch house) : 12~15(t)
- 마스트하우스(mast house) : 5(t)
- 불워크(bulwark) : 0.14(t/m)

[3] 대형 주단 강품(large casting & forging) 중량

선미골재(stern frame), 타(rudder), 타축(ruder shaft), 벨마우스(bell mouth) 등 주단 강제품의 합계 중량은 대략적으로 식 (3 · 4)를 이용해서 추정할 수 있다.

$$16 \cdot (L/10^2)^{2.5}, \text{ (t)} \tag{3.4}$$

이상의 각 구조부 중량은 도면 계산을 기준으로 하는 것이며 실제의 중량은 판 두께 공차, 용접 또는 계산 누락 등도 포함해서 상기 각 항목의 2% 정도를 추가시킨다.

또 주요 치수 변화의 구조부 강재 중량에 대한 영향은 L, B, D순으로 크며, 이들이 각각 단독으로 3% 변화하는 경우 전용선에서의 계산결과는 표 3 · 13과 같다.

표 3·13

	L=220 m 산적 화물선	L=320 m 탱커
$L \pm 3\%$	± 5.0%	± 6.0%
$B \pm 3\%$	± 2.5%	± 2.8%
$D \pm 3\%$	± 1.2%	± 1.3%

3.3.2 선체의장 중량(outfit weight)

[1] 선각목재(hull wood) 중량

1) 목갑판

목갑판 중량은 대략적으로 다음 식으로부터 산정할 수 있다.

$$(0.030 \sim 0.035) \cdot (\text{목갑판 면적 m}^2),\ (\text{t})$$

또한 목갑판 대용으로 라텍스계 피복을 사용한 경우는 다음 식에 의해서 대략적인 값을 구할 수 있다.

$$0.002 \cdot (\text{피복면적 m}^2) \cdot (\text{피복두께 mm}),\ (\text{t})$$

2) 창고 내 선저깔판(bottom board) 및 연판(margin plate)

선저깔판('선저내장'이라고도 함) 및 연판 중량의 대략 값은 다음의 식을 이용해서 추정할 수 있다.

$$10 \cdot (\text{화물창 배럴용적 m}^2/10^3)^{0.8}$$

또는

$$20 \cdot \{L \cdot (B+2D)/10^3\}^{0.9},\ (\text{t})$$

[2] 도료 · 시멘트 등(paint & cement) 중량

1) 도료 및 방식(防蝕) 관련 중량

보통 도료의 대략적인 중량은 여러 가지 선종에 따른 다음의 경험식에 의하여 추정할 수 있다.

① 화물선, 벌크화물선, 광석운반선

$$0.007 \cdot L \cdot (B+D) \text{ 또는 } 0.83 \cdot (L \cdot B \cdot D/10^3),\ (\text{t})$$

② 고급 화물선

$$0.010 \cdot L \cdot (B+D),\ (\text{t})$$

③ 탱커, 소형 화물선

$$0.005 \cdot L \cdot (B+D),\ (t)$$

또한 석유제품 운반선 등의 특수 도장은 시방 내용에 따라 상당한 차이가 있으므로 도장 방법에 따라 별도로 검토할 필요가 있다.

그리고 탱커, 벌크화물선의 방식(防蝕)중량은 대략적으로 식 $0.002 \cdot L \cdot (B+D)$, (t)을 이용해서 추정할 수 있다.

2) 시멘트 중량

화물선, 전용선의 시멘트 중량은 다음의 경험식을 이용해서 대략적으로 구할 수 있다.

$$3.0 \cdot \{L \cdot (B+D)/10^2\}^{0.5},\ (t)$$

[3] 하역장치(cargo gear equipments) 중량

1) 데릭포스트(derrick post), 데릭붐(derrick boom)

데릭포스트나 데릭붐의 중량은 다음의 경험식을 이용해서 개략적으로 추정할 수 있다.

① 포스트(쌍기둥형)

$$0.63 \cdot (\text{하중 t} \times \text{높이 m})^{0.7},\ (t)$$

② 붐[부속철물, 색활차(索滑車)를 포함]

$$0.033 \cdot (\text{하중 t} \times \text{길이 m})^{0.75},\ (t)$$

③ 탱커의 데릭 포스트, 붐 및 부속 비품의 합계

$$1.8 \cdot (L \cdot B/10^2)^{0.7},\ (t)$$

2) 창구 덮개(hatch cover), 해치 빔(hatch beam)

창구 덮개 및 해치 빔의 중량은 다음의 경험식을 이용해서 대략적으로 추정할 수 있다.

① 목제창구 덮개

$$(0.038 \sim 0.048),\ (t/m^2)$$

② 해치 빔

$$(0.065 \sim 0.080),\ (t/m^2)$$

③ 강제(鋼製)창구 덮개

- 노천갑판(weather deck) $\fallingdotseq 0.0019 \cdot l\ 1.5 + 0.125$, (t/m^2)
- 중갑판 $\fallingdotseq 0.0025 \cdot l\ 1.5 + 0.140$, (t/m^2)

여기서 l은 싱글 풀형 창구 덮개(single pull type hatch cover)에서는 폭을, 사이드 롤링형 창구(side rolling type hatch cover)에서는 길이를 택한다.

또한, 강제창구 뚜껑의 대략적인 전체 중량은 다음과 같이 구할 수 있다.

- 보통 화물선 ≒ 5.0 · $(L \cdot B / 10^2) \times$(갑판수), (t)
- 컨테이너선 ≒ 10.0 · $(L \cdot B / 10^2)$, (t)
- 벌크화물선 ≒ 5.0 · $(L \cdot B / 10^2)$, (t)
- 광석운반선 ≒ 3.3 · $(L \cdot B / 10^2)$, (t)

[4] 갑판기계(deck machineries) 중량

1) 윈드라스(windlass 또는 양묘기)

① 증기 구동식 보통형

≒ 0.21 · (하중 t×속도 m/min)0.8, (t)

② 증기 구동식 싱글 사이드형

≒ 0.17 · $(\text{하중 t} \times \text{속도 m/min})^{0.8}$, (t)

③ 전동유압식 ≒ 0.085 · (하중 t×속도 m/min), (t)

윈드라스는 9 m/min을 표준속도로 하는데 1기 중량의 대략 값은 다음과 같다.

- 윈드라스 1기의 경우,

≒ 15 · $(L / 10^2)^{1.4}$, (t)

- 윈드라스 2기의 경우, 1기당

≒ 8.4 · $(L / 10^2)^{1.6}$~9.5 · $(L/10^2)^{1.8}$, (t)

상부구조가 큰 컨테이너선, 자동차 운반선 등의 경우는 상한 값에 가깝다.

2) 윈치(winch)

윈치 1기당 중량(t)은 대략적으로 다음의 경험식을 이용해서 구할 수 있다.

① 증기식 ≒ (0.025~0.045) · (하중 t×속도 m/min)

② 전기식 ≒ 0.04 · (하중 t×속도 m/min)

③ 전동유압식 ≒ 0.025 · (하중 t×속도 m/min)

계선기의 표준 속도를 15 m/min로 하는 경우의 1기 중량의 대략 값은 다음 식의 값과 같다.

5.0$(L / 10^2)^{1.5}$, (t)

또한 윈치의 기수(基數)는 기항지의 지리적 조건에도 따르지만 L에 따라서 대략적으로 표 3 · 14와 같다.

표 3 · 14 윈치의 기수

L (m)	~150	150~200	200~250	250~300	300
기 수	1~2	2~4	4~6	6~8	8~10

3) 조타 기관(steering engine)

$$\text{조타기 중량} \fallingdotseq 0.71 \cdot (\mathrm{KW})^{0.8}, (\mathrm{t})$$

여기서 (KW)는 조타기 용량을 나타내며, 밸런스형 키에 대해서는 다음과 같이 표기될 수 있다.

$$(KW) \fallingdotseq 0.53 \cdot (A^{3/2} \cdot V_N^2 / 10^3)$$

여기서 A_r은 타면적(m^2)을 V_N은 MCO(maximum continuous operating)에서의 선속(knot)을 각각 의미한다.

다만, 반평형타(半平衡舵) 등 모멘트가 큰 형식인 타(rudder, 또는 키)일 경우 조타기관의 소요 용량은 더욱 커진다.

이상 갑판 기계의 대략적인 총 중량은 다음과 같다.

- 화물선, 탱커 $\fallingdotseq 1.4 \cdot (L \cdot B / 10^2)$, (t)
- 벌크화물선, 광석운반선 $\fallingdotseq 1.8 \cdot (L \cdot B / 10^2)$, (t)

4) 하역 윈치(cargo winch) 등

① 전기식 ≒ 0.03 · (하중 t×속도 m/min), (t)

② 전동유압식, 증기식 : 3.0~4.0(t)

③ 토핑윈치(topping winch) : 0.24(t)

④ 갑판 크레인 ≒ 16+1.3(하중 t), (t)

5) 냉장장치(냉동기 2기, 배관을 포함)

$$\fallingdotseq 0.3 \cdot (\text{냉장고 용적, } \mathrm{m}^3)^{0.8}, (\mathrm{t})$$

[5] 계류(mooring) 및 예항 장치(towing arrangement) 중량

선체 고정 장치의 중량은 식 $0.5 \cdot (\mathrm{L} \cdot \mathrm{B} / 10^2)^{1.1}$, (t)에 의하여 산정할 수 있다.

또한 이것과 닻, 닻줄, 밧줄류 등을 합한 중량은 대략 다음 식을 이용해서 구할 수 있다.

$$\fallingdotseq 3.2 \cdot \{\mathrm{L}(\mathrm{B}+\mathrm{D}) / 10^2\}^{0.87}, (\mathrm{t})$$

또한 대형선으로 고파지력형 닻과 특수강 U_3 닻줄을 사용하는 경우 이들을 합한 대략의 중량은 선급협회의 의장수(N)에 따라 표 3·15와 같이 나타낼 수 있다.

표 3·15 U_3 닻줄의 중량합계

N	3,000	5,000	7,000	10,000	13,000
중량(t)	118	220	335	490	637

또 의장수(N)와 재화중량(DW) 사이에는 대략 다음과 같은 관계가 있다.

① 보통 화물선, 벌크캐리어 :

$$N \fallingdotseq 4.5 \cdot (DW)^{0.6}$$

② 정기 화물선급 :

$$N \fallingdotseq 5.3 \cdot (DW)^{0.6}$$

③ 탱커(DW > 60,000 t) :

$$N \fallingdotseq 2380+0.0172 \cdot (DW)$$

[6] 갑판부 제관장치(deck piping) 중량

제관장치는 선종이나 시방(市方)에 따라 상당한 차이가 있다. 대략적인 값은 다음과 같다.

① 보통 화물선 탱커

$$\fallingdotseq 47 \cdot (L / 10^2)^{2.2}, (t)$$

② 벌크화물선, 광석운반선(고급화물선)

$$\fallingdotseq 24 \cdot (L / 10^2)^{2.2}, (t)$$

[7] 화물 유관장치(cargo oil piping) 중량

1) 화물 유관장치 탱커의 화물유(cargo oil) 펌프의 용량

대략적 총용량(2~4기)은 $320 \cdot (DW/10^3)^{0.7}$, cm^3/hr)로 표시된다.

또 잔유펌프(stripper pump)는 선형의 크기에 따라 200 m^3/hr 짜리 1기 또는 400 m^3/hr 짜리 2기로 한다.

화물유 펌프, 펌프실 의장을 포함, 가열관 장치를 제외하는 화물유관장치 중량은 계통수에 따라 차이가 있는데 대략 다음과 같다.

$$\fallingdotseq (35 \sim 45) \cdot (DW/10^4)^{0.9}, (t)$$

2) 화물 유조 내 가열관

$$\fallingdotseq 0.6 \cdot (L \cdot B \cdot D/10^3), (t)$$

단, 여기서 재화중량(DW) 15만 t 이상의 경우는 약 100 t이 된다.

3) 화물 유조 통풍장치

$$\fallingdotseq 10 \cdot (L \cdot B \cdot D/10^3)^{0.5}, (t)$$

[8] 거주구(accommodation) 관계 중량

거주구 관계 중량은 승무원수 및 목제 혹은 내화실벽 및 그 밖의 시방 정도에 따라 다르지만 갑판 피복을 포함한 대략 값은 다음과 같다.

$\fallingdotseq 11 \cdot (L \cdot B / 10^2)^{0.6}, (t)$

다만, 고급 화물선은 50% 정도 커지는 수가 있다.

또, 정원 1명당 갑판 피복을 제외한 중량은 대략적으로 다음과 같이 구할 수 있다.

$\fallingdotseq 0.5 \cdot (DW/10^4)^{0.37} + 1.5, (t/p)$

[9] 일반의장(miscellaneous outfit)품 중량

평균적인 대략 값은 다음과 같지만 시방에 따라 ±15% 정도의 차이가 있을 수 있다.

$\fallingdotseq 13 \cdot (L \cdot B / 10^2)^{0.5}, (t)$

[10] 고정 비품(equipment) 중량

닻, 닻줄 및 밧줄류의 합계 중량은 전술한 계선예항장치를 참조하면 된다.

[11] 전기부(electric part) 중량

전기부 중량은 그다지 크지 않기 때문에 선체 의장부에 포함해서 취급한다. 선종별 대략의 값은 다음과 같다.

① 보통화물선, 벌크화물선(하역장치 부착)

$\fallingdotseq (1.3 \sim 2.0) \cdot (L \cdot B / 10^2), (t)$

② 벌크화물선(하역장치 없음)

$\fallingdotseq (0.8 \sim 1.0) \cdot (L \cdot B / 10^2), (t)$

③ 탱커, 광석운반선

$\fallingdotseq 0.95 \cdot (L \cdot B / 10^2), (t)$

3.3.3 기관부 중량(machinery part weight)

여기서는 주기관, 축계 등 주요 항목만을 분리하고 그 외는 일괄해서 추정하는 방법을 소개한다.

[1] 주기관(main engine) 중량

디젤 기관 $\fallingdotseq C_N (PS_{MCO} / 10^3)^{0.82} \cdot (0.90 \sim 1.10), (t)$

여기서 C_N은 MCO에서의 주기 회전수(N_{MCO})에 의한 계수로서 다음과 같은 값을 사용한다.

표 3·16 주기회전수에 따른 C_N

N_{MCO}	100	125	150	175	200	250	300	400	500
C_N	65	50	39	33	28	23	21	16	13

또한 감속기가 있는 경우는 약 $0.0025 \cdot PS_{MCO}$,(t)를 가산한다.

터빈기관(주 감속기를 포함) $\fallingdotseq 9.5 \cdot PS_{MCO}/10^3$), (t)

[2] 프로펠러(propeller) 중량

4~6날개 일체형 경우의 중량은 다음과 같다.

망간브론즈 $\fallingdotseq 0.10 \cdot (D_P)^3$, (t)

알루미늄브론즈 $\fallingdotseq 0.08 \cdot (D_P)^3$, (t)

여기서 D_P는 추진기 지름이며 다음 식으로 산정할 수 있다.

$$D_P \fallingdotseq (C - 3.3 \cdot v_s / \sqrt{Lg})(\sqrt{PS_{SCO}} / N_{SCO})^{1/2}, \text{ (m)}$$

또한 C값은 4날개는 7.0, 5날개는 6.65, 6날개는 6.6으로 한다. 그리고 PS_{SCO} 및 N_{SCO}는 각각 상용출력 및 상용회전수를 의미한다.

[3] 축계(shafting) 중량

중간축, 추진기축, 선미관 및 여러 가지 베어링을 포함한 중량은 대략 다음과 같다.

선미기관선 $\fallingdotseq 1.9 \cdot (PS_{MCO}/10^3)$, (t)

준선미기관선 $\fallingdotseq 3.0 \cdot (PS_{MCO}/10^3)$, (t)

또 축의 단위 길이 당 개략 값은 대략 다음과 같다.

$\fallingdotseq [0.25 + 0.06(PS_{MCO}/10^3)]$, (t/m)

[4] 보조기 및 기타(auxiliary machineries & others) 중량

기관부('dry weight' 상태)에서 위에 표기한 [1]~[3]을 제외한 총 중량은 대략 다음과 같다.

디젤화물선 $\fallingdotseq (65 \sim 70)(PS_{MCO}/10^3)^{0.7}$, (t)

디젤탱커 $\fallingdotseq 35 \cdot (PS_{MCO}/10^3) + 50$, (t)

터빈선일 경우는 위 중량의 약 10%가 증가

[5] 기름(oil) 및 기관부 물(water in machinery part) 중량

경하중량에 포함되는 기관부 물 및 기름의 대략적인 중량은 다음과 같다.

탱커를 제외한 디젤선 : $2.8 \cdot (PS_{MCO} / 10^3)$, (t)

디젤탱커 : $3.5 \cdot (PS_{MCO} / 10^3)$, (t)

터빈탱커 : $3.8 \cdot (PS_{MCO} / 10^3)$, (t)

이상의 각 항목을 집계에서 경하중량을 구하는데 세목 중량계산일 경우는 약간의 누락된 항목을 감안해서 2% 정도의 여유를 고려한다.

제 4 장 주요 치수

4.1 주요 치수(principal dimension)

4.1.1 길 이(length, L)

길이는 기본계획에 지대한 영향을 미치는 중요 인자로서 기본 배치, 추진 소요마력, 내항성 등의 주요 성능 관점에서 우선적으로 검토되어야 하며, 구조강도, 건현 및 횡치 수밀격벽의 개수에 직접 영향을 미치게 되므로 선정 때 신중을 기해야 한다.

[1] 길이의 증감이 선박성능에 미치는 영향

1) 길이와 저항과의 관계

선박의 잉여저항은 프루드수($V/\sqrt{g \cdot L}$)의 함수이며, 마찰저항은 레이놀드수($(V \cdot L)/\nu$)의 함수이므로 선박의 저항에 가장 큰 영향을 미치는 치수는 배의 길이이다. 길이가 길어지면 일반적으로 저항(특히 잉여저항)이 감소한다.

따라서 저항곡선의 험프(hump)와 홀로우(hollow)의 위치와 프루드수와의 관계를 고려해서 저항이 최소가 되는 홀로우 부분에 프루드수가 오도록 길이를 결정해야 한다. 특히 고속선은 잉여저항의 비율이 높아지므로 더욱 길이와 저항곡선의 관계를 잘 고려해야 한다.

2) 길이가 강도에 미치는 영향

길이는 다음의 식에서와 같이 길이의 제곱에 비례하면서 선체의 종강도에 영향을 준다.

즉, 종방향 응력(σ)은 $\dfrac{M \cdot y}{I}$인 관계가 있다.

여기서 굽힘모멘트(M)는 $M = \dfrac{\Delta \cdot L}{C}$인 관계가 있으며,

단면계수(I/y)는 $\frac{I}{y}=\frac{C' \cdot D^2 \cdot t \cdot B}{C'' \cdot D}$로 표기할 수 있으므로,

종방향 응력(σ)은 다음 식과 같이 나타낼 수 있다.

$$\sigma = C \cdot \frac{L^2 \cdot C_b \cdot d}{t \cdot D} \tag{4 · 1}$$

따라서 길이가 증가되면 경하 중량이 증가된다. 이는 선가가 비싸질 뿐간 아니라 재화중량의 감소로 인한 경제성의 감소를 의미한다. 상선에서 일반적으로는 길이가 최소일 때 재화중량계수(DWT/Δ)는 최대가 되어서 경제성이 극대화된다. 그러나 저항 측면에서는 길이를 증가시키는 것이 유리하다.

3) 복원성

다음과 같은 이유로 길이가 증가하면 복원력이 증가하지만, 복원성에 대한 폭(breadth)의 영향에 비하면 매우 작다.

즉, 복원모멘트는 $\Delta \cdot GZ = \Delta \cdot GM \cdot \sin\theta$로 표기되며, 여기서 메타센터 높이($GM$)는 $GM = KB + BM - KG$인 관계가 있다. 만일 길이가 증가되면 횡메타센터 반지름 $BM_T (= I_{CL} / \nabla)$이 증가하게 되어서 GM이 다소 커지게 되므로, 복원력이 다소 증가하게 된다. 여기서 I_{CL}은 수선면의 종중심선에 대한 관성모멘트를 의미한다.

4) 기타 영향

길이의 증감에 따른 기타 영향들을 소개하면 다음과 같다.

길이가 증가하면 일반적으로 일반배치가 쉬워진다. 또한 내해성(seaworthiness) 측면에서 길이가 증가하면 피칭(pitching)이 감소하며, 조종성(maneuverability) 측면에서는 길이가 증가할 때 선회성능이 떨어지는 반면에 직진성(또는 '보침성'이라고도 함)은 증가하는 결과를 낳는다. 아울러 길이가 증가되면 표정건현이 증가된다. 드한 타깃 사이즈(target size), 선대와 도크의 크기 등도 길이의 크기에 영향을 받는 요소가 된다.

[2] 길이 증감의 장점 및 단점

설계 때 길이를 증가시킬 때의 일반적인 장단점을 요약해 보면 다음과 같다.

1) 길이가 증가할 때의 장점

① 저항이 감소됨(특히 잉여저항).

② 피칭(Pitching) 측면에서 내해성이 향상됨.

③ 일반배치가 용이해짐.

④ 직진성 측면의 조종성이 향상됨.

2) 길이가 증가할 때의 단점

① 경하배수량이 증가되고, 선가가 증가됨.

② 건현이 증가되며, 따라서 재화중량의 감소로 인해 경제성이 저하됨.

③ 선회성능 측면의 조종성이 저하됨.

참고적으로 재화중량 20만톤 상선형에서 L, B, d를 각각 1m 증가시킬 때, 증가되는 선각 중량에 대한 재화중량의 증가량 비를 예로서 비교해 보면 다음과 같다.

번호	비고	길이(L)	폭(B)	흘수(d)
(1)	재화중량 증가량	620톤	4400톤	11400톤
(2)	선각강재중량 증가량	190톤	400톤	550톤
(3)	(1)/(2)	3.3	11.0	20.6

[3] 길이를 추정할 때 고려하여야 할 요소

일반적으로 배의 길이를 추정할 때 고려하여야 할 요소를 요약하면 다음과 같다.

① 저항곡선의 홀로우(hollow)와 험프(hump)를 고려한다. (특히 고속선)

② 최소의 횡치 수밀격벽수를 고려한다. (최소의 격벽수는 길이에 따라 규제)

③ 일반배치계획을 고려한다.

④ 길이와 배수량(또는 재화중량)과의 균형 : 예를 들면 다음과 같은 경험식으로 균형성을 검토해 볼 수 있다.

$$L(\mathrm{ft}) = C \cdot \left(\frac{V_T}{2 + V_T} \right)^2 \cdot \Delta^{1/3}$$

여기서 $V_T = 11 \sim 16.5$ kt의 단축화물선 및 여객선의 경우는 $C = 23.5$이며,
$V_T = 15.5 \sim 19.5$인 쌍축화물선 및 여객선의 경우는 $C = 24.5$로 하고,
$V_T \geq 20$ kt인 여객선의 경우는 $C = 26$으로 함.

$$L(\mathrm{m}) = C_1 \cdot \left(\frac{V_S}{V_S + 2.5} \right)^2 \cdot \Delta^{1/3} \qquad \text{여기서 } C_1 = 7.3 \pm 0.2\text{로 함.}$$

$$= C_2 \cdot \left(\frac{V_S}{V_S + 5.5} \right)^2 \cdot (DW)^{2/7} \qquad \text{여기서 } C_2 = 17.0\text{으로 함.}$$

⑤ 선가를 고려한다.

⑥ 운하에 따라서는 통행 가능한 길이의 제한을 받는 경우가 있으므로, 수로의 제한 여부를 고려해야 한다. 예를 들면 다음과 같다.

- 파나마운하의 경우 통행 가능한 최대의 길이 : 구상선수(bulbous bow)를 포함한 전장(LOA) 기준으로 289.6 m(950 ft)가 원칙으로 되어 있다. 하지만 다음과 같이 선종에 따라서 이 기준에 차이를 둔다. 즉, 여객선 및 컨테이너선 경우는 965 ft,

예인-부선 혼용선(tug-barge combination)의 경우는 900 ft, 비자항선의 경우는 850 ft로 되어 있다.

• 스에즈운하의 경우 통행 가능한 최대의 길이 : 제한이 없다.

[4] 길이 추정법

1) 길이 추정을 위한 근사적 방법

① 만재배수량을 이용한 경험식

$$L = C \cdot \Delta_F^{1/3}$$

여기서 C값은 표 4·1을 참조하라. 이 표에서 V_S는 노트(kt) 단위의 항해 속도를 의미한다. 또한, 파나마운하를 통과하는 선박의 최대폭은 32.3 m로 제한되기 때문에 대형선의 C계수는 표 4·1의 값보다 더욱 커지는 수가 있다.

표 4·1 대표적인 선형에 대한 실적선 C값

cargo ship	$(2.9\sim3.1)\,(V_s/\Delta_F^{1/3})^{0.5}$
container ship	$5.8\sim6.1$, for $B \le 32.2$m
	$4.7+0.03(\Delta_F/10^3)$, for $B=32.2$m
bulk carrier	$4.7\sim5.2$
tanker, ore carrier	$4.7\sim5.0$ or $(3.9\sim4.1)\,(V_s/\Delta_F^{1/6})^{0.27}$
coastal ship	$4.6\sim5.1$

② 모선과의 유사성을 이용한 이론적 추정식

$$L_n(\mathrm{m}) = \left[\frac{(DW)_n \times K_1^2}{C_{SF} \times K_2 \times C_b \times \gamma}\right]^{\frac{1}{3}} \tag{4·2}$$

여기서, C_{SF}는 재화중량계수$\left(\frac{DW}{\Delta}\right)$, DW는 재화중량, γ는 선박주위 유체의 비중량, C_b는 방형계수, L은 길이, d는 흘수, B는 폭, Δ는 배수량을 첨자 n은 새로 설계되는 선박의 값을 각각 의미한다. 이 식은 $K_1 = \frac{L}{B}, K_2 = \frac{d}{B}, C_{SF} = \frac{DW}{\Delta}$, C_b 등이 새로 설계되는 선박과 모선이 같다는 가정과 $\Delta = L \cdot B \cdot d \cdot C_b \cdot \gamma$인 관계로부터 다음과 같이 간단히 유도된다.

$C_{SF}(=DW/\Delta)$, C_b가 일정하고, $K_1 = \frac{L_p}{B_p} = \frac{L_n}{B_n}$, $K_2 = \frac{d_p}{B_p} = \frac{d_n}{B_n}$라고 가정하면,

$\Delta_n = L_n \cdot B_n \cdot d_n \cdot C_b \cdot \gamma$이고(여기서 γ는 유체의 비중량임),

$\frac{(DW)_n}{C_{SF}} = L_n \cdot \frac{L_n}{K_1} \cdot L_n \cdot \frac{K_2}{K_1} \cdot C_b \cdot \gamma$이므로, $\frac{(DW)_n}{C_{SF}} = (L_n)^3 \cdot \frac{K_2}{(K_1)^2} \cdot C_b \cdot \gamma$ 이다.

따라서, $L_n = (\frac{(DW)_n}{C_{SF}} \cdot \frac{(K_1)^2}{K_2} \cdot \frac{1}{C_b \cdot \gamma})^{\frac{1}{3}}$ 가 된다.

여기서, 첨자 'n'은 새로 설계하려는 배의 값을, 'p'는 유사선의 값을 각각 의미한다.

③ 길이와 최대 항해 속력과 배수톤수와의 관계식

$$L(\mathrm{m}) = 7.6 \times \left(\frac{V}{V+e}\right)^2 \times \Delta^{\frac{1}{3}} \tag{4 · 3}$$

여기서, e의 값은 V가 최대 연속 출력에 대한 속력인 경우에 2를 택하며, 상용 출력에 대한 속력인 경우에는 2.5를 사용한다.

4.1.2 폭(breadth, B)

[1] 폭의 증감이 선박성능에 미치는 영향

설계 때 폭을 추정하기 위하여서는 다음에 지적된 바탕지식을 감안하는 것 이외에 설치할 기관의 크기도 고려하여야 한다.

1) 폭의 변화가 복원성에 미치는 영향

복원성의 척도가 되는 메타센터높이(GM)는 대략 B^2에 비례하면서까지 폭의 변화에 따라 급격히 변화된다. 설계 때 변화된 폭(δB)에 따라 변화된 메타센터높이[$\delta(GM)$]과의 관계식을 Manning은 이론적으로 다음과 같이 제시하였다.

먼저 배수량을 일정하게 유지하면서 B와 C_b 또는 B와 d를 연동해서 변화시키는 경우는 다음 식과 같은 관계를 갖고 변화된다.

$$\frac{\delta(GM)}{GM} = 3r\frac{\delta B}{B} \tag{4 · 4}$$

다음으로 배수량을 일정하게 유지하면서 B와 L을 연동해서 변화시키는 경우는 다음 식과 같이 변화된다.

$$\frac{\delta(GM)}{GM} = 2r\frac{\delta B}{B} \tag{4 · 5}$$

단, 여기서 $r = \frac{BM}{GM}$이며, 보통 1보다 크다. 이 식은 본 절의 마지막에서 유도해 본다.

2) 폭의 변화가 강도에 미치는 영향

상기의 식 (4 · 1)을 유도할 때 설명된 것처럼 단면계수가 폭의 1승에 비례하며, 선박의 종방향 응력은 굽힘모멘트를 단면계수로 나눈 양으로 표시될 수 있다. 이러한 측면에서 폭의 증감은 강도와 중량에 다소 영향을 미친다.

3) 폭의 변화가 저항에 미치는 영향

일반적으로 폭이 증가되면 길이가 감소되는 것과 같은 효과가 있으므로, 저항이 약간 증가된다. 폭의 변화는 그러나 선도와 선형에는 비교적 큰 영향을 미친다.

4) 폭의 변화가 미치는 기타 영향

① 폭 B가 증가하면 GM이 급격히 증가($\because BM \propto \frac{B^2}{d}$)하므로, 식 $T_R \propto \frac{B}{\sqrt{GM}}$로 표기되는 횡동요주기(roll period : T_R)가 급속도로 짧아진다.

[※횡동요주기 기타 산정식 : $T_R = \frac{2\pi k}{\sqrt{g \cdot GM}} = \frac{1.108k}{\sqrt{GM}}$, 여기서 k는 관성반경이며, GM은 메타센터 높이다.]

② 폭의 변화는 다음과 같은 경험식에 따라 비만계수에 영향을 미친다.

$$\frac{C_B}{(L/B)} \leq 0.14 \sim 0.15$$

[※ B와 GM의 변화와 관련된 Manning식 유도]

B와 GM의 변화와 관련하여서 상기 1항에서 소개된 식 (4 · 4) 및 식 (4 · 5)를 유도하여 보면 다음과 같다.

즉, 배수용적(∇)은 $C_b \cdot L \cdot B \cdot d$로 표시될 수 있으므로, ∇를 일정하게 유지하면서 B를 변화시키려면 C_b, L, d 중의 어느 값을 연동해서 변화시켜야 한다. 따라서 연동된 변화의 경우를 다음의 3가지로 나누어서 관계식을 유도해 본다.

(i) 폭(B)와 방형계수(C_b)를 변화시킬 경우

변화된 폭과 변화된 방형계수를 첨자 '1'을 붙여서 각각 B_1과 C_{b1}으로 표기하고 $B_1 = c \cdot B$ 및 $Cb_1 = \frac{Cb}{c}$라 하면

$$BM = \frac{I}{\nabla},\ I = nLB^3 \text{ 으로부터,}$$

$$(BM)_1 = \frac{nLc^3B^3}{\nabla}$$

로 표시할 수 있으므로, $(BM)_1/BM$은 다음 식과 같이 된다. 여기서 n은 비례상수를 의미한다.

$$\frac{(BM)_1}{BM} = c^3$$

이제 BM의 변화량을 $\delta(BM)$으로 표기하면 다음의 관계식을 얻게 된다. 즉,

$$(BM)_1 = BM + \delta(BM) \text{이라면,}$$

$$\frac{\delta(BM)}{BM} = c^3 - 1 \qquad (4 \cdot 6)$$

이 된다.

한편 c^3은 다음 식과 같이 표시할 수 있다고 보면 식 (4 · 7)인 관계를 얻게 된다.

$$c = \frac{B_1}{B} = \frac{B+\delta B}{B} = 1 + \frac{\delta B}{B}$$

$$c^3 = \left(1+\frac{\delta B}{B}\right)^3 = 1 + \frac{3\delta B}{B} + 3\left(\frac{\delta B}{B}\right)^2 + \left(\frac{\delta B}{B}\right)^3 \fallingdotseq 1 + \frac{3\delta B}{B} \qquad (4 \cdot 7)$$

따라서 식 (4 · 6)과 식 (4 · 7)로부터 식 (4 · 8)인 관계를 얻을 수 있다.

$$\frac{\delta(BM)}{BM} = \frac{3\delta B}{B} \qquad (4 \cdot 8)$$

이제 $GM = \frac{BM}{r}$(여기서 보통 $r > 1$임)라 하고, $\delta(GM) \fallingdotseq \delta(BM)$라고 가정하면,

$$\frac{\delta(GM)}{GM} = 3r\frac{\delta B}{B}$$

로 되어서, 식 (4 · 4)를 얻게 된다.

(ii) 폭(B)과 흘수(d)를 변화시킬 경우

변화된 폭(B_1)과 변형된 흘수(d_1)를 각각 다음과 같이 놓고 위의 (i)의 경우와 같은 방법으로 유도하면 된다. 이를테면 $B_1 = C \cdot B$, $d_1 = \frac{d}{C}$라 놓고 유도하면 위의 (i)에서 유도한 결과식과 동일한 결과를 얻게 된다.

(iii) 폭(B)과 길이(L)를 변화시킬 경우

변화된 폭(B_1)과 변화된 길이(L_1)를 각각 다음과 같이 놓고 위의 (i)과 유사한 방법으로 식 (4 · 5)와 같은 결과를 얻게 된다. 즉,

$B_1 = c \cdot B$ 및 $L_1 = \frac{L}{c}$라 하면,

$$(BM)_1 = \frac{n\frac{L}{c}c^3B^3}{\nabla} = \frac{nLc^2B^3}{\nabla}$$

과 같이 되므로

$$\frac{(BM)_1}{BM} = c^2$$

인 관계가 있음을 알게 된다.

이제 이하의 과정을 위의 (i)과 같은 방법으로 유도하면 식 (4 · 5)인 $\frac{\delta(GM)}{GM} = 2r\frac{\delta B}{B}$의 결과를 얻게 된다.

[2] 폭 증감의 장점 및 단점

설계 때 폭 증감의 장단점을 요약해 보면 다음과 같다.

1) 폭이 증가될 때의 장점

① 메타센터높이(GM)의 증가로 복원성이 좋아진다.

② 재화중량이 증가된다.

③ 강도상 유리해진다.

2) 폭이 증가될 때의 단점

① 메타센터높이(GM)의 증가 때문에 롤링 주기가 짧아지며, 따라서 안락성이 저하된다.

② 저항의 증가로 연료소모율이 높아진다.

[3] 폭의 결정 때 고려하여야 하는 요소

① **초기 복원성**(GM)

② **상갑판의 소요면적**

③ **배수량 조종의 필요성**(※ 만일 배수량을 조종할 필요성이 있으면 폭을 수정하는 것이 가장 무난함)

④ **수로의 제한**

운하 및 항만 수심 등에 따라서 폭의 크기가 제한을 받는다. 예를 들면

- 파나마(Panama)운하 : 보통 계획 형폭은 32.3 m(106 ft)로 한다. 단, 1회 통행에 한하여 최대 흘수가 12.2 m(37 ft)를 넘지 않는 조건으로 32.6 m(107 ft)까지 통행이 가능하다(※ New Panama 운하 : 2015년까지 통과 선폭 55.2m, 흘수 15.4m로 수로를 확장 중에 있음).
- 수에즈(Suez)운하 : 최대 폭이 74.68 m(245 ft) 이하여야 한다.
- St. Laurence 수로 : 최대 폭이 23.0 m(77.5 ft) 이하여야 한다.

⑤ **기관실의 소요면적**

⑥ **다른 주요 치수**(L/B, B/d, B/D, C_b 등)**와의 균형**(※ 특히 L/B는 유사선끼리 거의 일정한 값을 갖는 경향이 있음) [4.1.5절의 '주요 치수비의 관계' 참조]

폭이 너무 크면 횡동요 및 저항문제가 야기될 수도 있다. 이들에 큰 영향을 미치는 길이와 폭과의 관계를 나타내는 경험식 한 가지를 참고적으로 소개하면 다음과 같다.

$$B = \frac{L}{9} + 3.66(\mathrm{m}) = \frac{L}{9} + 12(\mathrm{ft}) \tag{4·9}$$

$$B = \frac{L}{10} + 15(\mathrm{ft}) = \frac{L}{10} + 20 - 0.45V \tag{4·10}$$

또한 C. B. Barras는 2004년에 다음과 같은 경험식을 소개한 바 있다.

$B = (L/10) + (5\ \text{to}\ 7.5)\,\mathrm{m}$	General Cargo ships
$B = (L/10) + (7.5\ \text{to}\ 10)\,\mathrm{m}$	Container vessels
$B = (L/5) - 12.5\,\mathrm{m}$	Supertankers(C. B. Barrass 1975)

$L/B = 6.00 - 6.25$ Supertankers(1975~1990)
$L/B = 5.00 - 5.75$ Supertankers(1990~2004)

4.1.3 흘수(d) 및 깊이(D)

[1] 흘수의 증감이 선박의 각종 성능에 미치는 영향

① **저항** : 일반적으로 흘수가 증가되면 전체 저항은 다소 감소된다. 하지만 이러한 경향은 설계에 따라 다소 변화될 수도 있다.

② **복원성** : 흘수가 증가되면 무게중심과 부심이 동시에 상승하는데 이때 KG의 증분량보다 KB의 증분량이 다소 큰 경향이 있다. 따라서 흘수가 증가되면 결국 GM이 약간 증가되므로, 복원성 향상의 효과가 있게 된다.

③ **강도** : 흘수가 커지면 종방향 응력이 커진다[식 (4 · 1) 참조].

④ **직진성** : 흘수가 커지면 직진성(또는 보침성)을 향상시킨다.

⑤ **트림** : 흘수의 변화는 트림에 영향을 준다.

⑥ **수로제한** : 흘수는 항로상 제한조건(즉, 항구, 운하, 도크, 부두 등의 조건)에 영향을 받는다.

예를 들면 다음과 같다.

- 파나마운하의 경우 통행 가능한 최대 흘수는 12.04 m(35.5 ft)이지만 강우량 등의 계절적 요인에 따라서 하향 조정되므로 사전에 파나마운하 위원회에 확인을 하여야 한다.
- 스에즈운하의 경우 통행 가능한 최대 흘수는 폭에 따라 흘수를 제한하고 있다[Suez canal rule Ch. Ⅲ, Sec. Ⅱ 참조].

〈※참고 사항〉

계획만재흘수선(design load water line)에 대응되는 'design draft(d_d, 계획만재흘수)'와 요구되는 강도의 구조를 갖도록 재료 치수로부터 결정하는 'scantling draft(d_s)'가 있으며, 일반적으로 $d_d \leq d_s$인 관계가 있다. 또한 경우에 따라서는 설계 때 안전계수의 개념으로 'scantling draft(d_s)'를 사용해서 재화중량을 맞추기도 한다.

[2] 깊이가 선박성능에 미치는 영향

깊이의 변화가 선박성능에 미치는 영향은 일반적으로 건현 및 흘수를 합성시킨 효과가 있으며, 몇 가지 특징을 소개하면 다음과 같다.

① **강도** : 깊이의 증가는 종방향 응력을 감소시킨다[식 (4 · 1) 참조].

② **복원성** : 건현 및 흘수 값에 따라 영향이 변한다.

③ **설계상의 고려 관점** : 깊이나 흘수가 증가하면 배수량과 재화중량이 증가한다. 깊이

증가로 인한 선각중량의 증·감량은 길이나 폭의 증가로 인한 선각중량의 증가량보다 일반적으로 작다. 깊이의 증가는 선가를 감소시키고 선박의 용적을 효율적으로 증가시킨다. 하지만 복원성 측면에서 메타센터 높이가 작아져서 복원성이 악화되는 것에 유의해야 한다.

4.1.4 건 현(freeboard, f)

건현은 예비부력에 관련된 인자로서, 국제만재흘수선조약에 의해 최소의 건현이 규제되어 있다. 상선에서 건현이 높다는 것은 화물을 적게 적재하는 것을 의미하므로 되도록 요구건현에 만족하는 최소의 크기로 만드는 것이 보통이다.

건현의 증가가 선박성능에 미치는 영향을 살펴보면 다음과 같다.

① 복원성

갑판의 현측이 물에 잠기는 각도(deck immersion angle)를 θ라 할 때 $\tan\,\theta = \frac{2F}{B}$인 관계가 있다. 따라서 건현의 증가가 복원성에 미치는 일반적인 영향을 소개하면 다음과 같다.

- 동 복원성이 향상된다.
- KG 증가에 따른 초기 복원성이 감소된다.
- 폭의 감소효과로 인하여 복원팔(또는 정)(GZ)이 감소된다.
- 깊이의 증가로 인하여 강도가 증가된다[식 (4·1) 참조].

② 내해성

- 건현의 증가는 선수 갑판의 그린워터(Green Water)를 감소시킨다.
  [※Green water: voluntary speed loss가 발상할 정도로 심각한 상태의 deckwetness 현상(14.2-[2] 참조)]
- 건현의 증가는 대각도 경사 때의 복원력을 향상시킨다.

③ 건현의 증가는 배수량의 감소효과가 있다.

④ 손상 시의 예비부력을 증가시킨다.

참고적으로 손상 시 복원성을 높이는 방법을 소개하면 (ⅰ) 수밀격벽수의 증가 및 (ⅱ) 건현의 증가에 따른 예비부력의 증대를 들 수 있다.

건현의 계산법과 관련된 사항은 본 장의 4.2에서 좀 더 구체적으로 살펴본다.

4.1.5 주요 치수비(ratios between principal dimensions)

주요 치수값의 비율은 다음에 요약된 바와 같이 선박의 성능에 지대한 영향을 미친다.

① L/B : 저항 · 추진성능(즉, 소요 동력), 직진성능, 일반 배치, 종강도(선가) 등에 영향을 준다(일반적으로 $5.3 \le L/B \le 7.0$).

② B/d : 저항 · 추진성능(너무 크면 잉여저항 값이 상승됨), 조정성, 복원성능(너무 작으면 복원성능이 문제됨) 등에 영향을 준다($2.25 \le B/d \le 3.75$).

③ F/B : 복원성에 지대한 영향을 준다.

④ L/d : 종강도, 저항 · 추진성능, 직진성능에 영향을 준다.

⑤ d/D : 내파성능에 영향을 준다.

⑥ B/D : 복원성능에 결정적 영향을 준다($1.4 \le B/D \le 2.2$).

⑦ L/D : 종강도에 결정적 영향을 준다($9.0 \le L/D \le 13.0$).

따라서 적당한 치수비를 갖도록 설계하는 것이 중요하다. 이에 다음에서 치수비에 대하여서 좀 더 구체적으로 살펴본다.

[1] (길이/폭) 비

이 치수비는 마력, 복원성, 종강도, 일반 배치 등에 영향을 끼친다.

최근 L/B 는 건조비용 감소의 영향으로 지속적으로 줄어드는 경향이 있다.

주어진 F_n 와 Δ/L^3 에서, 최소저항과 추진마력을 갖는 최적의 L/B 와 C_B(또는 C_P)의 조합값을 찾아야 한다. 또한 방형계수와 L/B 와의 비 $[C_B/(L/B)]$는 선박의 조종성의 측면에서 큰 영향을 미치며 통상 다음 식의 값을 갖는다.

$$C_B/(L/B) \le 0.14 - 0.16 \qquad (4 \cdot 11)$$

L/B 의 값은 일반적으로 소형선일수록 복원성 확보측면에서 B/D가 커짐에 따라 작아진다. 또 대형 전용선일수록 선가 및 운항 채산성 및 항만 사정 등에 의한 길이의 제약 때문에 L/B 는 작은 값이 된다.

특수한 것을 제외한 L/B 의 L에 대한 실적선 값의 범위는 그림 4 · 1에 수록되어 있는데, 선종별의 대략적인 평균값은 다음과 같다.

소형선 $L/B \fallingdotseq 2.0 \cdot L^{0.25}$

중형선 $L/B \fallingdotseq 6 \sim 7$

대형 전용선 $L/B \fallingdotseq 7.85 - 0.006 \cdot L$

여기서 선종별로 좀 더 구체적인 값을 소개하면 표 4 · 2와 같다.

표 4 · 2 선종별 L/B 범위 및 표준값

선 종	L/B 범위	표 준 값
탱 커	5.3 - 6.0	VLCC, Suezmax, Aframax : 5.5
벌크화물선	5.6 - 6.8	Panamax : 6.7, Handy : 5.9, Capesize : 5.9, VLBC : 6.0

단, 운하 통항 등으로 인해 B가 제한되는 대형선에서는 L/B가 당연히 커진다.

근래 연료유 값의 앙등을 고려하면, 비교적 고속인 화물선 등에서는 복원 성능상 허용되는 범위 내에서 L/B를 크게 택하는 것이 운항 채산측면에서 유리하다. 또한 선가 측면에서도 L/B를 크게 함에 따라 증가되는 선체 구조부 비용과 저항 저하에 따라 감소될 기관부 비용이 거의 상쇄되기 때문에 결국 큰 차이가 없다. 일반적인 화물선의 L/B 선택과 정의 계산 예를 그림 4·2와 표 4·3에 수록했다. 만재 출항 때 최소한의 필요 GM값을 $(0.025 \cdot B+0.20)$m로 한 경우 표 4·3의 KG에 대한 L/B의 한계값은 약 6.7이지만 KG가 실제 범위의 최대값인 경우는 약 6.3, 또 최소값인 경우는 약 8.0이 된다.

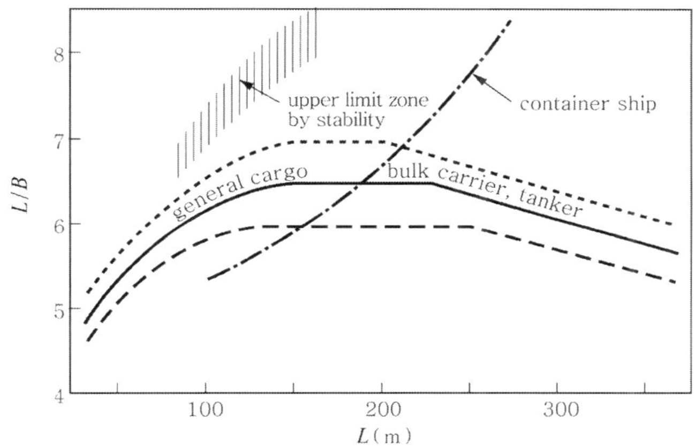

그림 4·1 L/B의 L에 대한 실적선 값 범위

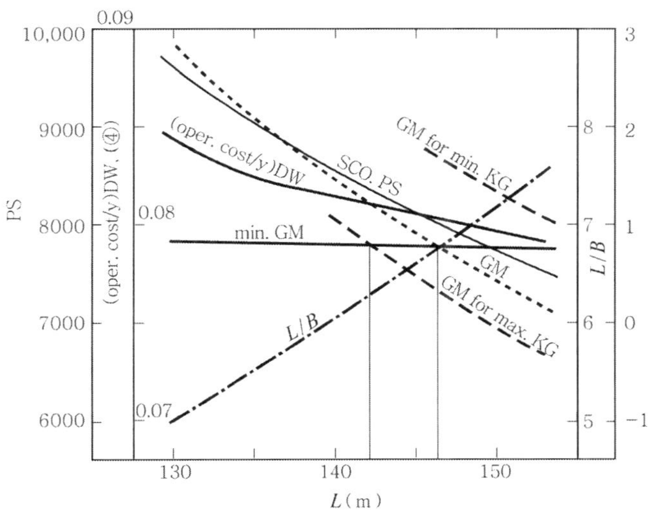

그림 4·2 L/B의 선택 때 고려 사항 예

그림 4 · 1에는 보통 화물선의 복원 성능상 L/B의 개략 범위도 표시하고 있는데, 이것은 선체 중심위치가 최저한도 구역에 있는 경우에 대한 것이다.

대형 전용선인 경우 L/B는 항만 또는 건조상의 제약 등에도 영향을 받지만 운항채산적으로 종래의 평균 실적값보다 커지는 경향이 있다.

또한 L/B의 하한값은 일반적으로 조종 성능상 C_b 및 타(舵) 면적의 선정에 관련하여 결정된다.

표 4 · 3 L/B effect of 140 m cargo ship

항해속력(V_S) =15.5 knots, SCO − RPM = 150
만재흘수 = 9.0 m, ΔF = 20,900 t
$C_b = 1.34 - 3.0 \cdot (V_S / \sqrt{L \cdot g})$, 연료값 = 380,000 원/t

L(m)	130	135	140	145	150
$V_S / \sqrt{L \cdot g}$	0.224	0.219	0.216	0.212	0.208
C_b	0.668	0.683	0.692	0.704	0.716
B(m)	25.99	24.48	23.30	22.11	21.02
L/B	5.00	5.51	6.01	6.56	7.14
D	12.00	12.20	12.40	12.60	12.80
SCO − PS	9,620	9,000	8,540	8,100	7,690
MCO − PS	10,690	10,000	9,490	9,000	8,540
steel weight	3,240	3,360	3,470	3,590	3,720
ΔL(t)	5,240	5,280	5,340	5,410	5,480
DW(t)	15,660	15,680	15,560	15,490	15,420
build. cost (①)	3,213	3,200	3,200	3,200	3,204
B.C. / DW (④)	0.205	0.205	0.206	0.207	0.208
build. cost × 0.2 (①)	643	640	640	640	641
F.O. cost (①)	481	450	427	405	385
fixed itmes (①)	200	200	200	200	200
oper. cost / Y (①)	1,324	1,290	1,267	1,245	1,226
O.C. / DW (④)	0.0845	0.0823	0.0814	0.0804	0.0795
KM(m)	11.02	10.31	9.78	9.26	8.82
KG(m)	8.17	8.24	8.31	8.39	8.46
GM(m)	2.85	2.07	1.47	0.87	0.36
min. G(m)	0.85	0.81	0.78	0.75	0.73

※ ① : 천만 원, ④ : ① / 톤

[2] (폭/깊이) 비

B/D는 복원성 측면에서 중요하다.

즉, $GM_T = KB + BM - KG -$ (자유표면수정값) $\geq$ 규정상 최소의 GM_T이어야 한다.

여기서 $(KB+BM)$는 폭(B)과 흘수(d)에 따라 변화되며, KG는 특히 깊이(D)의 변화에 영향을 많이 받는다.

이제 최적의 GM_T를 위한 B/D값을 소개하면 다음과 같다.

선 종	B/D
탱 커	1.6 ~ 2.2
벌크화물선	1.5 ~ 2.2
컨테이너선	1.4 ~ 1.9

참고적으로 일반 선형에 대한 B/D값의 실적 범위를 그림 4·3에 수록했다. B/D는 특히 복원 성능에 관련되고 중소형 선박에서 보다 중요한 의미를 갖는다. 특히 소형선일수록 복원성에 대한 여유가 적기 때문에 신중히 선정해야 한다.

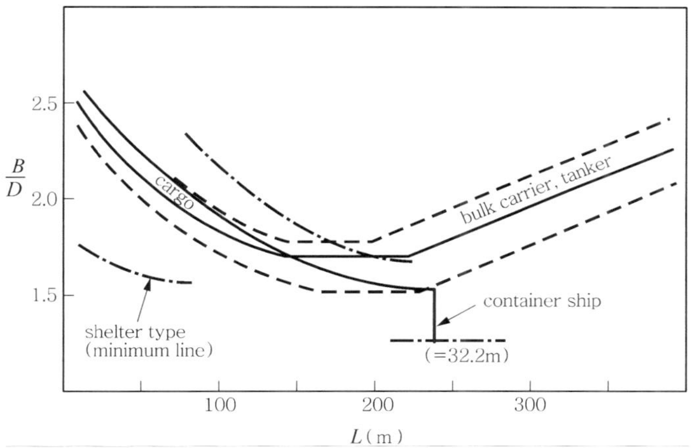

그림 4·3 선종별 B/D 범위

[3] (길이/깊이) 비

L/D는 종강도에 영향을 많이 미치는 요소이다. 일반적으로 적당한 L/D값을 소개하면 다음과 같다.

선 종	L/D
탱 커	9.8 ~ 12.4
벌크화물선	10.1 ~ 12.8
컨테이너선	9.0 ~ 13.0

[4] (폭/흘수) 비

만약 B/d가 크면 잉여저항값이 증가하고, 이 수치가 너무 작으면 복원성 측면에서 문제가 발생한다.

일반적으로는 $2.25 \le B/d \le 3.75$인 값을 갖으며, B/d의 선종별 표준값을 소개하면 다음과 같다.

선 종	표준 값
대형유조선	2.80
수에즈막스급 탱커	3.00
아프라막스급 탱커	3.50
벌크 화물선	2.60 ~ 2.90
파나막스급 컨테이너선	2.60 ~ 3.00

[5] 설계 때 주요 치수 추정을 위한 고려사항

이상 앞 절에서 세부적으로 검토한 내용을 중심으로 설계 때 주요 치수 추정을 위하여 고려하여야 할 사항들을 다시 한 번 요약적으로 종합해 보면 다음과 같다.

① 주요 치수 추정 때 L/B, L/D, B/D 및 C_b 등 측면에서 우수한 실적선의 값을 고려해서 최적값이 되도록 한다.

② 길이는 기본 계획에 지대한 영향을 미치는 중요 인자로서 기본 배치, 추진 소요마력, 내항성 등의 주요 성능 관점에서 우선 검토하여야 하며 구조강도, 건현 및 횡치수밀격벽의 개수에 직접 영향을 미치게 되므로 선정 때 이 점을 고려해야 한다.

③ 요구되어 있는 재화중량(DW)에 대하여 특정 제한 조건이 주어져 있지 않을 경우 가능한 한 계획 만재흘수를 크게 하는 것이 주어진 조건에서 주요 치수를 최소화할 수 있어서 유리하다.

④ 요구된 재화중량을 확보하기 위해 참고 자료가 불충분한 새로운 선형인 경우 최소한의 중앙횡단면도를 작성하여 강재중량 추정의 정확도를 높여야 경하중량(LWT) 추정의 오차를 줄일 수 있다.

⑤ 저항 및 추진성능에 가장 영향을 많이 미치는 선형 요소는 L/B, C_b 및 추진기 회전수인데 저속 비대선의 경우는 흘수 제한이 별로 없어서 될 수 있는 한 회전수가 낮은 주기관을 선정하여서 추진기 효율을 최대로 함으로써 연료 소모율을 줄여주는 것이 매우 중요하다. 추진기 측면에서는 추진기 회전수가 낮을수록(즉, 추진기의 지름이 클수록) 효율이 높은 반면에, 주기관 측면에서는 회전수가 높은 것이 효율상 유리하다. 따라서 주기관–선체–추진기 간의 조화가 잘 이루어져야 함이 중요하다. 이에 관해서는 제 8 장에서 좀 더 구체적으로 살펴본다.

⑥ 복원성능에 대해서는 소형선에서는 GZ값, 중대형선의 경우는 GM값에 중점을 두며, 특수선형을 제외하고는 중 · 대형선에서 복원성은 통상 문제가 되지 않는다.

⑦ 조종성능과 관련하여 특히 대형 전용선 및 소형선에서는 L/B 및 C_b에 따라 정해지는 직진성(directional stability 또는 course keeping stability)의 확보에 유의하면서 타 면적을 결정한다.

4.2 건 현

배의 건현(乾舷)은 국제만재흘수선협약(ICLL, international convention on load lines)의 규칙에 따라 결정된다. 이 협약은 1966년에 처음 체결되었고, 1988년에 변경을 위한 의정서(Protocol)가 채택되고, 2006년에 개정되었다. 이 개정 협약은 2005년 1월 1일부터 시행토록 되어 있다. 여기서 [ ] 속의 규칙 번호는 '1966년 국제만재흘수선협약에 관한 1988년 의정서'의 부속서 규칙 번호를 의미한다.

2006년 새로 개정된 협약은 체약국가에 등록된 선박이나 체약국가의 깃발을 단 선박이 국제 항로를 운항하는 경우에 적용되며, 국제항해를 하는 선박이라도 다음의 배는 제외된다.

① 군함, ② 길이 24 m 미만의 협약 발효일 이후에 건조한 배, ③ 총톤수 150톤 미만의 협약 발효일 이전에 건조된 배(옛 협약은 150톤 이상의 배에 적용되었음), ④ 운송업에 종사하지 않는 요트, ⑤ 어선.

4.2.1 건현 계산용 용어[제 3 규칙]

[1] 건현 길이(L_f, freeboard length)

건현용 길이는 용골(keel)의 상면으로부터 최소 형깊이의 85% 흘수에서 계측한 흘수선상의 전체 수선 길이의 96%, 또는 그 흘수선상에서 선수재의 전면으로부터 타두재(rudder stock)의 중심선까지 측정한 길이(즉 수선 간 길이) 중에서 큰 것을 택한다. 경사된 용골을 가진 배에 있어서도 길이를 측정하기 위한 흘수선은 계획흘수선에 평행한 것으로 해야 한다. 따라서 건현 계산에 사용되는 배의 길이는 보통의 수선 간 길이와 다르다.

[2] 건현 폭(B_f, freeboard breadth)

금속제 외판을 가진 배의 폭은 선박의 중앙에서 늑골(fame)의 외면으로부터 외면까지 잰 최대폭을 의미한다. 따라서 보통 유조선이나 벌크화물선 등 금속제 선박에서는 형폭

(B_{mld})과 일치한다. 기타 재료의 외판을 가진 배의 폭은 선각(船殼)의 외면으로부터 외면까지 측정된 최대폭을 의미한다.

[3] 형깊이(D, moulded 또는 molded depth)

일반적으로 용골 상면으로부터 선측 건현갑판 보(beam)의 상면까지의 수직거리(형깊이)를 의미한다. 한편 둥근 거널(gunwale)을 가진 선박에서는 용골의 상면으로부터 갑판 및 선측 외판의 형선(moulded line)을 연장하여 얻은 교점까지 측정한 거리를 형깊이로 한다. 또한 건현갑판에 단이 있는 경우는 상단갑판의 선측에서 측정할 때 그 형깊이는 상단의 갑판을 상단갑판에 평행하게 연장하여 얻은 선까지 측정한다(그림 4 · 4 참조).

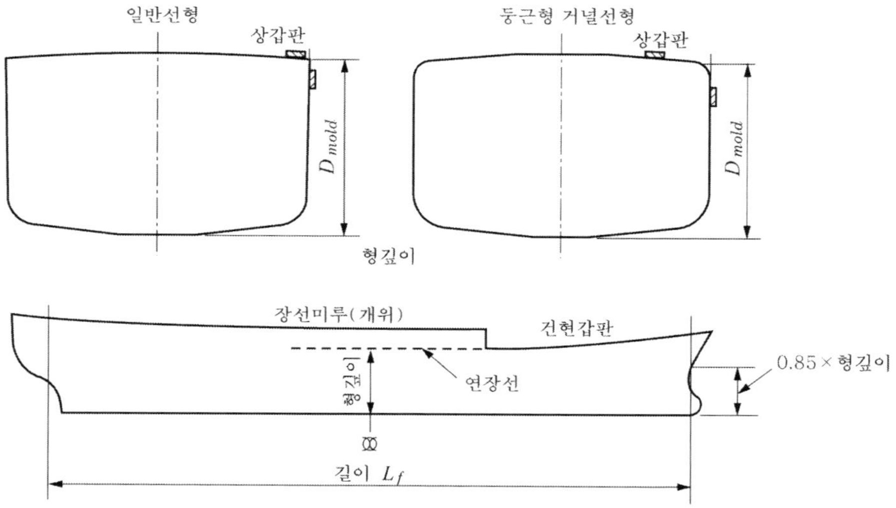

그림 4 · 4 건현갑판에 단이 있을 때의 형깊이 추정 방법

[4] 건현용 깊이(D_f , freeboard depth)

중앙부에서의 형 깊이에 현측에서의 건현갑판(deck stringer plate) 두께를 합친 것을 건현용 깊이로 한다. 한편 폭의 4%를 넘는 반지름을 가진 둥근 거널(rounded gunwale)이 있는 선박이나 기타 특별한 형태의 톱사이드(topside)갑판 형상을 갖고 있는 선박의 건현 깊이는 국제만재흘수선협약 제3조 제6항의 정의에 따른다.

[5] 방형계수(C_b, block coefficient)

방형(方形)계수(C_b)는 다음 식으로 주어진다.

$$C_b = \frac{\nabla}{L_f \times B \times d_f} \qquad (4 \cdot 12)$$

여기서, ∇ : 금속제 외판을 가진 배에서는 보싱(bossing) 부분을 제외한 형배수용적으로 하며, 기타 재료의 외판을 가진 배에서는 선박외판을 포함한 배수용적으로 한다.

d_f : 최소 형깊이의 85%로 한다.

[6] 건현갑판(freeboard deck)

건현갑판은 강선구조 기준에 의한 상갑판(목선에 있어서는 선체의 주요 부분을 구성하는 갑판)을 말한다. 또한, 상갑판의 일부분과 타 부분이 연속되지 아니하는 선박에 있어서는, 상갑판 폭로부의 최하단 부분(강선구조 기준의 전통 선루선에 있어서는 상갑판의 최하단 부분)을 연장한 면을 가상하여 정하고 당해 최하단의 부분 및 그 연장면을 건현 갑판으로 한다.

[7] 선 루(superstructure)

건현갑판 위에 만들어진 상부에 갑판을 갖는 구조물로서 선측(船側)에서 선측에 달하는 것 또는 선측 외판부터 폭(B_f)의 4%를 넘지 않는 위치에 그 측판을 갖는 것이다. 저 선미루(底船尾樓)는 선루로 간주한다. 선루의 높이란 선측에 있어서 선루갑판 보의 윗면부터 건현갑판 보의 윗면까지 계측한 최소수직높이를 말한다.

4.2.2 건현계산(freeboard calculation) [제 3 장]

건현계산은 하기 건현(summer freeboard)을 기준으로 해서 계산되며, 선박의 형식을 A형 및 B형으로 분류해서 산정한다. 이때 A형 선박은 오직 액체 벌크 화물을 수송하도록 설계된 선박을 말하며, A형 선박에 해당하지 않는 선박은 모두 B형 선박으로 간주된다. 또한 배의 길이가 100 m를 넘는 B형 선박으로서 규정에서 정한 요건을 만족하는 선박에 대하여 'B−60선'과 'B−100'선이라고 칭하는 선박이 있다. 이를 좀 더 구체적으로 요약해 보면 다음과 같다. 이와 관련해서 상세한 사항은 '1966년 국제만재흘수선협약에 관한 1988년 의정서' 제27규칙 또는 대한조선학회 편, 『선박계산』의 제 5 장을 참조하기 바란다.

1) A형(A type) 선박 요건

① 산적(bulk) 액체 화물만을 운송하는 선박,

② 화물구획으로 들어가는 작은 개구(opening)를 갖고 있는 노천갑판(weather deck, '폭로갑판'이라고도 함)이 고도의 완전성을 갖고 수밀 개스킷(gasket)이 된 강 또는 이와 동등의 재질로 폐쇄되고,

③ 적재된 화물구획이 낮은 침수율을 갖는 선박.

2) 감소된 B형(B-reduced type)

① 'B-60'형 : 제27규칙(Reg. 27) 제8, 11, 12, 13항의 요건에 적합한 선박으로서, 이 선박의 길이에 해당되는 A형 표정건현과 B형 표정건현 차이의 60%까지 감소할 수 있다.

② 'B-100'형 : 상기 ①항에 의하여 허용되는 건현의 감소는 일정 요건(Reg. 27의 제 10항)에 적합할 경우 A형 표정건현과 B형 표정건현 차이의 100%까지 감소할 수 있다.

건현의 산정 과정을 요약해 보면 다음과 같다. 즉,

(표정건현)×(방형계수 수정)−(선루 및 트렁크의 유효길이에 관한 수정) +(깊이에 관한 수정)+(선수높이에 의한 수정)+(현호에 관한 수정)±(갑판선의 위치에 의한 수정)

여기서 (표정 건현)×(방형계수 수정)을 '기준건현'이라고도 하며, '갑판선의 위치에 의한 수정' 이전의 건현을 형상건현이라고도 한다. 여기서 '갑판선의 위치에 의한 수정'은 만재흘수선표(그림 4 · 5)의 표시 때 건현갑판을 갑판선으로 사용하기 곤란한 구조의 선박인 경우에 증감되는 것을 의미한다. 참고적으로 갑판선(deck line)은 그림 4 · 5(만재흘수선표)에서 찾아보기 바란다. 아울러 이 그림과 관련된 문제가 조선기사 2차 시험(Auto CAD)에 출제 된 바도 있으므로 이 그림의 흘수 표시법을 익히기 바란다.

그림 4 · 5에서 기호는 다음과 같은 흘수를 각각 의미한다.

◇ 목재(lumber)를 제외한 나머지 만재흘수선표 경우

S : 하기 만재흘수선(summer load water line)

W : 동기 만재흘수선(winter load water line)

WNA : 동기 북대서양 만재흘수선(winter north atlantic load water line)

T : 열대 만재흘수선(tropical load water line)

F : 하기 담수 만재흘수선(summer freshwater load water line)

TF : 열대 담수 만재흘수선(tropical fresh water load water line)

◇ 목재(lumber) 만재흘수선표 경우

LS : 하기 목재 만재흘수선

LW : 동기 목재 만재흘수선

LWNA : 동기 북대서양 목재 만재흘수선

LT : 열대 목재 만재흘수선

LF : 하기 담수 목재 만재흘수선

LTF : 열대 담수 목재 만재흘수선

이상에서 요약된 건현 산정법을 좀 더 설명하면 다음과 같다. 기타 상세한 사항은

'1966년 국제만재흘수선협약(ICLL : international convention on load lines)에 관한 1988년 의정서'를 참조하기 바란다.

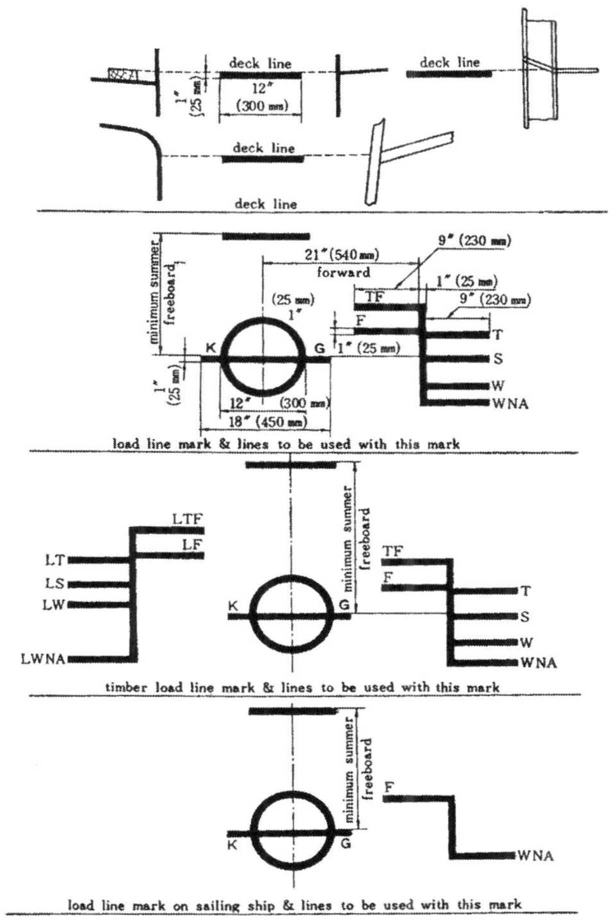

그림 4.5 만재흘수선표[ICLL Annex I Reg. 6 참조]

[1] 표정건현(表定乾舷) [제27규칙 ~ 제29규칙]

표정건현은 표 4·4 및 표 4·5에 정해진 건현을 말한다. 단, $0.35L_f$ 미만의 선루 유효길이를 가진 소형(24 m ≤ L ≤ 100 m) B형 선박 및 창구뚜껑이 기준규정을 만족하지 않는 경우는 협약에서 따로 정한 값만큼 수정한다.

표 4 · 4 A형 선박에 대한 표정건현

배의 길이 (m)	건 현 (mm)	배의 길이 (m)	건 현 (mm)	배의 길이 (m)	건 현 (mm)	배의 길이 (m)	건 현 (mm)	배의 길이 (m)	건 현 (mm)
24	200	93	1029	162	2155	231	2880	300	3262
25	208	94	1044	163	2169	232	2888	301	3266
26	217	95	1059	164	2184	233	2895	302	3270
27	225	96	1074	165	2198	234	2903	303	3274
28	233	97	1089	166	2212	235	2910	304	3278
29	242	98	1105	167	2226	236	2918	305	3281
30	250	99	1120	168	2240	237	2925	306	3285
31	258	100	1135	169	2254	238	2932	307	3288
32	267	101	1151	170	2268	239	2939	308	3292
33	275	102	1166	171	2281	240	2946	309	3295
34	283	103	1181	172	2294	241	2953	310	3298
35	292	104	1196	173	2307	242	2959	311	3302
36	300	105	1212]	174	2320	243	2966	312	3305
37	308	106	1228	175	2332	244	2973	313	3308
38	316	107	1244	176	2345	245	2979	314	3312
39	325	108	1260	177	2357	246	2986	315	3315
40	334	109	1276	178	2369	247	2993	316	3318
41	344	110	1293	179	2381	248	3000	317	3322
42	354	111	1309	180	2393	249	3006	318	3325
43	364	112	1326	181	2405	250	3012	319	3328
44	374	113	1342	182	2416	251	3018	320	3331
45	385	114	1359	183	2428	252	3024	321	3334
46	396	115	1376	184	2440	253	3030	322	3337
47	408	116	1392	185	2451	254	3036	323	3339
48	420	117	1409	186	2463	255	3042	324	3342
49	432	118	1426	187	2474	256	3048	325	3345
50	443	119	1442	188	2486	257	3054	326	3347
51	455	120	1459	189	2497	258	3060	327	3350
52	467	121	1476	190	2508	259	3066	328	3353
53	478	122	1494	191	2519	260	3072	329	3355
54	490	123	1511	192	2530	261	3078	330	3358
55	503	124	1528	193	2541	262	3084	331	3361
56	516	125	1546	194	2552	263	3089	332	3363
57	530	126	1563	195	2562	264	3095	333	3366
58	544	127	1580	196	2572	265	3101	334	3368
59	559	128	1598	197	2582	266	3106	335	3371
60	573	129	1615	198	2592	267	3112	336	3373
61	587	130	1632	199	2602	268	3117	337	3375
62	600	131	1650	200	2612	269	3123	338	3378
63	613	132	1667	201	2622	270	3128	339	3380
64	626	133	1684	202	2632	271	3133	340	3382
65	639	134	1702	203	2641	272	3138	341	3385
66	653	135	1719	204	2650	273	3143	342	3387
67	666	136	1736	205	2659	274	3148	343	3389
68	680	137	1753	206	2669	275	3153	344	3392
69	693	138	1770	207	2678	276	3158	345	3394
70	706	139	1787	208	2687	277	3163	346	3396
71	720	140	1803	209	2696	278	3167	347	3399
72	733	141	1820	210	2705	279	3172	348	3401
73	746	142	1837	211	2714	280	3176	349	3403
74	760	143	1853	212	2723	281	3181	350	3406
75	773	144	1870	213	2732	282	3185	351	3408
76	786	145	1886	214	2741	283	3189	352	3410
77	800	146	1903	215	2749	284	3194	353	3412
78	814	147	1919	216	2758	285	3198	354	3414
79	828	148	1935	217	2767	286	3202	355	3416
80	841	149	1952	218	2775	287	3207	356	3418
81	855	150	1968	219	2784	288	3211	357	3420
82	869	151	1984	220	2792	289	3215	358	3422
83	883	152	2000	221	2801	290	3220	359	3423
84	897	153	2016	222	2809	291	3224	360	3425
85	911	154	2032	223	2817	292	3228	361	3427
86	926	155	2048	224	2825	293	3233	362	3428
87	940	156	2064	225	2833	294	3237	363	3430
88	955	157	2080	226	2841	295	3241	364	3432
89	969	158	2096	227	2849	296	3246	365	3433
90	984	159	2111	228	2857	297	3250		
91	999	160	2126	229	2865	298	3254		
92	1014	161	2141	230	2872	299	3258		

표 4·5 B형 선박에 대한 표정건현

배의 길이 (m)	건 현 (mm)	배의 길이 (m)	건 현 (mm)	배의 길이 (m)	건 현 (mm)	배의 길이 (m)	건 현 (mm)	배의 길이 (m)	건 현 (mm)
24	200	93	1135	162	2560	231	3750	300	4630
25	208	94	1154	163	2580	232	3765	301	4642
26	217	95	1172	164	2600	233	3780	302	4654
27	225	96	1190	165	2620	234	3795	303	4665
28	233	97	1209	166	2640	235	3808	304	4676
29	242	98	1229	167	2660	236	3821	305	4686
30	250	99	1250	168	2680	237	3835	306	4695
31	258	100	1271	169	2698	238	3849	307	4704
32	267	101	1293	170	2716	239	3864	308	4714
33	275	102	1315	171	2735	240	3880	309	4725
34	283	103	1337	172	2754	241	3893	310	4736
35	292	104	1359	173	2774	242	3906	311	4748
36	300	105	1380	174	2795	243	3920	312	4757
37	308	106	1401	175	2815	244	3934	313	4768
38	316	107	1421	176	2835	245	3949	314	4779
39	325	108	1440	177	2855	246	3965	315	4790
40	334	109	1459	178	2875	247	3978	316	4801
41	344	110	1479	179	2895	248	3992	317	4812
42	354	111	1500	180	2915	249	4005	318	4823
43	364	112	1521	181	2933	250	4018	319	4834
44	374	113	1543	182	2952	251	4032	320	4844
45	385	114	1565	183	2970	252	4045	321	4855
46	396	115	1587	184	2988	253	4058	322	4866
47	408	116	1609	185	3007	254	4072	323	4878
48	420	117	1630	186	3025	255	4085	324	4890
49	432	118	1651	187	3044	256	4098	325	4899
50	443	119	1671	188	3062	257	4112	326	4909
51	455	120	1690	189	3080	258	4125	327	4920
52	467	121	1709	190	3098	259	4139	328	4931
53	478	122	1729	191	3116	260	4152	329	4943
54	490	123	1750	192	3134	261	4165	330	4955
55	503	124	1771	193	3151	262	4177	331	4965
56	516	125	1793	194	3167	263	4189	332	4975
57	530	126	1815	195	3185	264	4201	333	4985
58	544	127	1837	196	3202	265	4214	334	4995
59	559	128	1859	197	3219	266	4227	335	5005
60	573	129	1880	198	3235	267	4240	336	5015
61	587	130	1901	199	3249	268	4252	337	5025
62	601	131	1921	200	3264	269	4264	338	5035
63	615	132	1940	201	3280	270	4276	339	5045
64	629	133	1959	202	3296	271	4289	340	5055
65	644	134	1979	203	3313	272	4302	341	5065
66	659	135	2000	204	3330	273	4315	342	5075
67	674	136	2021	205	3347	274	4327	343	5086
68	689	137	2043	206	3363	275	4339	344	5097
69	705	138	2065	207	3380	276	4350	345	5108
70	721	139	2087	208	3397	277	4362	346	5119
71	738	140	2109	209	3413	278	4373	347	5130
72	754	141	2130	210	3430	279	4385	348	5140
73	769	142	2151	211	3445	280	4397	349	5150
74	784	143	2171	212	3460	281	4408	350	5160
75	800	144	2190	213	3475	282	4420	351	5170
76	816	145	2209	214	3490	283	4432	352	5180
77	833	146	2229	215	3505	284	4443	353	5190
78	850	147	2250	216	3520	285	4455	354	5200
79	868	148	2271	217	3537	286	4467	355	5210
80	887	149	2293	218	3554	287	4478	356	5220
81	905	150	2315	219	3570	288	4490	357	5230
82	923	151	2334	220	3586	289	4502	358	5240
83	942	152	2354	221	3601	290	4513	359	5250
84	960	153	2375	222	3615	291	4525	360	5260
85	978	154	2396	223	3630	292	4537	361	5268
86	996	155	2418	224	3645	293	4548	362	5276
87	1015	156	2440	225	3660	294	4560	363	5285
88	1034	157	2460	226	3675	295	4572	364	5294
89	1054	158	2480	227	3690	296	4583	365	5303
90	1075	159	2500	228	3705	297	4595		
91	1096	160	2520	229	3720	298	4607		
92	1116	161	2540	230	3735	299	4518		

[2] 방형계수(C_b)에 관한 수정 [제30규칙]

C_b 가 0.68을 넘을 때는 표정 건현에 다음 값을 곱한다. 단, 여기서 C_b 는 1보다 크게 잡지는 않는다. 이렇게 C_b 에 의하여 수정된 건현을 '기준건현'이라고도 한다.

$$\frac{C_b + 0.68}{1.36} \quad (4 \cdot 13)$$

[3] 선루 및 트렁크에 관한 수정 [제33규칙 ~ 제37규칙]

다음과 같이 산정된 선루 및 트렁크의 유효길이 및 높이에 관하여 정하여진 수정 값을 기준 건현에서 빼준다.

① 선루 및 트렁크의 유효길이가 $1.0L$ 인 경우 다음의 값을 선루 수정 값으로 빼준다.

② 선루 및 트렁크의 유효길이가 $1.0L$ 미만인 경우는 표 4·7의 퍼센트(%) 만큼의 값을 빼준다.

표 4·6 선루 및 트렁크의 기본 수정높이(mm)

L_f (m)	기본 수정높이
24	350
85	860
≥122	1070
기 타	선형 보간법으로 구함

이 수정에서의 '선루길이', '트렁크', '유효길이' 등은 '1966년 국제만재흘수선협약에 관한 1988년 의정서' 제34조부터 제36조를 참조하기 바란다.

표 4·7 선루 표준 및 트렁크의 높이(mm)

	선루 및 트렁크의 총 유효길이										
	0	$0.1L$	$0.2L$	$0.3L$	$0.4L$	$0.5L$	$0.6L$	$0.7L$	$0.8L$	$0.9L$	$1.0L$
A형, B형 모든 형식의 선루에 대한 감소값	0	7	14	21	31	41	52	63	75.3	87.7	100

③ 선루의 유효길이가 $0.07L$ 미만인 B형선의 경우는 감하지 않는다.

[4] (깊이/길이) 비에 대한 수정 [제31규칙]

D_f 가 $L_f/15$를 넘을 때 건현은 $\left(D_f - \frac{L_f}{15}\right) \times R$(mm)만큼 증가시켜야 한다.

$L_f < 120\,\mathrm{m}$: $R = L_f / 0.48$

$L_f \geqq 120\,\mathrm{m}$: $R = 250$

여기서, D_f 가 $L_f/15$[= '표준 깊이(standard depth)'] 보다 작을 때 중앙부 $0.5L_f$ 에 걸쳐 폐위된 선루를 갖는 선박 또는 폐위된 부분 선루와 트렁크와의 연속이 선수미로 전통하는 선박에서는 상기 계산식에 의한 값을 감한다. 선루 또는 트렁크의 높이가 표준높이보다 작을 때의 감소는 그 비율에 따른다.

[5] 현호(舷弧, sheer)에 관한 수정 [제38규칙]

현호가 표 4 · 8에 정의된 표준현호와 차이가 있을 때는 다음 요지의 수정량을 구하여서 표정건현에 더하든지 뺀다.

표 4 · 8 표준현호의 높이

	배의 길이방향 위치	현호의 높이(mm)
후반부	선미수선(AP) AP로부터 $L_f/6$ AP로부터 $L_f/3$ 중 앙	$25(L_f/3+10)$ $11.1(L_f/3+10)$ $2.8(L_f/3+10)$ 0
전반부	중 앙 FP로부터 $L_f/3$ FP로부터 $L_f/6$ 선수수선	0 $5.6(L_f/3+10)$ $22.2(L_f/3+10)$ $50(L_f/3+10)$

① 수정량을 다음 식에 의해 구한다.

$$(S_o - S)\left(0.75 - \frac{L_S}{2L_f}\right), \ (\mathrm{mm}) \tag{4 · 14}$$

여기서, S_o : 현호의 표준높이

L_S : 현호의 평균높이('평균높이' 산정법은 '제38규칙'을 참조함)

② 현호의 평균높이(S)가 표준높이(S_o)보다 작을 때는 위의 수정량을 표정건현에 더하고, 클 때는 표정건현에서 뺀다.

③ 현호의 평균높이가 표준높이보다 클 때는 다음 계산식으로 계산된 값을 표정건현으로부터 감할 수 있다.

$$(S_o - S)\left(0.75 - \frac{L_E}{2L_f}\right)\frac{5L_E}{L_f} \tag{4 · 15}$$

여기서, L_E는 배의 중앙으로부터 전, 후방으로 각각 $0.1L_f$ 이내에 있는 폐위된 선루의 길이이다. 선루가 배의 중앙으로부터 전후방으로 각각 $0.1L_f$ 에 미치지 못할 때 그 감량은 보간법에 의하여 구한다. 다만, 이 식에 의한 수정량은 건현용 길이

100 m당 125 mm를 넘지 못한다.
여기서, L_f 의 단위는 m이다.

[6] 선수높이에 의한 수정 [제39규칙]

계획트림의 선수수선에서 하기 만재흘수선으로부터 노출 갑판의 선측 상면까지의 수직 거리를 선수높이라고 하며, 이 선수높이는 식 (4 · 16)에 의하여 계산된 값보다 작으면 안 된다.

$$F_b = \left[6075\left(\frac{L_f}{100}\right) - 1875\left(\frac{L_f}{100}\right)^2 + 200\left(\frac{L_f}{100}\right)^3\right] \times \left[2.08 + 0.609C_b - 1.603C_{wf} - 0.0129\left(\frac{L_f}{d_1}\right)\right] \tag{4 · 16}$$

여기서 F_b는 mm단위로 표시된 최소 선수 높이이며, L_f의 단위는 m이고, C_{wf}는 $\dfrac{A_{wf}}{\left[\left(\dfrac{L_f}{2}\right)\times B_f\right]}$로 정의되는 선수부 $\left(\dfrac{L_f}{2}\right)$의 수선면계수이며, d_1은 m 단위로 표시된 최소형 깊이의 85%의 흘수이고, A_{wf}는 m^2 단위로 표시된 깊이의 85%에서의 수선면적을 의미한다.

[7] 갑판선의 위치에 의한 수정 [제32규칙]

이상에서 정해진 건현(D_f)을 건현 갑판선의 상연(上椽)과 일치시키면서 건현표에 표시할 수 없을 경우에는 건현갑판 상면선의 현측 높이와 D_f 와의 차이값을 D_f에 더하거나 빼준다. 이렇게 수정된 값을 건현표 및 건현 증서에 기록한다.

[8] 목재건현(timber freeboard)[제 4 장]

건현갑판 또는 선루갑판의 폭로부에 탑재되는 목재 화물은 어떤 부가적인 부력 및 해양에 대한 플러스요인으로 작용할 수 있다고 볼 수 있으므로 갑판에 목재를 탑재하는 선박은 건현의 감소가 인정된다.

이 건현 감소량은 앞에서 설명한 하기건현계산 항목 중 선루의 유효길이 계산법을 일반 선박과 다르게 한다.

[※ ICLL의 2006년 수정내용] : 상기 규칙 39와 규칙 22(배수구, 입구, 유량관련사항)이 수정되었으나 규칙 22는 건현산정과는 관계가 없다.

4.3 주요 치수 추정 예

10,000 DWT급이며, 선속 15.5 kt인 일반화물선의 주요 치수 산정의 예를 표 4·9에 수록하였다. 단, 본 표에는 학습 능률을 위하여, 고의적인 오타가 있을 수 있다.

표 4·9 주요 치수 산정 예

requirement : DWT 10,000 tons, speed 15.5 kt, draft limitation 26 feet, shelter Dk vessel

length between perpendicular [ft]	420	440	460	445
speed	15.5	15.5	15.5	15.5
breadth($=L/10+20$) [ft]	62	64	66	64.5
$C_b(=1.06-1/2V/\sqrt{L})$	0.755	0.738	0.720	0.735
freeboard(from Load Line Reg.)				
basic freeboard [in]	77.8	84	90.2	85.55
fullness correction factor $\frac{C_b+0.68}{1.36}$	1	1.007	1.015	1.01
superstructure correction(full length)	−42	−42	−42	−42
sheer correction	0	0	0	0
corrected F not inch depth correct	25.8	42.6	49.5	44.4
correction for depth by assuming a certain depth				
assumed depth	29.3	29.62	29.95	29.72
$L/15$	28.0	29.3	30.65	29.65
difference	+1.3	+0.32	−0.70	+0.07
difference ×3	+3.9	+0.96	−2.10	+0.21
corrected freeboard(inches)	39.5	43.36	47.40	44.61
corrected freeboard(feet)	3.30	3.62	3.95	3.717
draft(given)	26	26	26	26
depth(D)	29.3	29.62	29.95	29.72
tweendeck height	9	9	9	9
depth up.to weather deck(shelter Dk. D_e)	38.3	38.62	38.95	38.72
displacement $=C_b \cdot L \cdot B \cdot d/35$	13150	14450	15800	14750
L/D	11	11.4	11.8	11.5
$L \cdot B \cdot D_e/100$	9980	10900	11800	11100
C_S = steel coefff.not including superstructure reduced by 0.01 for shelter decker	0.281	0.283	0.294	0.288
net hull steel weight($=C_S \cdot L \cdot B \cdot D_e/100$)	2800	3140	3460	3200
wood & outfit coeff.(C_W)	0.065	0.065	0.065	0.065
wood & outfit weight($=C_W \cdot L \cdot B \cdot D_e/100$)	649	710	767	722

표 4·9 주요 치수 산정 예 (계속)

requirement : DWT 10,000 tons, speed 15.5 kt, draft limitation 26 feet, shelter Dk vessel

machinery weight based on SHP				
SHP by Ayre's method	6500	6750	6800	6620
SHP by Admirality coeff.	6950	7260	7670	7380
average SHP	6750	7000	7250	7000
machinery weight(= SHP/9)	750	770	805	778
net hull steel weight	2800	3140	3460	3200
superstructure weight	–	–	–	–
wood & outfit weight	649	710	767	722
light ship	4179	4678	5030	4700
displacement	13150	14450	15800	14750
deadweight	8951	9800	10768	10050

참고적으로 몇 가지 실적선의 주요 제원 예를 부록 Ⅵ에 소개하였다.

아울러 다음에 소개된 주요제원 관련 예제를 통하여 학습효과를 높이기 바란다.

예 제 4·1 선박의 길이, 깊이, 흘수 및 배수용적 등의 변화 없이 폭만을 $P\%$ 증가시킬 경우에, $\delta KM = \frac{P}{100}\left(\frac{\nabla}{3A} + 3BM\right)$인 관계식이 성립한다고 할 수 있다. 다음 물음에 답하여라.

(1) KM에 관한 상기 식을 유도하되, 유도 과정에서 사용된 가정도 아울러 설명하여라.

단, $KB = d - \frac{1}{3}\left(\frac{d}{2} + \frac{\nabla}{A}\right)$를 가정하여라.

여기서 δKM : 용골로부터의 메타센터높이 변화량, ∇ : 배수용적, A : 수선면적, BM : 메타센터 반지름, KB : 용골로부터의 부심높이, d : 흘수이다.

(2) 다음과 같이 설계된 선박이 있다.

메타센터 높이(GM) : -0.1 m

배수량(Δ) : 6300톤

수선면적(A) : 1650 m^2

메타센터 반지름(BM) : 5.95 m

이 배의 GM을 $+0.3$ m가 되도록 하려면 폭을 몇 % 증가시켜야 하는가? (단, 길이, 깊이, 흘수, 배수용적 등의 변화는 없도록 한다.)

풀이 (1) 첨자 n을 새로 설계된 선박의 값, k를 비례계수, A를 수선면적, C_W를 수선면적계수, I를 관성모멘트, M은 메타센터, B는 부심, K는 용골의 상면점, $x=\frac{P}{100}$라 하고 $KM=KB+BM$임을 감안하여서 다음과 같이 유도할 수 있다.

유사선 및 새로 설계되는 선박의 수선면적을 $A=L\cdot B\cdot C_W$, $A_n=L\cdot B\cdot(1+x)(C_W)_n$로 표시할 수 있으므로, $(C_W)_n=C_W$라 가정하면 $A_n=A(1+x)$가 된다.

또한 $I=k\cdot L\cdot B^3$, $I_n=k_n\cdot L\cdot B^3(1+x)$에서 $k=k_n$라고 가정하면 $I_n=I(1+x)^3$이 된다.

한편,

$$KM_n=KB_n+BM_n$$
$$=d-\frac{1}{3}\left(\frac{d}{2}+\frac{\nabla}{A(1+x)}\right)+\frac{I(1+x)^3}{\nabla}$$
$$\therefore \delta KM=KM_n-KM$$
$$=d-\frac{1}{3}\left(\frac{d}{2}+\frac{\nabla}{A(1+x)}\right)\frac{I(1+x)^3}{\nabla}-d+\frac{1}{3}\left(\frac{d}{2}+\frac{\nabla}{A}\right)-\frac{I}{A}$$
$$=\frac{\nabla}{3A}\left(1-\frac{1}{1+x}\right)+\frac{I}{\nabla}[(1+x^3)-1]$$

가 된다.

여기서 x^2 이상의 고차항을 무시해서

$$\frac{1}{1+x}=1-x+x^2-x^3+\ldots\fallingdotseq 1-x,$$
$$(1+x)^3+1+3x+3x^2+x^3\fallingdotseq 1+3x$$

라 놓으면,

$$\delta KM=\frac{\nabla}{3A}x+\frac{I}{\nabla}(3x)=x\left(\frac{3I}{\nabla}+\frac{\nabla}{3A}\right)=x\left(3BM+\frac{\nabla}{3A}\right)=\frac{P}{100}\left(\frac{\nabla}{3A}+3BM\right)$$

인 관계식을 얻게 된다.

(2) 전체적으로 증가시켜야 할 메타센터의 양은 0.4 m가 되므로, 위의 (1) 문제에서 유도된 식을 이용해서 다음과 같이 구할 수 있다.

$$x=\frac{delta\ \ KM}{3BM+\frac{\nabla}{3A}}=\frac{0.4}{(3\times 5.95)+\frac{6300\div 1.025}{3\times 1650}}\fallingdotseq 0.021$$

즉, 폭(B)을 2.1% 증가시키면 되겠다.

예 제 4·2 재화중량 9200톤, 방형계수(C_b) 0.68인 화물선을 설계하려고 한다. 이 선박의 길이, 폭, 깊이, 흘수, 해수에서의 만재배수량 및 경하배수량 등을 추정하여라. 이를 위하여 다음을 가정하여라.

$$B=\frac{L}{10}+7.6,\quad D=0.56B,\quad d=0.75D,\quad \text{강재중량}=0.26\Delta,$$

$$\text{목재 및 의장품중량}=0.09\Delta,\quad \text{기관부 중량}=0.08\Delta$$

여기서, B는 최대폭, D는 상갑판까지의 형깊이, d는 최대흘수. Δ는 해수에서의 배수량을 각각 의미한다.

풀이 문제에서 주어진 가정 및 선박의 배수량은 1.025×배수용적 인 관계를 이용하고, 시행착오법에 의해서 다음과 같이 추정한다. 여기서 Δ_F는 만재 배수량, Δ_L는 경하배수량, W_s는 선각중량, W_o는 목재 및 의장품 중량, W_m은 기관부 중량, DWT는 재화중량을 각각 의미한다.

L	100	120	140
$B(=0.1L+7.6)$	17.6	19.6	21.6
$D(=0.56B)$	9.86	10.98	12.10
$d(=0.75D)$	7.40	8.24	9.08
$C_b(=0.68)$	0.68	0.68	0.68
$\Delta_F(=1.025 \cdot C_b \cdot L \cdot B \cdot d)$	9078	13,508	19,138
$\Delta_L(=W_s+W_o+W_m)$	3904	5808	8229
$DWT(=\Delta_F-\Delta_L)$	5174	7700	10,909

이 표에서 삽간법으로 재화중량 9500톤 때의 길이를 구하면 130 m가 되며, 다른 값들을 위 표에서와 같은 방법으로 구하면 다음과 같다.

즉, L=130 m, B=20.6 m, D=11.54 m, d=8.65 m, C_b=0.68, Δ_F=16,146톤, Δ_L=6943톤, DWT=9203톤으로 추정할 수 있다.

예 제 4·3 건현과 관련된 다음 물음에 답하여라.

(1) 선박설계를 할 때 건현의 최소값을 규제하는 이유 중에서 가장 중요한 것 2가지만 설명하여라.

(2) 선형계수와 주요 치수들이 각각 동일한 유조선과 광석운반선이 있다. 이 경우에 유조선(tanker)의 허용 최소 건현이 광석운반선(ore carrier)의 그것보다 작을 수 있는 이유 중에서 중요한 것 2가지만 설명하여라.

(3) 다음과 같은 유조선의 하계 최대 흘수값(extreme summer draught)을 산정하여라.

- 건현길이(L) = 158.5 m
- 형깊이(D) = 12.4 m
- 방형계수(C_b) = 0.82
- 규정에 의한 선루 수정값 = 278.2 mm
- 스트링거(stringer)판 두께 = 22mm
- 용골두께 = 25mm
- 현호(sheer) 수정값 = 400mm
- 관련된 만재흘수선 협약
  - 표정건현

L(m)	F(mm)
158	2096
159	2111

– 깊이에 관한 수정식

: (건현깊이 – 표준깊이)× 250, (mm)

– 방형계수에 관한 수정식

: $\dfrac{C_b+0.68}{1.36}$

풀이 (1) ① 대각도 경사 때 적당한 복원성을 유지시키기 위함이다(또는 일정량 이상의 동복원성을 유지하기 위함이거나 일정량 이상의 복원성 소멸각도를 유지하기 위하여 또는 경사 때 갑판이 물속에 잠기는 각도를 일정량 이상으로 유지시켜 주기 위함).

② 손상시에 일정량의 예비 부력을 유지시켜서 적당한 복원성을 갖도록 하기 위함이다.

(2) ① 유조선은 광석운반선과 달리 갑판에 창구 구멍(hatch opening)이 없으므로, 손상시 복원성측면에서 구조상 유조선이 유리하다.

② 화물창의 구획법(subdivision) 측면에서 유조선의 구조가 광석운반선보다 손상시 복원성에 유리하도록 되어 있다(∵ 자유 표면 효과에 따른 무게중심상승 때문). 즉, 광석운반선의 화물창은 유조선의 화물창보다 큰 것이 보통이다.

(3) [하계 최대 흘수 = 건현깊이 – 하계건현 – 용골 두께]인 관계에서 하계 최대 흘수를 구하면 된다. 여기서

• 건현깊이

= 형깊이+ 스트링거판 두께

= 12.4 m + 0.022 m = 12.422 m

• 하계 건현

= 표정건현 × C_b 수정값 – 선루 및 트렁크 수정값+ 깊이 수정값+ 현호 수정값 + 선수높이 수정값 ± 갑판선 위치에 의한 수정값

$$= 2103.5\,\text{mm} \times \left(\frac{0.82\ +\ 0.68}{1.36}\right) - 278.2\,\text{mm} + \left(12.422\text{m} - \frac{158.5\ \text{m}}{15}\right) \times 250\text{mm}$$

$$+\ 400\text{mm} \pm 0 \pm 0$$

$$= 2904.8\,\text{mm}$$

(여기서 선수높이 수정값과 갑판선 수정값은 문제에 관련 자료가 없으므로 '0'인 것으로 간주한다.)

따라서

하계 최대 흘수 = 12,422 mm – 2904.8 mm + 25 mm

= 9542.2 mm

= 9.54 m

예 제 4 · 4 다음에 답하여라.

(1) 상선의 초기 설계 과정에서 중앙평행부의 길이(M)를 약간 증가시켜서, 배수용적(∇)을 증가시키려 할 때, 이용되는 다음 식을 유도하여라. 단 변화 전후의 선박길이(L) 및 중앙횡단면계수(C_m)는 일정하게 유지하고, 변화 전의 중앙평행부 길이는 전혀 없었던 것으로 간주하여라.

$$M = L\left[\frac{(C_b)_n - (C_b)_o}{C_m - (C_b)_o}\right]$$

여기서 C_b는 방형계수, 첨자 o 및 n는 변화 전 및 후 선박의 값을 각각 의미한다.

(2) 다음 특성을 가진 선박에서 M을 증가시켜서 C_b를 0.70으로 증가시키려 한다. 증가시켜야 할 M의 길이는 얼마로 하면 좋은가? 단 변화 전후의 선박 길이, 폭, 흘수 등은 같게 하여라.

- 변화 전 선박의 특성
  - 길이(L)×폭(B)×흘수(d) = 61 m × 10.5 m × 4.6 m
  - 중앙 평행부의 길이 = 6 m
  - 중앙횡단면계수(C_m) = 0.95
  - 수면 밑 부분의 횡단면적곡선의 종축길이

스테이션	AP	1	2	3	4	5	FP
종축길이	0	0.56	0.92	1.00	0.96	0.60	0

단, 종축길이 = (각 스테이션에서의 횡단면적) ÷ (중앙부 횡단면적)

풀이 (1) 변화된 배수용적(∇_n)

= 물가름부(entrance) 및 선미단부(또는 '선미끝부'라고도 함, run)의 변화 체적+중앙평행부의 변화 체적

$$= \nabla_o\left[\frac{(C_b)_n}{(C_b)_o}\right]$$

인 관계로부터 다음 식을 얻을 수 있다. 즉,

$$\nabla_o\left(\frac{L-M}{L}\right) + M \cdot A_m = \nabla_o\left[\frac{(C_b)_n}{(C_b)_o}\right]$$

(여기서 $A_m (= B \cdot d \cdot C_m)$은 중앙부 횡단면적임)

이제 $A_m = B \cdot d \cdot C_m$을 위 식에 대입하고, 양변을 ∇_o로 나누어서 정리하면 다음의 관계식을 얻게 된다.

$$\frac{L-M}{L} + \frac{M \cdot B \cdot d \cdot C_m}{L \cdot B \cdot d \cdot (C_b)_o} = \frac{(C_b)_n}{(C_b)_o},$$

$$\frac{M}{L}\left[\frac{C_m}{(C_b)_o} - 1\right] = \frac{(C_b)_n}{(C_b)_o} - 1$$

이제 양변에 $(C_b)_o$를 곱하여 정리하면 문제에 주어진 식을 얻게 된다. 즉,

$$\frac{M}{L}[C_m - (C_b)_o] = (C_b)_n - (C_b)_o$$

$$\therefore M = L\left[\frac{(C_b)_n - (C_b)_o}{C_m - (C_b)_o}\right]$$

(2) 상기 (1)의 식을 이용해서 구하기 위하여 먼저 심프슨 제1법칙을 이용해서 변화 전 선박의 배수용적(∇_o)을 구하면 다음과 같다.

스테이션	종축길이	심프슨 곱수(SM)	$f(\nabla)$
AP	0	1	0
1	0.56	4	2.24
2	0.92	2	1.84
3	1.00	4	4.00
4	0.96	2	1.92
5	0.60	4	2.40
FP	0	1	0
		$f(\nabla)$의 합계	12.40

$$\begin{aligned}\nabla_o &= \frac{1}{3}\times\frac{L}{6}\times 12.40\times A_m\\ &= \frac{1}{3}\times\frac{61}{6}\times 12.40\times A_m\\ &= 42.02\,A_m\end{aligned}$$

이제 $C_m=0.95$로부터 A_m을 구하여서 위의 ∇_o식에 대입해서 ∇_o를 구하고, 이것으로부터 $(C_b)_o$을 구하면 다음과 같다.

$$\nabla_o = 42.02\,A_m = 42.02\times 45.885 = 1928.1$$

$$(C_b)_o = \frac{\nabla_o}{L\cdot B\cdot d} = \frac{1928.1}{61\times 10.5\times 4.6} = 0.654$$

이렇게 구한 값을 위의 (1)에서 제시된 식에 대입해서 중앙평행부 길이(M)를 구하면 다음과 같다. 즉,

$$\begin{aligned}M &= L\left[\frac{(C_b)_n-(C_b)_o}{C_m-(C_b)_o}\right] = 61\left(\frac{0.7-0.654}{0.95-0.654}\right)\\ &= 9.48\,\text{m}\end{aligned}$$

제 5 장 선형계수

5.1 선형계수

선박의 성능을 수치적으로 비교하기 위하여 사용하는 선형계수(form coefficient)들의 정의를 요약하면 다음과 같다. 여기서 C_b는 방형(비척)계수, C_m은 중앙횡단면계수, C_p는 주형계수, C_w는 수선면계수, C_{vp}는 연직주형(비척)계수, ∇는 배수용적, L는 길이, B는 폭, d는 흘수, A_m는 중앙횡단면적, A_w은 수선면적 등을 나타낸다. 이들 선형계수들의 일반적인 추정법 및 특성을 5.2 ~ 5.7에 소개하였다. 설계 때 선형계수의 추정을 위하여 성능이 우수한 유사선 자료가 있는 경우는 이들 값을 그대로 이용하는 경우도 많다.

$$C_b = \frac{\nabla}{L \times B \times d}$$

$$C_m = \frac{A_m}{B \times d}$$

$$C_p = \frac{\nabla}{A_m \times L} = \frac{\nabla}{L \times B \times d \times C_m} = \frac{C_b}{C_m}$$

$$C_w = \frac{A_w}{B \times L}$$

$$C_{vp} = \frac{\nabla}{A_w \times d} = \frac{\nabla}{L \times B \times d \times C_w} = \frac{C_b}{C_w}$$

$$C_b = C_m \times C_p = C_w \times C_{vp}$$

$$C_d = \frac{\Delta}{\left(\frac{L}{100}\right)^3}$$

$$C_v = \frac{\nabla}{L^3} \quad \text{또는} \quad \frac{L}{\Delta^{\frac{1}{3}}}$$

5.2 방형계수(C_b)

선박의 뚱뚱한 정도를 나타내기 위하여 정의된 방형계수 값은 주로 선형 및 배의 길이 등에 따라 크게 변한다. 이 값은 선속이 빨라짐에 따라 작아지는 것이 보통이다. 다시 말해서, $\frac{L}{B}$ 및 $\frac{L}{d}$이 큰 선박에서는 방형 계수의 값이 작은 것이 보통이다.

C_b는 계획속력에서 조파저항 곡선이 급격히 상승하지 않도록 억제되어야 하므로, 배의 길이와 항해속력이 정해지면 C_b는 그 배의 F_n의 함수로 주어진다. 또한 선수부의 뚱뚱한 정도를 나타내는 물가름부(entrance)계수(α_E), 선미부의 뚱뚱한 정도를 나타내는 선미단부(run)계수(α_R), C_b, LCB, L/B의 관계는 경험적으로 대략 다음과 같이 표기되기도 한다.

$$1.3(1-C_b)+3.1\,LCB = (B/L)/\alpha_E$$
$$1.3(1-C_b)-3.1\,LCB = (B/L)/\alpha_R$$

일반 상선의 방형계수 추정을 위한 대표적 경험식들을 소개하면 다음과 같다.

• Alexander식

$$C_b = K_B - \frac{1}{2}\frac{V}{\sqrt{L}}$$

여기서 K_B는 대략 상선의 항해속력(service speed)에서는 1.06, 시운전 속력(trial speed)에서는 1.08을 택한다.

또한 $\frac{V}{\sqrt{L}}$가 1.0보다 큰 경우는 그림 5·1의 K_B값을 권장하기도하며, Todd는 K_B값을 다음과 같이 추천하였다.

$V/\sqrt{L}$ = 0.60이면 1.045,
$V/\sqrt{L}$ = 0.70이면 1.05,
$V/\sqrt{L}$ = 0.80이면 1.06,
$V/\sqrt{L}$ = 0.90이면 1.07,
$V/\sqrt{L}$ = 1.00이면 1.087,

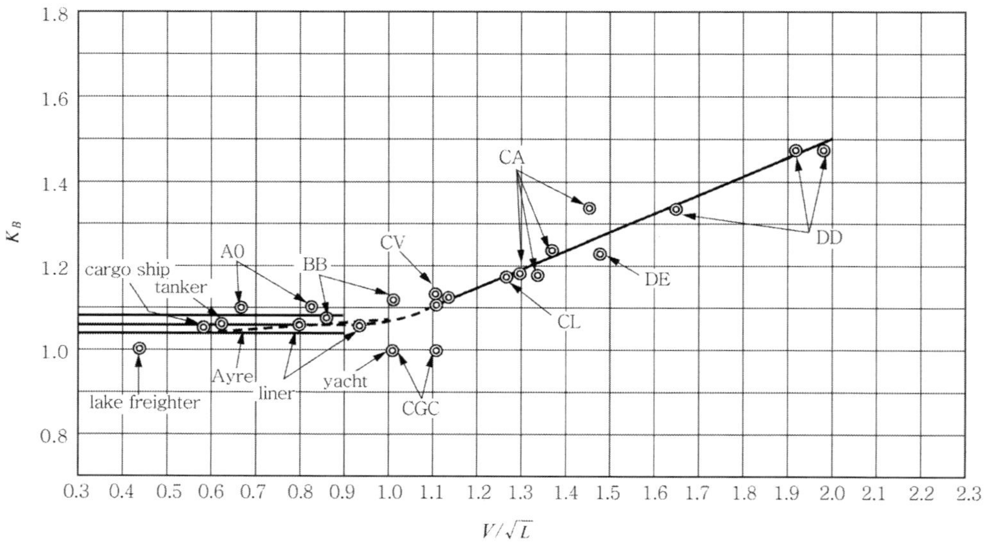

그림 5·1 C_b 추정용 Alexander 식의 K_B값

- Van Lammeren식

$$C_b = 1.137 - 0.6\, V/\sqrt{L}$$

- Yamagata식

$$C_b = 1.035 - 0.435\, V/\sqrt{L}$$

- Telfer식

$$C_b = 1 - \frac{3}{8}(B/L+1)\, V/\sqrt{L}$$

$$C_{bf} = 1.2 - 0.6(B/L-1)\, V/\sqrt{L} \quad : 선수부$$

$$C_{ba} = 0.8 - 0.15(B/L+1)\, V/\sqrt{L} \quad : 선미부$$

- C. B. Barras(1992)

$$C_b = 1.20 - 0.39\, V/\sqrt{L}$$

표 5·1 Typical $V/L^{0.5}$ values for several Merchant ships [C. B. Barras]

Ship type	Typical fully loaded C_b value	Typical service speed(kt)	LBP circa (m)	$V/L^{0.5}$ calues
VLCCs	0.825	15.50	259.61	0.962
Oil Tankers	0.800	15.50	228.23	1.026
General Cargo ships	0.700	14.75	132.38	1.282
Passenger Liners	0.625	22.00	222.77	1.474
Container ships	0.575	22.00	188.36	1.063

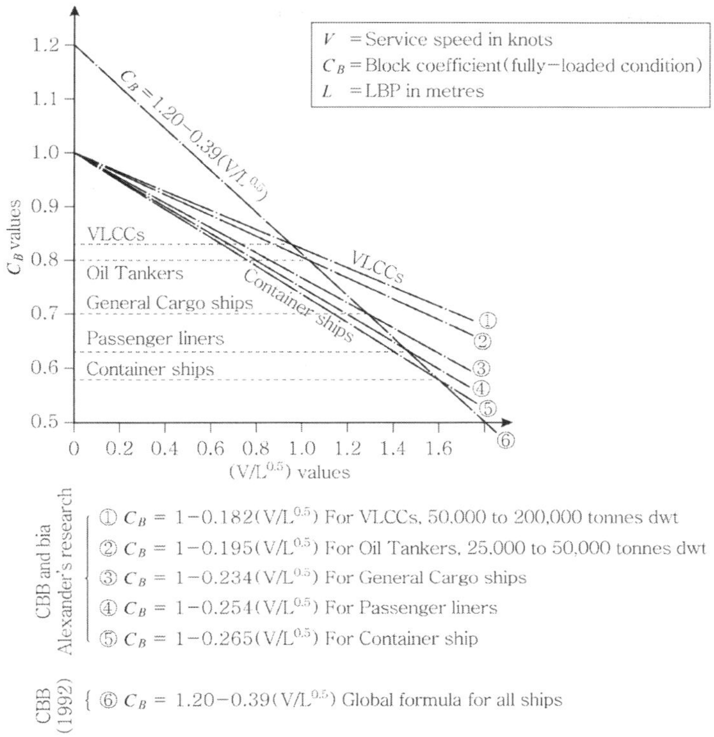

그림 5 · 2 Graphs of $C_b \propto V/L^{0.5}$ for several ship types. [C. B. Barras]

한편 운항비 중 연료비 비율이 증가되는 근래의 정황에서 비교적 고속범위인 배에 대해서는 $C_b = 1.34 - 3.0(Vs/\sqrt{gL})$로 표시되는 정도의 C_b값을 택하는 것이 운항 채산적으로 유리한 것으로 알려져 있다. 여기서 Vs는 항해속력을 의미한다.

그림 5 · 3에서는 상기의 식과 실적선 범위를 보여주고 있는데, 실적선 범위의 저속역(低速域)은 대형전용선, 고속역은 콘테이너선에 대응하는 것이다. 또 소형선의 실적 C_b는 $Vs/\sqrt{Lg} = 0.23$부근으로서 0.03 정도 큰 값인데 에너지 절약 측면에서 작게 하는 경향이 있다.

C_b를 크게 택하면 계획 재화 중량에 따른 선체 치수를 작게 할 수 있어서 구조부의 선가를 감소시키기 위한 효과적인 수단이기는 하지만, 속력에 대한 기관부 마력의 증대에 따라 기관부 가격이 상승한다. C_b 증대가 지나치면 선가가 도리어 높아지는 일이 있다. 또 연료비가 큰 요소인 운항 채산 측면에서 보면, 가장 적당한 운항 채산 점의 C_b는 연료단가의 상승 때문에 선가 최저점의 C_b보다 더욱 작은 방향으로 이동하는 경향이 있다.

대형 전용선의 경우 채산적 관점에서는 C_b를 그림 5 · 3의 실적선 하한(下限)값에 가까운 값으로 선택하는 것이 유리하다.

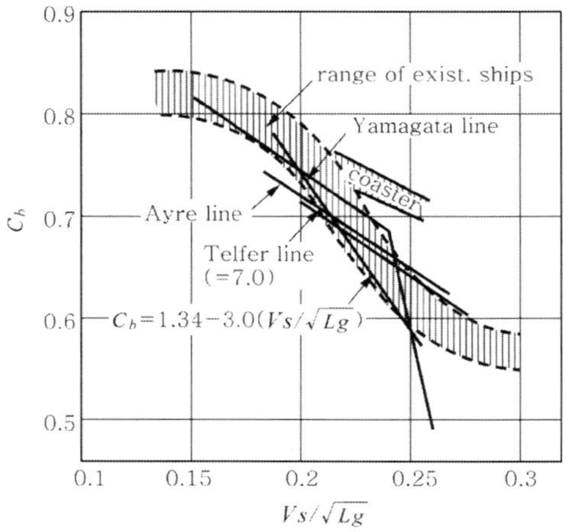

그림 5 · 3 C_b와 $Vs/\sqrt{Lg}$ 와의 관계

5.3 주형계수(C_p)

C_p는 배수량의 길이 방향 분포상태를 나타내는 값으로서, 다음과 같이 표시된다. 여기서 S.A.C.는 단면적곡선(sectional area curve)을 의미하며, S.A.C.를 C_p곡선이라고도 한다[6.3절 참조].

$$C_p = \frac{\nabla}{A_m \cdot L} = \frac{\text{Mean Ordinate of S.A.C}}{\text{Max Ordinate of S.A.C}}$$

따라서 배수량이 일정하면서 중앙단면적(A_m)이 작을수록 C_p는 커지며, 반대로 중앙단면적이 클수록 C_p는 작아짐을 의미한다. 또한 C_p가 1에 가까우면 선수미가 비교적 통통하여서 체적이 길이방향으로 안배되어 있음을 나타낸다. 아울러 C_p값은 조파저항값에 직접적으로 영향을 미치므로 최적의 값을 선택해야 한다. 저속이나 중속에서 작은 값의 C_p값을 가진 선박은 일반적으로 저항이 작아진다.

여기서 C_p 추정을 위하여 제안되어 있는 경험식 몇 가지를 소개하면 다음과 같다. 또한 선종에 따른 속장비와 주형계수와의 관계를 그림 5 · 4에 수록하였다.

$$C_P = \frac{C_b}{C_m}$$

$$= 1.072 - 0.505\frac{V}{\sqrt{L}} \quad \cdots\cdots \text{Baker}$$

$$C_P = 1.15 - 0.6\frac{V}{\sqrt{L}} \quad \cdots\cdots \text{Troost}$$

$$C_P = 1.02 - \frac{V}{10(\Delta)^{1/6}} \quad \cdots\cdots \text{상선용}$$

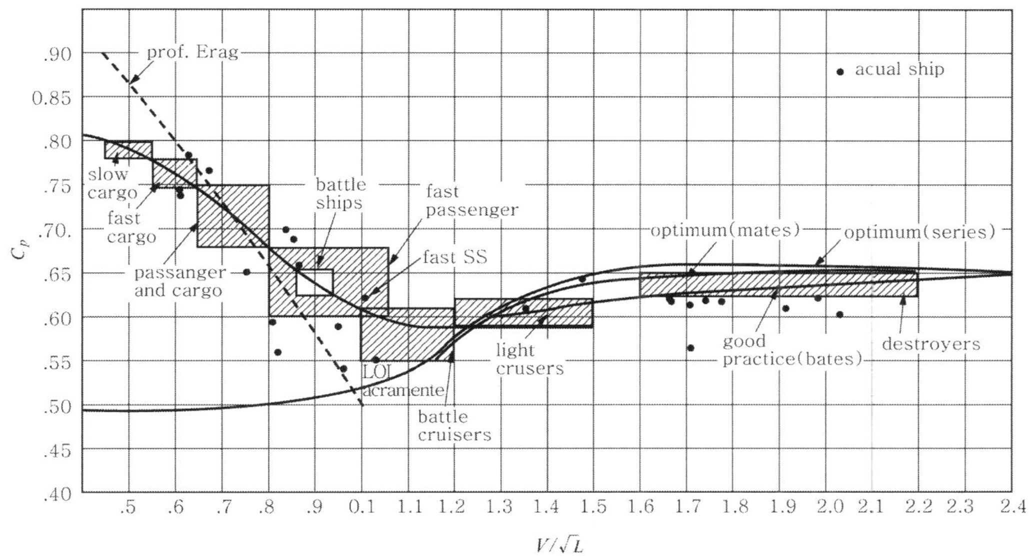

그림 5 · 4 속장비와 주형계수와의 관계

5.4 중앙횡단면계수(C_m)

정의에 따라서 C_p는 C_b를 C_m으로 나눈 값과 같은 관계가 있으며, C_m 추정을 위한 경험식을 예로 소개하면 다음과 같다.

$$C_m = 0.9 + 0.1\,C_b$$

5.5 수선면계수(C_w)

C_w는 LWL(load water line)의 형상 및 조파저항과 연관성이 큰 계수로서 이 계수에 관한 경험식을 몇 가지 소개하면 다음과 같다.

$$C_w = C_b + 0.10$$

$$C_w = \frac{C_b}{0.9} = \frac{C_b}{0.98 \times C_m}$$

$$C_w = \frac{2}{3}C_b + \frac{1}{3}$$

$$C_w = 0.107\,C_b + 0.8675\,C_b^{1/2}$$

5.6 연직주형계수(C_{vp})

C_{vp}는 배의 상하 방향의 배수량 분포상태를 나타내기 때문에 부심의 연직 위치(KB)에 직접적인 영향을 미치며, 아울러 추진기 효율 등에 관련되는 계수로서 다음과 같은 관계가 있다.

$$C_{vp} = \frac{C_b}{C_w}$$

$$\frac{KB}{d} = \frac{C_w + C_b}{C_b} \quad \text{또는} \quad \frac{2.5 - C_{vp}}{3}$$

일반적으로 C_{vp}는 대략 다음의 값을 갖는다.

선 종	단축 화물선	쌍축 화물선	구 축 함
대략의 C_{vp}값	0.88	0.80	0.65

이상에서 소개된 선형계수들 간의 표준적 관계를 그림 5·5에 수록하였다.

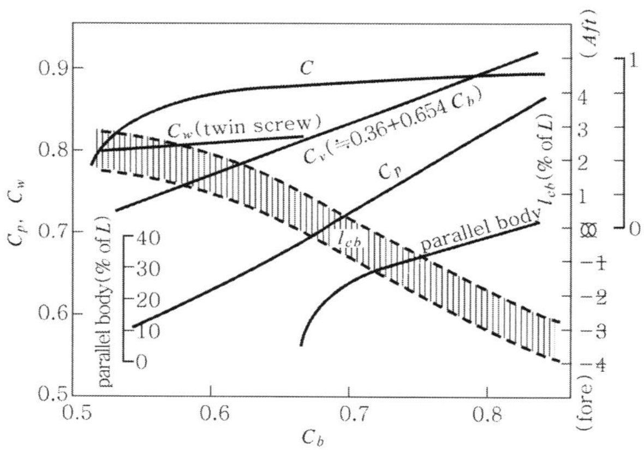

그림 5·5 선형계수들 사이의 관계

5.7 배수량-길이비

(displacement-length ratio, $[\Delta/(L/100)^3]$ 또는 (∇/L^3))

$V/\sqrt{L}$ 및 Rr/Δ의 값이 작은 경우는 $[\Delta/(L/100)^3]$값이 매우 적게 변하지만, $V/\sqrt{L} = 2.00$에서는 Rr/Δ와 $[\Delta/(L/100)^3]$가 거의 직접적인 함수관계를 갖고 변화한다.

여기서 Rr 은 선박의 잉여저항을 의미한다.

이제 몇 가지 대표적인 선종에 따른 $[\Delta/(L/100)^3]$ 값을 소개하면 다음과 같다.

선 종	구축함	정기선	소형 탱커	고속 상선	중속 상선	저속 상선
$[\Delta/(L/100)^3]$	50	123	176	133	150	200

제 6 장 선도 및 형상

일반적으로 선형설계의 주요 내용에는 기본 계획, 즉 주요 요목의 추정, 선도개발, 프로펠러 등이 포괄적으로 포함된다. 본 장에서는 선도설계와 관련된 사항만을 설명하며, 주요 요목의 추정과 관련된 사항은 본 도서의 제 4 장, 프로펠러 설계는 제 11 장, 컴퓨터 원용설계 및 최적설계 법 관련 사항은 제 15 장 등에서 각각 다루고 있다.

제 4 장에서 설명된 것처럼 주요 요목의 결정 때는 항로, 항만, 선대 등에 따른 환경적 제한을 받는 경우가 있지만, 선형의 설계는 일반적으로 물리적 또는 법적 제약이 다른 분야에 비해 적은 특성이 있다. 반면에 선박의 저항 및 추진성, 복원성, 조종성, 내해성 등의 제성능, 선체 강도, 일반 배치 등의 측면에서 선형이 미치는 영향은 지대할 뿐만 아니라 선형설계도면은 출도(出圖) 후에 수정이 거의 불가능한 것이 보통이다. 이를테면 선체선도는 기본도의 하나이고, 그 작도가 완료됨과 동시에 각 설계부서의 상세설계가 시작된다. 또, 선체의 외형도이기 때문에 일단 제작단계에 들어가면 변경이 불가능해진다. 더욱이 선형설계 작업은 통상 건조공기(建造工期)에 맞추기 위하여 조기의 출도가 요구되는 경우가 많다.

일반적인 선형설계 과정을 소개하면, 먼저 선체 주요요목과 C_b(뚱뚱한 정도)를 결정하고, 주어진 조건 하에서 성능이 좋았던 여러 가지의 유사선을 이용해서 설계 개념을 정립하며, 이들 각각에 대하여 컴퓨터를 이용하여 비교 검토한 선형 중 하나의 선형을 선택하여서, 선도(lines) 수정 작업을 수작업 또는 CAD시스템을 이용하여 수행하게 된다 [15.3.4 CAD 설계 tool 참조]. 또한 파, 유선, 반류 등을 분석해서 최적의 선형을 찾는 CFD(Computational Fluid Dynamics) 툴(사용 예 : FLUENT, WAVIS)이 활용된다. 이 결과로 작성된 선도를 모형시험 과정을 통하여 계약(또는 목표로 하는) 속도성능이 만족될 때까지 선형 수정 작업을 반복 수행하게 된다.

선형이 개발되는 개략적인 과정은 표 6 · 1과 같이 계약 전과 계약 후로 구분하여서 수행되는 경우가 많다.

표 6·1 계약 전 및 후의 선형 설계의 개요

	계약 전 선형 설계	계약 후 선형 설계
작성 시기	계약 전	계약 후
용 도	기본 계획 및 계산	모형시험 및 건조
설계 방법	CAD	CAD + 수작업
설계 내용	•주요치수(LOA, LBP, B, f, D, d, C_b, C_m, LCB, 경하중량, DWT 등) 추정 •속도-마력 추정 / 주기관 선정 •단면적 곡선(C_p - curve) •정면도(body plan)	•lines작성(단면적 곡선 및 정면도 수정, 선수 및 선미부 형상 설계) •모형시험 수행 및 선형 확정 •프로펠러 및 타(rudder)의 예비 설계
설계 주안점	사양서 조건 위주의 기본 계획용 설계 : •초기 선형 설계(유사 실적선 이용) •일반 배치(G / A) •각종 용량의 개략적 추정(기관실 및 제 의장 장비의 배치 공간, 적재화물 용량, loading 계산) •복원성(손상 / 비손상) 검토 •기타 각종 기본 계산	유체 역학적 및 속도성능 고려 : •저항 / 추진성능 •반류(wake)성능 •진동문제(캐비테이션 및 프로펠러 관련) •조종성(manoeuvrability) •내해성(seaworthiness)

여기서 선도(lines) 설계 과정을 좀 더 구체적으로 살펴보면 다음과 같다.

6.1 선형의 일반적 특성

1) 선형이 영향을 미치는 주요 요소

- 일련의 모든 설계공정 : 선도 설계는 최우선 공정
- 계약보증사항 : 계약속력, 재화중량(컨테이너 적재수), 연료소모량 등
- 철강 자재비 및 건조 공수
- 선박 건조비 및 운항비
- 일반 구획배치 및 공작성
- 프로펠러의 추진성능 및 캐비테이션 현상

2) 목표로 하는 최적의 선형

- 유체역학적 특성(저항 및 추진, 조종성, 내해성, 복원성)이 양호한 선형
- 최적의 속도성능(최소의 유지비를 갖는 계약 선속의 선박)
- 최소의 경하중량을 갖는 선체강도의 선형
- 선체진동 및 소음 측면에서 유리한 선형

- 효과적으로 일반배치가 가능한 선형
- 모든 항해장비의 작동조건이 편리한 선형
- 선박건조공수 및 보수, 유지가 쉬운 선형

3) 저항 및 추진 특성 등에 영향을 미치는 주요 선형 요소

- 횡단면적 곡선(sectional area curve 또는 C_p−curve라고도 함) 및 LCB
- 횡단면 늑골형상, 특히 선미늑골형상
- 선수 벌브형상
- 선미부 형상(stern contour)
- 계획만재흘수선 형상

4) 주요 요목선정 및 설계개념에 영향을 미치는 주요 인자

- 선종 및 크기
- 방형비척계수(C_b)
- 계획선속
- 재화중량($\Delta = LWT + DWT$)
- 화물적재용량
- 선박운항 조건
- 일반 배치도

6.2 수작업에 의한 선도 작성 과정

근래에 조선소에서 선도설계는 전산기원용설계를 하는 것이 보통이지만 선도설계용 CAD시스템의 성능[특히 순정(fairing)기능] 개선이 요구되고 있다. 이러한 시스템의 개발이나 개선을 위한 바탕 지식을 위하여 선도의 고전적인 수작업 과정을 요약적으로 소개하면 다음과 같다. 선박의 컴퓨터원용설계 및 최적설계법 관련 사항은 제 15 장의 내용을 참조하기 바란다.

① 단면적곡선 작성
② 중앙부 횡단면의 외곽선 작도
③ 반폭도에서 계획수선(DLWL) 및 주갑판선(main deck line) 작도
④ 측면도에서 선측 외곽 형상 작도
⑤ 정면도에서 각종 스테이션 작도
⑥ 반폭도에서 각종 수선(WL) 작도
⑦ 정면도 및 반폭도의 스테이션과 수선 순정(fairing)

⑧ 버톡라인(buttock lines)의 작도 및 순정

⑨ 다이아고널선(diagonal line) 작도에 의한 순정 작업 내용 확인

6.3 단면적곡선(C_p-curve 또는 sectional area curve) 및 LCB

단면적곡선의 형상은 선박의 저항·추진성능에 지대한 영향을 주며, 이 곡선은 특별히 다음과 같은 선박의 주요 특성을 결정짓게 된다.

- 이 곡선의 하부 면적 : 배수체적(▽)
- 이 곡선의 홀쭉한 정도 : 주형계수(C_p)
- 선박의 최대 횡단면적 크기 및 위치
- 이 곡선의 길이방향의 무게 중심 위치(*LCG*) : 종 방향 부심 위치(*LCB*)

이 곡선 형상의 특성은 주로 중앙평행부(parallel middle body), 물가름부(entrance), 선미끝부(run) 등의 길이로 특징화되며, 양쪽 끝은 일반적으로 포물선의 형상을 하고 있다. 이 중에서 물가름부 길이는 특별히 저항성능에 영향을 많이 끼치며, 선미끝부(또는 '선미단부'라고도 함) 길이는 추력(thrust) 및 반류(wake)에 영향을 많이 주는 특성이 있다. 일반적으로 고속선의 물가름부의 길이는 선미끝부 길이보다 길며, 최대 횡단면적이 비교적 중앙부보다 뒤쪽에 위치한다. 또한 일반적으로 중속선의 물가름부와 선미끝부의 길이 차는 거의 없는 반면에, 저속선의 경우는 선미끝부 및 중앙평행부의 길이가 비교적 긴 특성이 있다. 또한 단면적곡선의 *LCB* 위치는 저항 및 추진성능 조종성능과 긴밀한 상관관계를 갖고 있다. 또한, *LCB*에 따라 하중 조건(loading condition)이 바뀌므로 일반 배치 등 다른 기본 계획의 조건을 만족시켜야 한다. 일반적으로 저속 비대선의 경우 전 저항에서 점성저항이 차지하는 비중이 높으므로 선수가 지나치게 비대해지지 않는 범위 내에서는 선미 쪽의 비대도(뚱뚱한 정도)를 감소시키는 편이 조파저항의 증가량에 비해 점성저항의 감소량이 커서 선체저항을 줄일 수 있고, 아울러 추진효율도 향상된다. 따라서 선수 쪽 *LCB*를 취하여 선미가 가급적 날씬하게 만들도록 한다. 반면에 컨테이너선처럼 C_b가 작고 프루드수(Froude number)가 큰 배에서는 선수에 의한 조파저항 성분이 크기 때문에 선수부의 비대도를 줄이기 위해 *LCB*의 위치가 선미 쪽에 위치해 있다.

여기서 Yamagata 및 Ayre가 제시하는 기준값을 참고적으로 소개하면 표 6·2 및 표 6·3과 같다.

표 6 · 2 야마가타의 기준(Yamagata's standard)

$\frac{V}{\sqrt{L}}$	0.9	1.1	1.25	1.45	1.65	1.8
LCB(%L from mid.)	−2.05	−1.94	−1.60	−0.71	+0.62	+1.47
mid body(%L)	34	32	27	4	0	0

표 6 · 3 에이어의 기준(Ayre's standard)

$\frac{V}{\sqrt{L}}$	C_b	C_p	C_m	중앙평행부(%L)	중앙부 폭(%L)
0.5	0.830	0.836	0.992	47.1	+2.00
0.6	0.780	0.787	0.991	32.4	+1.90
0.7	0.730	0.738	0.988	17.7	+1.66
0.8	0.680	0.692	0.982	2.9	+1.17
0.9	0.630	0.652	0.966	−	+0.13
1.0	0.580	0.618	0.938	−	−1.06

6.3.1 단면적곡선(또는 C_p−곡선)의 설계

새로 설계되는 선박의 C_p−곡선은 주로 유사한 실적선 또는 표준계열 자료의 C_p−곡선에서 LCB 및 C_p 등을 수정해서 구하게 된다. 이의 수정에 이용되는 몇 가지 법을 그림 6 · 1~6 · 4에 개요적으로 소개하였다.

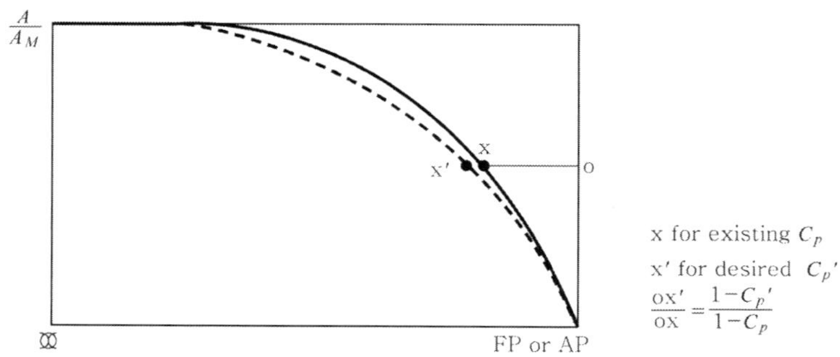

그림 6 · 1 C_p 조종을 위한 '1−Cp(One Minus Prismatic) Method'

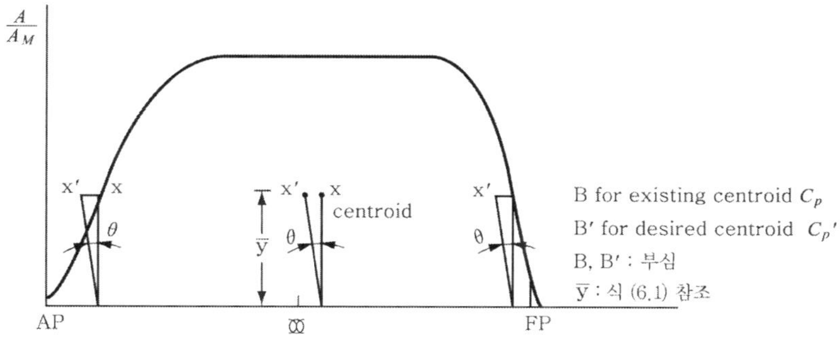

그림 6·2 LCB 조종을 위한 'Swinging Stations Method'
(모든 점을 θ만큼 수평 이동)

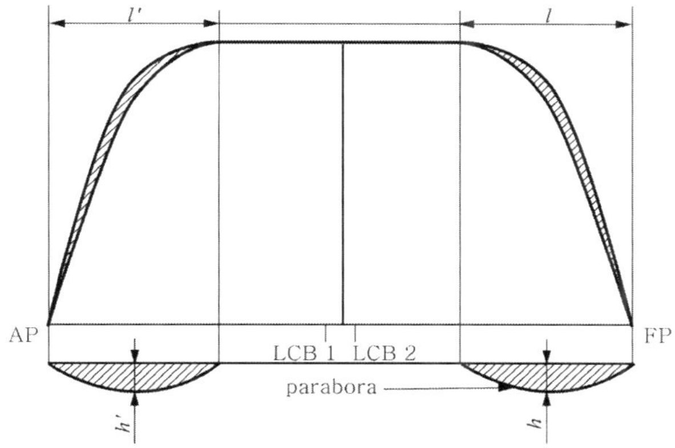

그림 6·3 LCB 조정법

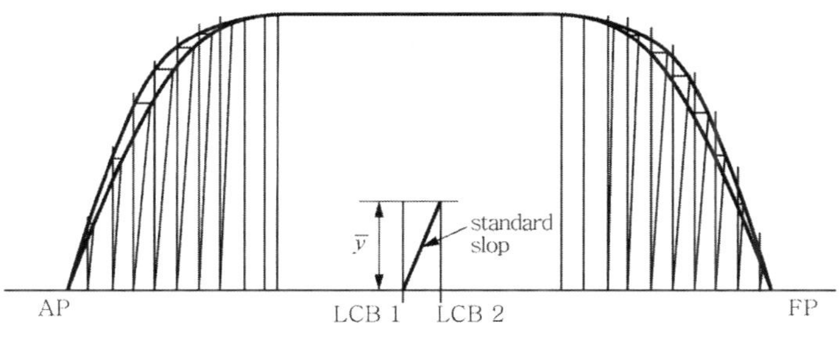

그림 6·4 LCB 조정법[※ 그림 6.2법과 유사한 법]

그림 6·3에서

$$\frac{2}{3}lh = \frac{\Delta C_p}{2}, \quad \therefore\ h = \frac{3\Delta C_p}{4l}$$

마찬가지로

$$\therefore h' = \frac{3\Delta C_p}{4l'}$$

여기서 C_p1, $LCB1$은 유사선의 값이며, C_p2, $LCB2$는 새로 설계되는 선박의 값을 의미한다. 또한 $\Delta C_p = (C_p1 - C_p2)$이다.

그림 6 · 4에서

$$\bar{y} = \frac{\text{area moment}}{\text{area}} \tag{6.1}$$

이다.

6.3.2. 정면도(body plan) 작성

그림 6 · 5에서 요약적으로 보인 바와 같이 유사선 기준 선형의 수선(WL)과 정면도의 스테이션 형상으로부터 횡단면들을 보간법으로 구하고(기준선형의 수선면을 이용) 폭(B) 및 흘수(d)의 차이에 대한 수정을 하여서 새로 설계되는 선형의 정면도를 작성한다. 이때 작성된 수면하의 횡단면적이 C_p-곡선의 값과 일치되는지 여부도 검증되어야 한다.

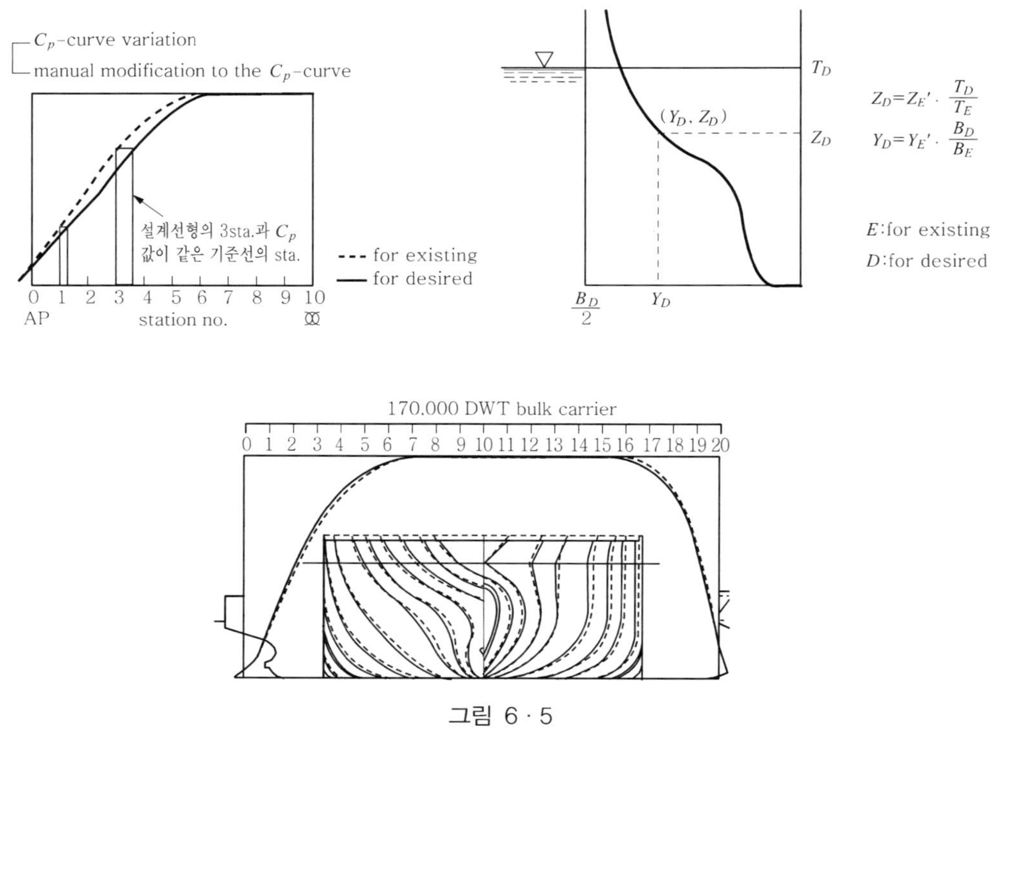

그림 6 · 5

중앙부 횡단면(midship section) 형상의 선저기울기(dead rise 또는 rise of floor)는 저항 및 추진에 영향을 미치며, 일반화물선 경우 보통 50~150 mm인 값을 갖는다. 또한 빌지(bilge)부 형상은 롤링 및 저항 · 추진에 영향을 미치는 것으로서, 화물선의 빌지부 반지름(bilge radius)은 통상 1000~2500 mm이다.

또한 스테이션(station)들의 형상은 저항 · 추진, 복원성 및 트림, 내해성(seaworthiness)에 영향을 미친다. 아울러 일반배치 때 폭, 이중저(double bottom) 높이, 해치(hatchway) 및 기관실 공간(machinery space) 측면에서 영향을 준다.

스테이션의 형상은 일반적으로 LWL과 C_p-곡선에 따라서 결정된다. 이때 스테이션의 형상이 'V형에 가까우냐?', 'U형에 가까우냐?', 또한 이들 형상이 '보통의 V 및 U형이냐?', '극단적인 V 및 U형이냐?' 등이 선박의 저항, 추진효율, 내해성 등에 영향을 준다. 일반적으로 상선의 경우 저항 측면에서는 U형 선수에 V형 선미 형상이 유리한 것으로 알려져 있으나, 추진효율 측면에서는 U형 선미 형상이 유리한 것으로 알려져 있다. 또한 내해성 측면에서는 V형 선수 형상이 유리한 것으로 알려져 있다. 아울러 저속의 단축선경우는 보통형의 V형 선수가 유리한 것으로 알려져 있으나, 고속의 단축선인 경우는 V형 선수에 U형 선미 형상이 일반적으로 유리하다[※Also refer : '기본조선학(구 PNA번역판)', p538, 표16 또는 '신 PNA(Principles of Naval Architecture, SNAME, 1988)', vol Ⅱ, p70, Table 7].

컨테이너선의 경우에 선수 늑골선의 경사각을 변경하면 컨테이너 적재 수에 크게 영향을 미친다. 또한 계획만재흘수선(design load waterline)에서 수선면의 반물가름각(half entrance angle)이 너무 크면 쇄파저항(wave breaking resistance)이 증가될 수 있으며, 선수부 수선 상부의 플레어(flare) 부분에 나쁜 영향을 줄 수 있음을 간과해서는 안 된다. 한편 저속비대선의 경우에는 빌지 부분의 배수량을 증감시킴으로써 전체적인 유체 성능에 영향 없이 배수량을 적절히 조정할 수 있는 것이 보통이다.

선미늑골선은 점성저항, 형상저항 및 추진효율에 지대한 영향을 미친다. 선미늑골선의 작성 때는 상황에 따라 스케그(skeg) 부분이 상대적으로 뚱뚱한 일반 선형(conventional type)과 곤돌라 부선형(gondola barge type) 및 복합 선미선형(composite) 중에 주로 기관배치를 고려하여 선택할 수 있으며, 보다 최적의 선미선형을 만들기 위해서는 주기(main engine)와 보기(auxiliary machinery)들의 배치가 가능하도록 하면서 빌지 스케그 부분은 가급적 줄이고 나머지 배수량은 수선면 근처에 분포되도록 시도하면 저항성능이 향상되어 전체적인 추진성능 개선에 도움이 되는 성향이 있다. 하지만 이렇게 할 경우 추진효율과 조종성능 면에서는 다소 불리할 수도 있다.

6.4 수선(waterline)의 작성

LWL의 선수부 형상은 저항에 지대한 영향을 준다. LWL 형상의 특성과 선속과의 일반적인 관계는 표 6 · 4와 같다. 또한 상선에서 LWL의 반물가름각(half entrance angle)과 $\frac{V}{\sqrt{L}}$ 및 선수부 주형계수(C_{pf}) 값과의 일반적인 관계는 표 6 · 5와 같다.

또한 LWL의 선미부 형상은 저항에는 별 영향을 미치지 않으며, 선미끝부각(run angle)이 너무 큰 경우는 와류(eddy)가 생성될 수 있다. 보통 속도의 선박의 경우에 반선미끝부분각(half run angle)을 18°~20° 정도로 하는 것이 프로펠러의 와류 형성 방지에 좋은 것으로 알려져 있다.

LWL 아래의 기타 수선(WL)의 경우 선수부 형상은 조종성능에 영향을 미치며, 선미부 형상은 추진효율에 영향을 미친다. 또한 LWL의 위에 있는 수선들은 레이크선수(raked stem)스테이션의 플레어(flare)와 연관시켜서 작성하여야 한다. 이것은 내해성, 손상시의 예비 부력, 갑판의 소요 면적 등과 연관이 있다.

표 6 · 4 LWL 형상과 선속과의 관계

	LWL의 선수부 형상 (그림 6 · 6 참조)	물가름부 (entrance) 길이	반물가름각 $\left(\frac{1}{2}\alpha_E\right)$ 크기
고속선, $\frac{V}{\sqrt{L}}$〉1.0	변곡선형(hollow : 비교적 긴 중앙평행부와 작은 $\frac{1}{2}\alpha_E$) 또는 직선형(straight : 비교적 짧은 중앙평행부와 큰 $\frac{1}{2}\alpha_E$)임. 〈참고〉 구축함의 형상은 직선이며, 비교적 큰 $\frac{1}{2}\alpha_E$(약 10°)	대	중
중속선, $\frac{V}{\sqrt{L}}$=0.70~0.80	변곡선형 또는 $\frac{V}{\sqrt{L}}$=0.80에서 보통의 concave형	중	소 ($\frac{V}{\sqrt{L}}$=0.70부터 감소 시작)
저속선, $\frac{V}{\sqrt{L}}$=0.45~0.55	볼록(convex)형	소	대 (=35°)

표 6 · 5 LWL의 반물가름각(half entrance angle), $\frac{V}{\sqrt{L}}$, C_{pf} 와의 관계

$\frac{V}{\sqrt{L}}$	0.05~0.85	0.82	0.74	0.65	0.58	0.47
C_{pf}	0.55~0.60	0.65	0.70	0.75	0.80	0.85
$\frac{1}{2}\alpha_E$	8°	10°	20°	20°	30°	40°

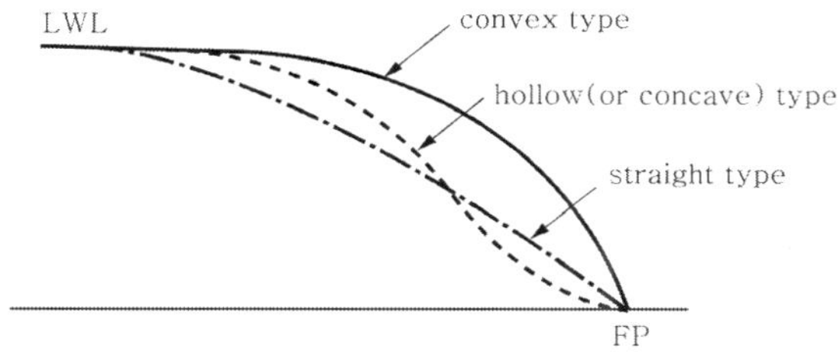

그림 6·6 *LWL* 선수부 형상

따라서 *LWL*의 작성 때 고려하여야 하는 인자들은 중앙평행부 길이(parallel middle body), *LWL*의 선수부 및 선미부 형상, *LWL*의 물가름각(entrance angle) 및 선미끝부분각, 수선면계수 등이다.

6.5 선수 측면도(stem profile)

선수 형상의 특징은 선수 벌브 형상에 따라 정해진다. 선수 벌브의 크기는 C_p-곡선에서 이미 정해져 있지만, 그 형상의 변화는 다양하다.

통상 벌브는 조파저항을 감소시킬 목적으로 부착하지만, 저속 비대선의 경우는 벌브 길이만큼 수면하의 수선(waterline) 길이가 늘어나 배수량을 효과적으로 분포시킴으로써 점성저항을 감소시키고, 물가름각(entrance angle)의 감소로 인한 쇄파저항(wave breaking resistance) 감소 등의 목적으로 부착하고 있다.

벌브의 형상은 조파저항 이론이나 실적선 자료를 참고하여서 정한다. 벌브의 선수수선(*FP*)에서의 전방 돌출량은 벌브의 측면 형상과도 관계가 있으며, 밸러스트(ballast) 상태에서 최대 돌출부가 선수흘수 부근이 되지 않도록 배려한다.

선수 벌브의 형상은 대략 그림 6·7의 4가지로 분류할 수 있다.

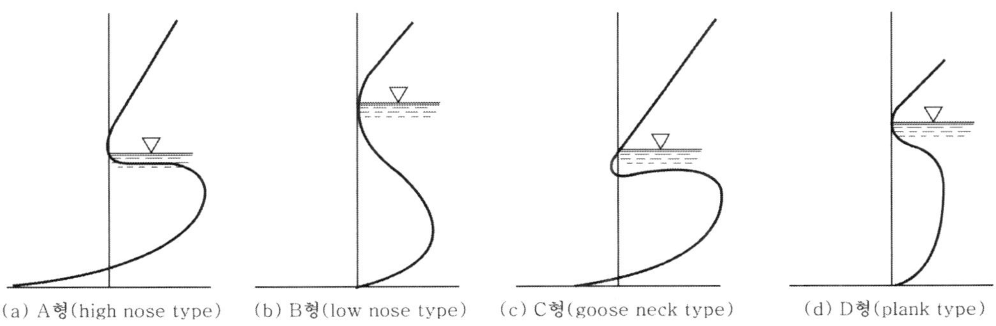

그림 6·7 선수 벌브의 종류

여기서 A형 및 D형은 저속 비대선형에 많이 채용하며, B형은 중속 비대선형에서 특히 밸러스트 상태에서 조파저항을 감소시킬 목적으로 많이 채택된다. 또한 C형은 컨테이너나 페리 등 고속선형에서 많이 채택하고 있다.

6.6 선미 측면도(stern profile)

선미 측면도 형상은 선형, 프로펠러, 타(rudder, '키'라고도 함)의 상호작용으로 자항 및 조종성능에 민감한 영향을 미칠 뿐만 아니라 선체진동에도 큰 영향을 주는 요소이므로, 최적의 형상이 되도록 노력하여야 한다. 선미 측면도 형상의 결정 때 특히 고려할 사항들은 트랜섬(transom)의 잠김 정도, 프로펠러의 지름 및 수, 축 중심 높이(통상 폭의 10% 이상이 되도록 함), 타의 형상, 프로펠러 끝단부의 간격(propeller clearance) 등이다. 초기 설계 때 프로펠러 지름은 유사선 자료 또는 경험식[예 8.2.2에 소개된 약산식]으로부터 추정한다.

또한 선미 측면도 형상은 그림 6·8에서 보는 바와 같이 트랜섬의 잠김 정도와 경사각도 및 선속에 따라서 선미후류에 많은 영향을 미치게 되므로, 선체와 프로펠러 끝단부의 간격 확보와 선미 끝단부에서 와류 현상을 피할 수 있는 범위 내에서 선미 끝단부의 높이와 경사 각도를 결정하게 된다[※ 초기 설계 때 propeller 직경 : 유사선, 약산식(예 : 8.2.2에 소개된 것), 또는 추진기 차트설계(11.23 참조)로 추정].

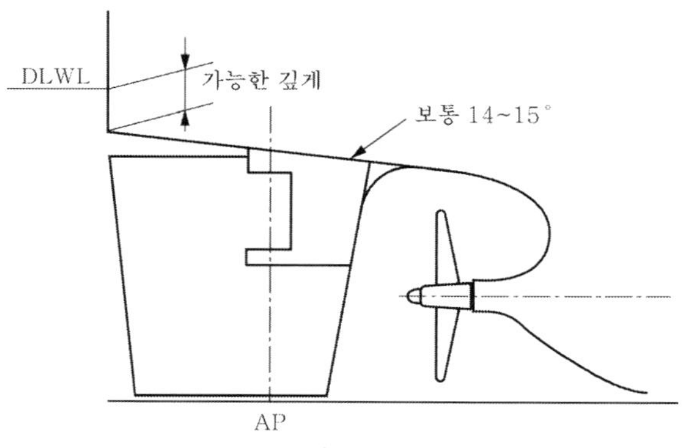

그림 6·8 선미 형상

6.7 선형 설계 자료 예

선형 설계 때 참조할 만한 설계 자료의 예를 표 6·6에 수록하였다.

표 6·6 선형 설계용 자료(by Todd)

type of ship	slow speed cargo ships	medium speed cargo ships	cargo liners	intermediate liners	high speed liners & fast coastal passenger vessel	cross-channel vessels	D.D.S
C_p	0.82~0.78	0.78~0.75	0.75~0.70	0.70~0.65	0.65 and below	0.65 and below(best result) : 0.57	0.65 and below
$V/\sqrt{L}$	0.50~0.70	0.58~0.70	0.64~0.73	0.67~0.80	0.76~0.97	1.13~1.50	1.62 and above
$P=0.746\,V/\sqrt{C_r L}$	0.40~0.60	0.50~0.60	0.55~0.65	0.60~0.80	0.70~0.90	1.05~1.40	1.50 and above
length of parallel body	34%	Up to 25% depending on beam	Up to 25% Up to 20%	10% with 0% hollow *LWL* fwd. 0% with straight	None	None	None
entrance / run	0.60~0.90	0.80 to 1.00 0.90	1.00 Le must be long enough to avoid $\nabla = 1.01\sqrt{L_g}$ hump	1.00	1.10	1.20	1.20
LCB as % *L* from midship	2% fwd~1% fwd S.S.	2% fwd~1% fwd S.S.	1½% to ½% fwd S.S.	1% fwd to 1% aft S.S. 1% fwd to 2% T.S.	1½% aft to 2% aft T.S.	2% aft to 3% aft T.S.	1% aft to 1½% aft T.S.
shape of section areas curve	Straight ends	Straight medium ends hollow forward	Straight hollow ends curve forward	Fine entrance essential	Fine ended curve of areas. bulbow above $V/\sqrt{L}=0.83$ or $P=0.75$	Fine fuller ended ends using bulbows form	Maximum area aft of midship. For highest speeds. Straight of slighly convex forward. Good buttock lines aft(=straight)
shape of LWL	Bow slightly convex throughout stern faitly straight slope not greater than 20°	Bow convex Bow convex to straight	Bowlines either straight and long entrance of hollow and short entrance	Bow lines hollow Bow lines straight	Fine *LWL* fwd hollow	Fine end fuller end forward by making *WL* endings straight or hollow with bulb	Maximum beam as far aft of midship as possible *LWL* fwd quite straight or even a little convex aft quite full convex to propeller
½ α_g on LWL	36° 32°	30° 27°	24° 16° straight or 12° hollow	18° 12° hollow or up to 16° straight	down to 6° with hollow	6°~7° 6° with hollow 9° with straight	10°~12°
C_m	0.98~0.99	0.98	0.98	0.98	0.95	0.90~0.95	0.80~0.85
cruiser stern	Reduces resistance up to 6%					Essential to increase length	Essential to increase length and cover prop.

6.8 조종성능 평가

국제해사기구(IMO)는 선박의 안전성을 향상시키기 위해 2002년에 조종 성능 기준인 "MSC. 137(76) Standards for Ship Maneuverability"를 채택하고, 2004년 1월 이후 건조되는 모든 선박은 이 기준을 만족토록 의무화 했다. 이 기준을 요약하면, 표 6·7과 같다.

여기서 선박 조종 성능을 추정하기 위해 많이 이용되는 수학 모델의 한 예를 들면 MMG(Mathematical Modeling Group of Japan)이다.

표 6·7 IMO의 조종 성능 기준[MSC. 137(76) Standards for Ship Maneuverability]

시험 종류	조종 성능 기준
초기 선회(initial turning)	Track Reach 〈 2.5L
35° 선회 능력(turning ability)	Advance 〈 4.5L
10° Zig-Zag	1st Overshoot 〈 10° for L/V 〈 10s 〈 5° +0.5L/V for 10s 〈 L/V 〈 30s 〈 20° for L/V 〉 30s
	2nd Overshoot 〈 25° for L/V 〈 10s 〈 17.5° +0.75L/V for 10s 〈 L/V 〈 30s 〈 40° for L/V 〉 30s
20° Zig-Zag	1st Overshoot 〈 25
정지 능력(stopping ability)	Track Reach 〈 15L

제 7 장 복원성

대학의 교과과정상 선박설계를 위한 복원성 관련 이론은 '선박계산'과 관련된 여타의 과목에서 공부하므로, 여기서는 설계와 직결된 내용을 중심으로 간단히 다룬다. 본 내용과 관련하여서 좀 더 상세한 내용은 대한조선학회에서 편찬한 『선박계산』(2005. 2. 수정판, 동명사)을 참조하기 바란다.

7.1 복원성 검토의 종류

선박의 복원성은 선박의 손상 여부에 따라서 '비손상시 복원성(intact stability)'과 '손상시의 복원성(damaged stability)'으로 구분해서 검토하여야 한다. 또한 비손상시의 복원성을 '정복원성(statical stability)' 및 '동복원성(dynamical stability)'으로 구분해서 논하며, 특히 검토의 편의성 때문에 정복원성을 '초기복원성(initial stability)'과 '대각도 경사 시의 복원성'으로 구분하여 논한다.

이들의 특성을 요약해 보면 다음과 같다. 단, '손상시의 복원성(damaged stability)'에 관해서는 본 장의 7.7에서 다루겠다.

[1] 초기복원성

경사각도가 8° 이내(최대 10° 이내)의 작은 각도로 경사된 경우의 복원력을 초기 복원력(initial stability)이라고 부른다. 이때는 메타센터가 고정되어 있다고 가정할 수 있을 뿐만 아니라, 경사각도 θ를 라디안(radian)으로 표시할 경우에 식 (7 · 1)에서 $\sin\theta \fallingdotseq \theta$로 가정할 수 있어서 비교적 검토가 쉬운 경우이다. 따라서 복원력을 식 (7 · 1)과 같이 표시할 수 있다고 가정하며, 경사되는 초기의 횡메타센터 높이(GM_T)가 초기복원성능의 척도가 된다.

$$복원력 = \Delta GZ = \Delta \cdot GM_T \cdot \sin\theta \fallingdotseq \Delta \cdot GM_T \cdot \theta \qquad (7 \cdot 1)$$

단, 여기서 θ는 라디안으로 표시된 값이다.

[2] 정복원성 및 동복원성

복원성을 일반적으로 경사각도와 복원정(또는 '복원모멘트 팔'이라고도 함)과의 관계 곡선인 정복원력곡선(statical stability curves)으로 논하게 되는데 복원성이 좋으려면 다음의 두 가지 조건이 만족되어야 한다. 즉, 이 곡선에서 소각도 때의 접선의 기울기(즉, GM_T)만 적당할 것이 아니라, 대각도 경사시의 복원성도 좋아야 하므로 이를 위하여 이 곡선의 하부 면적도 충분할 것이 요구된다. 이를 위하여 정복원성 이외에 동복원성을 정의하여 논하게 된다. 이들의 정의를 간단히 복습해 보면 다음과 같다.

먼저 정복원력은 경사각 θ로 경사 되었을 때 원상태로 돌아오려는 복원모멘트(즉, 식 (7 · 1))의 크기로 정의된다. 한편 동복원력은 경사각 θ로 경사시키기 위하여 필요한 일의 양(work done)으로 정의된다. 따라서 이것은 식 (7 · 2)와 같이 정의되며, 이것은 정복원력곡선 하부의 면적을 의미하게 된다.

$$\int_0^\theta (\mathrm{Moment})\, d\theta = \Delta \int_0^\theta \mathrm{GZ}\, d\theta$$
$$= (배수량) \times (경사각도\ \theta\ 까지\ 정복원력\ 곡선의\ 하부면적) \qquad (7 \cdot 2)$$

여기서, $GZ = GM \cdot \sin\theta$는 식 (7 · 3)으로 계산되는 롤링주기(T, rolling period)에 직접적인 영향을 주기 때문에 너무 커도 안 됨을 유념하기 바란다.

$$T = \frac{2\pi\kappa}{\sqrt{g \cdot GM}} \qquad (7 \cdot 3)$$

여기서, T는 롤링주기(sec)이며, κ는 롤링 관성반지름(m)이고, GM은 메타센터(m)이며, g는 중력가속도를 각각 의미한다. 또한 일반상선의 경우 κ는 폭의 40% 정도 되는 것이 보통이다.

7.2 복원성에 관한 규정

복원성 규칙은 소형 여객선을 대상으로 출발한 것이지만 근래에는 여객선 이외에 화물선에 대해서도 적용된다.

선박설계 때 복원성을 규제하기 위하여 IMO(international maritime organization,

국제해사기구)에서 각종 규정(또는 '협약'이라고도 함)을 제정하고 있다. 이 규정의 종류에는 협약(convention), 규약(code), 결의문(resolution), 회람(circulation) 등으로 구분할 수 있다. 이들 중에서 선박설계 때 복원성 검토를 위하여 주로 고려해야 하는 협약(convention)에는 SOLAS(international conference for the safety of life at sea, 해상인명안전협약) 및 MARPOL(international convention for the prevention of marine polluton from ships, 해양오염방지를 위한 국제협약), ICLL(international convention on load lines, 국제만재흘수선 협약) 등이 있으며, 규약(code)에는 IGC코드 및 IBC코드 등이 있다. 또한 결의문(resolution) 내지 회람(circulation)에는 IMO 산하기구인 MEPC(marine environment protection committee, 해양환경보호위원회) 및 MSC(maritime safety committee, 해상안전위원회)등에서 작성된 것이 있다. 이들의 적용요건은 선박의 건조 연도, 선종, 선박의 제원(총톤수, 길이 등)에 따라 다르며, 이러한 협약요건이 신조선뿐만 아니라 이미 운항 중인 선박에도 소급하여 적용되는 경우도 있다. 따라서 이의 개정 내용을 수시로 확인할 필요가 있다. 이는 한국선급에서 CD 형태로 제작된 'KR-CON'을 이용하면 편리할 수 있으며, 이와 관련된 웹사이트(http://krcon.krs.co.kr/krcon)에서 최신화될 수도 있다. 'KR-CON'에 수록된 데이터를 참고적으로 소개하면 다음과 같다.

- 협약 : SOLAS, MARPOL, ICLL, STCW, COLREG, TONNAGE, AFS …
- 규약 : IBC, IGC, ISM, ISPS, FSS, FTP, HSC, LSA, STCW, NOx …
- 결의문 : Assembly, MSC, MEPC, FAL, LEG
- 회람 : MSC, MEPC, LL3

또한 규정의 개정 논의와 관련된 최신의 소식은 한국선급홈페이지(http://www.krs.co.kr/) 및 해양수산부홈페이지(http://www.mof.go.kr/)를 참조하면 좋을 것이다.

복원성 관련 규정 내용을 본 장의 7.3절 및 7.4절에서 좀 더 구체적으로 살펴본다. 아울러 2.2.3절에서 소개된 규정들도 참조바란다.

7.3 비손상 시 복원성

2010년 7월 1일 이후 기공(keel laying)되는 지정 선박[: 일반 화물선 및 갑판목재운반선, 여객선 어선, 특수목적선, offshore supply vessel, mobile offshore drilling unit, 상자형배(pontoon), 컨테이너선] 및 길이 24m 이상의 기타 선박들의 복원성은 IMO 749 대신에 회람[Resolution MSC 267(85)]에 있는 '2008 IS Code(International Code on Intact Stability, 2008)'를 적용해야한다.

7.3.1 선종별 복원성 예

[1] 여객선의 복원성

모든 사용 상태에서 다음 조건에 적합하여야 한다. 또한 복원성에 관한 계산은 선내 액체의 자유표면 영향을 고려하여서 다음과 같이 되어야 한다.

① $GM > 0$

② $GZ_a \geq \dfrac{1.71 \cdot A \cdot H + 0.214\Sigma\left(7 - \dfrac{n}{a}\right)n \cdot b}{100 \cdot \Delta}$

여기서,

GZ_a : 한계경사각 α의 GZ값이며 α는 $\tan\alpha = 0.8\tan\beta$로 한다. 또한 β는 직립 상태에서 현측 끝이 수면에 도달하는 경사각이나 $20°$ 또는 해수유입각 중에서 최소인 것으로 함.

A : 직립상태시 흘수선상의 선체 종단면 투영면적(m^2),

H : A의 중심부터 흘수선 밑 부분 중심까지의 수직거리(m),

n : 각 여객 탑재장소의 여객수,

a : 각 여객 탑재장소의 바닥면적(m^2),

b : 각 여객 탑재장소의 여객이동이 가능한 평균폭(m),

단, 평수(平水) 구역의 선박은 $GZ_a = GM \cdot \tan\alpha$로 해도 괜찮다.

[2] 연해구역 이상 여객선의 복원성

연해구역 이상 여객선의 복원성은 위 [1]의 규정에 추가해서 모든 사용 상태에서 다음 조건도 만족해야 한다.

① 그림 7·1의 복원력 곡선도에서,

면적 ABCH 〉 면적 BDE인 관계가 만족되어야 한다.

여기서,

D_w : 정상 바람에 의한 경사우력 암(arm)$= k \cdot A \cdot H/\Delta$ (k는 표 7·1 참조)

θ' : 롤링각$= \sqrt{138\gamma \cdot s/N}$ (deg)

θ_f' : 해수유입각

γ : 유효파경사계수 $\fallingdotseq 0.73 + 0.6\dfrac{OG}{d}$

OG : 직립 상태 시의 중심으로부터 수선까지의 수직거리(m), 단 중심이 수선 아래에 있을 때는 마이너스(−)로 함.

d : 용골 윗면부터의 평균흘수(m)

s : 파랑의 경사도 $= P - q \cdot T$ 이다(계수 P, q는 표 7·1 참조).

단, s의 값이 $s > 0.1$ 또는 $s < 0.035$인 때는 각각 $s = 0.1$, $s = 0.035$로 함.

T : 롤링 주기(sec)

N : 감멸계수이며 빌지킬을 갖는 통상의 선박은 0.02로 함.

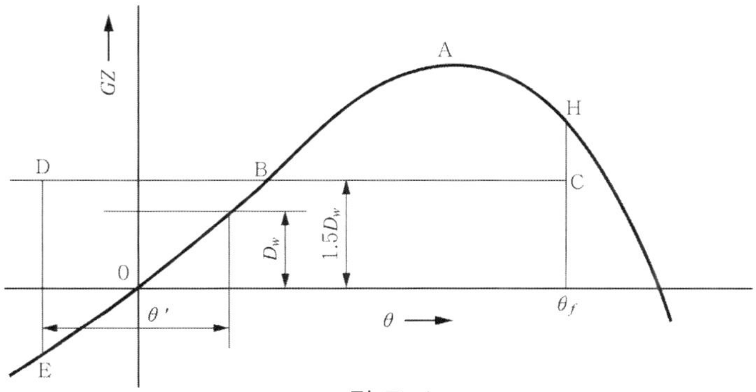

그림 7·1

표 7·1 계수 k, P, q

항행 구역	표준풍속 (m/s)	k	P	q
근해 이상	26	0.0514	0.151	0.0072
연 해	19	0.0274	0.153	0.0100
한정연해*	15	0.0171	0.155	0.0130

* : 항행 예정시간이 2시간 미만인 연해

② 최소의 메타센터 높이는 $GM_m \geq 0.0215B$ 또는 0.275 m 중의 작은 값 이상으로 커야 한다. 또한 이 값을 일부 수정한 여객 페리에 대한 복원성 기준이 있다.

[3] 길이 100 m 이하의 여객선 · 화물선 및 갑판에 목재를 운반하는 선박의 비손상 시 복원성 기준(IMO resolution 749)

① 경사각도 $\theta = 30°$까지의 면적(A)이 $A \geq 0.055$(m−rad.)이어야 한다.

② 그림 7·2 (b)에서 경사각도 $\theta = 40°$ 또는 해수유입각(θ_f) 중에서 작은 각도까지의 면적($A+B$)은 $A+B \geq 0.09$(m−rad.)를 만족해야 한다.

③ 경사각 $\theta = 30°$부터 40° 또는 해수유입각(θ_f) 중의 어느 작은 각도까지의 면적(B)은 $B \geq 0.03$(m−rad.)이어야 한다.

④ 경사각 $\theta \geq 30°$에서, $GZ \geq 0.20$ m이어야 한다.

⑤ 최대 복원정(arm) 각도(θ_m)는 30° 이상이어야 한다(25° 이하는 안 됨).

⑥ 초기복원성을 위한 메타센터 높이(G_0M)는 $G_0M \geq 0.15$ m이어야 한다.

[4] 갑판에 목재를 운반하는 선박의 복원성 요건(IMO resolution 749)

① $\theta=40°$ 또는 해수유입각(θ_f) 중에서 어느 작은 각도까지의 면적(A)은 $A \geq 0.08$ (m-rad.)이어야 한다.

② 최대 복원정 길이(GM_m)는 0.25 m보다 커야 한다.

③ 초기 메타센터값(G_0M)은 0.10 m 이상이어야 한다. 또한 갑판에 쌓인 목재의 수분 흡수(귀항 상태에서 10% 중량 증가로 한다) 및 얼음의 부착을 고려한다.

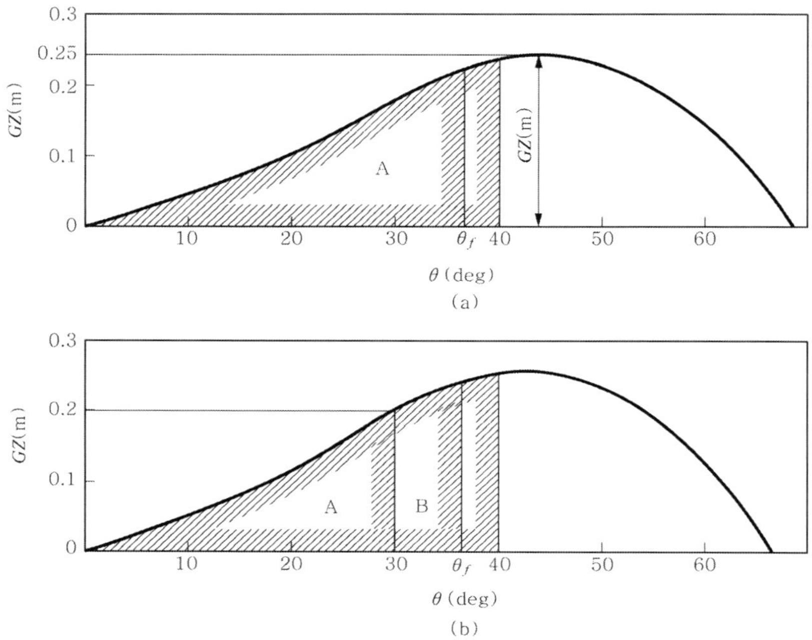

그림 7 · 2

④ 갑판의 적재 범위로는 배의 길이 방향인 경우 선루(船樓) 사이로 하고, 폭 방향으로는 전폭으로 한다.

⑤ GZ곡선 작성 때 갑판에 쌓인 목재는 그 부피의 25%만큼 침수율을 갖는 것으로 하고 목재의 부력을 산입할 수 있다.

[5] 여객선에 대한 추가 기준

① 여객의 이동에 의해 생기는 경사각은 10° 이하로 한다. 여객의 이동모멘트는 실제 일어날 수 있는 최악의 상태로 하는데 4명/m^2 이상은 고려하지 않아도 된다.

② 선회(旋回)에 의해 생기는 경사각은 10° 이하로 한다. 다만, 선회에 의해 생기는 경사 모멘트(M_R)는 다음 식에 의한다.

$$M_R = 0.02\frac{v_s^2}{L}\Delta \cdot \left(KG - \frac{d}{2}\right), (t \cdot m)$$

여기서, v_s는 항해속력(m/sec), d는 평균흘수(m), KG는 무게중심의 연직 위치, L은 길이를 각각 의미한다.

[6] 벌크캐리어에 관한 규정(regulation for bulk carrier)

보통화물선을 포함해서 곡물 등의 산적에 관한 SOLAS의 규정이 있다. 본 절에서 산적 전용선, 즉 상갑판 바로 아래 두 현(舷) 쪽의 어깨탱크(shoulder tank, '숄더탱크'라고도 함) 아래 면이 수평선에 대해 30° 이상의 경사를 갖는 이른바 벌크캐리어 및 곡물 운반선의 규정을 나누어서 간략히 소개한다.

1) 벌크캐리어의 비손상 시 복원성 요건

① 곡류의 이동에 의한 선체의 가로 경사각은 12°를 넘지 않을 것.

② 정복원력 곡선도에서 횡 경사 모멘트곡선의 경사암곡선(heeling arm curve) 및 복원정곡선(righting arm curve)에 둘러싸이고 이 두 곡선의 세로 좌표의 차가 최대인 각도 또는 40° 혹은 해수유입각(θ_f) 중에서 작은 각도까지의 면적 또는 잔류복원정 면적은 보통 재화상태에서 0.075 m−rad 이상일 것(그림 7 · 3 참조). 본 내용이 다소 복잡하므로 관련 규정 일부의 원문을 소개하면 다음과 같다.

"Between the heeling arm curve and the righting arm curve up to the angle of heel at maximum difference between the ordinates of the two curves, or 40° or θ_f, whichever is less ⋯."

③ 탱크 내 액면의 자유 표면의 영향을 수정한 G_0M은 0.30 m 이상일 것.

위 ①의 곡류 이동에 의한 경사모멘트는 다음 조건에 따라 계산한다. 즉, 만재 구획실의 공간은 창구 상부에 150 mm가 있는 것으로 하고 이동 뒤의 곡류 표면은 수평면에 대해

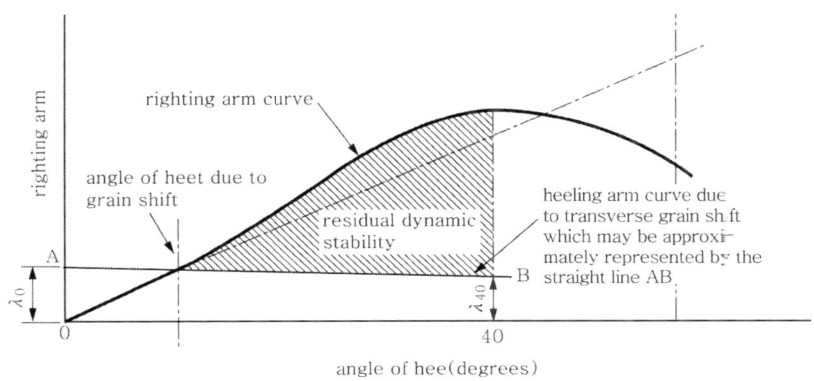

그림 7 · 3

15°의 경사각을 갖는 것으로 한다. 또한 부분적재 구획실의 체적경사모멘트는 이동된 후의 곡류 표면의 경사각을 수평면에 대해 25°로 한다. 그리고 곡류 표면의 수직이동에 의한 영향은 (계산 횡경사모멘트)×1.12를 전체 경사모멘트로 한다.

이상에서 소개한 내용 이외에 창구 전후부분 등에 대한 경사모멘트 계산법은 규정집(Grain Code)을 참고하기 바란다.

2) 곡물운반선의 비손상시 복원성 요건[그림 7 · 2 (b)의 GZ곡선도 참조]

① 경사각도 θ=30°까지의 면적(A)이 $A \geq 0.055$(m−rad.)이어야 한다.

② 그림 7 · 2 (b)에서 경사각도 θ=40° 또는 해수유입각(θ_f) 중에서 작은 각도까지의 면적($A+B$)은 $A+B \geq 0.09$(m−rad.)를 만족해야 한다.

③ 경사각 θ=30°부터 40° 또는 해수유입각(θ_f) 중의 어느 작은 각도까지의 면적(B)은 $B \geq 0.03$(m−rad.)이어야 한다.

④ 경사각 $\theta \geq 30°$에서, $GZ \geq 0.20$ m이어야 한다.

⑤ 최대 복원정(arm) 각도(θ_m)는 30° 이상이어야 한다(25° 이하는 안 됨).

⑥ 곡류의 이동에 의한 선체의 가로 경사각은 12°를 넘지 않아야 한다.

⑦ 잔류 복원정 면적은 0.075(m−rad.)이어야 한다.

⑧ 초기복원성을 위한 메타센터 높이(G_0M)는 $G_0M \geq 0.03$ m이어야 한다.

[7] 소형선에 대한 그 밖의 기준(other stability standard for small ships)

J. Rahola는 전복(顚覆)된 여러 척의 선박에 대한 통계적 조사 자료를 통하여 소형선 복원력 곡선에 대한 안전 한계로서 다음의 조건을 제시하였다.

① 최대 GZ값의 경사각 : 35°

② 복원력 소멸각도 : 60°

③ 경사각에 대한 최소 GZ값 :

θ	20°	30°	40°
GZ(m)	0.14	0.20	0.20

7.3.2 복원 성능의 약식 계산

[1] GM값

$GM=(KB+BM)-KG$로 주어지는데 이 식에서 각 항목의 값은 다음과 같이 근사적으로 구할 수 있다.

$$KB \fallingdotseq \frac{C_w}{C_b+C_w} \cdot d \qquad (7 \cdot 4)$$

$$BM = \frac{I}{\nabla} \fallingdotseq \frac{(0.126 \cdot C_w - 0.046) \cdot B^2}{C_b \cdot d} \quad (7 \cdot 5)$$

또, 만재 상태에서 C_b와 C_w의 관계는 근사적으로

단축선 $C_w \fallingdotseq 0.36 + 0.654 \cdot C_b$

다축선 $C_w \fallingdotseq 0.692 + 0.17 \cdot C_b$ (7 · 6)

KG값의 선박깊이에 대한 비(KG/D)는 일반적으로 선형이 커질수록 작다. KG/D값은 총 선루길이, 상부 갑판실의 크기, 하역 장치 등의 의장 사양에 따라 다르며, 추정은 유사선의 실적을 참고로 하여서 추정할 수 있다. 선종에 따른 이 값의 경험적인 대략 값을 표 7 · 2에 수록하였다.

표 7 · 2 선종별 KG/D

경하 상태	일반 화물선, 벌크화물선	$(2.7 \sim 2.9)/L^{0.28}$
	전기선, 중(heavy)기어 화물선	$(3.0 \sim 3.3)/L^{0.28}$
	탱커($L < 300$ m)	$2.7/L^{0.28}$
	탱커($L > 300$ m)	0.55
만재 상태	일반화물선, 벌크화물선	$(1.57 \sim 1.65)/L^{0.20}$
	전기선, 중기어 화물선	$(1.72 \sim 1.90)/L^{0.20}$
	탱커($L < 200$ m)	$1.53/L^{0.20}$
	탱커($L > 200$ m)	0.525

[2] GZ곡선을 구하는 근사법

정확한 복원력 곡선은 선체 선도로부터 복원력교차곡선(cross curve of stability)을 작성하고 이 곡선에서 여러 조건에 대응하는 GZ값을 구하는 것이 보통이다. 하지만 여기서는 계획 초기에 이용될 수 있는 근사법을 소개하겠다.

즉, 경사각에 대한 GZ는 식 (7 · 7)과 같이 표시될 수 있다.

$$GZ = F_1(\theta) \cdot a + F_2(\theta) \cdot b + F_3(\theta) \cdot BM + GM \cdot \sin\theta \quad (7 \cdot 7)$$

여기서, a : ($\theta = 90°$에서의 동적 복원정)$+BG$

b : ($\theta = 90°$에서의 동적 복원정)$+BG$

$F(\theta)$의 값은 다음 표에 의한다.

	0°	15°	30°	45°	60°	75°	90°
$F_1(\theta)$	0	0	0.5458	1.2221	1.2835	0.7174	0
$F_2(\theta)$	0	0	−0.2190	−0.4012	−0.1967	0.3642	1.000
$F_3(\theta)$	0	0.0093	−0.3148	−0.8248	−1.0980	−1.0877	−1.000
$\sin\theta$	0	0.2588	0.5000	0.7071	0.8660	0.9659	1.000

또 보통 선형의 만재 상태에 대한 a, b의 근사값은 다음과 같이 표시할 수 있다.

$$a \fallingdotseq B\{0.28(f'/d)^{1.5}+0.072\}$$
$$b \fallingdotseq d\{0.50(f'/d)-0.010\}$$

여기서, f'는 현호 및 상갑판의 캠버를 포함한 유효건현으로서 다음과 같이 표시된다.

$$f' \fallingdotseq (D-d)+\frac{1}{7}(S_F+S_A)+0.63H$$

여기서, S_F 및 S_A는 선수수선(FP) 및 선미수선(AP)에서의 현호(sheer)량을 의미하며, H는 상갑판에서의 캠버를 말한다.

[3] 최대 GZ값의 근사계산

일반 화물선의 복원성은 만재 상태가 가장 주의를 요하는 상태이다. 따라서 여기서는 대표적 선형에 대해 만재 상태에서 GZ_m의 근사 추정식을 소개한다.

즉, 대각도 경사시의 복원력을 나타내는 식 (7 · 8)과 식 (7 · 9)로부터 식 (7 · 10)을 구할 수 있다.

$$GZ=\frac{v\cdot hh_1}{\nabla}-BG\cdot\sin\theta \qquad (7\cdot 8)$$

$$\frac{v\cdot hh_1}{\nabla} \fallingdotseq k\frac{L\cdot B^3\cdot\tan\theta}{L\cdot B\cdot d\cdot C_b}=k\frac{B^2\cdot\tan\theta}{d\cdot C_b} \qquad (7\cdot 9)$$

여기서 계수 k는 일반적으로 C_b 및 경사각 θ의 함수로 생각된다.

$$k=\left\{(GZ+BG\cdot\sin\theta)/\frac{B^2}{d\cdot C_b}tan\theta\right\} \qquad (7\cdot 10)$$

여기서 GZ_m을 만재 상태인 경우로 할 때, GZ_m에 대응하는 경사각 θ_m는 실선의 경우 35° 내외의 범위에 있는 것이 보통이다. 이때 k값을 $\tan\theta/\tan\alpha$ (α는 현측 상연이 함몰하는 각도) 및 C_b의 함수로 나타내면 보통 화물선형의 경우 다음과 같이 표시할 수 있다.

① 선수미루(총길이 ≒ $0.35\cdot L$)를 가진 웰갑판선(well decker)형 $(\tan\theta_m/\tan\alpha)\gtrdot$에서

$$k \fallingdotseq 0.023+0.04\cdot C_b-0.0018(\tan\theta_m/\tan\alpha) \qquad (7\cdot 11)$$

② 짧은 선수루(길이 ≒ $0.1\cdot L$)를 가진 평갑판선(flush decker)형, $(\tan\theta_m/\tan\alpha)\lessdot$에서,

$$k \fallingdotseq 0.003+0.08\cdot C_b-0.0057(\tan\theta_m/\tan\alpha) \qquad (7.12)$$

또한 선루 총길이가 상기 표준값과 다른 경우는 그 $0.1\cdot L$의 증감에 대해 k는 대략 ± 0.0006의 비율로 변화한다.

이상에서, $\theta_m \fallingdotseq 35°$로 하고 GZ_m은 대략

$$GZ_m \fallingdotseq 0.70 \cdot k\frac{B^2}{d \cdot C_b} - 0.57 \cdot BG \tag{7 · 13}$$

로 주어진다.

7.3.3 복원 성능과 B/D 와의 관계

본 절에서는 비교적 복원 성능 상 특히 문제가 되기 쉬운 소형 화물선을 대상으로 해서 복원 성능과 B/D값의 관계를 검토해 본다.

이 경우 한계 GZ_m는 $GZ_m = 0.0215 \cdot B$로 표시할 수 있으며, 크기는 0.20 m 이상 0.275 m 이하로 본다. 또 계산 대상의 선형 주요 치수 중 D 및 d_F는 실제 선박의 L에 대한 대략 평균값을 취하고 상태는 만재 출항 상태로 하며 이때의 C_b는 0.72로 간주한다.

웰갑판선(well decker)에 대한 근사적 GZ_m은 앞에서 설명한 근사식을 사용하고 또 건현을 f로 해서

$$GZ_m \fallingdotseq \frac{B^2}{d}\left(0.050 - 0.000613\frac{B}{f}\right) - 0.57(KG - 0.535 \cdot d) \tag{7 · 14}$$

로 나타낼 수 있다.

이 식을 기초로 L=40~120 m의 웰갑판선의 실적선 자료로부터 KG/D의 거의 상, 하한 값에 대해 구한 B/D값을 표 7 · 3에 나타내었다. 이 표에서 요구 GZ_m에 대응하는 GM값을 덧붙여서 GM과 GZ_m의 관련성을 비교하고 있다.

마찬가지로 평갑판선의 경우 식 (7 · 14)에 상당하는 식은 다음과 같다.

$$GZ_m \fallingdotseq \frac{B^2}{d}\left(0.0623 - 0.00206\frac{B}{f}\right) - 0.57(KG - 0.535 \cdot d) \tag{7 · 15}$$

다만, 이 경우의 GM값은 상당히 작은 값이 되고 만재 출항 때 $GM > 0$일지라도 입항 때에는 마이너스가 되는 일이 있다. 입항 상태에서의 GM은 밸러스트 물 등의 보충에 의해 개선되는 여지가 있지만 여기서는 실적을 참고로 해서 출항 때와 비교해서 GM 감소량을 $0.0025 \cdot L$(m)로 하고 출항 때에 이 만큼의 GM을 갖게 하는 것으로 한다.

$C_b = 0.72$로 한 경우의 GM이 주어질 때 필요 B의 근사값은 다음과 같이 주어진다.

$$B \fallingdotseq \left\{\frac{d}{0.0814}(GM + KG - 0.535 \cdot d)\right\}^{1/2} \tag{7 · 16}$$

평갑판선에 대하여 계산한 값은 표 7 · 4에 나타내고 있다. 또한 B/D값과 L과의 관계를 그림 7 · 4에 도시하였다. 이로부터 일반적으로 소형선일수록 복원 성능상 여유가 적고, 대형선에서는 여유가 있는 것을 알 수 있다.

표 7·3 웰갑판선의 최소 B/D 값

(단위 : m)

L	40.00		60.00		80.00		100.00		120.00	
D	3.60		4.90		6.40		8.10		9.90	
d	3.27		4.32		5.47		6.66		7.81	
C_b	0.72		0.72		0.72		0.72		0.72	
GZ_m	0.20	0.20	0.205	0.217	0.243	0.261	0.275	0.275	0.275	0.275
KG	2.71	2.84	3.43	3.60	4.24	4.45	5.16	5.42	6.09	6.39
B	8.45	9.00	9.55	10.24	11.32	12.15	13.35	14.23	15.33	16.30
B/D	2.35	2.50	1.95	2.09	1.77	1.90	1.65	1.76	1.55	1.65
KB	1.75	1.75	2.31	2.31	2.92	2.92	3.56	3.56	4.18	4.18
BM	1.78	2.02	1.72	1.98	1.91	2.20	2.17	2.47	2.45	2.77
KM	3.53	3.77	4.03	4.29	4.83	5.12	5.73	6.03	6.63	6.95
GM	0.82	0.93	0.60	0.69	0.59	0.67	0.57	0.61	0.54	0.56
GM/B	0.097	0.103	0.063	0.067	0.052	0.055	0.043	0.043	0.035	0.034

표 7·4 평갑판선의 최소 B/D 값

(단위 : m)

L	80.00		100.00		120.00		140.00		160.00	
D	7.55		9.05		10.60		12.10		13.60	
d	5.60		6.71		7.87		9.03		10.20	
C_b	0.72		0.72		0.72		0.72		0.72	
GZ_m	0.275	0.275	0.275	0.275	0.275	0.275	0.275	0.275	0.275	0.275
KG	5.41	5.69	5.75	6.04	6.49	6.80	7.17	7.52	7.83	8.22
B	12.90	13.65	14.26	15.16	15.70	16.70	16.93	18.10	18.05	19.40
B/D	1.71	1.81	1.58	1.68	1.48	1.58	1.40	1.50	1.33	1.43
KB	2.99	2.99	3.59	3.59	4.21	4.21	4.83	4.83	5.46	5.46
BM	2.42	2.70	2.46	2.79	2.55	2.89	2.59	2.96	2.61	3.01
KM	5.41	5.69	6.05	6.38	6.76	7.10	7.42	7.79	8.07	8.47
GM	0.40	0.43	0.30	0.34	0.27	0.30	0.25	0.27	0.24	0.25
GM/B	0.031	0.032	0.021	0.022	0.017	0.018	0.015	0.015	0.013	0.013
GM	0.20	0.20	0.25	0.25	0.30	0.30	0.35	0.35	0.40	0.40
B	12.38	13.05	14.10	14.92	15.80	16.70	17.25	18.37	18.63	19.90
GM/B	0.016	0.015	0.018	0.017	0.019	0.018	0.020	0.019	0.022	0.020
B/D	1.64	1.73	1.56	1.65	1.49	1.58	1.43	1.52	1.37	1.46

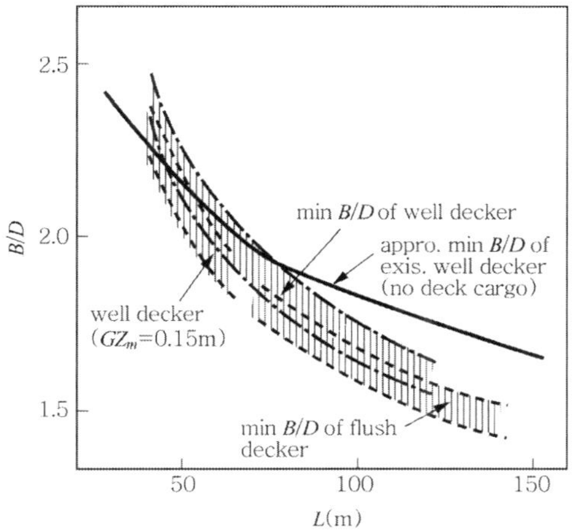

그림 7 · 4 L과 B/D와의 관계

7.3.4 복원성 근사계산 예

복원성을 근사적으로 계산해본 예를 표 7 · 5에 수록하였다.

표 7 · 5 복원성의 근사계산 예

일반 화물선, 웰갑판선	
$L\times B\times D-d=102.00\times 18.30\times 9.25-7.25$(m), $C_b=0.750$ 선루(superstructure)의 총 길이$=0.37\cdot L$	
(Ⅰ) GM	참 고
$C_w=0.36+0.654\cdot C_b=0.851$	식 (7 · 6)
$KB=\{C_w/(C_w+C_b)\}\cdot d=0.532\times 0.725=3.85$m	식 (7 · 4)
$BM=(0.126\cdot C_w-0.046)\cdot B^2/C_b\cdot d=3.77$m	식 (7 · 5)
$KG=(1.60/L^{(0.20)})\cdot D=0.634\times 9.25=5.87$m	표 7 · 6
$GM=KB+BM-KG=3.85+3.77-5.87=1.75$m	
(Ⅱ) GZ_m	
$f=D-d=9.25-7.25=2.00$m	
$\tan\theta_m\fallingdotseq 0.70,\ \tan\alpha=2f/B=0.219$	
$k=0.023+0.04\cdot C_b-0.0018\cdot(\tan\theta_m/\tan\alpha)=0.047$	식 (7 · 11)
$BG=KG-KB=5.87-3.85=2.02$m	
$GZ_m=(0.70\cdot k\cdot B^2/C_b\cdot d)-0.57\cdot BG=2.03-1.15=0.88$m	식 (7 · 13)
apport. $GZ_m=(0.050-0.000613\cdot B/f)\cdot B^2/d$	
$-0.57(KG-0.535\cdot d)=2.05-1.13=0.92$m	식 (7 · 14)
(Ⅲ) GZ곡선	7.2–[6]–1)–②
$f'\fallingdotseq 2.00+0.60=2.60$m	
$a=B\cdot\{0.28(f'/d)^{1.5}+0.072\}=2.42$m	
$b=d\cdot\{0.50(f'/d)-0.010\}=1.23$m	

$\theta°$	15	30	45	60	75	90
$F_1(\theta)\cdot a$	0	1.32	2.96	3.11	1.74	0
$F_2(\theta)\cdot b$	0	−0.27	−0.49	−0.24	0.45	1.23
$F_3(\theta)\cdot BM$	0.04	−1.19	−3.11	−4.14	−4.10	−3.77
$GM\cdot\sin\theta$	0.45	0.88	1.24	1.52	1.69	1.75
$GZ(\theta)$	0.49	0.74	0.60	0.25	−0.22	−0.79

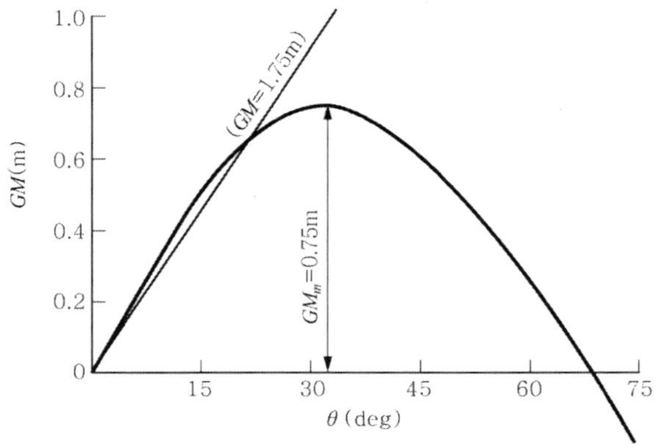

그림 7 · 5

참 고

선체의 중심위치의 추정법

▶ 상하중심위치(KG/D)(vertical position of center of gravity)

(KG/D)의 경하(輕荷)상태 및 만재 출항 상태의 대략값은 표 7.6과 같다.

표 7 · 6 (KG/D)

light cond	general cargo, bulk carrier	$(2.7\sim2.9)/L^{0.28}$
	liner, cargo with heavy gear	$(3.0\sim3.3)/L^{0.28}$
	tanker($L<300$m)	$2.7/L^{0.28}$
	tanker($L>200$m)	0.55
full load cond	general cargo, bulk carrier	$(1.57\sim1.65)/L^{0.20}$
	line, cargo with heavy gear	$(1.72\sim1.90)/L^{0.20}$
	tanker($L>200$m)	$1.53/L^{0.20}$
	tanker($L>200$m)	0.525

▶ 종중심위치(⊗G/L)(longitudinal center of gravity)

화물적재 상태에서의 중심 전후 위치는 화물배치에 따라 크게 변화한다. 여기서는 경하 상태에서의 개략(⊗G/L ; ⊗부터 후방)을 표 7.7에 나타낸다.

표 7·7 (⊗G/L)(light condition)

aft-engine cargo	$0.115-0.00030 \cdot L$
⊗-engine cargo	0.02
tankeer	$0.107-0.00022 \cdot L$

7.4 손상 시 복원력

1912년 부분적으로만 손상된 타이타닉(Titanic)호가 침몰하면서 1513명의 인명이 일시에 사망하는 사고가 있었다. 이를 계기로 이와 같은 사고의 재발을 방지하야겠다는 관점에서 '손상 시의 복원성'에 관한 규제가 시작되었다. 이 복원성은 당초에 여객선만을 대상으로 규제하였으나, 요즈음은 해양오염방지 차원에서 탱커, 벌크화물선, 컨테이너선, 로로(RO/RO)선 등으로까지 확대해서 규제하고 있다. 손상시의 복원성이 부족한 경우는 손상시의 예비부력을 증가시켜야 하며, 이를 위한 가장 효과적인 방법 두 가지를 열거하면 첫째, 격벽(bulkhead)수를 증가시켜서 구획을 달리 설계하는 방법이며, 둘째, 건현을 증가시키는 방법이라고 할 수 있다. 이는 선박의 경제성과 직결되는 사항이므로 최적의 선박설계가 되도록 관련 규정을 잘 검토해서 설계하여야 할 것이다.

선박의 구획설계를 법적으로 규제하는 규정에는 강선구조규정과 선박구획규정이 있다. 강선구조규정은 주로 구조 및 강도상의 관점에서 배 길이에 따라 설치하여야 할 수밀횡격벽수에 관한 규정이며, 선박구획규정은 선박 안전법 및 그 시행령에 근거를 둔 수밀성의 요구에 관한 규정이다.

7.4.1 손상 시 복원성 규정의 변천 내역

손상 시 복원성과 관련된 규정의 제정 내역을 요약해 보면 다음과 같다.

- 1913, SOLAS(international conference for the safety of life at sea, 해상인명안전협약, 영국) : 여객선의 수밀구획 관련 규칙 제정.
- 1948, SOLAS : 다수 여객선에 더 높은 표준 채택.
- 1960, SOLAS : 기존 규칙에 개선을 IMO(international maritime organization, 국제해사기구)에서 계속 연구키로 함.

- 1966, ICLL(international convention on load lines, 국제만재흘수선 협약) : A 형선(액화물 운반선)의 손상복원력 요구사항 제정.
- 1973, IMO 산하기구인 MEPC(marine environment protection committee, 해양환경보호위원회) : MARPOL(international convention for the prevention of marine polluton from ships, 해양오염방지를 위한 국제협약)이란 법규를 제정해서 유조선 등의 손상 복원력에 적용.

  <주내용>

  ① 분리 밸러스트 탱크(SBT : segregated ballast tank) 및 원유의 세정설비 설치의 의무화.

  ② 탱크 용량 규제

  여기서 참고적으로 'SBT(분리 밸러스트 탱크)'를 설명하면 다음과 같다. 즉, IMO의 해상인명 안전 및 해양오염 방지에 관한 국제협약(SOLAS '74, MARPOL '73)에 의하면 탱커에는 화물창으로 사용될 수 없는 별도의 해상오염 유해물질만을 항해 중에 전용으로 보관하기 위한 분리 밸러스트 탱크를 설치해야 하도록 규제하고 있다.

  해상오염 유해물질의 주된 것은 탱커가 공선(空船) 운항 때 흘수 유지를 위하여 화물창 내에 밸러스트(ballast)용 해수를 싣는데, 이 밸러스트용 해수는 화물창 내의 잔유 기름과 혼합되어 유탁(油濁)물질을 생성하므로 이것이 해양오염을 일으키는 요인이 된다. 따라서 이 밸러스트 해수를 배 바깥으로 배출하지 않고 선내(船內)에 보관하려면 상당히 큰 용적의 SBT가 필요하게 됨으로써 탱커의 재화중량(DWT)은 자연히 감축된다.[※ Water Ballast Treatment((평형수 처리기) 설치 의무화(IMO : 2012년1월1일 K/L선부터 적용하며, 2016년까지 모든 선박 설치) ⇒ Ballast Water(평형수)에 의한 수중생물 이동에 기인된 해양 생태계의 혼란 및 파괴 방지 목적]
- 1988, IMO산하 기구인 MSC(maritime safety committee, 해상안전위원회) : 그동안 여객선에만 적용해 오던 가침길이(floodable length) 계산에 대하여 보다 실제적인 손상 복원력 기준을 제정해서 SOLAS 법규에 적용키로 함.
- 1990, 그동안 여객선의 구획결정에 기여했던 가침길이의 계산 대신 손상복원력 기준에 따라 구획이 결정되도록 함.
- 1992, MSC : B형(B/C. container, RO/RO 등)에 대해서도 손상복원력에 대한 계산을 확률적으로 적용하는 법규를 제정해서 SOLAS에 삽입함.
- 2006(4월부터 적용), CSR(common structure rules : 공동규칙) : 탱커 및 벌크선의 연료탱크 및 격벽(bulkhead)를 더욱 튼튼하게 제조하도록 해서 충돌이나 좌초 때에도 기름의 유출을 방지하도록 함.

- 2007(8월부터 적용), IMO의 MEPC : 컨테이너선 경우도 연료탱크를 2중의 선체로 해서 충격 때 기름의 유출을 방지하도록 함[표 7 · 9 참조].
- 2009년 이후 적용, IMO의 MEPC : 선박의 밸러스트물(ballast water)에 의한 수중 생물이 다른 나라로 이동, 해양생태계를 혼란 또는 파괴하는 것을 방지하는 시설 설치의 의무화.
- 2009년 1월 1일 이후 K/L(keel laying)되는 선박은 2006년 변경된 SOLAS(Ch. II-1, Reg.4)에 의하여 강화된 손상시 복원성 구획을 해야 함.

7.4.2 손상 시 복원성 관련 규정

손상 시 복원성 관련 규정도 선박의 건조 연도, 선종, 선박의 제원 등에 따라 다르다. 주요 선종에 따라 적용되는 규정을 예시해 보면 표 7 · 8과 같다. 아울러 선종별로 고려할 복원성 규정을 그림 7 · 6~7 · 8에서 요약적으로 도시하였다. 아울러 2.2.3절에 소개된 규정도 이 그림과 함께 참조하기 바란다.

단, 이 그림에서 ICLL, MARPOL, SOLAS 등은 최근까지(현재 2011년 1월 1일까지 예고되어 있음) 개정된 내용을 반영해야 한다. 주요 변경 내용은 다음과 같으며, 기타 상세한 것은 표 2 · 7을 참조하기 바란다.

- ICLL 1966(Protocol 1988 / 2006 Amendment) : Reg.39, Reg.22
- MARPOL(Cf. MEPC) : Annexes III, IV, VI
- SOLAS(Cf. MSC) : Chapters. II(1 & 2), III, IV, V, VI, XI-1

표 7 · 8 선종별 적용 규칙 및 기준

	ship	regulation
A type	oil tankers	Annex I of MARPOL 73/78
	chemical tankers	Annex I of MARPOL 73/78 & IBC code
	gas carriers	IGC code
	other ships	regulation of ICLL 66(protocol 88/06amend.)
B type	cargo ships(B-100 & B-60)	regulation of ICLL 66(protocol 88/06amend.)
	All B type ships(2005.1.1 K.L.선부터 적용)	Reg.39 of ICLL for reserve buoyancy

※ E/R의 이중저탱크는 Double Hull의 보호 대신에 'OM(Mean Oil outflow parameter : MARPOL 2006, Annex I Reg.12A 11항)' 값을 계산하여 만족토록 함.
※ Regulation of ICLL 66(Protocol 88/06 amendment) 주요 개정 내용 : 최소 선수높이식 변경 및 예비부력 추가(Reg. 39)
※ 2014년 5월 개정된 IGC code 참조[2.2.3절 7번]

충돌 사고로 인한 해양오염 방지를 위하여 그동안 유조선의 화물창 구역의 2중 선체화를 규제한 바 있으나(MARPOL Res. 13F), 2008년 8월 1일부터는 컨테이너선까지 포함된 연료유탱크의 보호를 위한 국제 규정(MARPOL Annex I Reg. 12A)이 확정되어서 적용되도록 되어 있다. 이 내용을 요약하면 표 7 · 9와 같다.

표 7 · 9 연료유 탱크 보호 규정(MARPOL Annex I Reg. 12A)[16.8절 참조]

<table>
<tr><th>항목</th><th colspan="2">MARPOL Annex I Reg. 12A</th><th>비고</th></tr>
<tr><td>적용 일자</td><td colspan="2">2007.8.1 이후 계약 또는 2010.8.1이후 인도되는 선박</td><td></td></tr>
<tr><td>적용 대상</td><td colspan="2">연료유 총량이 600m³이상인 모든 선박</td><td></td></tr>
<tr><td>연료유 정의</td><td colspan="2">H.F.O., M.D.O. 및 Gas oil</td><td></td></tr>
<tr><td>탱크 용량</td><td colspan="2">개별 탱크의 용량은 2,500m³ 미만</td><td></td></tr>
<tr><td>이중 선저 높이(h)</td><td colspan="2">B/20m나 2.0m 중 작은 값, 최소 0.76m</td><td>B : 선폭</td></tr>
<tr><td rowspan="2">이중 선측 폭(w)</td><td>600≤ C<5,000m³</td><td>C ≥ 5,000m³</td><td rowspan="2">C : 연료유 총량</td></tr>
<tr><td>0.4+2.4C/20,000m
최소 1.0m</td><td>0.5+C/20,000m 나 2.0m 중
작은 값, 최소 1.0m</td></tr>
</table>

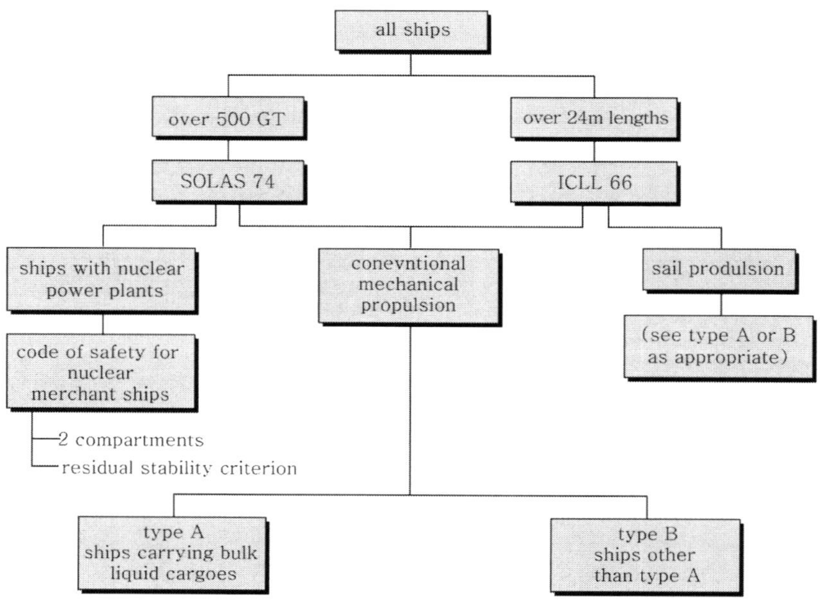

* MARPOS 73/78(annex Ⅰ. applies to all ships(and all oil tankers) fitted with cargo spaces which carry over 200 cublc meters of oil in bulk.
Annex Ⅱ. applies to all ships carrying dangerous bulk cargocs or noxious liquid chemical substances.
The IGC code applies to all ships carrying liquified gasses in bulk.

그림 7 · 6 적용되는 복원성 규정(모든 선박 대상)

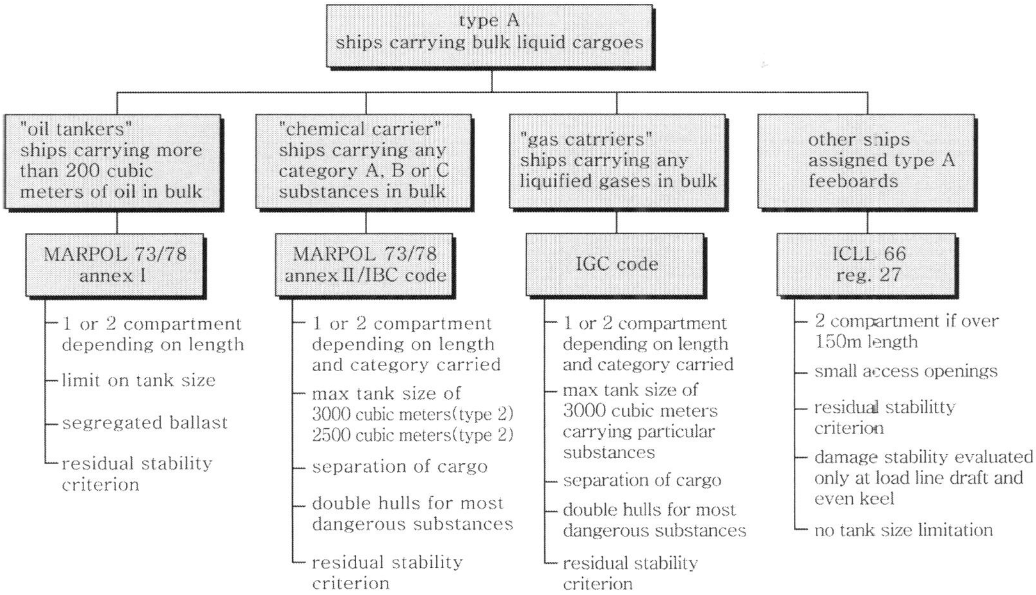

그림 7 · 7 적용되는 복원성 규정(A형선 대상)

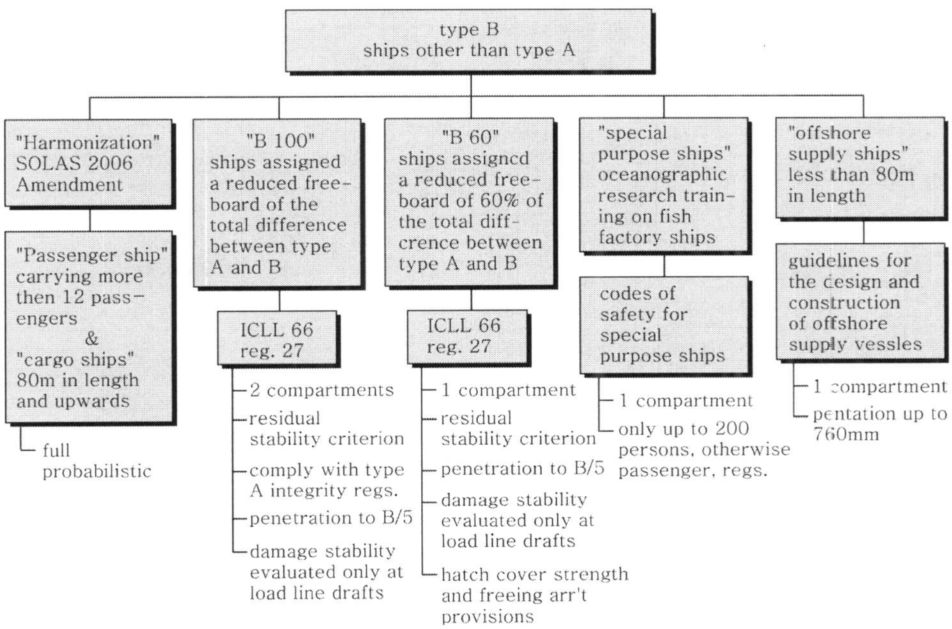

그림 7 · 8 적용되는 복원성 규정(B형선 대상)

아울러 선박구획규정에 정의된 용어들을 익히기 바란다. 이들 용어의 정의는 대한조선학회에서 편찬한 『선박계산』(대한조선학회 편, 2011년 수정판, 동명사)의 4.1.2절에도 설명되어 있다. 이들 용어 중에서 각종 시험의 출제 빈도수가 비교적 높은 것을 나열해 보면 한계선, 침수율, 가침길이(곡선), 구획계수, 허용길이(곡선), 용도의 표준수 등이다. 또한 이 『선박계산』에 소개되어 있는 손상 후의 복원력 계산법(부력 손실법, 트림선 부가 중량법, 확률론적 손상 복원력 등)도 참고하기 바란다.

7.4.3 손상 시 복원성 검토법

선종에 따라 손싱시 복원성 검토 때 결정론적 규정(: MARPOL, IBC, IGC, ICLL 등)의 적용을 받기도 하며, 또는 확률론적 규정(: SOLAS)의 적용을 받도록 규제되어 있다. 이들을 좀 더 설명하면 다음과 같다.

[1] 결정론적 방법

선종, 선박 길이 및 선박 크기에 따른 손상 범위 또는 손상 종류와 함께 손상되는 구획의 성격에 따라 각기 다른 침수율을 가정하여, 이의 부분 침수 중간 단계 및 최종 평형 상태 결과에 대한 최소한의 잔류 복원력을 일정량의 기준치 이상으로 유지하도록 하는 방법이다. 참고적으로 규정에 가정되어 있는 손상의 종류와 범위, 침수율 및 잔류 복원성 등을 표 7 · 10 및 표 7 · 11에 요약하였다.

탱커와 같은 A형선은 본 방법(MARPOL 및 ICLL)의 적용을 받도록 되어 있다.

표 7 · 10 규정상의 손상 가정

<table>
<tr><th colspan="3">관련 규정</th><th>MARPOL</th><th>IBC</th><th>IGC</th><th>ICLL</th></tr>
<tr><td colspan="3">흘 수</td><td colspan="3">침수 진행 가능한 개구부가 잠기지 않을 흘수</td><td>하기 흘수</td></tr>
<tr><td rowspan="3">손상 가정</td><td rowspan="3">길이 방향의 손상 위치</td><td>전구획</td><td>Lf 〉 225 m</td><td>Lf 〉 150 m
Type 1, 2

Lf 〉 225 m
Type 3</td><td>Lf 〉 150 m
Type 1G, 2G,

Lf 〉 125 m
Type 2PG, 3G</td><td></td></tr>
<tr><td>전구획
(E/R : 1 Comp't)</td><td>150 m 〈Lf 〈 225 m</td><td>Lf 〉 150m
Type 2,

125 m 〈Lf 〈 225 m
Type 3</td><td>Lf 〈 150 m
Type 2G</td><td>Lf 〉 150 m
*ship type
A : 1
〈 B-60 : 2
〈 B-100 : 2</td></tr>
<tr><td>전구획
(E/R : 제외)</td><td>Lf ≤ 150 m</td><td>Lf 〈 125 m
Type 3</td><td>Lf 〈 125 m
Type 3G</td><td>100 m 〈Lf ≤150m
*ship type
≤ B-60 : 1
≤ B-100 : 2</td></tr>
</table>

표 7·11 규정상의 손상 범위, 침수율, 잔류 복원성

관련 규정				MARPOL	IBC	IGC	ICLL
손상 범위	선측 손상	종방향		$1/3Lf^{2/3}$, 14.5 m 중 작은 것			
		횡방향		$B/5$, 11.5 m 중 작은 것			
		수직 방향		No limit			
	선저 손상	종방향	FP' ~0.3Lf	$1/3Lf^{2/3}$, 14.5 m 중 작은 것			–
			0.3Lf ~Aft	$1/3Lf^{2/3}$, 5.0 m 중 작은 것		$Lf/10$, 5 m 중 작은 것	–
		횡방향	FP' ~0.3Lf	$B/6$, 10.0 m 중 작은 것			–
			0.3Lf ~Aft	$B/6$, 5.0 m 중 작은 것			–
		수직 방향		$B/15$, 6.0 m 중 작은 것		$B/15$, 2 m 중 작은 것	
	• bottom raking damage, 13F of MARPOL 73/78 – 종방향 : 20,000 t ≤ DWT ≤ 75,000 t : 0.4 Lf from FP' DWT ≥ 75,000 t : 0.6 Lf from FP' – 횡방향 : DWT ≥ 20,000 t : $B/3$ anywhere – 수직 방향 : DWT ≥ 20,000 t : breach of outer hull						
침수율	창고품 장소			0.6			0.95
	거주 장소			0.95			0.95
	기관실 장소			0.85			0.85
	보이드 스페이스			0.95			0.95
	액체물 저장 장소			0~0.95			0.95
잔류복원성	경사 각도			25° or 30° 이하		30° 이하	15° or 17° 이하
	GZ max			20° 범위 내에서 0.1 m 이상			
	GZ 면적			20°범위 내에서 0.0175m-radian 이상			

[2] 확률론적 방법

결정론적 방법에 의한 손상(damage) 계산의 기본 개념은 선박 길이에 걸쳐 어느 구획 침수에서도 생존(survival) 요구조건을 전부 만족하여야 하는 데 반하여, 확률론적 방법에서는 각 구획 또는 조합구획 침수를 고려하여 특정 구획의 침수될 확률(Pi)과 침수 후 선박이 생존할 확률(Si)의 곱을 배의 전길이에 적분한 도달 구획지수(A : attained subdivision index)를 과거 해난사고 자료를 바탕으로 하여 선박길이의 함수 형태로 표시한 요구 구획지수(R : required subdivision index)와 비교하여 선박의 안정성을 평가하는 방법이다. 이의 계산 방법을 요약해 보면 다음과 같다. 기타 자세한 계산 방법은 SOLAS규정 제2-1항을 참조하기 바란다.

즉, 요구 구획지수(R)와 도달 구획지수(A)와를 비교해서 '$A \geq R$(안정)'가 되도록 하고,

이 결과에 따라 선박의 부분 만재흘수에서 최고 만재흘수까지의 초기 운항 G_0M곡선을 설정한다. 여기서 요구 구획지수(R)와 도달 구획지수(A)는 다음과 같이 계산한다.

① 요구 구획지수(R) 계산(SOLAS 2006 Amend/ch. Ⅲ-1, Reg.6)

- $80\,\text{m} \le Ls < 100\,\text{m}$ (화물선) : $R = 1 - 1\Big/\left(1 + \dfrac{Ls}{100} \times \dfrac{Ro}{1-Ro}\right)$

  $Ro = (0.002 + 0.0009Ls)^{1/3}$

- $Ls \ge 100\,\text{m}$ (화물선) : $R = 1 - \dfrac{128}{L_S + 152}$

- 여객선 : $R = 1 - \dfrac{5{,}000}{L_S + 2.5N + 15{,}225}$

여기서, Ls는 최고구획만재흘수(deepest subdivision load line) 상태에서 수직 방향의 침수를 제한하는 갑판 또는 그 하방에서 측정한 선박의 최대 투영형거리(the greatest projected moulded length)이다. 또한 $N = N_1 + 2N_2$이며, N_1은 구명정이 준비된 탑승자수이고, N_2는 N_1보다 초과된 허용탑승자수이다.

② 도달 구획지수($A = \Sigma Pi \times Si$) 계산(SOLAS 2006 Amend/ch. Ⅲ-1, Reg.7)

여기서 Pi는 구획실 또는 구획군의 침수될 확률이며, Si는 최고구획만재흘수선 및 부분만재흘수선에서 구획실(군) 침수 후 선박의 생존 확률이다.

본 법(SOLAS)을 적용해서 손상시 복원성을 검토해야하는 선박은 모든 여객선 또는 길이 80m 이상의 B형 상선(: container, bulk carrier, RO/RO 등)이다.

단, B-60형(: 순수 B형보다 건현이 적을 수 있어서 경제성이 높으며, A형선에 더 가까운 선형임) 경우는 ICLL을 적용하되, 선저손상(bottom damage) 검토는 SOLAS 2006 Amend. ch. Ⅱ-1, Reg. 9에 따라야 한다.

[3] 손상 시의 복원력 계산법

손상된 후의 복원력을 계산하는 방법으로는 부력손실법(lost buoyancy method)과 트림선부가 중량법(trim line added weight method)이 많이 이용되고 있다. 이 법들의 특징을 간단히 소개하면 다음과 같다. 좀 더 상세한 사항은 『선박계산』(대한조선학회 편)을 참조하기 바란다.

① 부력손실법(lost buoyancy method)

선체 형상과 침수된 공간의 모양이 비교적 단순해서 침수로 인한 침하, 트림 및 횡경사가 발생해도 손상되지 않은 수선면 부분에 극단적으로 불연속적인 변화가 일어나지 않는다는 가정 하에 이 법이 사용 가능하다. 최소 잉여 GM값으로 50 mm를 요구하는 현행 규정은 이 가정에 근거를 둔 것이다.

즉, 최소 GM은 「(50 mm)×(손상 전의 배수량과 손상 후의 겉보기 배수량의 비)」가 된다.

② 트림선 부가 중량법(trim line added weight method)
평형 손상 상태에서의 수선을 가정하고 이 수선까지 도달하는 동안에 침수된 물의 양과 모멘트를 계산해서, 이 수선까지의 전체 배수량과 모멘트에 더하여 손상 후의 상태에 대응하는 값을 얻는 방법이다.

7.5 트림 계산

트림에 대해서는 만재 때 등흘수(even keel), 밸러스트 상태에서 적당한 선수미 흘수가 되도록 계획 때 화물창고 및 밸러스트 탱크 배치가 검토되며, 또 부심 위치는 저항·추진 성능상 지장이 없는 범위에서 선정된다.

트림 계산은 선박의 일반 배치에 기초한 각 부분의 중량 모멘트와 배수량 등곡선에 표시되는 선형 요소에 관한 수치를 사용하는데 여기서는 계획 초기에 사용되는 근사식을 소개하겠다.

트림을 1 cm 변화시키는 데 필요한 모멘트(MTC)는,

$$MTC = \Delta \cdot GM_l / (100 \cdot L) \fallingdotseq \Delta \cdot BM_l / (100 \cdot L),\ (\mathrm{t \cdot m}) \qquad (7 \cdot 17)$$

여기서,

GM_l : 종메타센터 높이(m)

BM_l : 종메타센터 반지름(m)

또 BM_l은 근사적으로,

$$BM_l \fallingdotseq 0.087 \cdot C_w^{2.8} \cdot L^2 / C_b \cdot d,\ (\mathrm{m}) \qquad (7 \cdot 18)$$

보통 선형의 만재 상태에서는 $BM_l \fallingdotseq L$이다.

이제 식 (7·17) 및 (7·18)에서 (MTC)는

$$MTC \fallingdotseq 0.00089 \cdot C_w^{2.8} \cdot B \cdot L^2,\ (\mathrm{t \cdot m}) \qquad (7 \cdot 19)$$

로 표시된다.

트림(t)은

$$t = \frac{\Delta(\otimes G - \otimes B)}{100 \cdot (MTC)},\ (\mathrm{m}) \qquad (7.20)$$

따라서 선수 흘수(d_f) 및 선미 흘수(d_a)는 다음과 같다.

$$d_f = d - \frac{t}{L}\left(\frac{L}{2} + \otimes F\right)$$

$$d_a = d + \frac{t}{L}\left(\frac{L}{2} - \otimes F\right)$$

여기서,

d : 배수량에 대한 대응 흘수

$\otimes G$: $\otimes$부터 중심(重心)까지의 거리

$\otimes B$: $\otimes$부터 부심까지의 거리

$\otimes F$: $\otimes$부터 부면심(浮面心)까지의 거리

$\otimes$: 선체중앙부

를 각각 의미한다.

아울러 위에서 나타내는 거리는 모두 $\otimes$부터 후방을 (+)로 하였다.

[Tip] 시험대비용 기타 연관지식

(1) ‘선박계산’에서 공부했던 상기의 선수 및 선미 흘수식을 이용한 문제가 많이 출제된다. 아울러 하중물(W)를 l만큼 이동시킬 때 트림변화량은 $\frac{W \cdot l}{MTC}$임도 상기할 것.

(2) 메타센터높이(GM)을 구하는 경사시험의 다음식의 계산문제가 자주 출제된다.

$GM = (W \cdot d)/(\Delta \cdot \tan\theta) = (W \cdot d \cdot l)/(\Delta \cdot a)$

제 8 장 동력추정 및 주기관 선정

선박설계를 위한 동력추정 및 주기관(M/E, main engine) 선정과 관련된 사항은 대학 과정의 '선박동력장치' 관련 과목에서 상세하게 공부하므로, 본 장에서는 설계와 직결된 내용만을 간략히 다룬다[※ '마력(horse power)'은 '동력(power)'의 한 단위이지만, 산업현장에서는 '동력추정'을 흔히 '마력추정'이라고 함. 또한 마력의 단위로 쓰이는 $1PS = 75\text{kg} \cdot \text{m/sec}$이며, $1HP = 550\text{ft} \cdot \text{lb/sec} \fallingdotseq 76\text{kg} \cdot \text{m/sec}$이다.]

8.1 저항 · 추진성능 및 소요마력 추정

설계 대상 선박의 적정 주기관을 선정하기 위해서는, 우선 설계 선박의 초기 저항 · 추진성능 등을 추정하여 소요동력(마력)을 계산하여야 한다. 추정된 저항 · 추진성능값 및 소요 동력을 사용하여 엔진 자료로부터 설계 속력을 낼 수 있는 주기관을 선별(sorting)한 뒤, 선정된 후보 엔진에 대하여 성능, 가격, 설계연료소비율($DFOC$, designed fuel oil consumption), 배치상의 문제점 등에 관해 상세한 검토를 수행하여 주기관을 결정한다.

선박의 초기설계 단계에서 속도 · 마력의 정확한 추정은 매우 중요한 과제 중의 하나다. 그러나 선박의 속도-마력은 배의 크기, 종류, 항해 해상 상태, 프로펠러 종류, 부가물의 형상 등이 매우 다양하기 때문에 정확한 추정은 어렵다.

소요마력 추정을 하기에 앞서 일반적으로 먼저 유효마력(EHP, effective horse power)을 추정한다. 다음 단계로 추진계수($P.C.$, propulsive coefficient), 축 전달효율(η_T, shafting efficient 또는 shaft transmission efficient), 추진효율(η_P, propulsive efficiency) 등을 이용해서 전달마력(DHP, delivered horse power), 제동마력(BHP, brake horse power), 축마력(SHP, shaft horse power) 등을 구할 수 있다.

한편 마력 추정법을 경험식(예 admiralty 식, Ayre 식 등)을 이용해서 직접 추정하는 법과 정수저항(still water resistance)을 별도로 구하고, 이 저항을 이용해서 유효마력을 추정하는 간접적인 법이 있다. 일반적인 간접추정법으로는 모형시험에 의한 방법, 표준계열자료를 이용한 계산 방법, 통계적 해석에 의한 방법 등이 있으나, 초기설계 단계에서는 그 업무 특성상 실적선 자료에 의한 통계적 해석법, 표준계열, 설계도표, 경험식 등을 이용하여 추정을 시도할 수밖에 없다.

8.1.1 선체저항

정수(still water) 중의 선체저항은 크게 나누어 마찰저항(frictional resistance)과 잉여저항(residual resistance) 혹은 점성저항(viscous resistance)과 조파저항(wave making resistance) 및 공기저항(air resistance)으로 구분이 되는데 특수형상인 것을 제외하고 공기저항은 적기 때문에, 저항 산정 때 앞의 두 가지를 대상으로 하는 것이 보통이다.

8.1.2 마찰저항(frictional resistance)

마찰저항의 계산은 선체 침수면적과 같은 면적의 평판 것을 이용한다. 일반적인 마찰저항의 식은,

$$R_F = C_F \cdot \left(\frac{1}{2}\rho \cdot S \cdot V^2\right)$$

으로 표시되며, C_F는 마찰저항 계수로서 레이놀즈(Reynolds)수의 함수이다. 대표적인 마찰저항의 식은 다음과 같다.

① Froude's formula : $R_f = \sigma \cdot \lambda\{1 + 0.0043(15 - t)\} S \cdot V^{1.825}$

② Schoenherr's formula : $\dfrac{0.242}{\sqrt{C_f}} = \log_{10}(Rn \times C_f)$

③ Hughes line : $C_f = \dfrac{0.066}{(\log_{10} Rn - 2.03)^2}$

④ ITTC line : $C_f = \dfrac{0.075}{(\log Rn - 2)^2}$

8.1.3 유효마력(EHP) 추정법

[1] 직접적인 방법(direct method)

다음에 예시된 약산 방법에 의해서 직접적으로 추정하는 방법이다. 하지만 이 식은 '$EHP \propto$(저항)×(선속)'인 관계를 감안할 때 '(저항)$\propto$(선속)^2'을 가정해서 유도된 것이다.

그러나 실제 마찰저항은 (선속)^{2}의 제곱에 비례한다고 가정할 수 있겠으나, 잉여저항(조파저항)은 그렇지 못하므로 전체 저항 중에서 조파저항의 비율이 높은 고속선의 경우는 이 식을 사용할 수 없다는 것을 아울러 유념하기 바란다. 고속선의 경우는 오히려 다음과 같은 관점에서 유도된 '(동력)∝(길이)3.5' 관계와 유사선의 자료로부터 추정하는 것이 바람직하다. 즉,

$$EHP \propto (\text{저항}) \times (\text{선속}) = \left(C_t \cdot \frac{1}{2} \cdot \rho \cdot S \cdot V^2\right) \times V \propto S \cdot V^3$$
$$\propto L^2 \cdot L^{1.5}$$

여기서 C_t는 전 저항 계수, ρ는 유체의 밀도, s는 침수표면적, V는 선속을 각각 의미한다. 이때 $S \propto L^2$이며 프루드의 비교법칙에 따라 $V \propto L^{1/2}$인 관계가 있으므로, $EHP \propto S \cdot V^3 \propto L^{3.5}$인 관계를 알 수 있다.

따라서 새로 설계되는 배와 유사선의 동력의 비는 각 선박의 (길이비)3.5와 같다는 관계로부터 추정할 수 있다.

① 어드미랄티법(Admiralty coefficient formula) : $EHP = \dfrac{\Delta^{2/3} V^3}{C_e}$

② 에이어 법(Ayre's method) : $C_2 = \dfrac{\Delta^{0.64} V^3}{EHP}$

[2] 표준 계열(standard series)을 이용하는 방법

모형실험을 시행하지 않고 다음에 예시한 표준 계열의 자료를 이용해서 저항과 효율을 구해서 추정하는 법이다.

- Taylor 표준 계열 : 구축함
- Yamagata 표준 계열 : 화물선
- Todd 표준 계열(일명 'Series 60'이라고도 함) : 화물선
- Doust 표준 계열 : 트롤어선(trawler)
- Takagi 표준 계열 : 다랑어 및 참치 잡이 어선(bonito and tuna vessel)
- Roach 표준 계열 : 예인선(tug boat)

잉여저항 추정을 위한 Yamagata 표준 계열을 그림 8·1에 예시하였으며, 이러한 자료를 여러 가지 B/L, B/d에 관해서 구할 수 있도록 되어 있다. 또한 Series 60을 이용해서도 화물선의 여러 가지 C_b, L/B, B/d, $\dfrac{V}{\sqrt{L}}$에 대하여 저항뿐만 아니라 반류비(w, wake fraction 또는 wake factor), 추력감소율(t, thrust deduction fraction) 등도 알 수 있다.

[3] 모형실험으로 저항이나 효율을 구하는 법

통상 최종적으로 수행하는 비교적 가장 정확한 법이다. 따라서 저항수조실험의 원리를

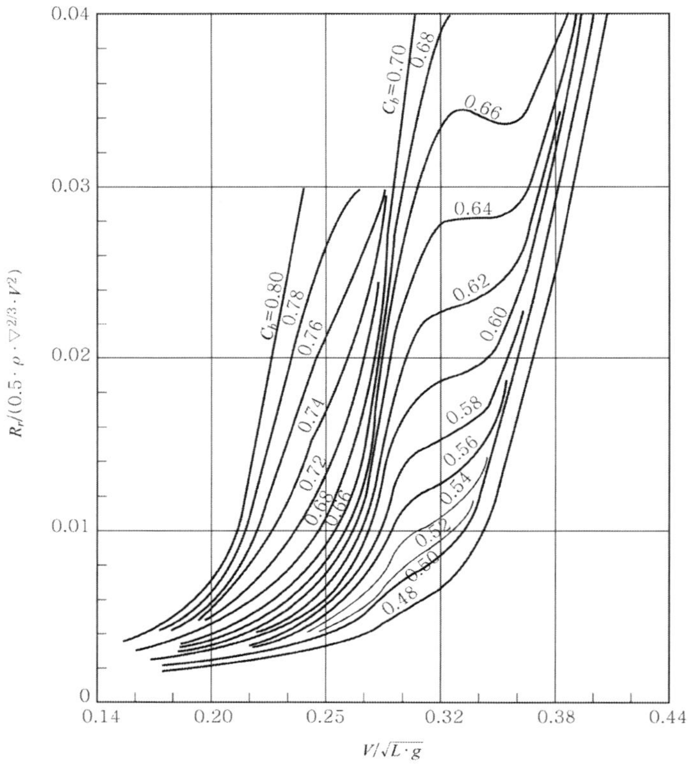

그림 8·1 잉여저항(Yamagata Chart)

잘 이해할 필요가 있다(특히 Froude법 및 Hughes법의 차이점). 이것은 선체저항 관련 과목에서 상세하게 학습하므로 여기서는 모형선값으로부터 실선값으로 확장할 때 이용되는 프루드(Froude)의 비교법칙만을 요약해 본다. 즉, 프루드의 비교법칙은 만일 프루드수($V/\sqrt{L \cdot g}$) 또는 속장비($V/\sqrt{L}$)가 일정하면, 잉여저항(또는 조파저항)은 선박 길이 (L)의 세제곱에 비례한다는 법칙이다. 이 법칙으로부터 모형선과 실선의 잉여저항계수 $C_r = R_r/(0.5 \cdot \rho \cdot s \cdot V^2)$가 서로 같다고 확장해서 볼 수 있기 때문에 모형선 결과로부터 실선의 결과를 구할 수 있게 된다. 이렇게 확대해서 볼 수 있는 근거는 $C_r \propto s \cdot V^2$인데, 여기서 침수표면적(s)은 L^2에 비례하며, V^2은 L에 비례하므로($\because$ $V/\sqrt{L}$=일정, 즉 $V \propto L^{1/2}$) $C_r \propto L^3$이라고 볼 수 있다.

모형실험 때 일반적인 선각 부가물(i.e. rudder, bilge keels, propeller shaft struts, propeller shaft bossing, skeg, propeller shafts, screw aperture)은 제외시킨 상태에서 모형실험을 시행하고, 이들 몫으로 단축선의 경우는 대략 8%의 저항을 가산해 주며, 쌍축선의 경우는 축브래킷(shaft bracket)몫으로 7~13%, 보싱(bossing) 몫으로 5~10%의 부가저항(appendage resistance)을 가산해 주는 것이 보통이다.

또한 수조에서의 선박 모형실험 때 전저항(total resistance)과 선속의 관계가 측정되지만 마찰저항은 측정이 안 되므로, 이는 평판 실험 결과를 이용하되 '실선–모형선 상관 수정값'으로서 보완해야 하는 원인도 잘 인식할 필요가 있다. 이를테면 모형실험 결과를 실선의 결과로 확장해서 이용하기 위해서는 3가지 측면에서의 상사성(similarity)이 만족되어야 한다는 것을 유체역학에서 배웠다. 이 상사성의 종류는 기하적 상사성, 역학적 상사성, 운동학적 상사성 등이다. 이 중에서 특히 저항력과 관련하여서 역학적 상사성이 만족되려면 마찰저항을 좌우하는 레이놀즈수[Reynolds No., $(V \cdot L)/\nu$]와 잉여저항을 좌우하는 프루드수(Froude No., $V/\sqrt{L \cdot g}$)가 일정한 상태에서 실험을 하여야 한다. 그러나 레이놀즈수를 일정하게 유지한 상태로 수조시험을 하는 것은 불가능하므로, 프루드수만 동일한 상태로 실험한다. 따라서 선박의 마찰저항은 선박 모형선 실험에서 직접 구할 수 없으며, 이로 인한 오차의 보정노력(모형선–실선 상관수정량, model–ship correlation allowance 측면의 보정)이 계속되고 있는 실정이다.

8.1.4 축마력(SHP, shaft horse power) 추정법

앞의 8.1.3절의 방법으로 추정된 유효마력(EHP)과 추진효율(η)을 이용해서 축마력(SHP)을 추정할 수 있으며, 추진계수($P.C.$)를 이용하면 전달마력(DHP)도 구할 수 있다. 또한 축전달효율(η_T)을 이용해서 제동마력(BHP)도 추정이 가능하다. 여기서 각종 효율은 표준계열, 모형실험, 경험적 자료 등으로부터 구할 수 있으며, 각종 효율의 정의와 약식 추정을 위한 경험식을 소개하면 다음과 같다.

[1] 추진효율(η, propulsive efficiency)

추진효율 = [준추진계수(quasi propulsive coefficient) 또는 준추진효율(P.C., quasi propulsive efficiency)]×축전달 효율(η_S, shafft transmission efficency)

$$\eta = \frac{EHP}{SHP} = \frac{EHP}{DHP} \times \frac{DHP}{SHP}$$

$$= P.C. \times \eta_S$$

$$\left(\frac{EHP}{IHP} = \frac{EHP}{DHP} \times \frac{DHP}{SHP} \times \frac{SHP}{BHP} \times \frac{BHP}{IHP} \right) \text{ : Overall Propulsive Efficiency}$$

$$\eta_S = \frac{DHP}{BHP} = 95\% \text{ : 중앙부 디젤기관선}$$

$$= 97\% \text{ : 선미 기관선}$$

$$= \frac{DHP}{SHP} = 98\% \text{ : 스팀 터빈선}$$

[2] 준추진계수($P.C.$, quasi propulsive coefficient) 또는 준추진효율(quasi propulsive efficiency)

$P.C.=\frac{EHP}{DHP}=$ 프로펠러 단독효율(η_O, open water propeller efficiency) × 선체효율(η_H, hull efficiency) × 상대회전효율(η_R, relative rotative efficiency)

$$=\eta_O \times \frac{1-t}{1-w} \times \eta_R$$

① 반류비(w, wake fraction)$=\frac{V-V_A}{V}$

제 안 자	프로펠러 수	경 험 식
Taylor	단축선(S.S.)	$w=0.5\,C_b-0.05$
	쌍축선(T.S.)	$w=0.55\,C_b-0.20$
Van Lammeren	단축선(S.S.)	$w=3/4\,C_b-0.24$
	쌍축선(T.S.)	$w=5/6\,C_b-0.353$

② 추력 감소율(t, thrust deduction fraction)$=\frac{T-R_T}{T}$

제 안 자	프로펠러 수	경 험 식
Van Lammeren	단축선(S.S.)	$t=1/2\,C_b-0.15$
	쌍축선(T.S.)	$t=5/9\,C_b-0.205$
Yamagata	단축선(S.S.)	$t=w(1.63+1.50\,C_b-2.36\,C_{VP})$
	쌍축선(T.S.)	$t=w(1.73+1.50\,C_b-2.36\,C_{VP})$

③ 상대회전효율(η_R, relative rotative efficiency) $=\frac{\eta_P}{\eta_O}$

단축선(S.S.) : $\eta_R=1.00 \sim 1.05$

쌍축선(T.S.) : $\eta_R=0.95 \sim 1.00$

η_P : 프로펠러 [선후(船後)] 효율

[3] 직접추정법

다음과 같이 표기되는 어드미럴티계수식(Admirality coefficient formula)을 사용할 수 있으나 이 식 역시 조파저항의 비율이 높은 고속선의 경우는 사용할 수 없음을 상기하기 바란다(8.1.3절의 [1] 내용 참조).

$$SHP=\frac{\Delta^{2/3}V^3}{C_s}$$

[4] 씨마진(sea margin)

이상에서 설명된 바처럼 소요동력 추정에 정수(still water) 중의 선체저항만을 고려하였으나, 실제 항로에는 불규칙한 파도, 바람, 조류, 표면조도 등의 영향이 있으므로 목표로 하는 속도를 내기 위해서는 추가적인 동력의 마진이 필요하다. 신조선의 경우는 표면조도의 영향이 없다는 가정하에서 이 마진을 통상 15% 이내로 고려하며, 이 경우의 마진을 특히 '씨마진'이라고 칭한다. 실제 운항 때는 물론 선령에 따른 표면조도 및 기관이나 프로펠러의 효율 저하까지도 고려해야 하며, 이때의 마진을 '서비스 동력 마진(service power margin)'이라 한다. 이 마진은 많은 경우 40%대까지도 나타난다. 하지만 이들 마진의 추정을 위한 기존의 방법이 부정확하여서 심각한 문제들(예 신조선의 벌과금 지불 또는 인도 거부, 신조선가의 불필요한 고가화, 운항상 비경제성 등)이 야기되고 있음이 오래 전부터 많이 지적되어 오고 있다(예 제15회 및 16회 국제수조회의 보고서). 이와 관련된 문제점 및 개선의 방안은 제 14 장에서 좀 더 구체적으로 소개한다.

8.2 주기관 선정 및 *MCR* 결정

8.2.1 선박용 주기관

주기관(M/E, main engine)의 선정 과정을 요약하면 그림 8 · 2와 같다. 그림 8 · 2에서 *SFOC*(specific fuel oil consumption)는 연료소비율을, *DMCR*(derated maximum continuous rating)은 조정된최대연속정격출력을, *NCR*(nominal continuous rating)은 공칭최대연속정격출력을, PTO(power take off)장치는 프로펠러를 연결하지 않은 상태의 동력취출장치(예 Sulzer)를 각각 의미한다. 또한 기관동력최적점(EOP, engine optimizing point)의 표준은 *MCR*(maximum continuous rating, 최대연속정격출력)의 90%이며, 90% 이하인 경우는 연료분사 시점이 늦어진다든지 기관에 과부하 문제가 발생할 수 있으므로 가능하면 이 경우를 회피한다. 아울러 90%가 아닌 경우는 혼란을 방지하기 위하여 통상 시방서(specification, 흔히 'spec'이라고 함)에 표기한다. 또한 *DFOC*는 다음과 같은 관계식으로 산정된다. 여기서 '*D*'는 Derated'(정격 출력을 낮춤)'을 뜻한다.

$$NCR(BHP) \times SFOC \times 24 \times 10^{-6}, \ [\text{metric ton/day}]$$

여기서 *NCR*의 선속은 통상 *MCR*의 85～90%에서 추정되며, $NCR = 0.9BHP \times 0.965RPM$, $MCR = BHP \times RPM$으로 각각 산정된다.

선박 주기관의 성능은 선박 설계에서는 물론이고 선주의 경제적 운항 측면에서 극히 중요하다. 성능이 좋은 최적의 주기관(M/E)을 선정하기 위해서는 다음과 같은 사항들을 고려한다.

• '기관–프로펠러–선박' 측면에서 최적의 기관 회전수(rpm)일 것
• 연료 소비량이 적을 것(*SFOC*)
• 보수 점검이 쉽고 유지비가 저렴할 것(maintenance)
• 고장이 적고 신뢰성이 높을 것(reliance)
• 운전이 쉬울 것(operation)
• 장기간에 걸쳐 성능저하가 적을 것(aging effect)
• 기관부 소요인원이 적을 것(manning)
• 기관의 중량과 용적이 적을 것
• 진동과 소음이 적을 것
• 가격이 쌀 것(main body, standard accessories & spare parts)
• 선박의 종류
• 항로
• 소요동력 크기
• 보기

위의 조건 중에서 특별히 '기관–프로펠러–선박' 측면에서 최적의 기관 회전수(rpm) 조건은 중요한 사항이므로 좀 더 설명하면 다음과 같다.

프로펠러의 측면에서서는 프로펠러 애퍼처(aperture)가 허용하는 한 프로펠러 지름이 커야

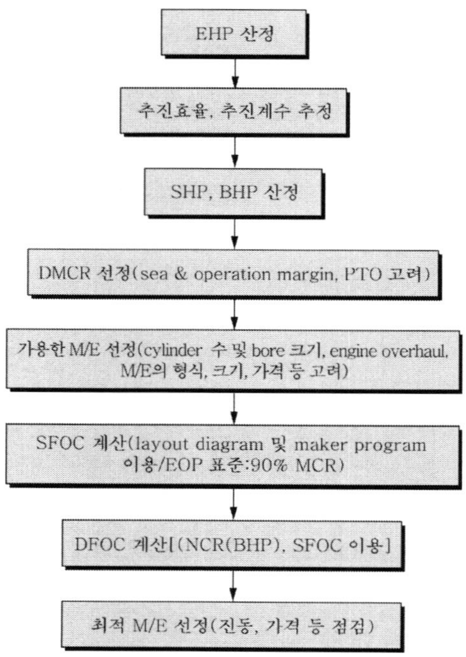

그림 8 · 2 주기관(M/E) 선정 과정

만 반류(wake)가 작아져서 유리하다. 즉 프로펠러 지름이 커져서 프로펠러 회전수(rpm)가 낮아지는 것이 좋다. 반면에 기관(engine) 측면에서는 회전수(rpm)가 낮으면 왕복동기관의 경우 행정(stroke)이 커져 행정안지름비(stroke-bore ratio) 측면에서 기관효율을 낮게 할 뿐 아니라 기관 높이가 커지므로 마모가 심해서 기관 수명도 단축된다. 만일 치차비(gear ratio)를 크게 할 경우는 기어(gear)가 커져야 하므로 재질 측면에서도 문제가 생기게 된다. 따라서 기관-추진기-선체를 함께 고려한 최적의 조화점을 찾아야 한다.

하지만 위에서 열거한 여러 가지 성능을 모두 갖춘 주기관을 찾는다는 것은 현실적으로 어려우므로, 보통은 이 중에서 몇 가지 성능에 중점을 두고 선주 및 조선소에 모두 유리한 엔진을 선택하게 된다.

기관의 rpm이 300 이하(주로 100 이하)인 것을 저속 기관이라고 하며, 대형선에 사용된다. 대부분의 중대형 일반 상선에서는 2행정 디젤엔진을 채용하고 있으며, 대표적인 기관으로는 만(MAN : 과거의 'MAN B&W'), 바찔라(WARTSILA : 과거의 'Sulzer'), 미스비시(Mitsubishi) 등이 있다. 이들의 작동원리는 비슷하며, 최근에 인도되는 국내 대형 선박의 채택률을 보면 MAN 엔진이 80-85%, WARTSILA 엔진이 15% 정도를 점유하고 있다. 또한 기관의 rpm이 1000 미만 / 300 이상인 것을 중속기관이라고 하며, 주로 직립형(vertical type) 기관으로서 어선에 많이 쓴다. V형 중속기관은 공간 및 연료의 경제성 때문에 대형선에도 사용되기도 한다. 물론 직립형 기관은 대형선에 사용하지 않는다. 한편 rpm이 1000 이상의 고속기관은 보트(boat)에 많이 사용된다. 중속기관 제조회사로는 MAN 라이센스사 이외에도 현대중공업이 독자적으로 개발한 현대 고유모델인 '힘센엔진(HiMSEN Engine)'이 국내 중속 해상용 기관의 최근(2009년 현재) 60%(세계 점유율 25%)를 점유하고 있다.

국내의 중속 및 저속 기관의 MAN 라이선스(license) 제조사로는 현대중공업(엔진), 두산(엔진), STX그룹(엔진, 중공업, ENPACO 등)이 있다.

8.2.2 *MCR* 선정법 및 주기관 특성 도표

주기관 선정, *MCR* point 결정, 연료소비율(fuel oil consumption) 계산 등에 이용되는 주기관의 레이아웃/부하 도표(layout/load diagram)를 그림 8·3에 예시하였다. 이 그림에서 곡선 4,5는 기관 자체의 값이며, 선 2,1,0은 선박에 사용됐을 때의 것으로서 표면조도 등의 이유로 기관 자체보다 성능이 떨어져 있음을 볼 수 있다. 한편 $\square L_1$, L_2, L_3, L_4는 특정 기관에서 제조사의 영업(business)상 범위를 나타내는 값이다.

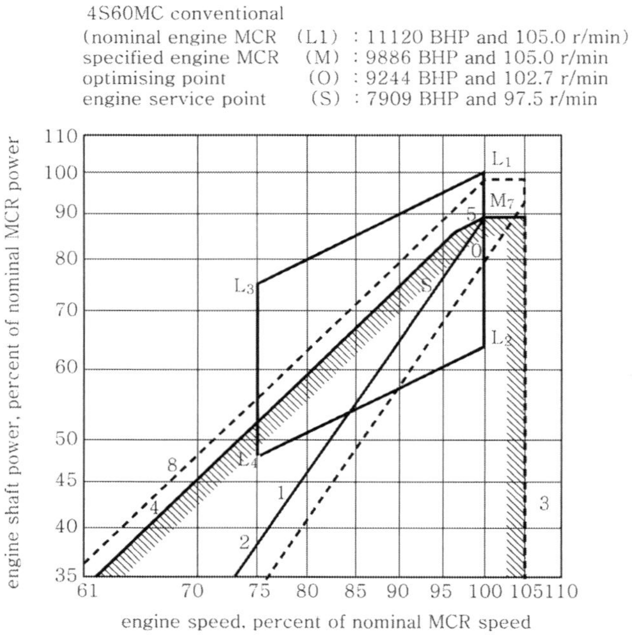

그림 8 · 3 Combined layout / load diagram

MCR은 프로펠러 지름상에 문제가 없는 경우는 그림 8 · 4에 예시된 기관 성능곡선의 L_1, L_2 선상에서 택한다.

만일 프로펠러 지름상에 문제가 있는 경우는 프로펠러 지름의 제한을 고려하고, 레이아웃 면적(layout area) 내에서 동력(power) 및 회전수(rpm)를 계산해서 산정한다. 이 때 이용될 수 있는 프로펠러 지름에 관한 약산식(4-blade 경우)을 한 가지 소개하면 다음과 같다.

$$D = 15.95\,(DHP)^{0.2} / N^{0.6}$$

여기서 N은 프로펠러 회전수를 의미한다. 또한 이 추정치에서 3-날개(blade)의 경우는 4%를 증가시키며, 5-날개의 경우는 4%를 감소시킨다.

참고로 $SFOC$ 및 항속거리(endurance)가 결정되면 다음과 같이 연료유 탱크의 용량을 계산하여 일반 배치(G/A)의 구획배치 때 반영한다.

- 항해일수(day) = 항속거리(NM) ÷ 항해속력(kt) ÷ 24시간
- 필요한 연료량(MT) = 항해일수 × 일일 연료소비량(MT / day)
- 필요한 연료용적(M^3) = 연료 필요량(MT) ÷ 비중량(MT / M^3) ÷ 0.98(FOT 충전 기준)

여기서 MT는 'metric ton(1ton=1,000kg)'을 의미하며, 반면에 영톤(대톤, long ton, gross ton, 1ton=2,240lb) 1ton은 약 1,016kg 이고, 미톤(소톤, short ton, net ton, 1ton=2000lb) 1ton은 약 907.2kg 이다.

연료유의 필요량에 대해서는 약간의 여유분(margin)을 고려할 필요가 있는데, 선주에 따라서는 15% 정도 혹은 3일분의 여유를 요구하기도 한다. 참고로 벙커오일(bunker oil)의 비중량은 0.99이다.

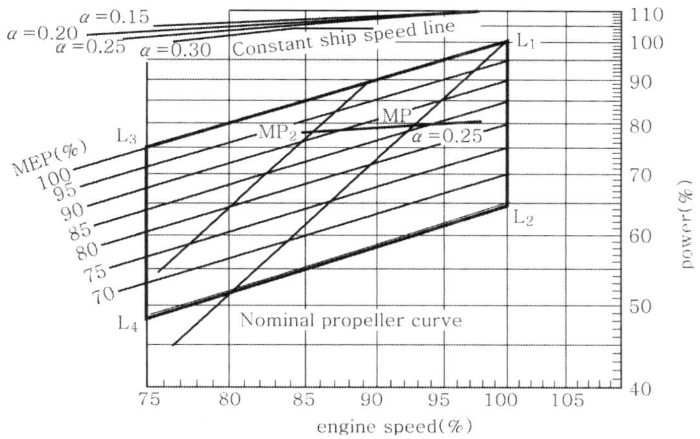

그림 8 · 4

[Tip] 시험대비용 기타 연관지식

(1) '선박동력장치' 내지는 '선박추진론'에서 배웠던 상기 8.1.4의 [1] 및 [2]에 요약된 정의들을 이용한 계산 문제들이 각종 시험의 출제 빈도가 높으므로, 이들 정의의 확실한 암기가 필요함.

(2) '선박저항론'에서 배웠던 수조저항시험과 관련된 다음 사항의 출제 빈도가 높음.

- Froude 비교법칙: 모형선과 실선의 후루드수[V/($\sqrt{gL}$)]가 서로 같을 때, 또는 속장비(V/$\sqrt{L}$)가 같을 때 잉여저항의 비는 길이 차원의 3승에 비례한다. 따라서 이 경우 잉여저항계수가 서로 같다.
- 모형선 값을 실선으로 확장하는 법[Froude법 및 Hughes법(형상계수를 쓴 이법을 3D법이라고도 칭함)]의 이해.
- $R_r = f[V/(\sqrt{gL})] = f(Fn)$이고, $R_f = f[(VL/v)] = f(Rn)$인 관계 숙지 필요.

제 9 장 일반 배치

일반 배치설계와 관련된 기본 이론은 선박계산(복원성 관련 구획), 선박동력장치(기관실 배치 및 구조), 구조설계(강도 고려에 의한 화물창, 탱크, 늑골 등의 배치 및 구획), 의장설계(각종 의장품의 특성 및 설계), 추진기설계(추진기 크기) 등에서 학습한 것으로 간주하고 본 장에서는 일반 배치의 일반적 고려사항 또는 설계와 직결된 특기 사항 또는 실적 사례를 위주로 간단히 소개한다.

본 장에 사용된 용어는 원칙적으로 『조선용어사전』(대한조선학회 편)에 따랐으나, 규정 관련 내용은 규정에 있는 용어를 쓴 경우도 있다. 또한 영어 용어를 우리말 용어로 동일하게 사용하는 경우는 이해의 편의상 영어 원어를 그대로 사용한 경우도 있다. 학회의 용어사전 용어와 규정에 사용되는 용어와의 차이가 있는 것은 참고로 부록 Ⅱ에 수록하였다.

9.1 일반배치도 설계와 관련된 일반적 사항

일반 배치 때 고려해야 할 일반적인 사항은 다음과 같다.

① 모든 기능과 역할이 최대가 되도록 함(상선의 경우는 경제성, 군함의 경우는 전투 능률의 극대화 노력).

② 기능이 중복되는 것은 선박의 효율에 가장 크게 공헌하는 것에 우선권 부여

③ 중량이 최소가 되도록 함.

④ 기능이 다른 것은 격리하고, 동일한 것은 집중

⑤ 통로 등의 접근성 고려

⑥ 법규, 규정, 관습, 선주 선호도, 운전자의 문화 등 고려

⑦ 다음과 같은 특성의 상호 연계성이나 제약 조건을 고려해야 함.

- 구획(compartment) ⇔ 구조 강도, 적하, 운항성능, 안정성, 기관실, 배관, 접근통로(성), 작업성, 중앙부(midship)
- 늑골 간격(frame space) ⇔ 구조강도, 생산성, 선박구획
- 갑판면적(deck area) ⇔ 계류 배치(mooring arrangement), 갑판 배관, 접근통로(성), 보수유지, 적화 능력
- 갑판실(deck house) ⇔ 거주성, 항해용품 배치(navigation arrangement)
- 선박윤곽 ⇔ 선도(lines)

⑧ 시방서(specification) 내용상의 수량, 용량, 치수 등의 확인.

일반배치도는 일반적으로 개략 일반배치도(sketch G/A)와 상세 일반배치도(full G/A)로 구분하는 것이 보통이다.

sketch G/A는 선미부, 기관실, 화물 구역, 선수부 구역을 구분하고 구획수, 구획길이, 해치(hatch) 크기 및 밸러스트 탱크(ballast tank), 연료탱크(fuel oil tank), 청수탱크(fresh water tank) 등의 배치를 쉽게 파악할 수 있도록 나타낸 작은 도면이다.

초기 단계에서 용적(volume), 트림, 종강도 등의 기본 성능 검토 때 이용되며, 선주와의 초기 상담용으로 첨부되기도 한다. 크기는 보통 A4 또는 A3 크기로 작성한다.

참고적으로 *DWT* 153 K급의 유조선과 43 K급의 벌크화물선의 sketch G/A를 그림 9·1 및 그림 9·2에 각각 예시하였다.

한편 계약 때 첨부되는 full G/A는 선실배치(accommodation), 하역장치(cargo system), 계선장치(mooring arrg't), 교통장치(traffic system) 등의 상세 배치를 포함하며 축척(scale)은 배의 크기에 따라 1/100～1/400로 작성되고 있다. full G/A는 가능한 많은 정보를 가시적으로 전달하기 위한 도면이다. 설계를 진행해 나가면서 수정·보완되며 상세설계 결과가 최종적으로 반영된 도면을 '최종 일반배치도[final(또는 finished) G/A]'라 한다.

full G/A를 작성하고 검토할 때에는 규정과 협약(rule & regulation)에 저촉되는 사항이 없도록 해야 하며, 주어진 공간 내에서 효율적인 배치가 되도록 노력해야 한다. 일반배치설계 때 일반적으로 많이 참조할 규정에는 각 선급의 규정, SOLAS, MARPOL, ICLL 등이다. 또한 2016년부터 의무화되는 water ballast treatment 설치 및 배기가스 대기오염 저감기(예 SCR, EGR 등) 설치와 2011년 2월부터 한국 국적선에 적용되는 citadel(해적대피소) 설치 등도 있다. 이 규정에 관해서는 2.2.3절 및 제 7 장(복원성)의 내용도 아울러 참조하기 바란다.

일반배치도는 선수를 우측으로, 선미를 좌측으로 그리는 것이 관례이다. 이 도면에는 측면도(profile), 정면도(front view), 갑판도(deck plan), 화물창도(hold plan), 탱크톱도(tank top plan), 평면도(plan view), 중앙단면(midship section), 도면 내력(plan

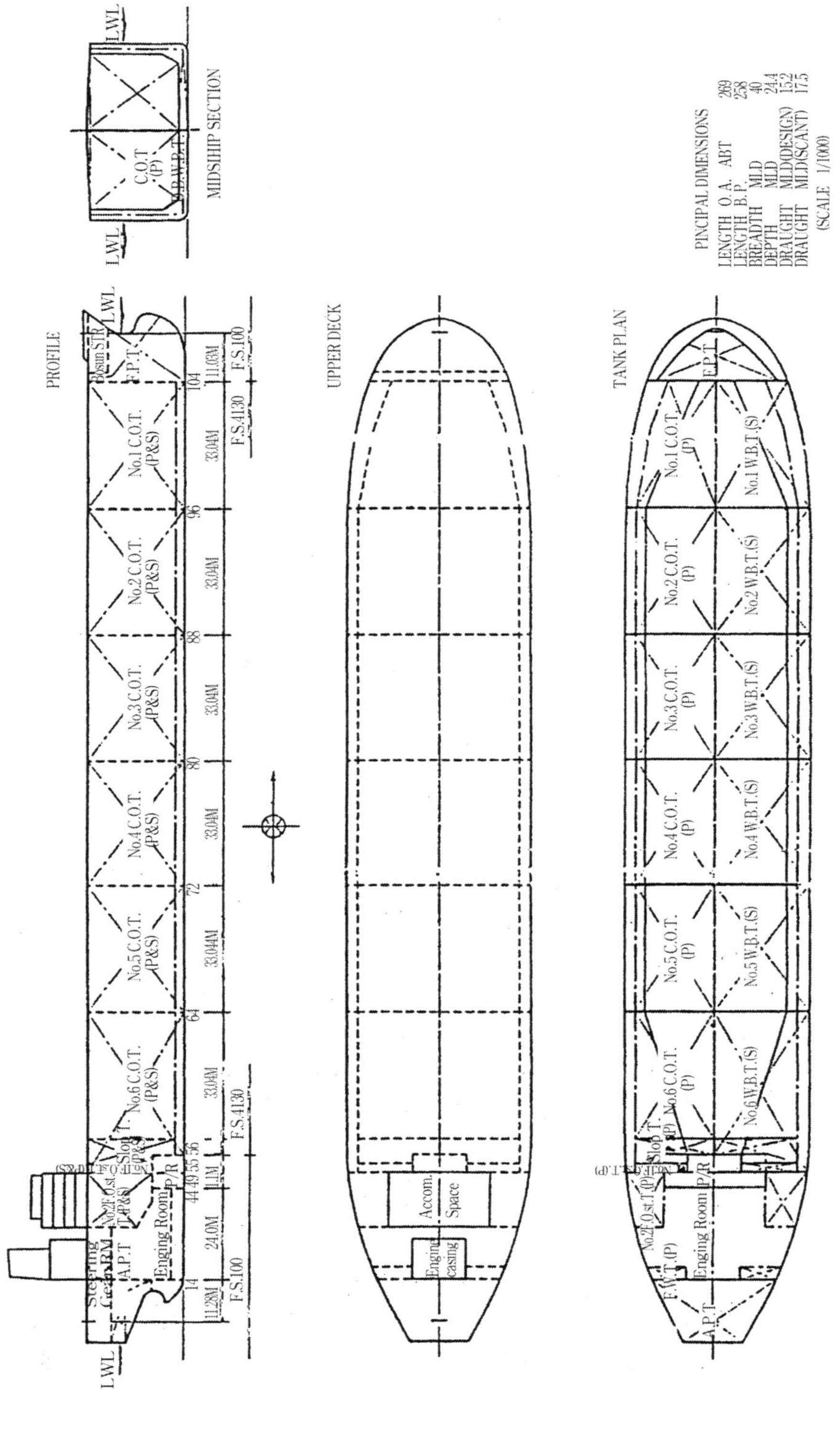

그림 9·1 *DWT* 153K급 crude oil carrier (CC)의 sketch G/A

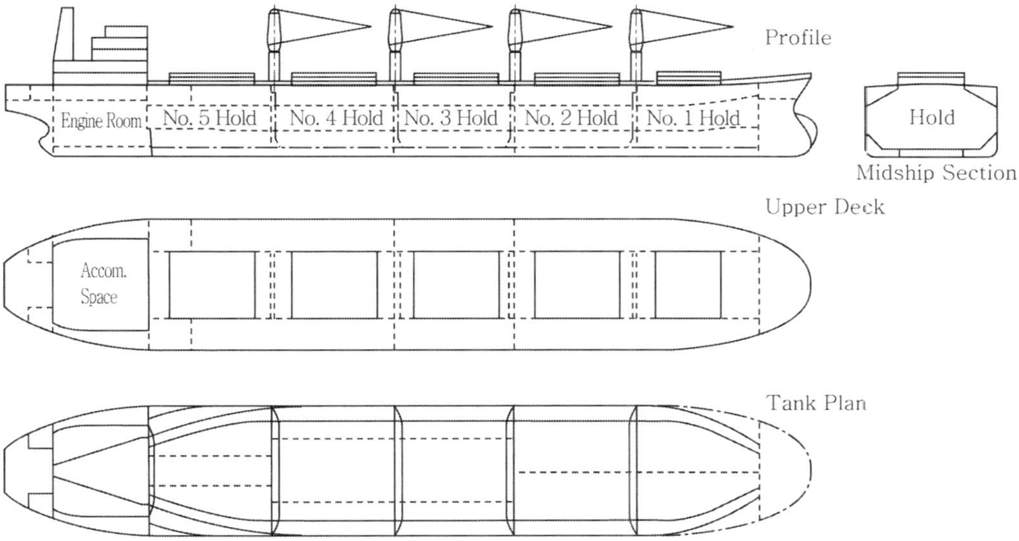

그림 9 · 2 *DWT* 43 K급 bulk carrier의 sketch G/A

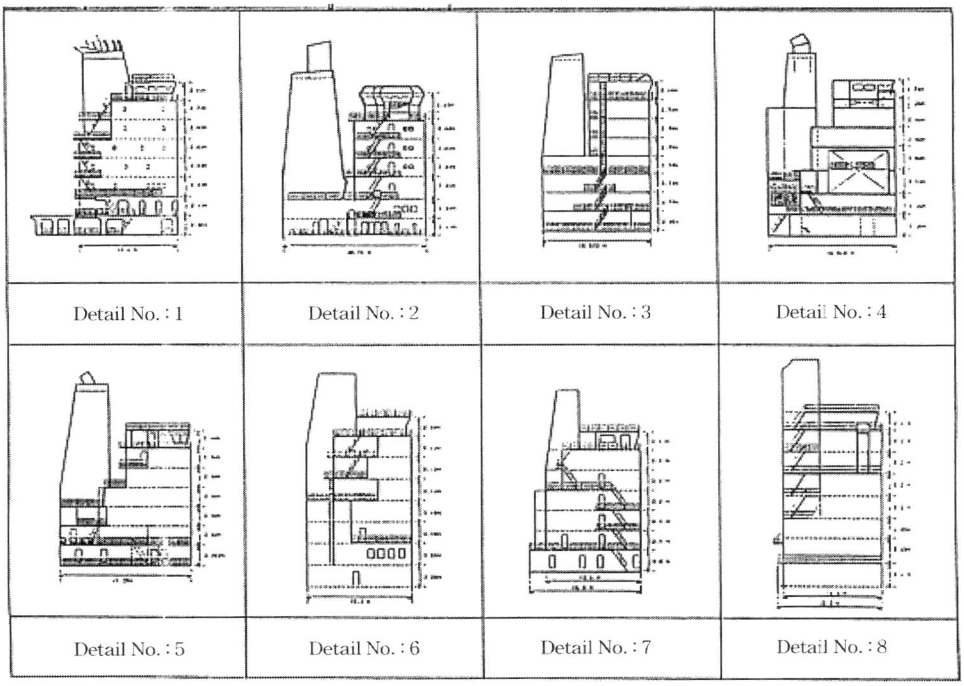

그림 9 · 3 갑판실(deck house)용 라이브러리 파일(library file)

history), 주요 치수, 이름표(name plate) 등이 포함된다. 일반배치도 설계 때는 실적선 CAD 파일, 실적선 도면 파일, 각 시스템 및 장비의 라이브러리(library) 파일 등을 활용하면서 편집적 설계를 한다. 갑판실(deck house)을 예로 들어서 라이브러리 파일의 일부를 그림 9·3에 소개하였다. 일반배치도에는 각종 용어들을 통상 약자로 표시한다. 선박설계 때 사용되는 약자들은 부록 II(조선 관련 약자)를 참조하기 바란다.

하지만 개략 일반배치도(sketch G/A)는 실적선 자료를 최소한도로 부분수정해서 작성하는 것이 보통이다. 이때 구획배치의 가장 큰 목적은 물론 화물창(또는 탱크)용적을 주어진 여건 하에서 최대가 되도록 하는 것이다.

9.2 구획 배치

9.2.1 기관실 및 선미부 구획

벌크선, 탱커 등은 보통 기관실을 선미에 두는데 기관실의 길이를 가능한 짧게 해야 화물창을 크게 할 수 있을 것이다. 기관실 구획 검토 때 고려해야 할 주요 사항은 다음과 같다.

① 프로펠러축(propeller shaft)을 빼낼 수 있도록 고려
② 주기관(main engine) 길이
③ 주기관 앞쪽의 배관 및 펌프 배치용 공간 확보
④ 주기관 뒤쪽 끝단과 탱크톱(tank top) 부근에서 주기관과 외판과의 거리는 통행과 배관배치 및 장비의 보수 유지 등에 문제가 없도록 처리
⑤ 보일러, 디젤발전기(diesel generator), 보기(auxiliary machinery) 및 소형 탱크(FO, DO, LO 등) 배치 공간 확보
⑥ 유조선의 경우 기관실과 화물탱크 사이에 펌프실(pump room)을 배치하며 펌프실 길이는 화물펌프(cargo pump) 및 밸러스트 펌프(ballast pump) 크기, 파이프 배치, 접근(access), 보수유지 공간 확보 등을 고려하여 결정
⑦ 축 발전기(shaft generator) 설치 여부
⑧ 진동댐퍼(vibration damper) 설치 여부
⑨ 공간을 많이 차지하는 특수 시스템 적용(refrigerating system 등)상 특기사항

상기 ④ 항목과 관련하여서 저속선의 경우는 C_B(block coefficient)가 커서 탱크톱 면적이 여유 있으므로 주기관을 설치하는 데 별 문제가 없는 것이 보통이지만, 고속선의 경우는 문제가 발생하는 경우가 많다. 이런 경우는 주기관을 가능한 전진 배치해서 기관실 길이를 길게 할 수밖에 없다.

선도가 작성되면 기관실 탱크톱 및 기타 플랫폼갑판(platform deck)상에 보일러, 디젤 발전기(diesel generator), 보기(auxiliary machinery) 및 소형 탱크(FO, DO, LO) 등을 배치해 보면서 공간 문제가 없는지 검토해야 한다.

기관실 후부 격벽(통상 AP bulkhead)의 위치는 프로펠러 주위의 공간거리(clearance)와 타(rudder) 및 프로펠러(propeller) 및 축(shafting) 배치에 필요한 거리 등을 고려해서 정한다.

또한 고정피치프로펠러(FPP, fixed pitch propeller)를 장착한 배들에 있어서 프로펠러 발출장치(propeller removal device: 프로펠러를 기관실내 또는 배 밖으로 발출하는 장치이며, 일반적으로 아이플레이트, 대차, 트롤리 등으로 구성되어 있음)에 따라 구획 길이의 차이가 난다. 이를테면 테일축(tail shaft)을 기관실 쪽으로 인발(引拔)하지 않고 프로펠러 발출이 가능하도록 한 경우는 그만큼 구획길이가 길어진다.

기관실의 늑골간격(frame space)은 20,000톤 이상의 벌크선 및 탱커는 진동, 기관실 내 특설늑골(web frame) 배치, 상부 구조물(deck house)과의 관계 등을 고려하여 800~900 mm로 배치하고 있다. 따라서 기관실 길이도 이 늑골간격의 정배수로 취할 필요가 있다.

AP 격벽(bulkhead) 뒤쪽의 늑골간격은 선급 규정에서 요구하는 표준 간격(spacing)이 있으나 건조 때의 공작성 및 작업 공간 등을 이유로 700~900 mm 로 잡는 것이 보통이다.

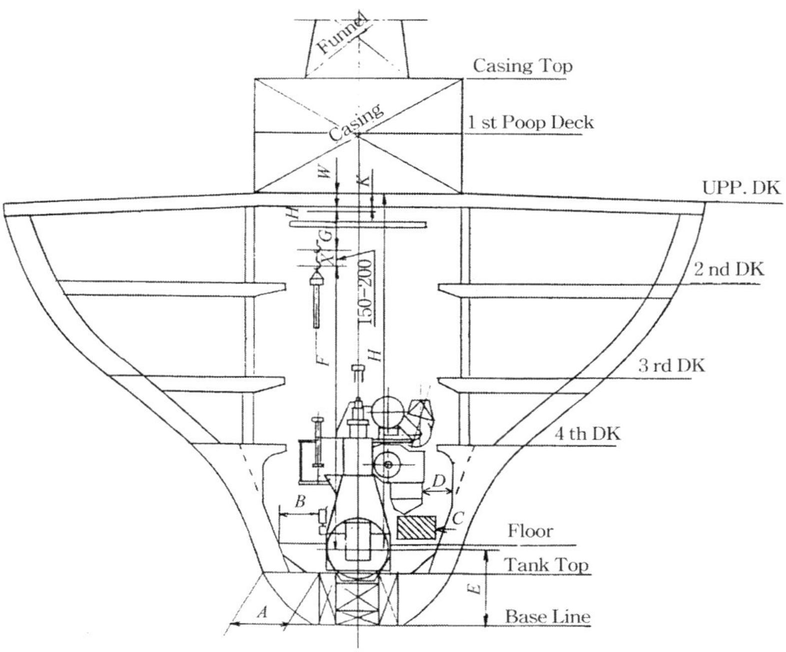

그림 9·4 주기설치 단면도

기관실 내 탱크톱 하부와 선미부의 조타장치판(steering gear flat) 하부에는 강도 및 진동 특성을 고려하여 매 늑골(frame)마다 늑판(floor)을 배치하는 관계로 작업성과 단순화를 위하여 양 구간의 늑골간격을 동일하게 적용하고 있는 추세이다.

주기관(M/E)을 설치한 후에 통로(passage way) 및 사이드 스토퍼(side stopper)를 설치할 공간(그림 9 · 4에서의 'A')을 주기대(main engine bed)와 선측외판(side shell) 사이에 확보해 놓아야 한다. 이를 위한 기준은 한국조선공업협회에서 발행한 『기관의장설계기준』(2000년 개정판)을 참조할 수 있다. 이 그림에서 간격 'A' 및 'B'는 side stopper(: 기관 수평방향의 어긋남을 방지하기위해 누르는 쇠붙이)의 설치 및 파이프 설치를 위한 공간이다.

대형 탱커의 기관실 길이는 대략 식 (9 · 1)과 같이 나타낼 수 있으며, 주기관 출력과 기관실 길이와의 관계는 그림 9 · 5에 수록하였다.

$$\text{기관실 길이} \fallingdotseq \left\{0.168 - 0.000225(\Delta_F / 10^3)\right\} L \qquad (9 \cdot 1)$$

실제 설계 때 M/E 길이를 결정하는 과정을 좀 더 구체적으로 예시하면 그림 9 · 6과 같다. 즉,

Step 1 : 그림 9 · 6에서 ★ 지점을 조선공업협회에서 발행한 『기관의장설계기준』 (2000년 개정판)에서 찾음.

Step 2 : M/E 길이를 가산함.

Step 3 : 펌프 등 보기들 공간을 위해 5~7 FR 확보함(유사 실적선 참조).

Step 4 : 탱커 선에서는 펌프실 길이를 추가로 가산함.

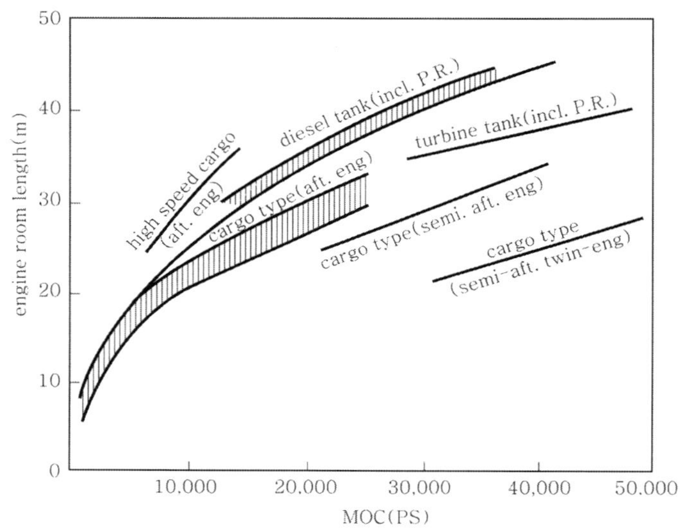

그림 9 · 5 출력과 기관실 길이와의 관계

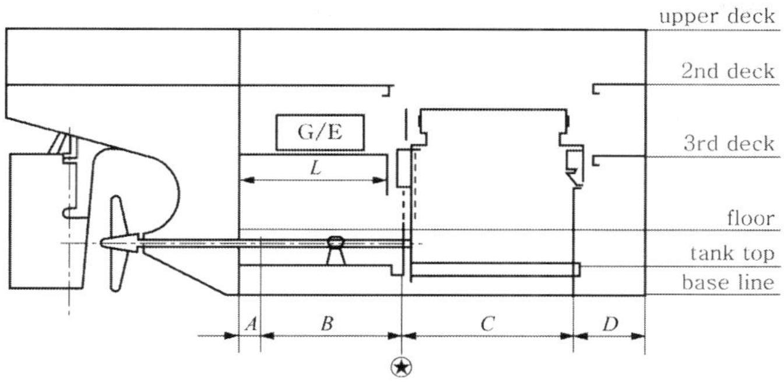

그림 9·6

참고로 그림 9·6에서의 A, B, C, D에 관해서 보충으로 소개하면 다음 표와 같다.

	Item	Length(mm)	Remark
A	BHD	800~1000	
B	intermediate shaft	depend on hull form	1 PCS max : 12,000 mm
C	M/E length	depend on M/E	
D	fore space	5~7 FR	

한편 선미부 결정 때 고려되는 요소(parameter)는 선미 형상, 타 크기, 선미갑판선, 프로펠러 지름, AP(선미수선)와 선미보스(stern boss)와의 거리, AP와 기관실 후부 격벽과의 거리, 조타장치 플루어(steering gear floor)의 높이 등이며, 평가를 위한 요소는 선미 피크탱크(after peak tank)의 용량, 트림 및 복원성, 선미 무어링(aft mooring) 및 컨테이너 배치(container arr'gt), 비상 탈출용 트렁크(trunk), 타두재(rudder stock)의 길이, 공작성, 경제성 등이다.

한편 조타장치 플로어(steering gear floor)의 높이(Hs)는 식 (9·2)와 같이 나타낼 수 있다.

$$Hs = \text{scantling draft} + (0.6 \sim 1.2)\,\text{m} \tag{9.2}$$

청수탱크 설치상 특기사항 몇 가지를 소개하면 다음과 같다.

- 탱커 및 벌크선의 경우는 조타실(steering gear room) 내 양현 쪽에 설치
- 컨테이너의 경우는 기관실 앞 또는 뒤쪽의 통로(passage way) 하부에 설치
- 증류수 탱크(distilled water tank)와 포터블 수 탱크(potable water tank)로 구분해서 표기
- 그리스 규정에는 포터블 수 탱크와 밸러스트 탱크 사이에 보이드(void)를 설치하도록 되어 있음

또한 냉각수 탱크(cooling water tank)는 독립 탱크로 하든지 선미피크탱크(APT)와 일체로 하며, 독립 탱크의 경우는 프로펠러 축 상방 0.3~0.5 m에 설치하되 기관실 4층 높이와 일치시킨다.

한편 기관실(E/R) 높이를 정할 때는 주기관 피스톤의 총합(overall)이 가능하도록 기관실 크레인 높이를 확인한다. 또한 비상탈출구 트렁크(trunk)는 APT를 통해서 조타실까지 배치하여야 한다.

또한 구조의 연속성을 확보해서 진동을 줄이기 위하여 다음과 같이 하는 것이 권장되고 있다.

- E/R 전부 격벽은 거주구 전부 벽(accommodation forward wall)과 일치
- E/R 후부 격벽은 기관실 위벽 후부벽(E/R casing aft wall)과 일치
- E/R 내부에 설치되는 FOT, DOT의 벽(wall)도 상부구조의 벽과 일치

아울러 FOT(fuel oil storage tank)의 배치 위치는 보통 다음과 같다.

- 탱커 : 슬롭탱크(slop tank : 화물유탱크를 청소할 때 생기는 기름 썪인 물을 모아두는 탱크)와 기관실 사이 및 양현 쪽(P & S) 선측외판(side shell) 쪽의 측면
- 벌크선 : 기관실 내 양현 쪽 선측외판 쪽의 측면
- 컨테이너 : 화물창 선저(bottom) 및 측면

9.2.2 선수부 구획

선수격벽(collision bulkhead 또는 forepeak bulkhead, 충돌격벽이라고도 함) 위치는 SOLAS와 선급의 규정에서 최소거리 및 최대거리를 규제 하고 있다. 일반적으로는 최소거리에 가깝게 배치하여 화물면적(cargo area)을 가능한 크게 해야 하겠지만 별도로 선수 무어링(mooring)과 앵커(anchor) 작동, 앵커체인격납(anchor chain stowage) 등을 고려해야 한다. 여기서 선수격벽이란 선수탱크(fore-peak tank)와 화물창(또는 탱크) 사이에 설치하여서 충돌 때 침수를 방지하기 위한 격벽을 일컫는다.

또한 하중 상태(loading condition)의 구조흘수(scantling draught)에서의 선수트림(head trim)이 과도한 경우 이를 줄이기 위하여 선수부 구획길이를 길게 하는 경우도 있을 수 있다.

어느 정도의 선수트림을 허용할 것인지는 통상 선주와 협의한다.

또한 선수부의 늑골간격(frame space)은 일반적으로 선미부의 늑골간격과 같게 적용하고 있다.

9.3 화물 구역의 구획 배치

9.3.1 벌크화물선의 화물창 배치

화물창(cargo hold)은 수밀격벽(watertight bulkhead)에 의해 나누어지는데, 이때 화물창 길이가 너무 짧으면 창구덮개(hatch cover) 길이가 작아져서 그래브(grab) 작업에 지장이 있을 수 있다. 또 너무 길면 이중저(double bottom)의 강도에 문제가 발생될 수 있으므로 배의 길이에 따라서 적당한 화물창 수를 정하여야 된다. 격벽수는 손상시의 복원성과도 직결되어 있기 때문에, 복원성 측면에서의 최소 격벽수는 선급의 규정(class rule)을 참조해서 정해야 한다. 아울러 화물창은 가능한 한 등간격으로 배치하는 것이 원칙이다.

또 한 가지 특기사항은 광물(ore)을 적재하는 경우에 전 화물창에 광물을 균일하게 적재하면 롤링(rolling) 주기가 너무 짧아지기 때문에 선원의 안락성에 문제가 발생하는 수가 있다. 이를 방지하기 위해서는 복원성(GM)에 문제가 없는 한 광물을 불균일하게(alternate) 적재해서 중심이 다소 올라가도록 고려하는 것이 좋을 수 있다.

화물창 수가 정해지면 늑골간격(frame space)을 결정하게 된다. 화물창의 늑골간격은 선급의 규정에서 정한 표준 늑골간격, 이중저의 늑판(floor) 배치, 톱사이드(top side) 및 갑판(deck)부의 횡(transverse) 배치 등을 고려하여 정한다.

가능한 한 늑판이나 횡 배치가 등분포(even distribution)가 되도록 함이 좋다. 또한 횡격벽(transverse bulkhead)은 파형격벽(corrugated bulkhead)을 쓰는 경우가 많으며, 상 · 하부에 횡스툴(transverse stool)을 배치한다.

여기서 중앙단면 형상과 관련된 특기사항을 소개하면 다음과 같다(단, 이 경우 용어가 한국선급규정과 대한조선학회의 용어사전 것과 서로 다른 경우는 선급 규정의 것을 사용하였다).

- 톱사이드 윙탱크(top side wing tank)의 경사각 : 30°로 한다.
- 호퍼탱크(hopper tank) 경사각 : 45°를 기준으로 하되 화물 종류 및 화물창 용적을 고려해서 조정할 수 있다.
- 창구 폭 : 하역 면에서 클수록 좋으나 너무 크게 하면 창구덮개의 크기가 커지고 선각중량(hull steel weight)이 증가하여 선가가 비싸진다. 통상 배 폭의 45% – 50% 정도 한다.
- 호퍼거더(hopper girder)간 거리 : 배 폭의 65%~75%로 한다.
- 이중저높이(double bottom height) : 선급규정(class rule) 및 구조강도를 고려해서 정한다.

- 창구코밍높이(hatch coaming height) : 통상 1200~1500 mm로 하되 너무 크게 하면 창구덮개 핸들링 점검을 위하여 별도로 스텝(step)의 설치가 요구될 수도 있다.

기타 벌크화물선의 경우 추가로 체크해야 할 사항들은 다음과 같다.

- 물밸러스트탱크(water ballast tank) 배치 때 톱사이드 윙탱크와 이중저탱크가 연결되어 있을 때는 중앙(center)에서 구획을 나눈다.
- 하부스툴(lower stool)은 보이드 또는 물밸러스트탱크로 사용한다.
- 2006년 4월 1일부터 의무적으로 적용된 공동구조규정(CSR, common structural rules : 2.2.3절의 [1]항 참조)의 저촉 여부를 체크한다.

9.3.2 탱커의 화물창 배치

MARPOL 73/78을 적용하면서 탱커의 구획 때 검토해야 할 일반적인 사항들은 화물창 용적, 트림 및 비손상시 복원성, 손상시 복원성, 종강도, PL(protective location of segregated ballast tanks) 및 SBT(segregated ballast tanks) 계산, 구조치수(scantling), 배관 등이다.

해상오염 방지를 위하여 1993년 7월 6일 이후 계약되는 모든 배는 MARPOL 73/78의 Reg.13F를 적용하여 이중선각(double hull) 또는 이와 동등한 보호 방식으로 설계되어야 한다. 이때 슬롭탱크(slop tank)를 포함해서 내각(inner hull)은 외판과 최소한 2.0 m의 간격이 있어야 한다. 아울러 구획 결정시 MARPOL 73/78에서 요구하는 탱크 길이 및 탱크 용적 제한, 분리밸러스트탱크(SBT) 및 원유세정설비 설치 등의 규정에 맞도록 설계하여야 한다. 또한 연료탱크의 경우는 표 7·9(MARPOL 2006년개정)도 참조하면서 설계하여야 한다. 뿐만 아니라 탱커의 경우도 2006년 4월 1일부터 의무적으로 적용된 CSR의 요구사항[P36의 CSR규정 참조]에 맞도록 설계하여야 한다.

이중선각 탱커로서 VLCC급보다 작은 배인 경우는 일반적으로 중심선에 타이트격벽(tight bulkhead)을 설치할지 여부에 따라 탱크 구획수가 달라진다. 아울러 중심선격벽(centerline bulkhead)의 유무에 따라 설계, 중량, 부재 수, 스로싱(sloshing) 보강, 충전수준(filling level) 제한 등이 달라진다.

화물탱크의 길이를 결정할 때는 횡간격(transverse spacing)을 정할 필요가 있다.

이중선각탱크의 경우 횡 링늑골(transverse ring frame)이나 중간늑골(intermediate frame) 시스템의 두 가지 중 한 가지를 택하는 것이 보통이다.

횡 링늑골은 선저(bottom), 현측(side), 갑판의 각 횡부재(transverse member)가 동일 위치에 배치되어 링(ring)을 이루는 형태이며, 중간늑골은 현측과 갑판의 1개 횡부재(transverse) 간격 사이에 선저에는 보조적 늑골 1개를 더 배치한 구조를 의미한다. 횡늑골(transverse bulkhead)의 경우에 석유제품 운반선(product carrier)에는 파형격벽(corrugated bulkhead)을, 유조선(crude oil carrier 또는 CC선이라고도 함)에는 평면격벽(plane bulkhead)을 주로 적용하고 있다.

몇 가지 대표적 탱커의 중앙단면 개형을 그림 9·7에 수록했으며, 표 9·1은 이중저 높이 및 윙탱크(wing tank)의 폭 기준을 보여주고 있다. 아울러 대표적인 탱크배치의 실적선 예를 표 9·2에 나타냈다.

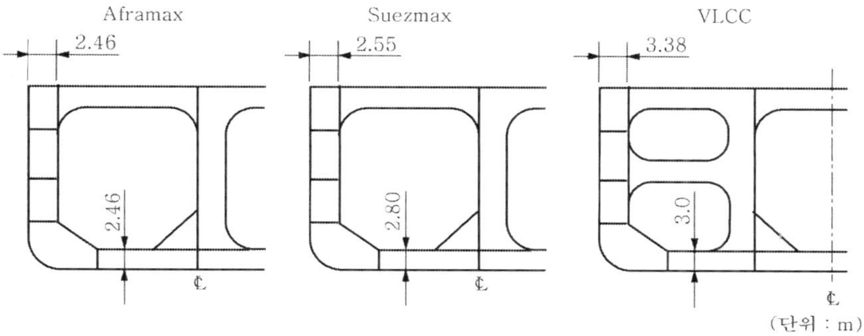

그림 9·7 대표적 탱커의 중앙단면 형상

표 9·1 대표적 탱커의 이중저 높이 및 윙탱크 폭

	Aframax	Suezmax	VLCC
double bottom depth(m)	2.46	2.80	3.00
wing tank width(m)	2.46	2.55	3.38

표 9·2 종격벽 및 중앙부의 탱크 배치

	cargo hold	ballast tank	slop tank	tank arrangement in midship
Aframax	6 pairs	4 pairs	2 ea	화물창-폭 방향으로 2개조(port & starboard)로 배치 (종격벽 1개 종중심선에 배치)
Suezmax	6 pairs	4 pairs	2 ea	화물창-폭 방향으로 2개조(port & starboard)로 배치 (종격벽 1개 종중심선에 배치)
VLCC	5 center 5 pairs	5 pairs	2 ea	화물창-폭 방향으로 3개조(center, port & starboard)로 배치(종격벽 2개 좌우 현에 배치)

9.3.3 컨테이너 배치(적재)

[1] 창 내(in hold) 배치

창 내(in hold)의 컨테이너 배치를 위한 통상의 표준은 다음과 같다.

① 창 내에는 주로 20 ft와 40 ft만 실리므로 그림 9 · 8에서 ⓑ 부분의 길이는 4000 TUE 이상의 경우는 12.72 m로, 4000 TEU 미만의 경우는 12.64 m로 한다.

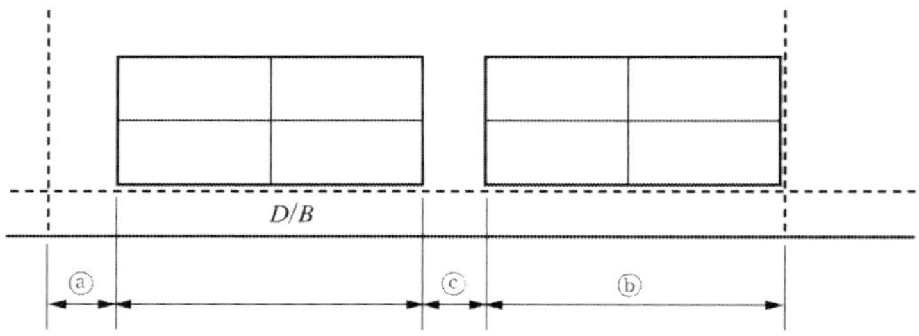

그림 9 · 8 컨테이너의 창내 배치 표준

② 그림 9 · 8에서 ⓐ와 ⓒ는 창의 접근 공간(hold access space)으로서 통상 ⓐ는 1.6 m, ⓒ는 1.4 m를 표준으로 한다.

③ 냉동 컨테이너창(reefer container hold)의 경우 그림 9 · 8의 ⓐ와 ⓒ는 밴트 스페이스(vent space) 및 리퍼소켓(reefer socket)이 설치되는 것을 고려하여 1.8 m로 하지만, 선주의 특별한 요구가 있을 경우에는 선장(船裝) 설계 파트와 협의하여 결정한다.

④ 창길이(hold length)의 설계 예

- 20 ft 전용 cell guide의 hold length : 12.96 m
- 20 ft con-air duct를 갖는 경우의 hold length : 14.85 m
- movable cell guide를 갖는 경우의 hold length : 13.2 m(13.04 m)
- tie-rod system을 갖는 경우의 hold length : 12.84 m(12.6 m)
- normal hold length : 12.6 m
- Russian storage(20 ft + 40 ft 겸용)의 hold length : 12.6 m
- 40 ft con-air duct를 갖는 경우 hold length : 13.63 m

⑤ 러시아식 적하(Russian stowage : mixed stowage)

- 40 ft 전용 cell guide에 stacker로 20 ft 컨테이너를 겸용 적재하는 방법임
- 20 ft 컨테이너를 전체 tier에 적재할 경우 longitudinal girder에 과도한 하중이 걸리므로 다음과 같이 적재되도록 함.

- 20 ft loading tier수를 제한(3-4 tier)하여 하부에 싣고 상부는 40 ft 컨테이너를 적재함.
- pressure element로 횡방향을 bridge fitting할 경우 tier수 증가가 가능함.
- hold container stacker간을 볼트식으로 연결함.

⑥ 로딩(loading)시스템의 비교 : 표 9·3 참조

표 9·3 로딩 시스템의 비교

Items	20' 전용	moveable C/G	tie-rod	Russian stowage
hold LG	12.96 m	13.2 m	12.6 m	12.6 m
loading flexibility	20 ft container only	both of 20 ft & 40 ft	* 20 ft only * 40' loading : easy conversion	* both of 20 ft & 40 ft * 20 ft loading : need worker in hold
weight	approx 68 tons	73 tons	64 tons	30 tons
설치 man-hr	4700 man-h	5000 man-h	7050 man-h	1800 man-h
design fee	–	–	50,000~60,000 USD	–
cost(mat. & man-hr)	178,400 USD (+107,900)	190,150 USD (+119,650)	246,700 USD (+176,200)	70,500 USD (base)
remark eff. cost	hold : +0.36 m (+23,800 USD)	hold : +0.6 m (+39,700 USD)	separate cost for design fee	
	202,200 USD	229,850 USD	296,700 USD	70,500 USD

[주] mat. cost : 550 USD/ton,
man-hr : 30 USD/man-hr,
물량 및 man-hr 기준 : 2,700 TEU 컨테이너

⑦ 기타 사항

- 창(hold) 내의 컨테이너 배치는 단순히 G/A뿐만 아니라 트림과 복원성 계산에 필요한 컨테이너의 VCG(vertical center of gravity)를 구하는 데 근거가 될 뿐만 아니라 창 내 화물의 체크포인트(in hold cargo check point)가 되므로 정확히 확인할 필요가 있다.
- 통상 러시아식 적하(Russian stowage)일 때 4단까지 싣게 되므로 그 사이에 스테이커(staker) 13 mm를 고려해야 하고 그 상방은 스테이커 없이 그냥 싣게 된다.
- ARS 방식일 때는 top tier까지 스테이커 13 mm를 고려해야 한다.
- 20 ft 전용 창(slim cell guide)일 때는 스테이커가 필요 없다.
- 8 ft 6 in 높이가 기준이나 top tier는 9 ft 6 in를 실을 수 있도록 고려해야 한다.

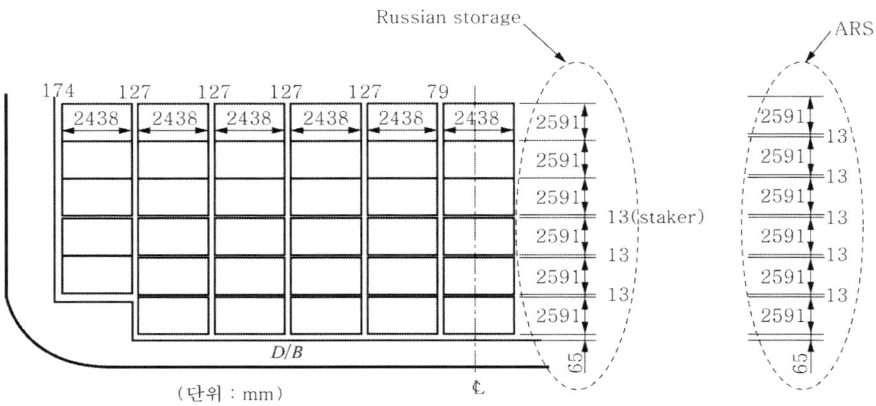

그림 9 · 9

[2] 갑판 위(on deck)의 배치

갑판 위의 배치와 관련된 특기 사항은 다음과 같다.

- 창구덮개 위에 20 ft와 40 ft를 함께 실을 수 있도록 해야 한다.
- 갑판 위의 배치는 선주에 따라 달라질 수 있으나 특별한 조건이 없을 때는 그림 9 · 10 및 그림 9 · 11과 같이 하는 것이 표준이다. 단, 창구덮개높이는 갑판 위의 화물 배치와 관련이 있으므로 선장(船裝) 설계 파트의 확인을 받을 필요가 있다.
- 갑판 위에 냉동컨테이너(reefer container)를 적재할 경우는 전기의장(전장) 파트와 협의해서 작성한다. 냉동컨테이너는 창 내나 갑판 위나 공히 통상 40 ft 자리를 기준으로 배치하며, 래싱브리지(lashing bridge)가 없을 때는 갑판 위에 2단까지만 배치한다.
- 컨테이너선은 갑판 위에 컨테이너를 적재하므로 시계(visibility)의 문제가 있다. 그러므로 컨테이너선은 SOLAS 규정(CH5 REG.22)에 의거하여 작성된 시계도(visibility plan)를 선급으로부터 승인받도록 되어 있다.
- 창 내에 냉동컨테이너를 적재하는 컨테이너선 경우는 통풍량(ventilation capacity)의 요구사항이 선급 규정에 명시되어 있다는 점을 의장설계 때 특별히 고려하여야 한다 [(예) 독일선급(GL) 규정].

참고적으로 컨테이너의 종류별 길이는 표 9 · 4와 같다. 또한 실적선의 선박 폭과 창 내의 컨테이너 적재 열 수의 예는 표 9 · 5와 같다.

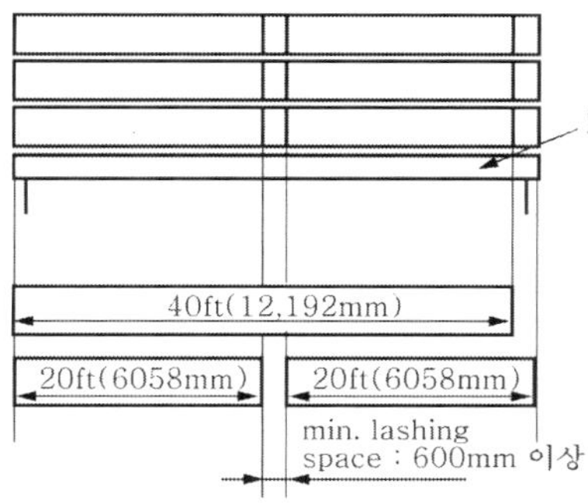

그림 9 · 10

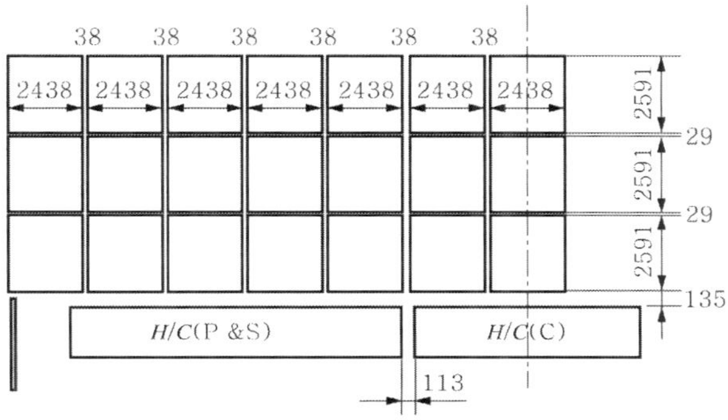

그림 9 · 11 갑판 위의 컨테이너 배치 기준

표 9 · 4 컨테이너 길이

길이(ft)	길이(m)	비 고
20	6058	ISO standard
40	12,192	ISO standard
45	13,716	
48	14,630	
49	14,935	ISO standard
53	16,154	

표 9 · 5 실적선의 폭과 컨테이너 적재 열 수 예

Breadth(m)	37.1	38.0	40.0	42.8
Rows number of loading container	12	13	14	15

9.4 일반 배치설계와 관련된 기타의 특기사항

① 화물 용적(cargo capacity) 계산을 위한 탱크 경계(tank boundary) 결정
화물창(또는 화물탱크)의 앞 뒤 부분에서는 선형이 바뀌면서 변화하기 때문에 선체 중앙부의 화물창(또는 화물탱크) 형상을 그대로 유지할 수가 없다. 따라서 호퍼(hopper)나 톱사이드(top side) 구조가 전 · 후부에서는 선형 변화에 따라서 함께 바뀌어야 한다. 이를 나타낸 것이 랜딩플랜(landing plan)이다. 랜딩플랜은 작업성(용접성), 조선소 시설에 따른 블록(block) 길이 제한 등을 고려하여 블록 길이의 정수배가 되도록 정하는 것이 건조효율 측면에서 바람직하다.

② 펌프실의 높이는 통상 선박 깊이의 1/3 이하로 한다.

③ 선급의 규정이 정하는 바에 따라 위험 장소에는 코퍼댐(coffer dam)을 설치하여야 하며, 설치길이의 기준은 760 mm 이상(LR, BV), 600 mm 이상(DNV)으로 되어 있으나 ABS에는 특별한 규정이 없다. 또한 특기할 사항은 코퍼댐을 설치할 공간에는 접근(access)용으로 최소 800 mm 이상(필요한 경우 2 frame)의 길이를 확보하여야 한다.

④ 선수격벽(collision bulkhead)부터 선수수선(FP)까지의 거리는 가능한 한 최소로 하되 무어링공간(mooring space) 및 FPT(fore peak tank, 선수탱크)의 용량을 고려해서 정해야 한다. 초기 설계 단계에서 선수격벽의 위치는 대략적으로 표 9 · 6과 같이 하면 되며, 실적선의 자료를 표 9 · 7에 수록하였다.

⑤ FPT의 부피는 적하(loading)가 허용하는 한 최소로 하는 것이 좋지만 통상 수선길이의 5% 이상으로 한다.

표 9 · 6 초기 설계 단계에서 선수격벽의 대략적 위치 (단위 : m)

선 종	$LBP \geq 250$	$LBP < 250$	비 고
bulker	$0.03L + 3.0$	$0.02L + 5.5$	L : rule length
tanker	$0.03L + 3.5$	$0.02L + 6.0$	
container	$0.03L + 4.0$	$0.02L + 6.5$	

표 9 · 7 실적선의 선수격벽의 위치

	Panamax container	Panamax B/C	Aframax	Suezmax	VLCC
선수격벽과 FP 사이의 거리(m)	11.8	9.7	10.12	12.92	13.0

⑥ bosun store(또는 boatswain store라고도 함)와 관련해서 다음의 사항을 참조해야 한다.

- 선수루(f'cle)가 있는 배는 선수루에 설치하며, 선수루가 없는 배는 상갑판 하부에 설치한다.
- access는 승강구실(companion way)을 좌현 쪽(port side)에 배치하되, 무어링(mooring)에 방해되지 않도록 해야 한다.
- 갑판의 개구(opening)는 특설늑골(web frame) 바로 앞쪽에 배치하고, 사다리(ladder)는 55° 정도로 경사지게 설치한다.
- 승강구실(companion way)은 포어마스트(foremast)와 혼합된 형(combined type)으로 하면 유리하다.
- access 위치는 위험구역의 검토를 한 후에 결정한다.

⑦ 선수루(f'cle) 길이가 수선길이의 7% 미만이면 건현이 감소한다. 또한 규정상의 선수루 높이는 125 m 이상의 선박에서 2.3 m이지만 통상 3.0 m로 한다.

⑧ 선수무어링(fwd mooring)의 배치 때는 유사선의 자료와 시방서(spec.)를 참조해서 한다.

⑨ 불워크(bulwark)는 윈드라스(양묘기라고도 함, windlass)의 당김줄감개(warping end)를 지나며, 경사 부분은 45°로 한다. 또한 불워크의 높이는 1.1 m로 한다.

⑩ 체인로커(chain locker)는 계산된 의장수와 선급 규정으로부터 체인 지름과 체인 길이를 구한다.

⑪ 갑판의장(deck outfiting)과 관련된 다음 사항을 참조하기 바란다.

- cargo horse handling crane(tanker) : jip type 이며, Aframax급 이하는 1세트를 설치하고, Suezmax급 이상은 2세트를 설치한다. 또한 크레인의 'out-reach'는 배로부터 3.0 m로 하며, 페데스털 높이(pedestal height)는 2.5 m 내지 3.0 m로 한다. 한편 설치할 위치는 카고매니폴드(cargo manifold)의 중앙으로 하되 하부의 보강이 쉽도록 BHD나 특설늑골 위에 설치한다.
- 카고매니폴드(tanker)의 center는 배 길이 방향으로는 전장(LOA) ± 3 m 이내에 배치하며, 폭 방향으로는 갑판현측선(deck side line)에서 4.6 m로 하고, 높이는 상갑판 현측선(side line)으로부터 2.1 m로 한다[OCIMF].
- 스필탱크(spill tank ; tanker)의 크기는 다음의 표 9 · 8과 같다[OCIMF].
- 거주구 사다리(accommodation ladder)는 light ballast arrival condition의 WL에서의 1.0 m 상부에서 55°의 각도를 유지해야 하며[SOLAS], side tangent line 안쪽에서 가능한 한 선미로 배치해야 한다.

⑫ 크루저(cruiser)의 객실배정 때는 조망성(관관성), 비상시 대피성, 각종 편의시설의 접근성, 안락성, 여객의 수용인원 등을 고려해야 한다.

표 9·8

Tank dim(m)	Aframax (categories B)	Suezmax (categories C)
breadth	1.8	1.8
length	4.0	4.5
height	0.4	0.4

9.5 의장수(equipment number)

의장수는 선박 계선(繫船)에 필요한 앵커(anchor)의 중량, 앵커체인(anchor chain)의 종류와 크기 및 길이, 예인줄(tow line)과 무어링로프(mooring rope)의 전단하중과 길이 및 개수를 결정하는 기준이 된다(선급 규정). 이 기준의 산정 때는 선박의 배수량과 풍압을 기본으로 하여 흘수선(water line) 하부는 배수량을, 흘수선 상부는 선박의 측면투영 면적 및 정면투영면적을 고려한다.

의장수는 식 (9 · 3)으로 산정된다.

$$\text{의장수}(E) = \Delta^{2/3} + 2.0B \cdot h + 0.1A \qquad (9 \cdot 3)$$

여기서,

▶ Δ : 하기 만재흘수선에 대한 형 배수량(ton)

▶ B : 선폭(m)

▶ $h = f + h'$(m)

▶ f : 선체 중앙의 선측에서 만재흘수선으로부터 최상층 전통 갑판보의 상면까지의 수직거리(m)

▶ h' : 최상층 전통갑판으로부터 폭이 $B/4$를 넘는 선루(superstructure) 또는 갑판실(deck house) 중 가장 높게 위치한 곳까지의 높이(m)인데, 이때 현호(sheer) 및 트림은 무시한다. 또 폭이 $B/4$를 넘는 갑판실이 폭 $B/4$를 넘지 않는 갑판실의 상부에 있을 경우에는, 폭이 $B/4$ 이하가 되는 갑판실의 높이는 계산하지 않는다.

▶ $A = f \cdot L + \Sigma(h'' \cdot l)$,(m)이며, 여기에 포함된 기호는 다음과 같다.

- $\Sigma(h'' \cdot l)$: 최상층 전통갑판보다 윗부분에 있는 폭이 $B/4$보다 넓고, 높이가 1.5 m 이상인 선루와 갑판실 또는 트렁크(trunk) 등의 높이인 h''(m)와 길이 l(m)을 곱한 것의 합이다. 단, 선박의 길이(L)의 범위를 벗어난 경우는 계산에 넣을 필요가 없다.

- L : 하기 만재 흘수선상의 선수재 전면으로부터 타주재(ruder post)가 있는 경우 타주재 후면, 타주재가 없는 경우 타두재(rudder stock) 중심까지 전길이(즉, 수선간 길이, Lbp)의 96% 이상 97% 이하의 길이(m)

▶ ($0.1A$)에 산입되는 범위

- $\Sigma(h'' \cdot l)$의 산입 대상
  - 선루
  - 너비가 $B/4$를 넘고 높이가 1.5 m를 넘는 갑판실 및 트렁크
  - 선루 또는 너비가 $B/4$를 넘는 갑판실과 연속하는 길이가 1.5 m를 넘는 스크린(screen) 및 불워크(bulwark)(※ 1.5 m보다 긴 스크린과 불워크 등은 갑판실이나 선루 부분으로 간주함)
- $\Sigma(h'' \cdot l)$의 산입 대상 제외
  - L의 전·후단의 바깥쪽
  - 선루 또는 갑판실과 연속되어 있는 데릭붐(derrick boom), 벤트트렁크(ventilation trunk, 일명 통풍덕트, 통풍트렁크, 내모파이프 등으로도 불림), 등
  - 창구코밍(hatch coaming) 및 창구덮개(hatch cover)
  - 연돌(funnel)
  - 갑판 위의 화물(on deck cargo)

의장수 계산과 관련하여서 더욱 상세한 설명은 『선박의장』(대한조선학회 편, 동명사)의 2.2절을 참조하기 바란다.

제 10 장 구조설계

대학의 교육과정에서 선박의 구조설계와 관련된 지식은 '선체구조설계', '선체구조해석', '선체구조역학', '유한요소이론', '진동과 소음(론)' 등의 과목에서 별도로 비교적 상세하게 다루므로 여기서는 개론적으로 소개한다.

10.1 구조설계 일반

상선 설계에서 가장 중요한 3대 조건은 경량화, 충분한 강도 및 최적의 기동성이라는 것은 주지의 사실이다. 여기서 '경량화'와 '충분한 강도'는 이율배반적인 성격을 갖고 있다. 이들을 잘 조화시켜서 선박의 최적 구조설계를 하는 것이 필요하다.

일반적으로 상선의 구조설계는 선급의 규정을 사용해서 설계하면 충분한 것으로 본다. 하지만 선급의 규정은 실적 선들의 자료를 바탕으로 작성된 경험적인 것이므로, 새로운 형상의 선종(예를 들면 새로 개발된 대형선, 특히 대형 컨테이너선이나 새로운 선형의 군함 등)에 적용하기에는 문제가 있다. 이를테면 과거의 소형선 경우는 선체를 하나의 보(beam)로 보고 해석한 종강도(longitudinal strength) 중의 세로굽힘(longitudinal bending moment)만을 고려했다.

하지만 근대 상선은 계속적으로 대형화되는 추세에 있다. 선박이 커지면 종강도뿐만 아니라 횡강도나 국부강도에 대한 보강이 필요한 사례가 많이 나타나고 있다. 이를테면 대형선의 경우는 세로굽힘강도 외에 전단강도도 중요한 문제가 되며, 뿐만 아니라 횡강도와 국부강도의 부족에 의한 손상의 사례도 증가하는 추세에 있다. 또한 컨테이너선과 같이 갑판에 대형 창구가 있는 경우는 비틈강도도 중요한 문제로 대두된다. 따라서 각 선급에서도 종강도 부재의 치수는 줄이고 횡강도 부재의 치수를 늘리는 추세로 규정을 개정해

가고 있다. 그러나 선급 규정의 간단한 계산식만으로는 최적의 구조설계가 될 수 없다는 견지에서 직접 강도계산을 해서 부재치수를 정하려는 소위 직접계산법(direct calculation)의 경향이 높아지고 있다. 예를 들면 미(美) 해군의 NSSC(naval sea systems command)에서 발행된 설계지침("structural design manual for naval surface ships", NSSC, 1976)에 의하면 선체에 걸리는 전체적인 주된 하중(primary load)과 국부하중(local load)을 먼저 추정하고, 이 하중에 견딜 수 있는 판 부재의 두께와 단면계수(section modulus)를 정하여 설계하도록 되어 있다. 따라서 10.2절에서는 선박에 작용하는 하중 해석법의 개요를 소개한다.

10.2 선박의 하중 해석

[1] 종강도

선체를 양단이 자유로운 보(beam)로 보고, 세로굽힘모멘트를 구하고 이것을 단면계수로 나누면 굽힘응력이 얻어진다는 식 (10 · 1)을 이용하여 해석한다.

$$\sigma = \frac{BM}{Z} \qquad (10 \cdot 1)$$

여기서 BM은 세로굽힘모멘트를, Z는 선체 중앙단면의 단면계수(section modulus, 상갑판값과 선저판값으로 구분), σ는 상갑판 또는 선저판에 걸리는 굽힘응력(bending stress)을 각각 의미한다.

또한 세로굽힘모멘트는 정수 중과 파랑 중으로 나누어서 구한다. 먼저 정수 중의 경우는 중량분포곡선(선체, 연료유, 밸러스트, 화물 등의 무게 고려)과 부력분포곡선을 구하고, 이들을 합성해서 하중곡선(load curve)을 구하며 이것을 적분해서 전단력과 굽힘모멘트를 구한다. 다음으로 파랑 중의 해석은 쉬운 문제가 아니지만 식 (10 · 2)인 관계로 얻은 규칙파의 물결굽힘모멘트를 파랑스펙트럼을 이용해서 장 · 단기적으로 해석한다. 이때 스펙트럼으로는 Pierson-Moskowitz의 수정스펙트럼이 일반적으로 추천되고 있다.

$$M_W = M_{TW} - M_S \qquad (10 \cdot 2)$$

여기서, M_W : 물결굽힘모멘트

M_{TW} : 규칙파 위에 선박이 올라앉았을 때의 굽힘모멘트

M_S : 정수 중의 굽힘모멘트

식 (10 · 1)에서 굽힘응력(σ)의 허용치를 정해 두면, BM에 따른 Z의 값을 구할 수가 있다. 선급의 규정는 σ 의 최대 허용치가 통상 15~16 kg/mm^{2}로 되어 있다. 굽힘모멘트는 정수 중의 굽힘모멘트(M_S)와 물결굽힘모멘트(M_W)의 합으로 표시되므로 식 (10 · 1)은

식 (10 · 3)과 같이 표현된다.

$$\sigma = \frac{M_S}{Z} + \frac{M_W}{Z} = \sigma_S + \sigma_W \quad (10 \cdot 3)$$

여기서 σ_S는 정수굽힘응력이고, σ_W는 물결굽힘응력을 각각 나타낸다.

선박의 주요 종통부재로는 외판, 갑판, 종격벽, 종늑골 등을 들 수 있다.

[2] 횡강도

대형선 손상의 대부분은 횡강도 부족이 원인인 경우가 많다고 알려져 있다. 횡강도 해석을 10.1절에서 소개한 직접계산법으로 수행해서 주요 횡강도 부재의 치수를 결정하는 추세로 가고 있다. 횡강도 해석상의 특성을 다음과 같이 두 가지 경우로 나누어서 소개한다.

1) 갑판의 창구 구멍(hatch opening)이 작은 경우

탱커나 석유제품 운반선과 같이 갑판에 큰 구멍이 없는 배의 단면은 선측외판, 종통격벽, 갑판 및 선저외판 등의 종강도 부재로 둘러막힌 다중폐곡선형으로 되어 있다. 여기에 트랜스버스와 횡격벽 같은 횡강도 부재가 종강도 부재의 변형을 보완하는 역할을 하고 있다. 따라서 이러한 종류의 선박은 파랑 중을 비스듬히 항행할 때 발생되는 비틂에 대하여 충분한 강도가 있다고 볼 수 있다.

유조선과 같은 이런 종류 선박의 횡강도를 고려할 때는 먼저 이 배의 형상을 유지하기 위하여 어떤 간격으로 횡격벽을 설치해야 할 것인가를 정하는 일이다. 하지만 일반적으로는 강도상 필요한 횡격벽 수보다 IMO의 탱크 용적 제한조건 때문에 요구되는 횡격벽의 수가 더 많으므로, 이런 종류의 선박은 강도상의 격벽 설치를 신경 쓸 필요가 없다.

이의 해석법에는 트랜버스환(transvers ring)의 구성부재들을 분리하여 그 각각을 양단고정보로 간주하여 해석하는 '뼈대구조의 간이 강도계산법'과 종통 부재의 영향을 고려한 입체뼈대구조를 해석하는 '입체뼈대구조의 해석법'이 있다.

2) 갑판에 큰 창구 구멍이 있는 경우

벌크화물선과 같이 갑판에 큰 창구 구멍이 있는 선박의 경우는 주요 종강도 부재로서 외피판이 있고, 주요 횡강도 부재로서 횡격벽과 선측늑골이 배치되어 있는 이외에 종강도와 횡강도에 모두 기여하는 2중저 구조와 빌지 호퍼(hopper)및 톱사이드 탱크(top side tank)가 있어서 유조선에 비하여 구조가 더 복잡할 뿐만 아니라 횡강도 부재만 분리해서 해석하는 것이 어렵다.

이를 부분적으로 잘라내서 해석하는 법에는 잘라낸 부위를 등판성 평판으로 취급해서 해석하는 '평면구조 해석법'과 톱사이드 탱크까지 포함시킨 입체구조로 각 부재 사이의 상호 영향까지를 해석하는 '간이 입체구조 해석법'이 있다.

[3] 통합 해석법 및 툴(tool)

선체의 구조는 종통부재와 횡 부재(횡격벽, 늑골, 트랜스버스)가 서로 얽힌 구조물이므로 횡강도와 종강도를 나누지 않고, 이를 종합적으로 해석할 수 있는 총괄시스템(total system)을 개발하여 이용하는 추세이다. 이의 해석법에는 유한요소법(FEM, finite element method)이 널리 활용되고 있다. FEM법을 선체구조 해석에 사용하던 특별히 다음과 같은 장점이 있는 것으로 알려졌다.

- 구조의 형편에 따라 요소의 크기나 모양을 바꿀 수 있다.
- 하중조건과 구속조건을 임의로 설정할 수 있다.
- 동적인 문제를 다룰 수 있다.
- 비선형 문제를 쉽게 다룰 수 있다.
- 안정성 문제를 다룰 수 있다.

FEM이 유용한 방법이기는 하지만 이를 선체구조설계에 이용하려면 방대한 양의 계산을 수반하게 되는데, 이를 컴퓨터가 담당해서 더욱 그 효용성을 높이고 있다. 여기서 선박용의 전산유한요소법 프로그램을 예로 들어 소개하면 다음과 같다.

① PASSAGE(the program for analysis of ship structure with automatically generated elements) : 일본조선연구협회가 개발한 입체유한요소법의 대형 프로그램이다. 이것은 범용과 전용의 양쪽 모두 사용할 수 있고, 정적 면내 응력의 해석을 대상으로 하며, 막요소(膜要素)와 봉요소(棒要素)로 구성되어 있다. 또한 전용프로그램은 선각구조를 대상으로 한 것이며, 특히 유조선과 벌크화물선의 경우는 자동입력 장치를 갖고 있다.

② NASTRAN(NASA structural analysis) : NASA(미 항공우주국)에서 개발한 것으로서 범용성과 신뢰성이 높아서 많은 분야에 널리 사용되고 있다. 이것은 선형 및 비선형 구조물의 정적 해석과 좌굴, 진동, 과도응답 등도 계산할 수 있어서, 이런 종류의 현존하는 프로그램 중에서 가장 범용성이 높다. 하지만 입력이나 출력에 불편한 점이 많으므로 사용자가 보충하면서 사용해야 하는 단점이 있다.

③ DAISYS(displacement analysis investigative system Seattle) : 미국 보잉사(Kamel 박사)가 개발한 범용 입체유한요소법 프로그램이며, ABS가 사용하고 있다. 이것은 정적 응력, 열응력, 대변형, 탄소성 등의 문제에 활용할 수 있다.

④ ASKA(automated systems for kinematic analysis) : 독일의 Argyris가 개발하였으며, 유럽에서 널리 쓰이고 있는 범용 프로그램이다. 이 프로그램의 가장 큰 특징은 고정화된 프로그램이 아니라 입력부터 출력에 이르는 일련의 흐름 속에서 풍부하게 마련된 프로그램의 옵션(option)적 요소를 선택하면서 구조해석을 할 수 있는 자료 중심의 구성으로 되어 있다는 것이다.

[4] 국부강도

선각구조는 수압 등의 하중을 직접 받는 판(plate)과 이것을 받쳐 주는 보강재(stiffener)와 다시 이것을 받쳐 주는 거더(girder)로 구성되어 있는데, 대형화된 선형 경우의 손상이 배 전체의 강도 부족보다는 국부적 강도의 결핍이 원인으로 나타난 경우가 증가하고 있다. 따라서 다음과 같은 유형의 국부 강도 해석의 필요성이 고조되고 있다.

- 보강재(종통재, 횡늑골, 갑판보, 격벽 보강재 등)의 강도
- 판(외판, 격벽판)의 굽힘강도
- 슬롯(slot : 트랜스버스를 관통하는 곳에 뚫린 구멍) 주변의 강도
- 피로강도[평균응력, 인장강도, 노치효과(notch effect), 부식, 각종 이음부, 피로파단(疲勞破斷) 등의 영향]

10.3 중앙단면 설계

선박의 구조 경우에 통상 중앙부 $0.4L$ 정도의 구간에서는 일정한 치수의 구조를 하고 있으며, 구조 강도의 연속성을 유지시키기 위해서 $0.4L$ 밖의 구간에서도 상당 부분 비슷한 부재의 치수를 갖도록 설계되어 있다. 따라서 중단면구조도는 선박의 강도를 대표한다고 할 수 있으므로 여기서는 중앙부구조설계에 관한 사항에 초점을 맞추어서 좀 더 소개한다.

중앙단면 설계를 할 때는 국부적인 치수(local scantling)로 정해진 부재치수를 이용해서 선체 중앙단면의 단면계수(section modulus)를 구하고, 이 단면계수가 선급에서 요구하는 값보다 작을 때는 부재치수를 적당히 증가시켜서 선급에서 요구하는 단면계수가 되도록 한다. 이 과정을 반복해서 최적의 것이 나오도록 한다.

각 선급에서는 자기들의 경험을 바탕으로 각각 나름대로의 규정을 정하였으므로 규정 내용이 선급에 따라 달라서 판 두께나 보강재 치수도 다르게 요구된다. 일반적으로 국부적 치수는 선체중앙부에서 횡하중(lateral load)을 받는 구조 부재들에 대하여 해당 하중(정하중 및 동하중)에 견디도록 부재의 치수를 결정하고, 여기에 덧붙여서 좌굴강도와 피로 강도 등을 검토하여 이것을 만족하도록 설계하는 것을 말한다. 이때 직접적으로 횡하중을 받지 않는 지지재(supporting member)들은 대부분 구조해석을 통하여 구조 강도를 검증하므로 국부적 치수에서는 생략하는 경우가 많다.

여기서 일반적인 중앙단면 설계의 과정을 그림 10·1 및 표 10·1에 요약하였다. 아울러 그림 10·2는 선종별 중앙단면의 개형을 보여준다.

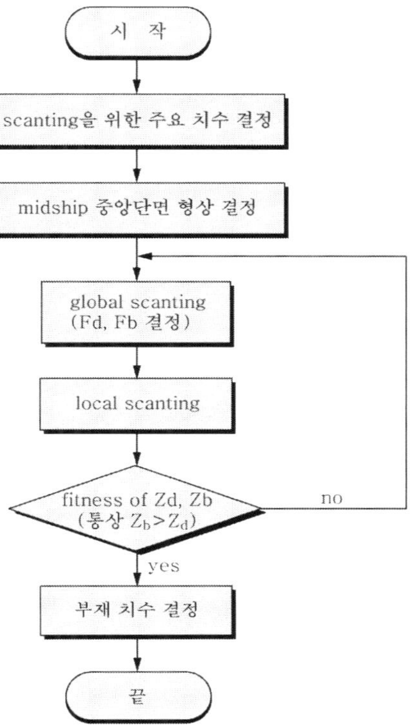

그림 10 · 1 Midship scantling 과정

표 10 · 1 Midship section scantling 과정

step	main work	remarks
step 1. 중앙 단면 형상결정	double bottom의 높이, hopper size, top side tank size, camber, bilge radius, side long · BHD 위치, inner skin BHD의 위치	그림 10 · 2(선종별 중앙 단면 형상) 참조
step 2. global scantling	rule min. section modulus, wave bending moment, still water bending moment, required section modulus, higher tensile zone	rule의 산식에 의한 최소의 section modulus, wave bending moment를 각각 구하고, rule에서 언급한 최소의 still water bending moment(S.W.B.M)와 모든 loading condition에서의 가장 큰 S.W.B.M과 비교하여 큰 값을 취하여 required section modulus를 구함.
step 3. F_b, F_d	assuming : surplus factor F_b(bottom), F_d(deck)	surplus factor F_B(bottom에서의 actual section modulus에 대한 required section modulus의 비)와 F_D(deck에서의 actual section modulus에 대한 required section modulus의 비)를 추정함으로써 종강도에서의 잉여 강도를 local scantling에 적용하여 경제적인 설계를 하도록 함. surplus factor를 초기에 적절히 가정하면 반복 작업을 줄일 수 있어 효율적인 설계를 할 수 있음. 이 값은 설계하는 배의 주요 제원의 특성이나,

표 10·1 Midship section scantling 과정 (계속)

step	main work	remarks
step 3. 계속		deck나 bottom 부위에 어떤 재질을 사용하여 설계하는가 등에 따라 다름. 이 과정은 종강도 해석에 있어서 가장 중요한 부분이며, 이 F_B, F_D에 가장 근접한 section modulus를 구하는 것이 중앙 단면도 설계의 관건이라고 할 수 있음. 주의해야 할 사항은 actual section modulus 값이 적어도 required section modulus 값과 같거나 그 이상이 되도록 설계하여야 함.
step 4. local scantling	check : hull structure(plate 및 longitudinal)의 thickness 및 F_b, F_d 체크	global scantling과 local scantling을 상호 비교하여 시행착오법으로 체크함. 이때 설계선의 중앙단면도에 나타내는 각 부재의 실제 scantling을 결정하기 위해 선급 규정을 기준으로 해서 각 부재에 작용하는 loading을 고려하여 두께 및 section modulus룰 결정하고, 종강도 계산에서 추정한 surplus factor F_B, F_D를 이용해서 local scantling을 감소시켜 최종 scantling을 결정함. 이 과정에서는 step 2에서 나온 section modulus와 본 설계과정을 거쳐 계산된 값을 비교함으로써 step 3에서 추정한 F_B, F_D값과 일치하도록 시행착오법으로 반복적인 작업을 수행하여야 함.
step 5. 횡강도 check	rule scantling, 3-D FEM을 통한 구조해석, shear flow, welding, grillage 등을 수행함.	CC선(crude oil carrier), PC선(product carrier), 탱커(tanker) 등과 같이 hatch opening이 작은 경우는 통상 횡강도 체크를 생략함.
step 6. buckling, sloshing, fatigue 등	3D FEM법으로 buckling, sloshing, fatigue 등 검토	

구조해석을 위해서는 각 부재의 명칭과 위치를 알 필요가 있다. 따라서 벌크화물선(B/C) 및 탱커(TK)를 예로 들어서 강도부재(structural member)의 국·영문 명칭을 소개하면 다음과 같다. 이들의 위치는 부록 I (선체구조 명칭도)을 참조하기 바란다.

용골(keel), 선저외판(bottom shell 또는 bottom plate), 빌지(bilge), 선측외판(side shell), 현측외판('현측후판'이라고도 함, sheer strake), 스트링거판(stringer plate), 갑판(deck), 크로스갑판(cross deck), 이중저(double bottom), 내저(inner bottom), 호퍼탱크(hopper tank), 톱사이드탱크('거널탱크', '어깨탱크'라고도 함, topside tank), 종격벽('종통격벽'이라고도 함, longitudinal bulkhead), 종통재(stringer, TK), 거더(girder), 늑판(floor), 트랜스버스 웨브(transverse web, 횡격벽(transverse bulkhead), 창내늑골(hold frame), 스툴(stool), 창구코밍(hatch coaming), 제수격벽(swash bulkhead)

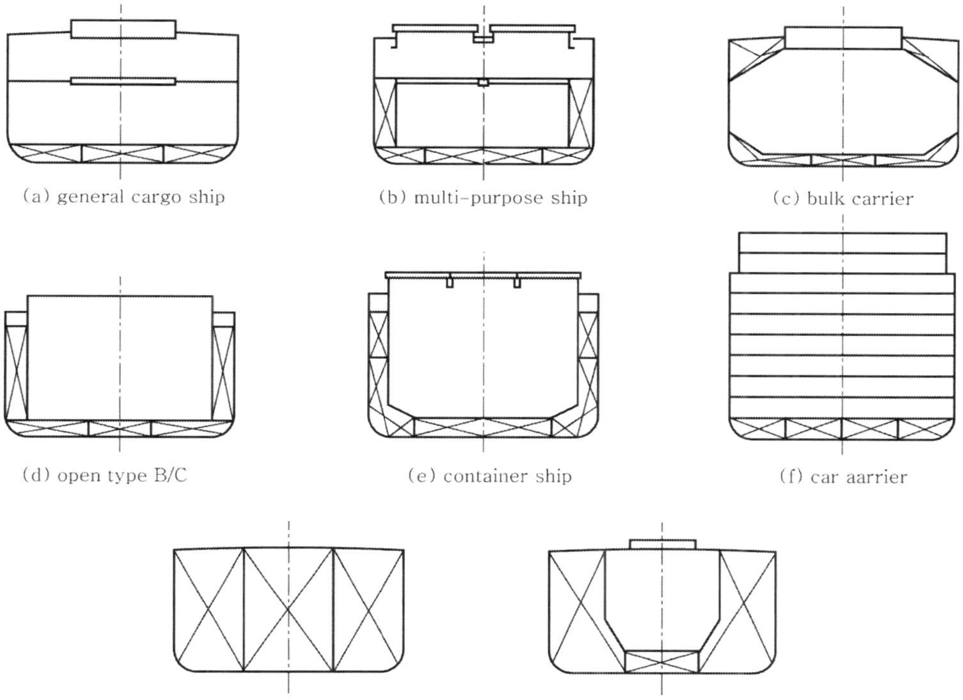

그림 10 · 2 선종별 중앙단면 형상

[Tip] 시험대비용 기타 연관지식

각종 시험에 '선체구조역학'에서 배운 다음 내용의 출제 빈도가 높다.

(1) (중량곡선 + 부력곡선) = 하중곡선 이며, 하중곡선을 적분하면 전단력곡선을 얻게 되고, 전단력곡선을 적분하면 굽힘모멘트 곡선을 얻게 되는 과정을 설명하는 문제.

(2) 균일분포상태의 중량곡선과 부력곡선의 그림을 주고, 이들로부터 상기 '1'의 관계를 이용해서 하중곡선, 전단력곡선, 굽힘모멘트곡선 등을 그리고, 또한 최대 전단력과 최대 굽힘모멘트를 구하는 문제.

(3) 상자형 또는 바지선의 간단한 단면 치수들을 주고, 이로부터 전체 단면계수 $[Z=(I/y)]$, 갑판의 단면계수, 선저의 단면계수 등을 구하는 문제. 여기서 I는 단면 중립축에 대한 관성모멘트, y는 단면 중립축으로부터의 거리를 각각 의미함.

(4) '종방향응력 = 굽힘모멘트/단면계수'인 관계를 이용한 계산문제.

제 11 장 선박용 프로펠러 설계
(Marine Propeller Design)

11.1 일 반

11.1.1 선박용 프로펠러의 형상 용어 및 종류

선박 프로펠러의 형상(Geometry)관련 용어를 그림 11 · 1 및 11 · 2에 수록하였다.

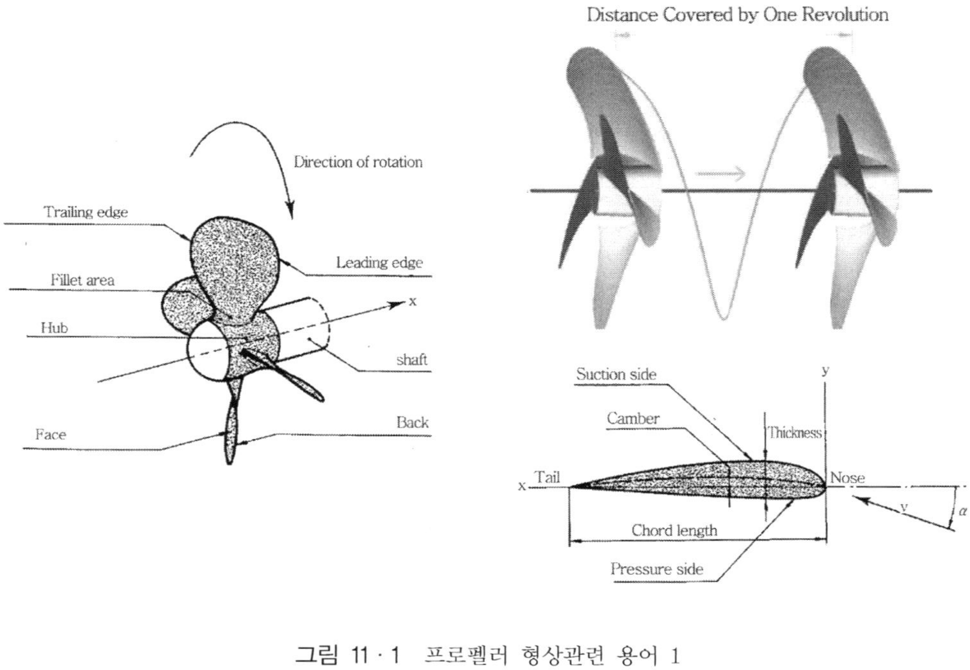

그림 11 · 1 프로펠러 형상관련 용어 1

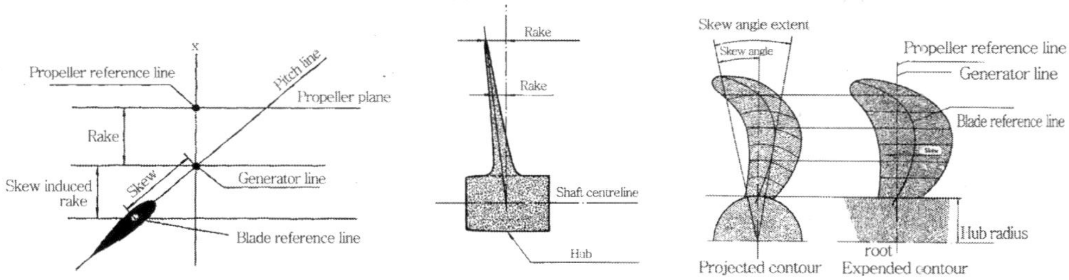

그림 11 · 2 프로펠러 형상관련 용어 2

[프로펠러 평균 날개(익)폭 비] = (허브바깥 쪽 한 날개의 면적) ÷ (허브바깥 쪽의 한 날개의 길이 × 직경)이다.

또한 선박 프로펠러의 종류들을 간단히 소개하면 다음과 같다.

- 고정피치프로펠러(FPP, Fixed pitch propeller)
  : 프로펠러의 날개가 허브에 고정되어, 피치각이 바뀌지 않는 프로펠러이므로 역회전을 위해서는 기관을 멈춘 후에 하여야 한다. 상선에 일반적으로 많이 사용된다.
- 가변피치프로펠러(CPP, Controllable pitch propeller)
  : 프로펠러 작동 중일 때에도 유효피치를 바꿔줄 수 있도록 되어 있는 프로펠러이다. 이 때 피치조정 범위를 크게 잡아주면 축의 회전방향이 바뀌지 않더라도 역방향 추력을 얻을 수 있는 장점이 있다. 통상 군함에 많이 사용된다.
- 덕트 프로펠러(Ducted propeller)
  : 프로펠러 바깥둘레 또는 앞쪽에 덕트를 설치해서 추진효율의 향상을 도모한 프로펠러이다. 특히 저속에서 효율이 높은 것으로 알려져 있다. 일명 슈라우드프로펠러라고도 한다.
- 가변회전프로펠러(CRP, Controllable rotating propeller)
  : 전, 후 두 겹으로 회전 방향이 서로 반대인 프로펠러를 설치한 구조로 하여서 에너지 손실의 최소화를 시도한 프로펠러이다. CRP는 30% 정도의 에너지가 절약될 수 있는 것으로 알려져 있다. 특히 최근에 개발되어 있는 'CRP-Pod'의 에너지 절약 효과가 큰 것으로 아려져 있다. 이 타입은 선박뿐만 아니라 어뢰에도 사용된다.
- 포드프로펠러(Podded type propeller)
  : 발전기만으로 구동되어서 선박 기관이 필요 없는 프로펠러 시스템으로서 360°회전이 가능하며, 예로는 Azipod-ABB, Mermaid-KaMeWa, SSP-Siemens 등이 있다.

또한 일축선(SS : single screw vessel)과 쌍추진기선(TS : twin screw vessel)의 상대적인 특징을 간단히 소개하면 다음과 같다.

- 일축선(SS) : ①저속, ②가벼움, ③작은 부가 저항(SS : 8%, TS : 12%), ④높은 추진기 효율, ⑤타(rudder)성능 향상, ⑥간단한 구조로 공작이 용이하고 가격이 저렴함, ⑦기계 및 열효율 향상

- 쌍추진기선(TS) : ①작은 흘수, ②향상된 조종성, ③상기에 열거된 7가지 측면의 일축선 특징과는 서로 반대

11.1.2 선박용 프로펠러 설계법 개요

프로펠러 설계 때 일반적으로 고려하여야 할 기본 사항들은 다음과 같다.

- 프로펠러 효율과 준추진계수를 가급적 크게 함.
- 충분한 강도를 가지도록 함.
- 공동현상(cavitation)의 발생을 방지함.
- 진동을 유발하는 기진력 발생을 최대로 억제함.

선박 프로펠러의 설계 순서는 이론, 실험자료 및 경험의 혼합체이다. 순수 계산에 의한 성능에 더하여 설계인력의 경험적인 요소를 가미해야 하는 상황이 때때로 발생한다. 하지만 이러한 경험적인 수정을 가할 때에는 가능하면 명백하게 이유를 밝혀야 한다. 현장에서의 실제 프로펠러 설계는 경험적인 설계와 이론적인 설계로 구분되는데 선박의 특성, 프로펠러 특성 및 설계기간 등을 고려하여 두 가지 방법 중 하나 혹은 둘을 선택하여 설계를 수행한다. 주로 다음의 주요한 설계 도구(tool)의 반복적인 이용에 의해 이루어진다.

- 차트설계(chart design : Wageningen B-series, MAU series 등)
- 양력선 이론(lifting line theory)
- 양력면 이론(lifting surface theory)
- 패널법(panel method)

최근 대형조선소의 프로펠러 설계는 최고 효율 및 악영향(진동, 소음, 가격, 부식, 타에의 악영향 등 측면)형상최적화법 또는 감마(Gamma) 최적화법 용 컴퓨터 툴을 많이 사용하는 경향이 있다. 하지만 이곳에서는 이러한 툴의 개발 보완을 위한 기초 지식의 배양을 위하여서 보편적으로 사용되고 있는 실험자료 및 경험적인 방법에 의한 직접설계방법을 예로 들어가면서 설명하고자 한다. 이러한 설계는 설계차트(chart)에 근거한 것으로서 다수의 모형 프로펠러의 실험 자료를 이용하는 것이다. 이 설계는 여러 가지 설계변수, 즉 피치, 전개면적, 날개수 및 단면적 등의 변화를 포함하고 있으며 선박의 설계조건에 맞는 프로펠러를 간단하게 축출해 낼 수 있다.

11.2 주요한 설계도표

프로펠러 형상, 즉 날개수, 피치, 전개면적비, 단면형상, 두께비 등을 계통적으로 형상 변화시킨 다수의 모형 프로펠러를 계통적 모형 프로펠러라 한다. 이것을 가지고 예인수조에서 프로펠러 단독시험을 수행하여 설계도표 형태로 발표한 문헌은 Wageningen B-series,

MAU-series 등 많이 있다[1][2][3]. 더하여 단독실험 결과를 회귀분석하고 이에 변분법 및 삽간법을 사용하여 전산화한 경우도 있다[4]. 계통적 모형 프로펠러의 실험결과를 정리하여 설계도표화하는 데에는 여러 가지 표현 형식을 생각할 수 있으나 프로펠러 설계는 주로 전달마력에 근거하여 이루어지는 것이 보통이므로 다음에 설명하는 토크(torque) 표현법이 많이 채용되고 있다. Wageningen B-series의 경우 토크 표현방식은 프로펠러 도표에 있어 그림 11 · 4 (4-1) ~ 그림 11 · 4 (4-5)에 나타내듯이 횡축을 출력계수 $\sqrt{B_{P_1}}$로 하고 종축을 피치비로 하여 등가 단독효율, 등가 프로펠러 지름을 표시하는 곡선군을 수록하였다.

이 곡선의 의미 및 사용 기호들은 다음과 같다.

- η_0 곡선 군 : 프로펠러 단독 효율, 둥그런 꼭지점이 있는 여러 개의 곡선군,
- 최적의 η_0 곡선 : 좌측 상방에서 우측 하방으로 그려진 굵은 1개의 곡선,
- $\delta(=nD/V_a)$곡선 군 : 우측 상방에서 좌측 하방으로 그려진 여러 개의 곡선 군,
- n : 프로펠러 회전 수(RPS),
- V_a : $=V_s(1-\omega)$ [※ 1knot=0.5144m/sec 임].
- 출력계수 : $B_{P_1}=\dfrac{NP^{1/2}}{V_A^{5/2}}$
- 전진계수 : $J=\dfrac{V_A}{ND}\times 30.864$

여기서, N : 실선에서의 프로펠러 분당 회전수(rpm)

P : 전달마력(delivered horse power in british)

V_A : 프로펠러 전진 속도(kts)

$V_A=V_S(1-w)$

V_S : 실선의 속도(kts)

w : 반류계수(wake fraction)

- B4-55(예) : 날개 수 4개며, 전개면적비(developed area ratio)가 55%(즉 0.55).

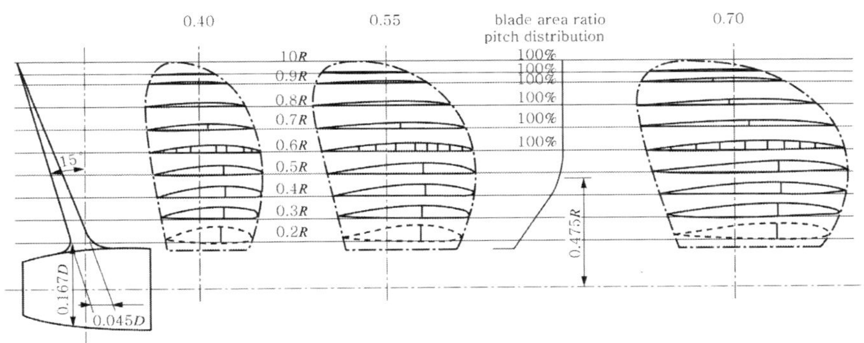

그림 11 · 3 B-시리즈 프로펠러 날개(blade)의 윤곽선 및 단면

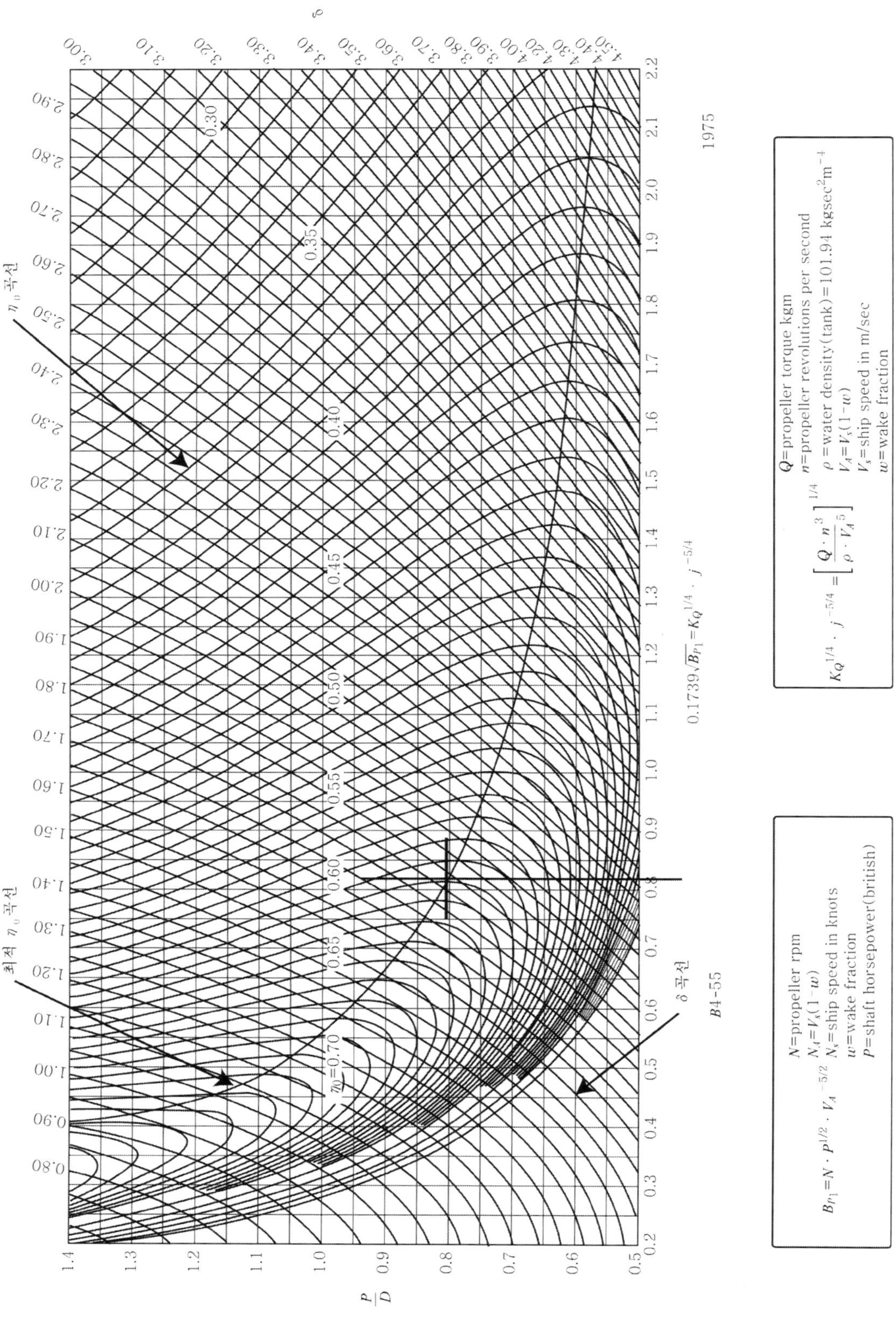

그림 11·4 (4−1) Wageningen B-시리즈

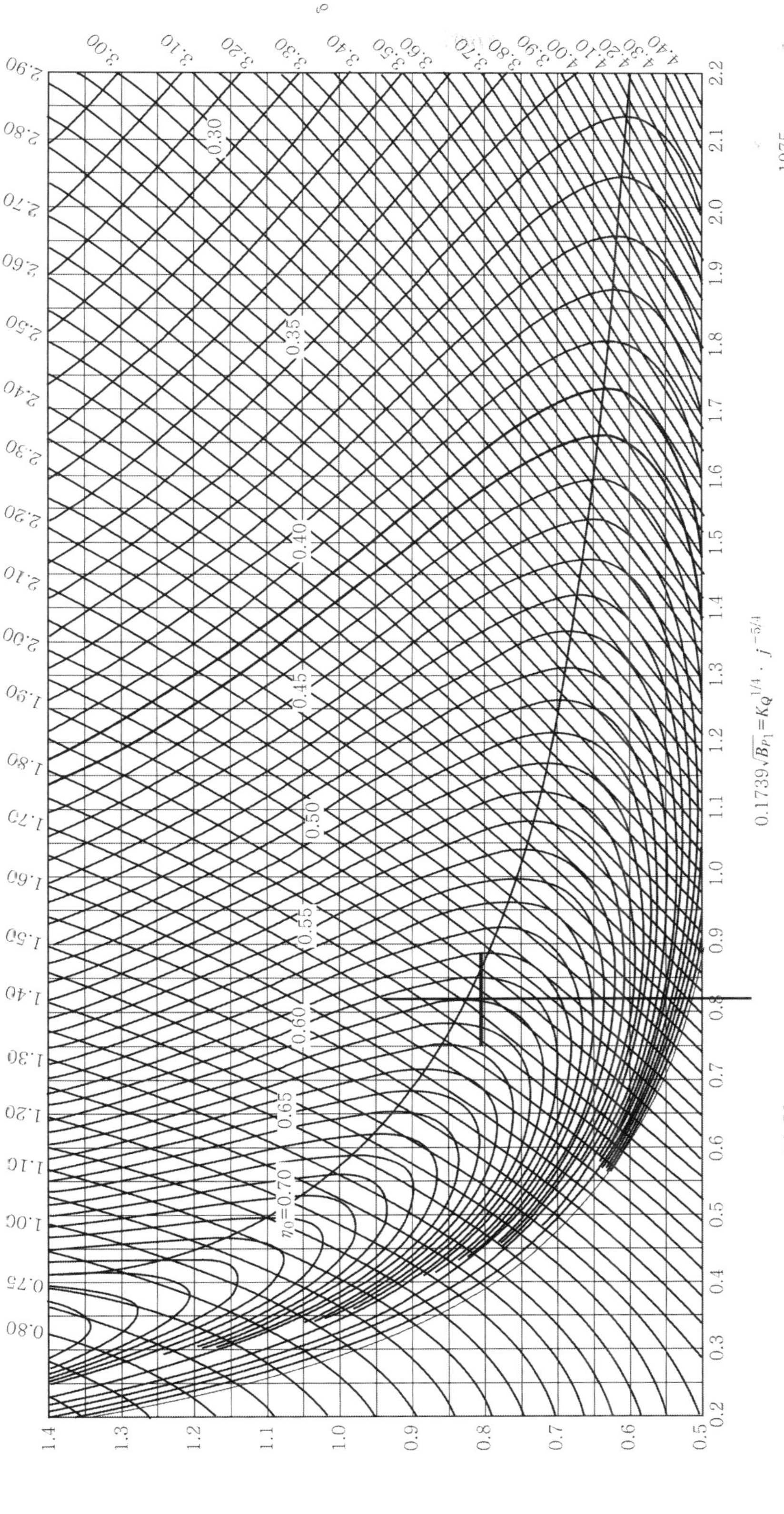

$B_{P1}=N \cdot P^{1/2} \cdot V_A^{-5/2}$

N=propeller rpm
$N_A=V_s(1-w)$
N_s=ship speed in knots
w=wake fraction
P=shaft horsepower(british)

$K_Q^{1/4} \cdot J^{-5/4}=\left[\dfrac{Q \cdot n^3}{\rho \cdot V_A^5}\right]^{1/4}$

Q=propeller torque kg/m
n=propeller revolutions per second
ρ =water density(tank)=101.94 kg/sec^{2}m^{-4}
$V_A=V_s(1-w)$
V_s=ship speed in m/sec

그림 11·4 (4-2) Wageningen B-시리즈

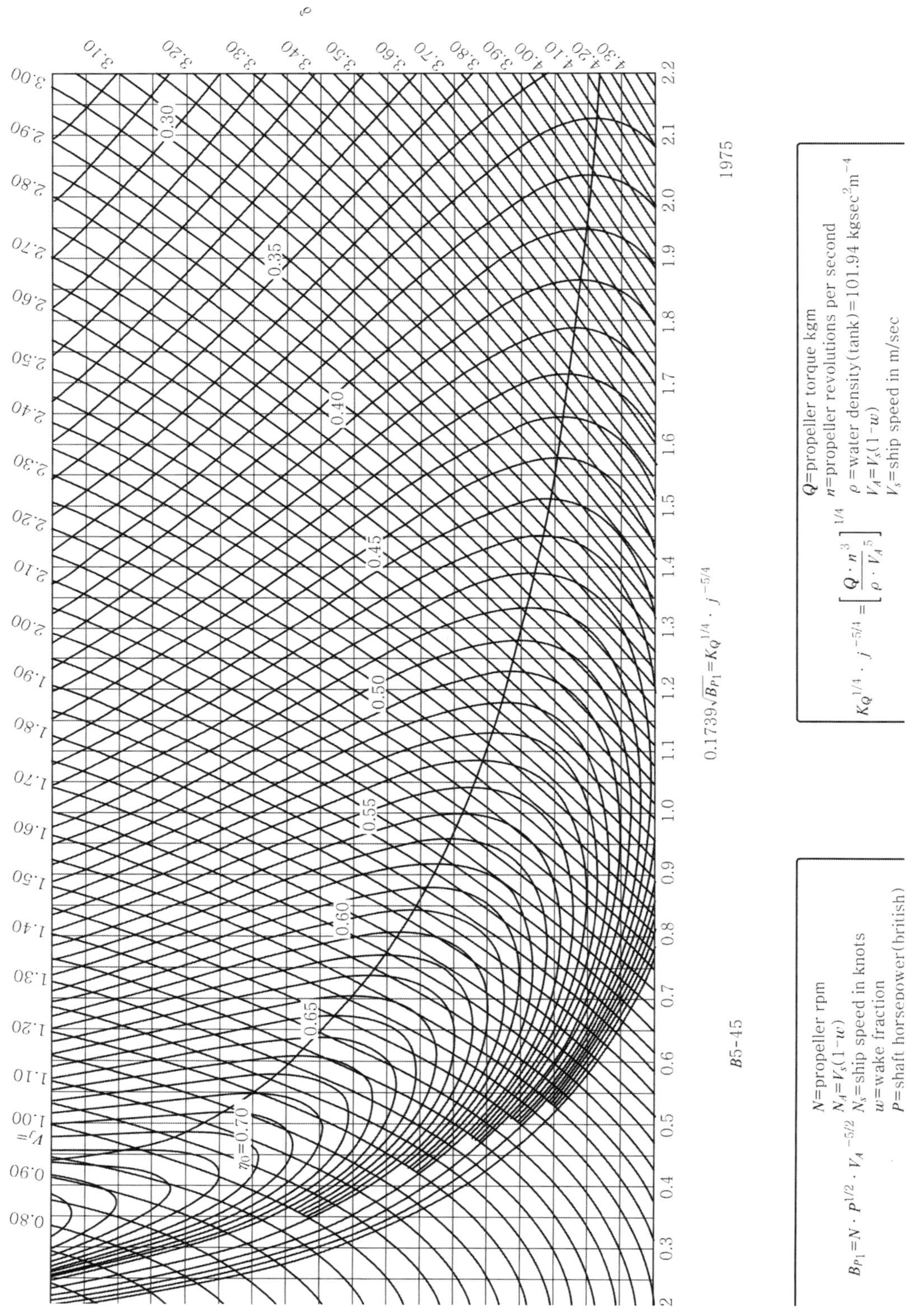

그림 11·4 (4-3) Wageningen B-시리즈

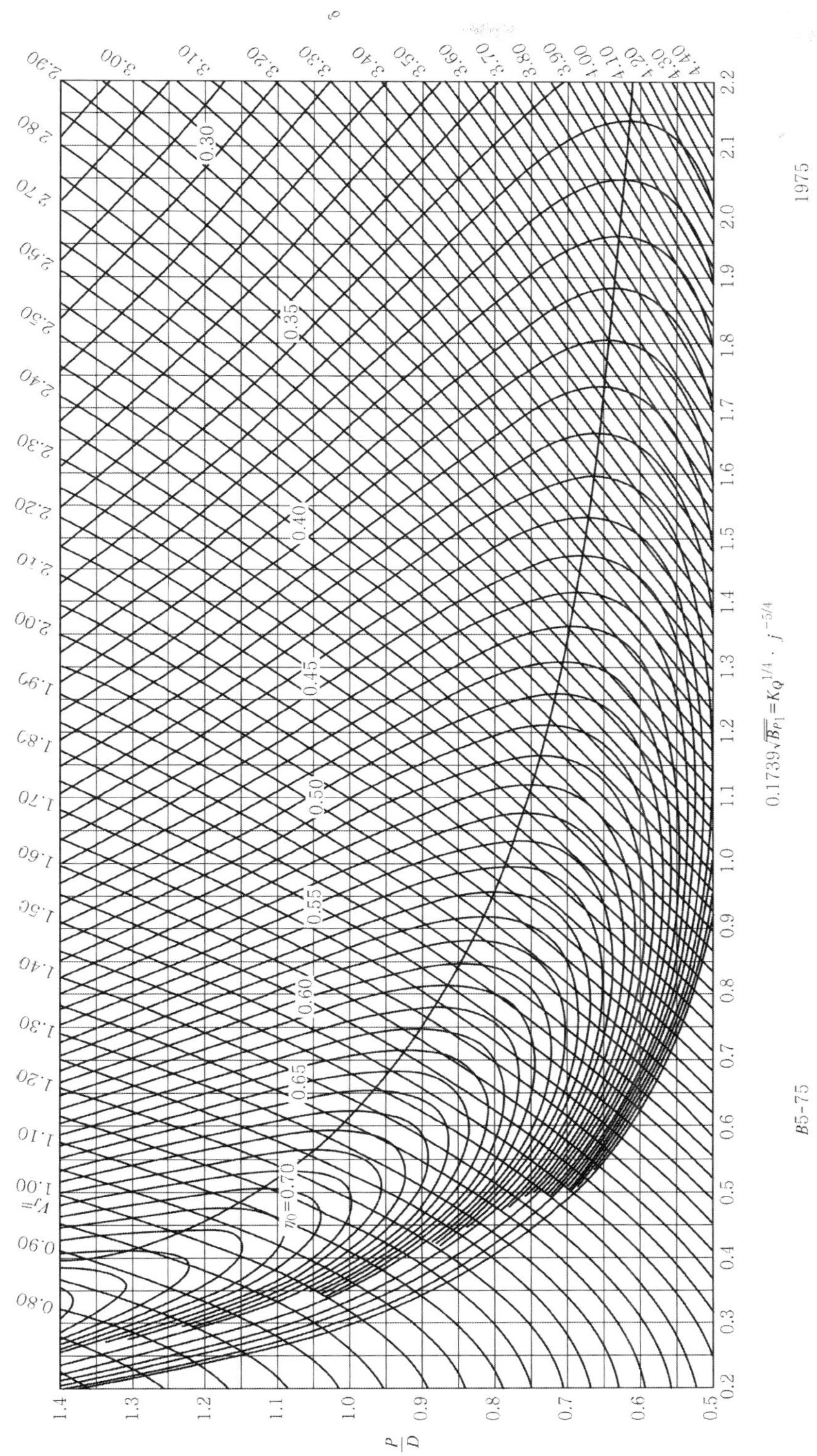

$B_{P1}=N\cdot P^{1/2}\cdot V_A^{-5/2}$

N=propeller rpm
$N_A=V_S(1-w)$
N_s=ship speed in knots
w=wake fraction
P=shaft horsepower(british)

$K_Q^{1/4}\cdot J^{-5/4}=\left[\frac{Q\cdot n^3}{\rho\cdot V_A^5}\right]^{1/4}$

Q=propeller torque kgm
n=propeller revolutions per second
ρ =water density(tank)=101.94 $\mathrm{kgsec^2m^{-4}}$
$V_A=V_s(1-w)$
V_s=ship speed in m/sec
w=wake fraction

그림 11·4 (4-4) Wageningen B-시리즈

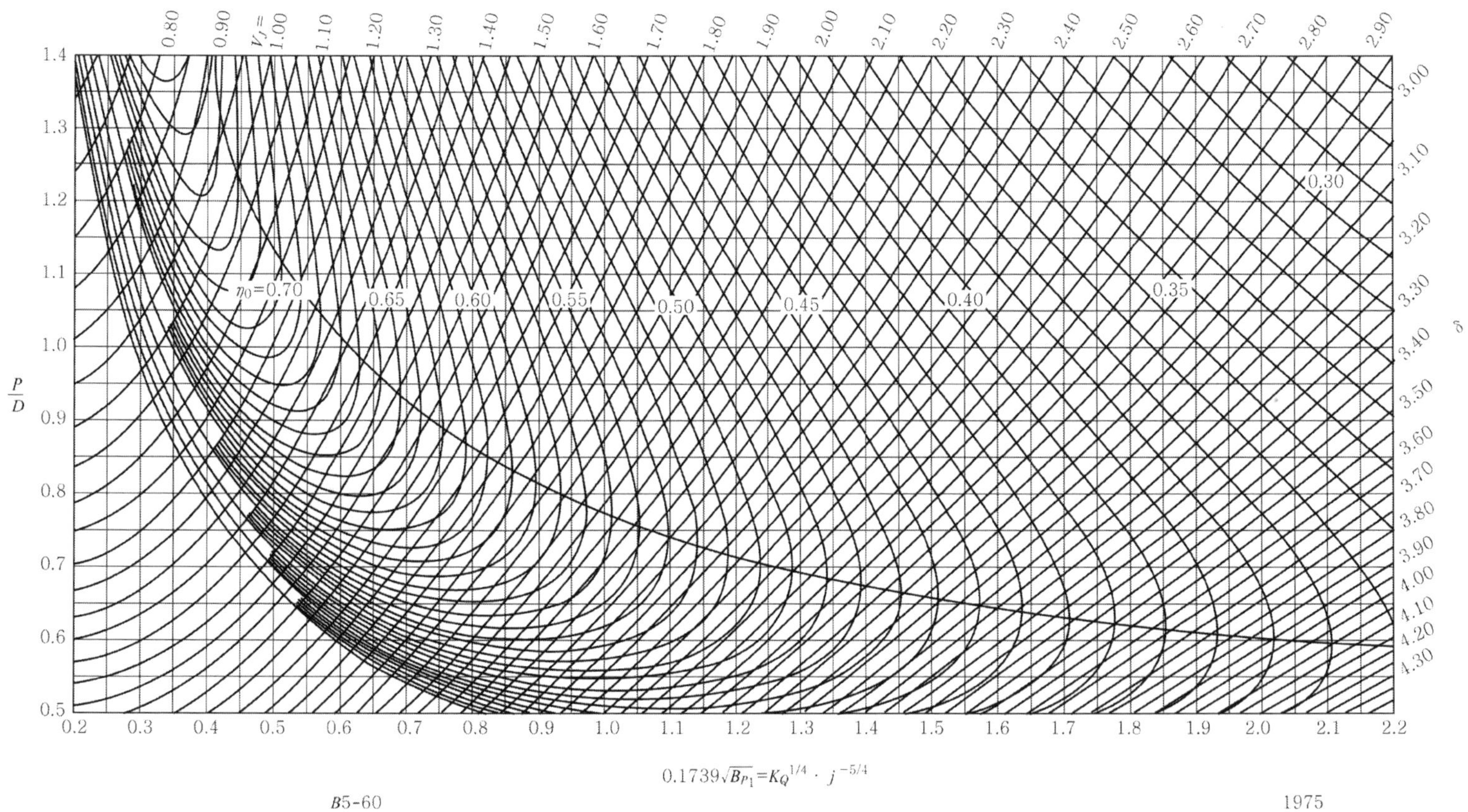

$B_{P1}=N\cdot P^{1/2}\cdot V_A^{-5/2}$

N=propeller rpm
$N_A=V_s(1-w)$
N_s=ship speed in knots
w=wake fraction
P=shaft horsepower(british)

$K_Q^{1/4}\cdot j^{-5/4}=\left[\dfrac{Q\cdot n^3}{\rho\cdot V_A^5}\right]^{1/4}$

Q=propeller torque kgm
n=propeller revolutions per second
ρ =water density(tank)=101.94 $kgsec^2m^{-4}$
$V_A=V_s(1-w)$
V_s=ship speed in m/sec
w=wake fraction

그림 11·4 (4-5) Wageningen B-시리즈

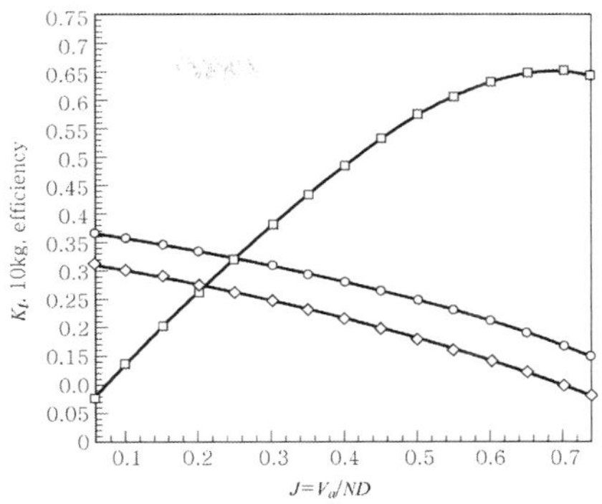

그림 11·5 프로펠러 단독성능(open water performance)의 예

11.3 프로펠러 설계 자료

Wageningen B-시리즈는 우리에게는 풍차의 나라로 잘 알려진 네덜란드의 소도시 Wageningen 소재 NSMB(Netherlands ship model basin)에서 그동안 계통시험을 한 결과를 정리하여 Lammeren[2]이 수정 발표하였고 이후 컴퓨터의 발달로 전산화에 적합하도록 회귀분석한 결과를 정리하여 1975년에 Oostervelt와 van Oossanen이 발표하였다[5][6]. 프로펠러 설계를 하기 위해서는 설계조건을 사전에 정해야 하는데 설계 자료는 다음과 같다.

① 예인수조 시험결과(만재 상태, 밸러스트 상태)
- power 곡선을 포함한 자항시험 결과
- wake 분포

② 선형(만재 상태, 밸러스트 상태)
- L(수선간 길이, L_{bp})
- B(형폭), D(형깊이), d(형 흘수)
- 기선(base line)으로부터 축중심선(shaft center line)까지의 높이
- C_b(방형계수), C_P(주형계수), C_W (수선면계수)
- 자세한 선미 형상

③ 기관(engine)
- 형식(type), $BHP(SHP)$, 회전수(revolution)

④ 설계조건
- 선속
- 마력 및 회전수(MCR, NCR, service or trial condition)

- 회전수 마진(rpm Margin)
- 프로펠러 지름 제한
- 프로펠러 날개수
- 단면 형상
- 프로펠러 재질
- 프로펠러 회전방향
- 축계 제원
- 고정피치 프로펠러(fixed pitch propeller) 또는 가변피치 프로펠러(CPP, controllable pitch propeller)
- 선급(Ice Class, LR, DNV, ABS 등)

11.4 B-시리즈 설계의 실제

여기서는 Wageningen의 B-시리즈를 이용한 설계법을 소개하겠다. MAU 시리즈를 이용한 설계는 문헌 8을 참조하기 바란다.

위에서 설명한 자료가 준비되면 실제로 설계를 하게 된다. 설계 조건은 표 11 · 1과 같이 주어진다고 가정한다. 주어진 날개수와 가정된 세 가지 전개 면적비에 대하여 프로펠러 지름을 구하고 이들에 대하여 보간법으로 주어진 날개면적비에 대한 프로펠러 지름을 추정한다. 설계순서는 프로펠러 작동면에 균일류(流)가 들어온다는 가정 하에 수행되므로 결과적으로 프로펠러 반경 방향으로 일정 피치분포를 수용해야 한다. 주어진 마력과 회전수에서 프로펠러 날개수, 최적 지름 및 요구되는 전개면적비를 구하기 위해 계산을 수행한다. 프로펠러 설계는 선박의 시험결과에 의해 수행하기 때문에 반류(wake)와 프로펠러 성능에 대한 레이놀즈수와 거칠기로 인한 축척효과(scale effects)는 고려하지 않는다. 프로펠러 설계에 필요한 설계마력은 프로펠러에서 실제로 흡수되는 마력이 되어야 하므로 베어링 및 축손실 등을 고려해야 한다.

프로펠러 설계순서를 요약하면 다음과 같다.

① 공식에 의해 출력계수(Wageningen, MAU 동일)를 계산한다.

$$B_{P_1} = \frac{NP^{1/2}}{V_A^{5/2}}$$

② B_P-delta 도표(diagram)에서 B_P에 해당되는 값들의 최적곡선 상에서 $1/J$, P/D, 효율 등을 날개 전개면적비별로 읽는다.

③ 선미에서의 최적 J값을 얻기 위하여 J값을 조정한다.

표 11·1 프로펠러 설계조건

항 목	설계조건	비 고
선박의 종류	산적화물선	68,000 DWT
프로펠러 종류	고정식(fixed)	
설계조건	만재 상태(full load)	등 흘수(even keel)
선 속	14.58 kts	시운전 상태(trial condition)
기 관	B & W 5S60MC	최대 : 7193 kW × 78.7
마 력	6472 kW	NCR
회전수(rpm)	76.00	NCR에서
rpm 마진(margin)	3%	2.2
날개수	4	
회전방향	시계 방향	
단 면	B-series	Wageningen, MAU
축중심선	3.9 m	기선 상부
흘 수	12.2 m	만재흘수
반류비(wake fraction)	0.307	Taylor 반류(wake)
선 급	ABS	비쇄빙(no ice)

④ 프로펠러 지름을 다음의 식으로부터 계산한다.

$$D = V_A/(N \cdot J)$$

⑤ 날개면적비를 결정하기 위한 캐비테이션 계산을 수행한다.
⑥ 필요하면 지름과 P/D 등을 보간법으로 구한다.
⑦ 강도 계산을 수행한다.
⑧ 필요하면 피치 및 스큐(skew) 수정을 한다.
⑨ 성능 추정을 한다.
⑩ 프로펠러 윤곽선 및 형상치수표(offsets)를 얻는다.

11.5 설계 예

[1] 지름 및 피치

해수에서 영국(British) 마력은 설계마력 6472 kW와 1%의 축마력 마찰손실을 고려하면 다음과 같다.

$$P = (6472/0.7355) \times (0.99/1.025) \times (75/76) = 8387\,\text{HP}$$

선속 14.58 kts에서 반류가 0.307일 때 프로펠러에 유입되는 균일류의 전진속도 V_A는 다음과 같다

$$V_A = 14.58(1-0.307) = 10.104\,\text{kts}$$

이것들로부터 $B_{P_1}=22.10$, $0.1739\sqrt{B_{P_1}}=0.8175$에 대하여 B4−40, B4−55, B4−70의 B_P −delta 도표(그림 11 · 3 참조)에서 최적곡선상의 P/D, $1/J$, η_0에 대한 값들을 취하여 정리하면 표 11 · 2와 같다.

$$D = (\text{New } 1/J) \times [V_A/(76+76\times 0.03)] \times 30.864$$

New $1/J$는 $(1/J)\times 0.98$을 계산한 값이다. 프로펠러가 단독(open water) 상태에서 작동하면 $1/J$이 최적값이나 선미(behind condition)에서 작동하기 때문에 2～3% 지름을 감하는 것이 최적값이라는 사실이 실험적으로 밝혀졌다.

표 11 · 2 B−시리즈 프로펠러의 치수

프로펠러 타입	B4−40	B4−55	B4−70
$0.1739\sqrt{B_{P_1}}$	0.8175	0.8175	0.8175
P/D	0.815	0.81	0.825
$1/J$	1.80	1.82	1.80
New $1/J$	1.764	1.784	1.764
η_0	0.61	0.61	0.60
D(m)	7.03	7.11	7.03
$\frac{A_E}{A_0}$	0.40	0.39	0.40

프로펠러 날개 위에서 캐비테이션 발생을 억제할 수 있는 최소 날개면적은 Burril의 도표나 Keller의 공식을 이용하여 계산할 수 있다. Burril의 도표를 이용하는 방법은 적정 캐비테이션 허용곡선을 선택하고 이를 수식화하여 이용할 수 있다[5]. 이곳에서는 구형의 Burril의 방식을 약간 변경하여 도출한 Keller의 방식을 채택하기로 한다. Keller는 추력계수와 전진비, 그리고 캐비테이션 수를 변화시키면서 순환이론(circulation theory)을 이용하여 계산한 결과, 최소 전개면적비를 다음과 같이 제안하였다.

$$\frac{A_E}{A_O} = \frac{T(1.3+0.3Z)}{(p_O-p_v)\times D^2} + 0.2$$

여기서, Z : 날개수 A_E : 프로펠러 전개 면적

D : 프로펠러 지름 A_O : 원판 면적($=\pi D^2$)

T : 프로펠러 추력 $= \dfrac{\eta_t \cdot \eta_r \cdot P_B \cdot \eta_o}{V_A \times 0.5144}$

$T = 1261 \times \eta_o$ kN

η_t(전달효율, transmission efficiency) : 0.99

η_r(상대회전효율, relative rotative efficiency) : 1.023

설계마력 : 6472 kW

$p_0 - p_v$: 축 중심선(shaft center line)에서의 정수압 − 증기압

단, 대기압 : 1013 hPa = 10.33 m in water

증기압 : 1646 Pa(소금물 15℃ 기준)

프로펠러축 중심선에서의 정수압은 다음과 같이 계산한다.

$$p_0 - p_v = 101{,}300 + (12.2 - 3.9 + 1.3) \times 1025 \times 9.806654 - 1646$$
$$= 196{,}151\,\text{Pa}$$

여기에서 1.3 m는 선미파(stern wave)로서 선박 길이의 0.6%로 가정한다.

B4-40의 경우

$$\frac{A_E}{A_O} = \frac{T(1.3 + 0.3Z)}{(p_O - p_v) \times D^2} + 0.2 = \frac{1261 \times 0.61(1.3 + 0.3 \times 4)}{196.1511 \times 7.03^2} + 0.2 = 0.4$$

상기의 자료들을 이용하여 B_P-delta 도표에서 계산된 결과를 정리하면 표 11 · 2와 같다. 위의 계산들로부터 최종 프로펠러는 표 11 · 3과 같이 정할 수 있다.

표 11 · 3 최종 B-시리즈 프로펠러

항 목	파라미터	값
지름(m)	D	7.03
피치비	P/D	0.815
전개면적비	$\dfrac{A_E}{A_0}$	0.40
단독효율	η_0	0.61
단 면	B-시리즈	

[2] 날개 윤곽선 및 단면

보통 반경 방향으로의 코드길이 분포는 다음과 같은 식의 형태로 표현된다.

$$\frac{c}{D} = \frac{c(x)}{Z} \cdot \frac{A_E}{A_O}$$

$c(x)$의 값으로는 각 프로펠러 시리즈마다 조금씩 다르나 Wageningen B-시리즈의 경우에서는 문헌 7에 자세히 나와 있어 상세한 설명은 생략한다.

상기의 코드길이 분포는 반경 방향의 분포(그림 11·1 참조)이므로 실제 투영도(project view)나 측면도(side view)를 얻고자 하는 경우에는 좌표변환을 하여야 한다. 날개단면의 경우 최근에는 기존의 Wageningen B-시리즈, MAU단면보다는 NACA단면을 주로 사용하고 있는데 이는 수식적으로 표현하기가 좋고 캐비테이션 성능이 우수하기 때문이다.

[3] 날개 두께

프로펠러 날개 두께는 해당 선급에서 제시하는 공식을 사용하여 최소 두께로 계산한 다음 받음각에 따른 날개단면에서의 압력분포 민감도를 줄이고 구조파괴에 대하여 보다 큰 치수의 안전여유를 갖도록, 실선 프로펠러의 두께는 선급의 식에서 얻은 치수보다 좀 크게 결정한 후 보 이론(beam theory)으로 검토한다.

단 심한 스큐(highly skew) 프로펠러의 경우에는 선급이 정한 공식에 의한 계산값이 충분한 강도를 갖지 못하기 때문에 FEM에 의한 별도의 구조해석이 필요하다. 한편 선급에서는 전체 스큐각(total skew angle)이 25° 미만인 경우 보 이론을 사용한 강도해석을 요구하고 있는 데 반하여 25° 이상에서는 FEM을 이용한 강도해석을 요구하기 때문에 가능하면 25° 이내로 설계하는 것이 유리하다 하겠다.

[4] 피치분포

차트(chart)에 의한 설계를 하면 피치분포는 당연히 일정 피치가 된다. 이론적으로 최적 하중분포를 갖는 프로펠러를 설계하여 보면 대다수 날개 끝(tip)에서 피치가 감소하는 경향을 보이므로 최종적으로는 끝(tip)에서 피치를 5~10% 정도 감소시키는 것이 좋다. 피치분포가 조금 달라져도 성능에는 큰 영향을 받지 않는 것으로 밝혀져 이 방법을 사용해도 큰 무리는 없다고 하겠다. 단 평균피치는 동일하게 되도록 조정을 해야 한다.

[5] 성능 추정

차트에 의해 설계를 수행하면 프로펠러 단독성능 추정이 쉽다는 것이 큰 장점이다. 프로펠러 지름, 날개면적비, 피치비만 알면 성능 추정은 보간법을 사용하여 쉽게 예측할 수 있다. 이러한 연유로 특별한 경우를 제외하고는 대다수 시리즈(series) 실험결과 또는 차트에 의한 설계를 수행하고 있다. 참고로 표 11·3에 설계된 프로펠러에 대한 단독성능을 나타낸다. 시리즈 설계 때 설계된 프로펠러가 내외경비(boss ratio)나 두께(thickness) 분포가 다르게 되는 경우가 발생하는데 이때는 다음의 공식을 이용하여 피치 수정(modification)을 해준다.

① 내외경비에 관한 수정

$$\frac{P}{D} = \frac{1}{10}(C - C')$$

여기서, C : 설계프로펠러(designed propeller)의 내외경비

C' : 원 프로펠러(original series propeller)의 내외경비

② 두께비(thickness ratio)에 관한 수정

$$\frac{P}{D} = -2\left(\frac{P}{D}\right)_O (1-S)\left(\frac{t}{l}\right) \times 0.75$$

여기서, $\left(\frac{P}{D}\right)_O$: 0.75 반지름(Radius)에서 원 프로펠러(original series propeller)의 피치비(pitch ratio)

S : 슬립비(slip ratio)

$$\left(\frac{t}{l}\right) = \left(\frac{t}{l}\right)_p - \left(\frac{t}{l}\right)_o \times [1.0 + 1.1 \times (c - c')]$$

여기서, $\left(\frac{t}{l}\right)_p$: 0.75 반지름에서의 현재 프로펠러 두께

$\left(\frac{t}{l}\right)_o$: 0.75 반지름에서의 원 프로펠러 두께

참 고

프로그램 명칭 및 사용 목적

① PROPD : MAU와 Wageningen B-series를 이용하여 프로펠러의 주요 재원 결정 (프로펠러 날개수, 프로펠러 지름, 전개면적비, mean pitch value 등)
② PBOS : 프로펠러의 윤곽(주어진 EAR 상에서 blade contour 결정)
③ PBDTHK : blade thickness 분포(by class rule)
④ DYNE : ship wake 분포 결정(model wake를 실선 wake로 확장)
⑤ P-LINE : 양력선 이론을 이용한 circulation 분포 계산
⑥ PBD10 : 양력면 이론을 이용한 optimum pitch and camber 분포 결정
⑦ PSF3 : 양력면 이론을 이용한 프로펠러 성능 해석(pitch and camber 분포에 대하여 반복작업을 수행하면서 설계 요구조건이 만족될 때까지 design spiral)
⑧ PUF2 : 정상 및 비정상 상태의 프로펠러 축력 계산
⑨ SECT : beam theory를 이용한 blade stress 계산
⑩ OFFSET : 프로펠러 도면 제작을 위한 offset 작성
⑪ WEIGHT : 프로펠러의 무게와 moment of inertia 계산
⑫ BLDRAW : 프로펠러 도면 작성

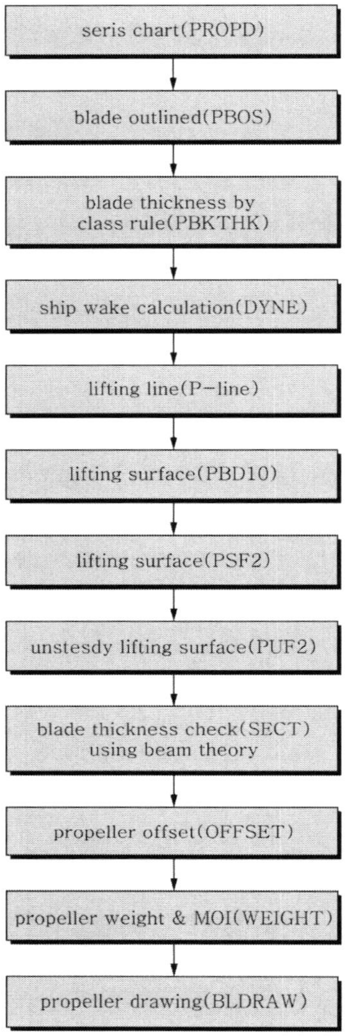

그림 11 · 6 프로펠러 설계프로그램 흐름도

11.6 결 언

계통시험에 의한 프로펠러 설계에 대하여 Wageningen B-시리즈를 예를 들어 살펴보았다. 여타 다른 시리즈 설계도 이와 유사하므로 설계에 이용하는 데에는 큰 불편은 없을 것이다. 물론 현재 설계된 상태에서 날개단면만 치환하여 설계하는 경우도 생각하여 볼 수 있다. 이때 피치는 날개단면에 따른 특성이 다르므로 피치 수정을 해주어야 하는데 이

때는 실제 피치비(mean virtual pitch)를 비교하면 좋다. 예를 들어 Wageningen B-시리즈의 실제 피치비는 다음과 같다.

$$\frac{P_V}{D} = 1.03\left(1.048 \times \frac{P}{D} + 0.1 - 0.13 \times \frac{A_E}{A_O}\right)$$

최종 성능곡선은 이미 설명했듯이 보간법을 이용하여 얻을 수 있으며 기타 작도(drawing) 및 제작에 필요한 형상치수표(offsets)는 시리즈의 형상을 그대로 축척(scale)만 조절하여 계산하면 된다. 이 점이 또한 차트(chart) 설계의 장점 중의 하나이다. 그러나 B-시리즈 차트의 경우 표 11 · 2와 같이 실험 결과에 대한 전체적인 순정(fairing)이 완벽하지 못하기 때문에 약간의 오차를 포함하고 있다. 후에 이를 개선한 결과가 발표[5]되어 전산화[4]에는 이 자료를 주로 이용하고 있다. MAU 차트는 여러 번의 수정을 거쳐 오차범위가 적은 편이다. 실선 프로펠러 제작 때 날개단면 중 뒷날(trailing edge)에서 날개가 너무 얇아지는 경향이 있어 강도측면이나 선박의 운영 면에서 적정 이상의 두께가 요구되어 이 부분을 수정하는 경우가 있다. 일반적으로 모든 선박에서 프로펠러는 고속으로 회전하기 때문에 유체탄성 소음 혹은 명음이 발생할 가능성이 많다. 이런 이유로 거의 모든 프로펠러는 뒷날(trailing edge)에 명음 방지 처리를 해야 한다.

참고문헌

1. Troost, "Open water test series with modern propeller forms", *NECI*, Vol. 67, 1951.
2. Lammeren & van Manen & Oosterveld, "The Wageningen B-screw series", *SNAME transactions*, Vol. 77, 1969.
3. Yazaki and others, "Extension of design charts of AU-type four and AUW-type six-bladed propeller series to high pitch ratio", *Journal of the society of naval architects of Japan*, Vol. 131, 1972.
4. 최군일 · 장봉준, 「계통실험에 의한 최적 프로펠러의 설계」, 대한조선학회 추계연구발표회, 1988.
5. Oostervelt & van Oossanen, "Further computer-analysis data of the Wageningen B-series", *ISP*, 1975.
6. NSMB, "Wageningen B-screw series : Open water, $B_{P_1}-1/J$ and $B_{P_2}-1/J$ diagrams(small scale)", Jan, 1978.
7. SNAME, *Principle of naval architecture second revision Volume II, Resistance, propulsion and vibration*, pp.186~188.
8. Takashiro, "Power prediction based on modified Yamagata resistance chart and newly introduced thrust deduction and wake factor", *JKSNA*, No. 177, June, 1980.

제 12 장 톤수 및 용적

12.1 일 반

선박의 톤수는 선박의 크기 또는 유용능력을 나타내기 위하여 사용하는 지표인데, 톤수의 주요 사용처를 예시하면 다음과 같다.

① 선박의 등록 및 선박국적증서 등에 기재하는 값을 산출함.

② 각종 법규 적용의 기준이 됨[예 해상인명안전협약(SOLAS), 해양오염방지협약(MARPOL), 선원의 훈련, 자격증명 및 당직기준협약(STCW) 등].

③ 각종의 수수료(검사료, 도선료)의 표준이 됨.

④ 보험료 및 각종 과세의 기준이 됨.

⑤ 항만시설 사용료(접안료, 정박료, 계선료, 입항료)의 기준이 됨.

⑥ 기타 사용료(운하통행료, 예인선 사용료 등)의 표준이 됨.

이상에서 예시한 바와 같이 톤수는 중요한 지표가 됨에도 불구하고, 각국마다 서로 다른 톤수 규정이 존재하여 동일 선박에 대해서도 국적이 바뀜에 따라 서로 다른 톤수가 산정되는 결과를 가져오게 되어서, 해운과 항만관리에 상당한 문제점이 제기되므로 각국 간에 간결하고 통일된 톤수의 필요성이 요구되었다.

이에 따라 국제해사기구(IMO)에서는 약 10년간의 검토를 거친 끝에 국제항해에 종사하는 선박의 톤수측정에 관한 국제통일 규칙, 즉 '1969 선박톤수 측정에 관한 국제협약'을 채택하여 1982년 7월 18일 발효하게 되었다. 하지만 이 기존 국내총톤수보다 큰 국제총톤수협약을 갑자기 각종 국제협약에 적용할 경우에는 기존 선박의 구조 및 설비를 변경하여야 하는 경우가 발생되므로, 이러한 문제점을 해소하고자 국제해사기구(IMO)가 각종 국제협약증서에 국내총톤수를 부기하여 이를 적용할 수 있도록 조치하였으며[IMO Res.A. 494(XII) 및 Res.A.541(13)], 더 나아가서 1993년 11월 23일 제18차 총회에서는 국제톤수

증서상에도 국내톤수를 부기하도록 최종 결의한 바 있다[MO Res.A.758 (18)]. 따라서 현재는 선종, 선박의 용골 거치일(keel laying date), 선박 크기에 따라 톤수 측정 기준이 다르기 때문에 산출을 위한 복잡성이 극에 달해 있다. 이와 관련된 내용을 본 장의 12.5절에서 보충하여 설명한다.

선박의 톤수는 중량을 기준으로 한 것과 용적을 기준으로 한 것으로 대별될 수 있으며, 이를 요약하면 표 12·1과 같다.

표 12·1 선박 무게 및 용적의 종류

종 류	내 용
배수용적 (∇, volume of displacement)	배가 물에 떠 있을 때 물 속의 배의 부피를 말함.
배수량 또는 배수톤수 (Δ, displacement)	배의 중량을 나타내는 것(=배수용적×유체의 비중량)으로서 만재배수량(full load displacement)과 경하배수량(light load displacement)으로 구분됨. 비중량은 ① 바닷물 : 1.025 ton/m^3, ② 청수 : 1000 ton/m^3. [주] 여기서 중량의 단위로는 SI계의 N대신에 관습계(MKS)의 ton을 사용하고 있음.
총톤수(GT, gross tonnage), 순톤수(NT, net tonnage)	일정한 기준에 따른 배의 부피(용적)를 나타내는 것.
재화중량톤수 (DWT, dead weight)	배의 적재 가능한 중량을 나타내는 것.
재화용적톤수	배가 적재 가능한 화물의 부피를 나타내는 것으로서 그레인용적(grain capacity)과 포장화물용적(bale capacity)으로 구분됨.
CGT (compensated gross tonnage)	선박의 부가가치 내지는 건조의 난이도에 따른 톤수(=총톤수×선종 그룹에 따른 계수)임.
TEU, FEU	컨테이너의 적재 가능 개수. 컨테이너의 기준 길이에 따라서 TEU(twenty feet equivalent unit)는 20 ft짜리, FEU(forty feet equivalent unit)는 40 ft짜리를 기준으로 한 것임.

12.2 중량톤수(weight tonnage)

무게를 기준으로 하는 톤수를 말한다. '톤'으로는 통상 '미터톤(metric ton)'을 쓰지만 영국과 미국의 자료에는 '영톤(long ton 또는 gross ton)' 및 '미톤(short ton 또는 net ton)'을 사용하는 경우도 있다. 참고로 이들 톤수의 종류를 좀 더 설명하면 다음과 같다.

① 미터톤 : 1 ton = 1000 kg

② 영(英)톤 또는 대(大)톤 : 1 ton = 2240 lb ≒ 1016.1 kg

③ 미(微)톤 또는 소(小)톤 : 1 ton = 2000 lb ≒ 907.2 kg

또한 선박에서 사용되는 중량톤수 중에서 중요한 것 몇 가지에 대하여 보충 설명을 하면 다음과 같다.

[1] 만재배수량(滿載排水量) 또는 만재배수톤수(full load displacement, Δ_F)

선체가 배수하는 물의 중량, 즉 선체가 물에 잠긴 부분의 부피와 같은 부피의 물의 중량(즉, 부력)은 선체중량과 같다는 Archimedes의 원리에 의해서 선체 중량톤을 측정하여 톤으로 표시한 것을 배수톤수라 한다.

선박의 안전항해를 위하여 일정 한도 이상은 화물을 적재할 수 없도록 규정되어 있는 최대한도를 만재흘수선이라 하며, 하기만재흘수선으로 떠 있을 때 배수중량(排水重量)을 만재배수량 또는 만재배수톤수라 말한다. 즉, $\Delta_F = \Delta_L + DWT$ 인 관계가 있다.

[2] 경하배수량(輕荷排水量) 또는 경하배수톤수(light load displacement, Δ_L)

선체, 기관 및 의장(艤裝)이 완성되고 복수기(復水器, condenser) 내에 있는 청수, 보일러와 그의 복수 청수관, 기관 내에 들어 있는 냉각수, 모든 기기 속에 들어 있는 윤활유, 소화용(消火用), 배관 안에 들어 있는 물, 고정 밸러스트(ballast : 고체 혹은 액체), 법정 비품 등을 적재한 배수톤수를 말한다. 여기에 화물, 연료, 승무원과 소지품, 예비급수, 식량 등은 포함되지 않은 상태를 말한다. 즉 선박 자체만의 무게라고 말할 수 있다.

[3] 재화중량(載貨重量, deadweight, DWT 또는 DW)

만재배수톤수에서 경하배수톤수를 뺀 것이다. 다시 말해서 배에 적재할 수 있는 최대한의 중량을 말한다. 여기에는 화물뿐만 아니라 연료, 청수, 식량, 승무원, 여객 및 이들의 소지품, 기타 법으로 정해진 예비품 등의 중량이 포함된다. 화물선에서는 이 톤수가 가장 중요시된다. 이것은 선박의 적재능력을 나타내기에 가장 적절한 톤수이기 때문에 선박의 건조계약에서부터 선박의 매매 및 용선에 이르기까지 거의 모든 상거래에 쓰이고 있다.

[4] 기준배수(基準排水)톤(또는 표준배수량, 기준배수량, standard displacement)

Washington조약에서 정한 군함의 배수톤수로서, 다음과 같은 상태를 말한다. 즉, 병기, 탄약, 승무원 및 식량 등 모든 것을 적재하고 있으나, 연료(fuel) 및 급수(RFW : reserved feed water)만은 포함하지 않는 상태를 말한다. 군함의 크기는 보통 이 톤수를 사용하여 표시하고 비교한다.

12.3 용적톤수(volume tonnage 또는 capacity tonnage)

[1] 총톤수(GT : gross tonnage)

선박 전체의 폐위(蔽圍)장소 용적으로부터 규정에서 정한 바에 따라 일부의 장소를 빼고, 여기에 일정한 계수를 곱하여 구한 부피 기준의 톤수이다.

종전의 톤수측정법에 의한 총톤수(구 톤수)는 선박의 내부 용적을 산출 후에, 100 ft^3 (1000/353 m^3)를 1 ton으로 환산하여 얻은 값으로 하였다.

하지만 국제해사기구(IMO)에서 1969년에 채택하고, 1982년 7월 18일 발효된 선박톤수 측정에 관한 국제협약의 국제총톤수 산정법이 12.6절의 식 (12 · 2)와 같이 바뀌었다.

[2] 순톤수(NT : net tonnage)

여객이나 화물의 운송용으로 제공되는 선박 내 장소의 크기를 나타내기 위하여 사용되는 지표를 말하며, 화물 적재 장소의 전 용적에 규정에서 정한 바에 따라 일정한 계수를 곱하여 얻은 값에, 여객수에 일정한 계수를 곱하여 얻은 값을 보태어 구한다. 국제순톤수 산정식은 12.6절의 식 (12 · 3)을 참조하기 바란다.

[3] 운하톤수(canal tonnage)

운하 당국이 그 운하를 통과하는 선박에 대하여 운하통과료를 징수하기 위하여, 각 운하에서 독자적으로 정한 톤수를 말한다. 이에는 수에즈(Suez)운하톤수 및 파나마(Panama)운하톤수가 있다. 이들 톤수의 측정은 각국의 특정감사원(선급협회), 해운관청에 위촉되어 있으므로, 톤수의 측정을 받고 증서를 발급받아 소지하고, 운하 통과 때 이 증서에 의하여 통과료를 지불하면 된다. 이 증서를 소지하고 있지 않을 때에는 운하사무소에서 측정하여 증서를 발급받게 된다. 예전에는 수에즈운하 및 파나마운하가 공히 톤수규칙과 마찬가지로 Moorsom 방식에 기초를 둔 종래의 톤수측정 방식을 적용하였으나, 파나마운하의 경우는 새로운 측도 방식인 PC/UMS 방식을 제정하여 1994년 10월 1일부터 적용하고 있다.

[4] 재화(載貨)용적(cargo capacity tonnage)

화물창 내에 화물을 적재할 수 있는 총용적을 말하며, 이전에는 관습적으로 40 ft^3을 1톤으로 계산하였으나, 지금에는 용적을 m^3 단위(또는 ft^3)로 나타내는 것이 보통이다. 이에는 적재화물의 종류에 따라 다음과 같은 2종의 측정방법이 있다.

① **그레인용적**(grain capacity) **또는 낱알화물용량**(혹은 산적재화물용적이라고도 함)

화물을 포장하지 않은 상태로 적재할 수 있는 용적을 말한다. 즉, 곡류, 소맥분, 석탄 등과 같이 선측내장재의 틈으로부터 늑골 사이의 부분에도 들어가는 화물에 대하여 사용한다. 그리고 이것은 외측내면, 내저판(inner bottom plate)의 내장판(ceiling) 상면 및 갑판(deck)하면까지 측정한 부피[창구부는 해치빔(hatch beam)의 상면까지 측정]에서 늑골(frame), 보(beam), 선측내장(side sparring), 필러(pillar) 및 갑판거더(deck girder) 등의 부피로 0.5%를 공제하여 구한다.

② **포장화물용적**(包裝貨物容積, bale capacity)

포장화물용적 또는 베일이라고도 하며, 포장된 화물을 기준으로 하여서 적재 가능한 용적을 말한다. 즉, 면포(cotton bale), 포대에 넣은 소맥분, 술통 등과 같이 선측내장재의 내측에만 적재할 수 있는 화물에 대하여 사용하며, 선측내장재 내면, 내저판 상면 및 갑판보(deck beam) 하면까지 측정한 부피에서 필러, 브래킷(bracket), 갑판거더 등의 부피로서 0.2%를 공제하여 구한다. 일반적으로 그레인용적의 90~93% 정도가 된다. 중량톤수와 재화용적에 대하여는 법규상의 규정도 없고, 등록사항에도 없으나, 화물선 등에서는 상업적 거래상 특히 중요하므로 양자 모두 반드시 계산하여야 한다.

[5] 배수용적(volume of displacement 또는 volumetric displacement, ∇)

선박의 물속에 있는 부피를 말한다. 즉, 선박이 물에 들어감에 따라서 물을 배수시킨 용적을 말하며, Archimedes의 원리에 의해서 이 값에 선박 주변 유체의 비중량(specific weight 또는 weight density, γ)을 곱하면 선박에 작용하는 부력이 되며 평형 원리에 따라 이 부력과 선박의 중량(배수량)이 같게 된다. 이때 비중량과 비중(specific gravity)과는 완전히 다른 종류이므로 혼돈하지 말기를 바란다. 즉, 비중량은 '(무게/부피)'로서 단위가 있는 값이지만, 비중량은 그 정의에 따라 무차원수임을 유념하기 바란다. 이와 관련된 구체적인 사항은 부록 Ⅳ를 참조하기 바란다. 물론 배수용적도 선박의 하중 상태에 따라서 만재배수용적과 경하배수용적으로 구분된다.

[6] *CGT*(compensated gross tonnage, 보정 총톤수)

다음과 같은 이유로 최근에 한·일 조선공업협회가 조선통계실적을 종전 *GT*에서 *CGT*로 변경하여 발표하고 있다.

① 총톤수(*GT*) 개념의 톤으로는 특정 선종 및 선형을 건조하는 데 소요되는 작업량을 평가하는 데 부적절하다. 이를테면 동일한 *GT*의 탱커, 컨테이너, LNG선 등에 대해 작업량, 선가, 부가 가치 등의 측면에서 볼 때 같은 수준으로 평가하기에는 문제가 있다.

② *CGT* 기준으로 했을 경우 선박의 수주에 있어서 '한국의 독식'이라는 유럽업계의 공세를 피할 수 있으며, 수주금액과 건조기간을 감안한 통계기준으로 좀 더 합리적인 적용이 가능하다.

여기서

$$CGT = (\text{선박의 그룹별로 정해진 계수}) \times (GT)$$

로 정의되며, 선종별 CGT의 예를 들면 다음과 같다.

- VLCC 및 대형 벌크화물선 : 0.3 GT
- 컨테이너선 : 0.65 GT
- 카페리 : 0.45 GT
- LPG선 : 0.7 GT
- LNG선 : 0.75 GT
- 여객선 : 1.25 GT

12.4 총톤수(GT)와 재화중량톤수(DWT)와의 관계

총톤수(GT)와 재화중량톤수(DWT)와의 관계를 이론적으로 직접 정립한다는 것은 불가능하지만 통계적으로 표시된 이들 간의 상호 관계를 참고적으로 소개하면 표 12 · 2와 같다.

표 12 · 2 총톤수(GT)와 재화중량톤수(DWT)와의 관계

용 도	선 종	DWT/GT
탱 커	석유제품운반선(PC) DWT 50,000 ton 이하 DWT 80,000 ton 이하 DWT 160,000 ton 이하 DWT 160,000 ton 초과	1.6 1.6 1.7 1.9 2.0
벌크화물선	DWT 50,000 ton 이하 DWT 100,000 ton 이하 DWT 100,000 ton 초과	1.6 1.7 1.8
일반화물선	DWT 5000 ton 이하 DWT 5000 ton 초과	1.3 1.4
컨테이너선 및 Ro / Ro선		1.0
냉장선		1.3
위험 화학 품 및 화학가스 산적운송선	40,000 m^3 이하 90,000 m^3	1.3 0.85

12.5 국제톤수협약에 따른 총톤수의 적용

[1] 선종, 선박의 용골거치일(K/L : keel laying), 선박 크기에 따른 각종 협약적용 기준 [IMO Res.A.494(XII), Res.A.541(13), Res.A.758(18)]

1) SOLAS 협약 및 관련증서(SC, SE, SR, PS, IBC/IGC, BCH/GC 등)

① 화물선

- '85. 12. 31 이전 K/L : 배의 일생 동안 국내총톤수(national tonnage) 적용.
- '86. 1. 1. ~ '94. 7. 17 K/L 선박으로서,
  국내총톤수가 1600톤 미만 : 국내총톤수 적용
  국내총톤수가 1600톤 이상 : 국제총톤수 적용
- '94. 7. 18 이후 K/L : 국제총톤수 적용

② 여객선(톤수에 관계없이 K/L년도 별로 적용)

- '85. 12. 31 이전 K/L : 국내총톤수 적용
- '86. 1. 1 이후 K/L : 국제총톤수 적용

2) MARPOL 협약

① 400톤 미만의 IOPP증서 소지 선박

- '94. 7. 18 이전 K/L : 국내총톤수 적용
- '94. 7. 18 이후 K/L : 국제총톤수 적용

② 400톤 이상의 IOPP증서 소지 선박

- '82. 7. 18 이전 K/L : 국내총톤수 적용
- '82. 7. 18 이후 K/L : 국제총톤수 적용

따라서 협약증서상의 총톤수 기재란에 국내총톤수 기재 대상 선박의 경우, 총톤수 확인은 선박국적 증서를 보지 말고, ITC증서 비고(remark)란을 확인해야만 알 수 있다.

아울러 다음의 특기사항을 참조하기 바란다.

① 각종 협약증서상에 국내 총톤수가 부기된 경우에 톤수에 영향을 미치는 변경, 개조로 인하여 국내 총톤수 또는 국제 총톤수가 1% 이상 변경되었을 경우 상기의 부기사항은 삭제되어야 한다. 즉, 이러한 선박은 국제총톤수가 적용되며 국내 총톤수에 관한 ITC 증서상의 비고 내용은 삭제된다.

② 협약의 적용 목적으로 K/L년도별 총톤수 적용을 분류한다[IMO RES.A 494(XII)].

③ RES.A.494 적용 대상 선박은 MARPOL & 540(13) 및 STCW(선원훈련, 자격증명 및 당직 유지의 기준에 관한 협약) 적용 때 국내의 총톤수 적용이 가능하다[IMO RES.A 541(13), 540(13)].

④ 국제톤수증서 비고란에 국내총톤수를 부기한다[IMO RES.A 758(18)].

[2] pusher tug-barge 결합체(combination)의 안전기준 적용

pusher tug-barge 결합체의 경우 그 결합방식이 다양하며, 협약적용에 사용할 톤수 산정에 대한 통일된 규정이 없었으나 MSC 제69차 회의(1998. 5.)에서 승인하고 MSC/

Cir. 866으로 통일된 적용지침을 마련하였다.

이 지침에는 형식(type)에 따라 각종 안전기준의 적용을 목적으로 하는 톤수의 산정지침을 다음과 같이 요약할 수 있다.

1) type의 정의

① type A : pusher가 barge로부터 remote control로 조치되는 결합은 물론이고, coupling이 bolt 연결과 같이 완전히 고정된 연결(rigid connection)로 이루어진 tug-barge 결합은 type A로 간주한다.

② type B : pusher가 barge로부터 쉽게 연결 해체시킬 수 있는 system으로서 한 사람이 5분 이내의 'quick acting release type'을 말한다.

2) pusher tug-barge combination에 대한 안전기준 적용

① type A combination : gross 및 net tonnage는 one unit 또는 pusher와 barge를 분리 계산에 의해 결정될 수 있다. 이 경우 안전기준 적용 목적상의 톤수는 이들 톤수의 합을 적용한다.

② type B combination : 안전기준을 'two separate ships'에 적용할 수 있으며, pusher는 barge를 예인할 수 있는 능력을 갖추어야 한다.

[3] 분리밸러스트 탱크(segregated ballast tank)를 갖는 유조선의 톤수측정 적용 [IMO RES.A 747(18)]

MARPOL 73/78 Annex I regulation 13에 적합한 분리밸러스트 탱크 및 분리물밸러스트의 운송을 위하여 전용으로 사용되는 탱크를 갖는 유조선의 경우, 국제톤수증서 비고란에 분리밸러스트 탱크의 톤수를 기재하고, 국제총톤수에서 감하며 이 감소된 총톤수가 수수료 산정 시 사용된다. 이때 분리밸러스트 탱크의 톤수는 다음 식으로 산정된다.

$$K1 \times Vb \qquad (12 \cdot 1)$$

여기서, $K1$: $0.2 + 0.02\log_{10} V$

V : ITC 1969 제3규칙에서 정의하는 선박의 폐위구역의 총용적

Vb : ITC 1969 제6규칙에 따라 측정한 분리밸러스트 탱크의 총용적

12.6 1969년 선박톤수 측정에 관한 국제협약(international convention on tonnage measurement of ships, 1969)

[1] 제정경위

종래에는 톤수 측정에 관하여 국제적으로 통일된 기준이 없어서 각국이 독자적인 방식

을 채용하였다. 따라서 계산된 톤수가 다르기 때문에 선박의 항행안전을 위한 규제나 과세, 입항세, 도선료 등의 수수료 징수 등에 관한 국제간의 공평성과 통일성을 확보하기가 곤란하였다. 이를 개선하기 위해 국제해사기구(IMO)의 해사안전위원회(MSC)가 톤수 측정에 관한 국제협약건을 10년 동안 검토한 결과 '1969년 선박톤수 측정에 관한 국제협약'이 채택되고 1982년 7월 18일 발효하게 되었다.

[2] 협약 적용 선박

이 협약은 국제항해에 종사하는 선박으로서 그의 정부가 체약정부인 어느 국가에 등록되어 있는 선박 중 다음의 선박에 적용한다.

① 신조선박(1982년 7월 18일 이후에 용골이 거치된 선박)
② 길이 24 m(79 ft) 이상인 선박
③ 군함 이외의 선박
④ 주관청이 기존 총톤수의 실질적 변경을 가져오는 것으로 인정하는 개조 또는 수리를 하는 기존 선박

[3] 국제 총톤수 및 순톤수 산정법

① **총톤수**(gross tonnage)

$$GT = K1 \times V \qquad (12 \cdot 2)$$

여기서, V : 선박에서 둘러막힌 장소의 합계용적(횡단면적 1m^2 이하와 용적 1m^3 이하는 제외)

$K1$: $0.2 + 0.02\log_{10} V$

② **순톤수**(net tonnage)

$$NT = K2 \times Vc(4d/3D)^2 + K3(N1 + N2/10) \qquad (12 \cdot 3)$$

여기서, Vc : 화물장소의 합계용적

$K2$: $0.2 + 0.02\log_{10} Vc$

D : 선박 중앙에 있어서의 형깊이

d : 지정된 하기만재흘수선에 상당하는 흘수

$N1$: 8개 이하의 침대를 갖춘 선실에 있는 여객수

$N2$: 기타의 여객수

$K3$: $1.25 \times (GT + 10{,}000)/10{,}000$

이때 '여객'에서 제외될 대상은 1세 미만의 유아와 선장, 선원, 그리고 그들의 자격여하를 불문하고 승선하여 선박의 업무에 고용되거나 종사하는 기타의 사람 등으로 한다.

또한 모든 형태의 선박에 대한 최소의 순톤수는 총톤수의 함수이다. 따라서 예인선 등

과 같이 여객 또는 화물의 운송용으로 사용되지 아니하는 선박의 순톤수는 국제총톤수 수치의 30%를 하한으로 한다(즉, $0.3 \times GT$).

[4] 한국 국적의 톤수 측정 기준

우리나라는 1980년 1월 18일 ITC 1969 협약을 수락하고 이에 따라 선박법을 개정하여 1982년 12월 31일 법률 제3641호로 공포하였다.

새로운 측도규칙인 '선박톤수의 측정에 관한 규칙'은 국제톤수협약에 의해 측도한 값보다 작게 산출되어 영세 선주의 부담을 줄이고 있다.

① 단층갑판 : 4000톤 미만에서는 국내총톤수 < 국제총톤수
4000톤 이상에서는 국내총톤수 = 국제총톤수

$$GT = t \times [(0.6 + t/10,000) \times \{1 + (30 - t/180)\}]$$

t : 국제총톤수

② 2층 이상 갑판선 : 국내총톤수 < 국제총톤수 (1.5~2.5배 차이)

$$GT = t \times [(0.6 + t/10,000) \times \{1 + (30 - t/180)\}] \times (B/A - 0.25)$$

12.7 운하톤수

[1] 파나마운하톤수(Panama canal universal measurement system)

예전에는 수에즈(Suez)운하톤수 규칙과 마찬가지로 Moorsom 방식에 기초를 둔 종래의 톤수 측정 방식을 적용하였으나 그동안 운하 당국에서 수년 동안 검토한 끝에 새로운 측도 방식인 PC/UMS 방식을 제정하여 1994년 10월 1일부터 적용하고 있다.

운하통행료는 순톤수를 기준으로 하고 있으며, 다른 톤수 규칙과는 달리 총톤수를 규정하고 있지 않다.

그 적용상 특징은 다음과 같다.

① 1994년 9월 30일 이전 운하를 통과한 적이 있는 선박 : 기존의 순톤수를 영구히 적용함.

② 1994년 10월 1일 현재 운하를 통과한 적이 없는 선박 : 기존의 운하톤수 소지와는 관계없이 PC/UMS에 따라 측도하고 증서를 발급함.

③ 1994년 10월 1일 이후 주요 개조로 인해 10% 이상의 전체용적이 변경되었을 경우 PC/UMS에 따라 측도하고 증서를 발급함.

④ 상갑판 상부에 컨테이너를 운반하는 선박의 경우 on-deck container capacity 측도 rule을 적용함.

⑤ 전장(LOA)이 100 ft(30.48 m) 미만의 선박은 측도가 요구되지 않음.

PC / UMS 순톤수 산정식은 다음과 같이 한다.

$$NT = K4 + K5(V) + CF1(VMC)$$

여기서, $K4$: $\{0.25 + (0.01 \times \log V)\} \times 0.83$

$K5$: $\log(Da - 10) / \log(Da - 16) \times 17$

Da : $(V/L) \times B$

V : 선박에서 폐위된 장소의 합계용적

L : 배의 길이

B : 배의 폭

$CF1$: 상갑판상에 컨테이너를 운반하도록 설계된 선박일 경우는 $CF1 = 0.031$로 하며, 그 외 선박의 경우는 $CF1 = 0$으로 함.

VMC : volume of maximum capacity of the container

또한 파나마운하를 통과할 수 있는 최대의 제원은 다음과 같다(※ 2015까지 목표로 통과선폭 55.2 m, 흘수 15.4 m로 수로 확장을 추진 중임).

- 길이 : LOA(bulbous bow 포함) 950 ft(289.6 m)
  단, – 여객선 및 container선 : 965 ft까지 통행 가능
  – tug–barge combination : 900 ft
  – 비자항선 : 850 ft
- 흘수 : 35 ft 6 in(12.04 m)이지만 강우량 등의 계절적 요인에 따라 하향 조정되므로 사전에 파나마운하 위원회에 확인해야 한다.
- 선폭 : 106 ft(32.3 m). 단, 1회 통행에 한하여 최대흘수가 37 ft를 넘지 않는 조건으로 107 ft까지 통행 가능하다.

[2] 수에즈운하톤수(Suez canal tonnage)

국제톤수협약과는 무관하게 무어슴(Moorsom) 방식에 기초를 둔 종래의 톤수 측정 방식을 적용하고 있다. 그 산정 방법은 다음과 같다.

① **총톤수**(gross tonnage)

$$GT = (Vt - \text{제외 장소의 용적}) \times 0.353$$

여기서, Vt : 선박에서 폐위된 장소의 합계용적

제외 장소의 용적 : double bottom, companion way, engine casing 등의 용적.

또한 100 ft^3 $(1000/353\,m^3)$을 1 ton으로 정의한다(즉, $1\,m^3 = 0.353$ ton).

② **순톤수**(net tonnage)

$$NT = GT - (\text{공제 장소의 용적} \times 0.353)$$

여기서 공제 장소의 용적에는 선원 상용실, 선박의 안전 및 위생 등에 사용되는 장소, 항해의 용도에 제공되는 장소, 기관실 장소 등이 해당된다.

③ **통과할 수 있는 선박의 최대 제원**(max. dimension of vessel)

- 최대길이 : 제한 없음
- 최대폭 : 245 ft(74.68 m)
- 최대흘수 : 폭별로 흘수를 제한하고 있음(Suez canal rule Ch. Ⅲ, Sec. Ⅱ 참조)

톤수 측정과 관련하여 좀 더 상세한 사항은 다음의 참고문헌에서 찾아보기 바란다.

참고문헌

1. 'International convention on tonnage measurement of ships, 1969(1969년 선박의 톤수측정에 관한 국제협약)', IMO(TM.5 / Circ.5), 한국선급(KR).
2. 'Application of tonnage measurement of segregated ballast tanks in oil tanker'(IMO Res.A.747(18)), IMO.
3. '선박 톤수의 측정에 관한 규칙', 교통부령 제758호, 1983. 3. 7.
4. '선박 톤수 측정 요강', 해운항만청훈령 제202호, 1983. 4. 30.
5. 박경현, 『선박 법규 해설－선박의 등록과 톤수 제도편』, 한국해사문제연구소.
6. 박명규 · 권영중 · 권성칠 · 김윤진, 「신 적량 측정(톤수 규정)에 관한 국제 협약」, 『한국해운학회지』 제20권, 1995. 8.
7. 대한조선학회편, 『선박계산』, 동명사, 2005.

제 13 장 군함설계와 상선설계의 주요 차이점

여러 가지 제약조건 때문에 우리나라 대학 과정의 선박설계 과목에서는 상선설계의 기초이론만을 다루게 되는 것이 보통이다. 하지만 군함의 설계 때는 상선설계 때와는 상당히 다른 바탕 위에서 설계해야 하는 점들이 많다고 하겠다. 뿐만 아니라 국제적인 선박시장에서 살아남기 위해서라도 군함과 같은 고부가가치선(예 4천 톤 구축함의 선가가 동일 배수량 상선선가의 27배)의 개발이 어느 때보다도 더욱 더 요청되는 실정인 반면에 군함설계와 관련된 자료는 대부분 대외비밀로 되어 있고, 돈 주고도 구입이 불가능한 경우가 많다. 따라서 우리 기술진에 의하여 개척되고 개발되어야 하는 부분이 많다고 하겠다.

이에 군함설계상의 일반적 사항, 상선설계에 비한 기본적 특징 및 관련 문헌 등을 소개하고자 한다.

13.1 군함의 종류

다음에 군함의 종류를 간단히 소개한다. 여기에 사용된 약호 및 세부 분류 기호는 미국의 것을 기준으로 작성하였다. 이 약호의 세계적 공통 기준은 없으며, 각 국별로 임의 기준을 설정하여 적용하고 있다. 참고로 우리나라 군함의 약호를 함정별로 ( )속에 소개하면 다음과 같다. 여기서 'X'차세대 장비를 의미한다. 즉, 잠수함(KSS-I, KSS-II, SSU), 구축함(KDX-I, KDX-II, KDX-III), 호위함 또는 프리깃함(FF), 초계함/고속정 [PCC/PKM, 예 : 천안함(PCC772)], 대형 수송함(LPX), 상륙함(LST), 기뢰전함(MHC, MSH, MLS), 군수지원함(AOE)등이 있다.

참고적으로 현대중공업이 건조한 최신 잠수함(KSS)들은 공기불요 추진장치(AIP: air independent propulsion system)가 설치되어 있어서 일반 잠수함의 7-14배인 2주 기간

동안 수중 작전을 할 수 있도록 되어 있다.

[1] 수상전투함

- CV(aircraft carrier) : 항공모함
- CVN(nuclear aircraft carrier) : 핵추진 항공모함
- AVT(auxility aircraft landing training ship) : 연습항모
- BB(battleship) : 전함
- CA(gun cruiser) : 순양함. 대양을 순회하며 장시간, 장거리 작전을 펼 수 있다는 점에서 붙은 명칭이다.
- CG(guide missile cruiser) : 미사일 순양함
- CGN(nuclear guided missile cruiser) : 원자력 추진 미사일 순양함
- CGSN(strike nuclear guided missile cruiser) : 원자력추진 타격미사일 순양함
- DD(destroyer) : 구축함. 잠수함을 찾아 쫓아낸다는 의미에서 구축함이라고 부른다. 일반적으로 4000~8000톤의 함정이 이에 해당된다.
- DX/DDX(destroyer, experimental) : 차세대 구축함. X란 차세대 실전배치를 위해 실험 중인 장비에 붙는 약호이다.
- DDG(guided missile destroyer) : 미사일 구축함
- DE(destroyer, escorts) : 호위 구축함
- FF(frigate) : 호위함. 일반적으로 프리깃함이라고 원어 그대로 부르기도 한다.
- FFG(guided missile frigate) : 미사일 호위함
- PCC(coastal patrol craft) : 연안 초계정
- PCF(patrol craft fast) : 고속 초계정
- PB(patrol boat) : 초계정
- PBR(patrol boat, river) : 하천 초계정

[2] 잠수함

- SS(submarine) : 잠수함
- SSG(guide missile submarine) : 미사일 잠수함
- SSN(guided missile submarine) : 핵추진 공격형 잠수함
- SSBN(nuclear ballistic missile submarine) : 핵추진 대륙간 탄도미사일 잠수함. 보통 '부머(boomer)'라는 애칭으로 더욱 많이 불린다.
- UUV(Unmanned Underwater Vehicle) : 무인잠수정(ROV, AUV)

[3] 상륙작전용 함정

- LCC(amphibious command ship) : 상륙 지휘함
- LHA(landing helicopter attack) : 공격 헬기모함
- LHD(landing helicopter dock) : 다목적 헬기모함
- LPH(landing platform helicopter) : 헬기전용 상륙모함
- LPD(landing platform dock) : 도크형 수송양륙함
- LSD(dock landing ship) : 도크형 양륙함
- LST(tank landing ship) : 전차양륙함
- LCAC(landing craft, air cushioned) : 호버크래프트 상륙정
- LCU(landing craft, utility) : 범용상륙정
- LCM(landing craft, mechanized) : 기동양륙정
- LSSC(light SEAL support craft) : 소형 씰팀 지원정
- MSSC(medium SEAL support craft) : 중형 씰팀 지원정
- SDV(SEAL delivery vehicle) : 씰팀 수송용 잠수정

[4] 기뢰전함정

- MCM(mine countermeasures ship) : 소해정
- MCS(mine countermeasures support ship) : 기뢰전 지휘함
- MHC(minehunter, coastal) : 연안 소해정

[5] 초계함정

- PCC(coastal patrol craft) : 연안 초계정
- PCF(patrol craft, fast) : 고속 초계정
- PB(patrol boat) : 초계정
- PBR(patrol boat, river) : 하천 초계정

[6] 예비함정

- AE(ammunition ship) : 탄약 지원함
- AGOS(ocean surveillance ship) : 음향 측정함
- AO(fleet oiler) : 함대급유함
- ARS(salvage ship) : 구난함
- AOE(fast combat support ship) : 고속 전투 지원함
- AOR(replenishment oiler) : 보급 지원함

- ASR(submarine rescue ship) : 잠수함 구난함
- AVM(guide missile ship) : 미사일 장비함

[7] 순양함 · 구축함 · 호위함(프리깃) · 초계함 · 고속정

순양함은 독자적인 전투능력과 충분한 군수품을 적재하여 원거리 작전을 수행한다. 요즘은 순양함과 구축함이 별 차이가 없다.

구축함은 어뢰정의 공격으로부터 전함이나 순양함, 상선 등을 보호하는 역할을 한다. 현대의 구축함은 대잠, 대함, 대공 능력을 골고루 가지고 있는 군함이다.

호위함(프리깃, FF)은 빠른 속도와 비교적 경무장을 갖추고 있다. 현대의 프리깃은 대잠, 대함, 대공능력을 모두 갖추고 있기 때문에 구축함과 비슷하다.

초계함(corvette)은 빠른 속도와 경무장을 갖추고 있으며, 배수량은 1000톤 내외이다. 초계함은 연안 해안을 신속하게 방어할 목적으로 운용된다. 현대의 초계함은 대함, 대공방어능력이 향상되어 있다.

고속정(high speed craft)은 매우 빠른 속도를 낼 수 있으며, 배수량은 250~700톤으로 매우 가볍고 연안경비와 기뢰부설, 항만방어 등의 목적에 사용된다. 요즘은 약간의 대함미사일과 76 mm 함포를 사용해 무장이 강력해졌으며, 자체적인 대공방어능력을 갖추는 추세이다. 스웨덴의 Visby 고속정의 경우 스텔스 기능도 갖추고 있다.

[8] 이지스함 · 항공모함

이지스함(Aegis : 그리스 신화의 무적방패)은 '이지스 시스템'을 장착한 군함을 말하는 말이다. 이 '이지스 시스템'은 고정식 위상배열 레이더, 무기통제용 컴퓨터, 전투 지휘용 컴퓨터 등으로 구성되어 있다. 이지스함은 적의 대규모 미사일 공격으로부터 아군 함대를 보호할 목적으로 운용된다. 이지스함의 무서운 점은 고정식 레이더로 빈틈이 생기지 않으며 상당히 긴 탐지능력과 수십 개의 목표물을 동시에 추적한다. 일반적인 이지스함은 스탠더드 함대공미사일로 무장하며 수직발사기(VLS : Vertical Launching System)에 80발 정도의 함대공미사일을 탑재한다. 360°레이더로 최대 1054km 밖의 항공기를 발견하고, 1000개의 표적을 동시에 추적하며 동시에 20여 개의 목표물을 공격할 수 있도록 한다. 모든 함대공미사일을 발사해도 유도가 가능하다, 그 이유는 적 목표물의 예상 비행지점으로 미사일을 유도하지 않고 발사한 뒤 목표물과 거리가 가까워지면 유도를 시작하기 때문에 수십 발의 대공미사일을 유도할 수 있다. 이지스함에는 함대공미사일 스탠더드 외에도 RAM 단거리 대공미사일, 골키퍼 자동 대공근접방어무기 등을 탑재하기 때문에 20~50발의 미사일을 요격할 수 있다[※ 2014년 현재 우리나라에서 건조해서 보유하고 있는 이지스함에는 '세종대왕함(현대중공업)', '율곡이이함(대우조선해양)' 및 '류성용함(현대중공업)' 등이 있다].

항공모함은 전투기 등의 짧은 항속거리 때문에 작전에 제약을 받는 점을 보완하는 역할을 수행한다. 즉, 해외원정 시 항공모함에 탑재된 전투기, 전폭기 등이 임무를 수행한 뒤 항공모함에 착륙하여 폭탄과 연료를 재보급받도록 한다. 지상의 군 공항 같은 역할을 수행한다. 이를테면, 외국의 주둔기지 없이 세계 전역에서 해군의 독자적인 전력 투사 능력을 갖도록 하며, 평상시 재래식 전쟁억지력으로써의 역할을 수행하며, 또한 위기 시나 분쟁 시 공격거점으로써의 역할을 수행한다.

이지스함과 항공모함의 주된 차이를 좀 더 소개하면 다음과 같다.

이지스함의 공격무기는 대함미사일 하푼 8발과 76 mm, 127 mm 등의 함포로 무장한다. 이지스함은 대공방어능력을 제외하면 일반 구축함과 다를 바가 없다. 반면에 항공모함(일반적으로 상상하는 초대형 미국 항모)의 경우 자체적인 방어무기가 있다. 이지스함이 모든 미사일을 발사해도 항공모함은 충분히 그 미사일을 요격할 무기를 갖추고 있으며, 항공모함의 함재기에 사거리가 연장된 대함미사일을 달고 공격에 나서면 충분히 이지스함을 박살낼 수 있다. 또한 항공모함에는 호위함이 상당히 많이 붙는다. 미(美)1개 함공모함 함대를 보면 원자력잠수함, 이지스함, 구축함, 프리깃함, 군수지원함 등이 호위를 하기 때문에 이지스함보다 훨씬 강력한 방호의 기능을 보유하고 있다. 물론 이지스함도 따로 다니지는 않지만 항공모함을 상대하기에는 역부족이다.

13.2 상선 설계에 비한 군함설계의 일반적 특성

본 절에서는 다음의 측면에서 상선설계에 비한 군함설계의 특성을 소개하고자 한다.

13.2.1 설계 및 건조의 기간

군함의 설계 및 건조기간은 동일 배수량 상선의 3~4배에 달할 정도로 길다. 즉, 상선의 경우는 수송 화물량, 선속, 주요 설비의 개요 등에 관한 선주의 요구조건만 가지고도 즉시 설계에 착수하여서 계약 후 1~2년이면 배가 인도될 수 있다. 하지만 군함의 경우는 구식이 아닌 새로운 형(型)의 군함을 요청하는 경우가 보통이므로 본격적인 설계 이전에 운용 면에서나 기술적인 측면에서 사용자 측과 매우 광범위한 협의가 있어야 한다. 특별히 전략상 및 전술상의 역할과 관련하여서, 군함의 1차적인 임무가 함대공(anti-air)인지 대잠수함(anti-submarine)인지 또는 함대함 및 함대지(anti-surface)인지를 우선 결정하여서 설계의 방향을 잡아야 할 것이며 부차적인 임무 또한 간과해서는 안 될 것이다. 서유럽의 경우에 군함의 입찰용 설계를 하기까지는 보통 다음의 4가지 주요 단계를 거치게 된다.

① 개념설계(concept studies) : 사용자인 해군에서 목표로 하는 바에 기반을 두고 여러 가지 경우의 가능성을 폭넓게 검토함(전투체계 및 단위무장에 대한 기술검토 포함).
② 적당성 검토(feasibility studies) : 사용자의 요구에 맞는 최적의 형(型) 및 성능의 군함인지를 좀 더 구체적으로 분석함.
③ 기본설계(preliminary design) : 주어진 기간과 선가의 범위 내에서 사용자의 요구조건을 충족할 수 있는 군함의 설계를 함(무장배치도 등 전투체계 주요도면 포함).
④ 계약설계(contract design) : 상기 ③항의 설계를 좀 더 구체적으로 수행하고 수정하며, 도면 외에도 사양서 및 주요 설비목록 등을 작성하여서 입찰용 설계를 함.

이상의 설계 과정만을 위하여 보통 2～3년이 소용되며 계약 후 인도까지는 또 4～6년이 더 걸리는 것이 보통이다.

미국의 경우는 군함의 수주에서 건조까지 보통 다음의 과정을 거치게 된다. 즉, ① 요구조건(need or requirements), ② 전략상의 목적 검토 및 확정(strategic studies & requirement definition), ③ 개념설계(concept formulation), ④ 계약설계(contract design), ⑤ 생산설계(detail design), ⑥ 건조(construction)의 과정이다.

13.2.2 기본설계(basic design)와 가임하중(payload)

군함도 상선과 마찬가지로 일정량의 하중물을 운반하는 기능을 갖고 있다. 하지만 상선 경우는 화물이나 여객 등 비교적 같은 종류(homogeneous)의 하중물을 운반하는 데 비하여 군함은 병기나 전자기기 등 서로 다른 종류의 하중물(nonhomogeneous payload)를 적재하게 된다. 군함에서 사용되는 병기의 종류는 매우 다양하므로 이와 관련하여 소요되는 체적, 중량, 인원, 유지비, 동력 등도 다양하게 변화된다. 말하자면 유도탄 시스템을 설치하느냐 근거리포를 탑재하느냐에 따라서도 병기의 발사대나 탄약 창고 및 조종설비 등이 현격하게 다르게 된다. 보통은 필요로 하는 병기의 개발에 소요되는 기간이 선박 개발에 소요되는 기간보다 더 길게 되는 경우가 많다.

항공모함이나 탄도유도탄을 탑재한 잠수함과 같은 특수 군함을 포함하여서 대부분의 군함은 다음에 열거한 부류의 병기 중에서 어느 한 가지 이상을 보유하게 된다.

① 함대공병기(anti-air weapons) : 광역용 유도탄(예 sea dart, standard, RGM-84D Harpoon), 단거리 유도탄(예 sea sparrow, sea wolf), 중구경포(예 Vickers 114 mm, OTO-Melara 127 mm), 단거리용포(예 Oerlikon 30 mm, Bofors 40 mm, CIWS(Close-in Weapon System), 기관포 등
② 함대함 또는 함대지용 병기(anti-surface weapons) : 중거리 유도탄(예 Exocet, Harpoon), 중구경포(상기 '함대공 병기' 참조), 단거리포(상기 '함대공 병기' 참조), 어뢰(예 어뢰-324MM-MK, 앨리안트 테크시스템 MK : 요즈음은 주로 잠수함 또

는 대잠수함용 군함에만 사용함), 수뢰(항공모함이나 잠수함 이외에는 보통 사용하지 않음)

③ 대잠수함 병기(anti-submarine weapons) : 최대 사정거리 5마일 정도의 어뢰(예 12¾ in MK.46 어뢰, 21 in MK.24 어뢰), 사정거리 2마일 정도까지의 폭뢰(예 Limbo triple 박격포, Bofors quadruple 375 mm 로켓), 수뢰(상기 '함대함 또는 함대지용 병기' 참조), 헬리콥터(매우 중요한 역할 수행)

현대의 군함은 수많은 첨단무기로부터 위협받고 있다. 따라서 과거의 함정처럼 대량의 함포와 대공포 등은 이제 아무런 의미가 없다. 대함미사일과 공격기를 요격하기 위한 대공미사일은 함정에게 필수적인 사항이 되었고 근접 방공무기, 대잠무기 등 첨단무기와 장비가 장착되어 있다.

또한 상기 병기들은 레이더, 소나(sonar) 등과 같은 전자 조종 장치들을 마스터나 용골 밑 부분에 설치하여서 이들 감지장치들의 보조를 받을 수 있도록 설계하여야 한다.

이들 병기들의 일반적인 사항들을 책의 형태로 비교적 상세히 설명하고 있는 문헌을 예로 들면 다음과 같으며, 최신무기의 일반적인 특성을 소개한 자료들은 본 장의 13.4절에 예시된 인터넷 사이트에서도 볼 수 있다.

- J. G. Moor, *Naval armament*, Doug Richardson, 1981.
- Carl D. Corse, *Introduction to shipboard weapons*, 2nd printing, U.S. Naval Institute, 1976.

여기서 현대의 대표적인 함정 무기들을 좀 더 소개하면 다음과 같다.

[1] 주 포

① **MK-45 5 in(127 mm)포** : 무게는 20톤으로 사거리는 23 km이다. 포탑은 완전 무인화가 되었으며 제어는 2명, 급탄에는 4명이 필요하다. 분당 최대 20여 발을 발사할 수 있으며 대공, 대함, 육상사격 모두 가능하다.

② **오토멜라라 5 in(127 mm)/ 54포** : 세계 시장을 양분하고 있는 이탈리아의 오토멜라라사제로 최대 분당 45발을 발사할 수 있으며, 사거리는 16 km로 MK-45보다 떨어진다. 완전자동화로 포탄을 드럼에 담는 인원만 있으면 된다. 우리나라의 광개토대왕급에 장착되었으나 차기 KDK-2에서는 무거운 중량으로 인해 MK-45로 교체가 검토되고 있다.

③ **오토멜라라 76 mm 컴팩트포** : 세계적인 베스트셀러 포로 분당 최대 85발 이상 발사할 수 있지만 실제적으로는 30발 정도 발사할 수 있다. 대함사격에는 16 km를 발사할 수 있고 대공사격에는 12 km를 발사할 수 있다. 우리나라의 많은 함정에 장착되어 있으며 서해교전 당시 이 포로 북한 경비정을 격침시켰다.

[2] 대공미사일(anti-aircraft missile)

① RIM-66/67 스탠더드미사일(standard missile) : 세계 최고 성능의 미사일로 SM-1MR, SM-2MR, SM-2ER 등의 종류가 있으며 미사일을 발사한 함정의 사격지휘 레이더가 목표에 전파를 발사하고 미사일 두부의 수신기가 반사파를 수신하여 유도되는 새미 액티브레이더 호밍방식으로 사거리는 SM-2MR은 70 km, SM-2ER은 120 km이다. 우리나라의 KDX-2함에도 이것이 방공미사일로 선정되었다.

② RIM-7 시스패로우미사일(sea-sparrow missile) : 서구를 대표하는 수직발사시스템(VLS : vertical launching system)의 방공미사일로 공군에서 사용하고 있는 AIM-7 스패로우의 변형형으로 공대공보다 사거리가 훨씬 짧은 15 km이지만 최신형인 P형은 시스키밍 대함미사일도 요격할 수 있는 성능을 지니고 있으며 이를 더욱 개량한 ESSM이 개발되고 있다.

③ 시다트미사일 : 영국이 개발한 지역 방공미사일이지만 포클랜드전 당시 엑조세미사일의 공격을 막지 못해 세필드급 구축함이 격침당하는 등 성능 부족으로 현재 영국 함정에서는 철거되고 있지만 영국제 함정을 도입한 몇몇 나라에서는 아직도 사용 중이다.

④ 크로탈 나발 : 프랑스가 개발한 미사일로 사거리는 약 12 km이지만 저고도 접근하는 물체에 대해 우수한 탐지력을 가지며 이 체계는 우리나라의 천마대공미사일 체계에도 사용되고 있다.

⑤ 아스터미사일 : 프랑스가 다음 세기를 대비해 개발하고 있는 미사일로 15 km와 30 km의 사거리를 가지는 두 가지 형태가 있으며 우수한 성능을 지니고 있다.

⑥ 시울프 : 현재 영국의 함정에 장착되고 있는 미사일로 사거리가 6 km에 불과해 방공 미사일보다는 근접 방공 무기에 가깝지만 완전 자동으로 발사돼 포탄도 요격할 수 있는 성능을 지니고 있다.

⑦ 바락미사일 : 이스라엘이 개발한 미사일로 함정도 공격할 수 있는 다용도 미사일로 사거리는 약 10 km이며 개량형은 12 km이다.

[3] 함대함미사일(anti-ship missile)

① RGM-84 하푼(Harpoon missile) : 1977년에 실용화되었으며 터보팬 엔진을 추진력으로 하는 대함미사일이다. 원통형의 컨테이너 발사기에서 발사되며 처음에는 위치 정보에 따라 관성유도로 비행하며 목표의 20 km부터는 액티브레이더를 사용해 추적 공격한다. 최신형 블록 C는 사거리가 130 km로 서방 함정의 대부분이 장착하고 있다.

② MM38, 40 엑조셀미사일(Exocet missile) : 프랑스가 개발한 미사일로 포클랜드전 당시 아르헨티나가 사용해 영국의 세필드급을 격침시켜 유명해졌다. 수면 위 1 m를

스치며 날아가 군함의 중앙부를 공격하는 시스키밍미사일로 우수한 성능을 지니고 있지만 사거리가 MM38형은 40 km이며 40형은 65 km이다.

[4] 근접 방어 무기(CIWS : close-in weapon system)

① **MK-15,16 20 mm 팔랑크스 발칸포**(Phalanxs system) : 많은 탄환을 발사하여 일종의 탄막을 형성하여 항공기나 대함미사일을 격추하는 하드킬시스템으로 분당 3000발을 발사할 수 있으며 사정거리는 1.85 km이다. 가장 많은 나라가 채용하고 있으며 위력의 한계로 램으로 교체가 추진되고 있다.

② **골키퍼 30 mm 기관포**(Goalkeeper system) : 네덜란드의 시그널사가 개발한 것으로 분당 4200발을 발사할 수 있으며 사정거리는 최대 3 km로 완전 자동으로 장탄만 사람이 하면 된다. 팔랑크스보다 탄의 지름이 크고 사정거리가 길기 때문에 점차 채용하고 있는 나라가 증가하고 있다. 우리나라의 광개토대왕급에 2기가 장착되어 있다.

③ **RIM-116 램** : 독일과 미국이 합작해 개발했으며 사정거리가 10 km에 달하기 때문에 근접 방공 무기보다는 대함방공 미사일에 가깝다. 적미사일의 수색레이더에 의해 발사되고 최종유도는 적외선을 포착해 공격한다. 미국이 채용 예정에 있으며 우리나라도 관심을 보이고 있다.

[5] 대잠무기(anti-submarine weapon)

① **MK-46 단어뢰**(Torpedo) : 함정이나 헬기에서 사용하는 단거리 어뢰로 서방 세계 대부분의 함정이 탑재하고 있다. 추진은 이중 반전 스크류를 사용하며 항주능력은 심도 15 m에서 45노트로 8분이고, 최대 항주심도인 450 m에서는 6.5분으로 저하되며 작약량은 44 kg이다. 최신형은 mod5까지 있으나 우리나라 해군은 사거리 11 km인 mod1을 보유하고 있다.

② **ASROC 대잠로켓**(anti-submarine rocket) : 단거리 공격밖에 할 수 없는 단어뢰의 단점을 보완하기 위해 개발된 로켓으로 사거리는 20 km이며 미리 입력된 데이터로 목표 지점까지 도달한 후 낙하산으로 단어뢰를 사출시켜 공격한다. 일본과 미국 및 그 외의 미국제 함정을 도입한 국가에서 사용하고 있으며 유럽 국가들은 비정확성을 이유로 채용하지 않고 있다.

상선의 설계 때는 재화중량이 최대가 되도록 설계를 하여야 하므로 보통은 중량 제한적(mass-limited) 설계가 되는 반면에 군함의 경우는 통상 소요면적과 체적이 오히려 문제시되는 공간 제한적(space-limited) 설계를 하게 된다. 단, 잠수함의 경우는 중량과 공간을 함께 고려하는 설계법을 택하게 된다. 군함설계 때 가장 중요한 치수는 길이가 된다. 설치할 병기의 종류를 감안하여 1차적으로 선박의 길이를 추정하게 되며 폭 · 깊이 · 흘수 등은 내부의 소요체적 · 부력 · 복원성 등을 고려하여서 2차적으로 정하는 것이 보통이다.

13.2.3 속력 · 동력 · 기관

소요동력 및 속력의 추정법과 기관의 선정법과 관련하여서 군함설계 경우는 상선설계 때와는 서로 대단히 큰 차이가 있다. 즉, 상선의 경우 연간 200~300일 동안을 100%에 가까운, 최대선속과 동력 상태로 운항하게 되며 이 속도를 가장 경제적인 운항속도가 되도록 잡아 주는 것이 보통이다. 90% 이상의 대부분 상선의 경우에 이 운항속도가 10~20 노트 되도록 설계되어 있으며, 중속디젤기관이 채택된 경우가 많은 실정이다.

한편 군함의 경우 전투상황에서는 매우 빠른 속도가 요구되지만 보통의 운항 상태(통상 총운항의 2/3 정도로 봄)에서는 전투 시 속도의 3/5 정도로 운항될 수 있으면 충분하다. 따라서 이러한 속도의 차이를 고려하여서 기관을 선정하여야 할 것이다.

전통적으로는 군함의 기관으로 증기터빈이 채택되었으나 중량이 너무 무겁고 연료소모율이 너무 높다는 문제점이 있다. 한편 군함용 대동력의 저속 디젤기관은 크기가 너무 커, 중 · 고속 디젤은 일반적으로 출력이 불충분하다. 또한 원자력기관은 너무 비싸기 때문에 잠수함이나 대형 군함의 경우를 제외하고는 경제적이 못 된다고 하겠다. 따라서 전투시 속도를 위한 고출력의 군함용 기관에는 항공전용형 가스터빈(marinised aero turbine)이 가장 인기가 있다. 하지만 보통의 운항속도 경우를 위해서는 소형 가스터빈이나 중속 디젤기관을 주(主)터빈과 함께 설치하여서 병용할 수 있도록 한다. 이러한 방법으로 배치된 기관을 COGOG (combined gas turbine or gas turbine) 또는 CODOG(combined diesel or gas turbine)라 한다.

또한 함대 공간이용의 효율성을 높이기 위해 비교적 소형의 가스 터빈 4기를 병용하는 COGAG(Combined gas turbine and gas turbine)기관도 사용되고 있다[예 일본 자위대 함정].

대부분의 현대 군함에서는 가스터빈, 디젤, 보일러 등에 공용될 수 있도록 특별히 추출된 연료를 사용한다.

13.2.4 거주설비(accommodation)

승무원의 수에 있어서 군함의 경우 상선의 10~30배가 될 정도로 많다. 따라서 거주구역 면적이 전체 면적 중에서 차지하는 비율도 상선보다 상당히 크다(예 군함 : 23%, 상선 : 8%). 하지만 승무원 1인당 배정 면적에 있어서는 상선의 절반도 안 될 정도로 작은 것이 보통이다(즉, 군함 : 4~5m^2, 상선 : 약 15~20m^2). 상선의 경우는 거의 모든 승무원이 독실을 쓰도록 설계하는 데 반하여 군함의 경우는 사관급을 제외하고는 4~40명이 공동으로 사용토록 선실을 설계한다.

13.2.5 배 치(配置, arrangement)

상선에 비하여 군함의 배치설계는 매우 복잡하다. 특별히 군함의 폭로갑판에는 상선처럼 양묘장치, 계선장치 등 일반적으로 배를 운전하기 위한 여러 가지 설비를 갖추어야 하는 것 이외에도 훨씬 더 많은 것을 배치하여야 하는 복잡성이 있다. 예를 들면 헬리콥터 착륙장, 격납고, 탄약고, 안테나 및 여러 가지 감지(sensor)장치들을 효율적으로 배치하여야 하는 어려움이 있다. 그림 13·1을 통하여 군함은 상선과 상당히 다른 시스템이 있음을 짐작할 수 있다.

그림 13·1 군함의 주요 체계

노출갑판상의 것들을 배치할 때 일반적으로 고려되는 것들은 포·급탄장치, 탄약고와의 관계, 미사일과 그 영향, 헬기의 기종에 따른 발착갑판 및 격납고의 크기, 마스트(mast)·연돌(funnel) 및 이들과의 관련 사항, 기타 각종 의장비품의 설치 등이다.

상부 구조물에 배치하여야 하는 주요 항목들에는 CIC(combat information centre : 지휘통제센터, 전투정보실, 전투정보중추), CIC 기기실, 전신실, ASROC(anti-submarine rocket) 등의 탄약고, 대형 흡기통로(가스 터빈용), 각종 선실 등이 있다.

추진기관은 가능한 한 선미 쪽으로 배치하는 것이 좋지만 군함들은 일반적으로 홀쭉한 선형인 경우가 보통이므로 고출력의 부피가 큰 기관을 설치하기 위하여서는 중앙부에 설치할 수밖에 없는 경우가 많다. 또한 기관으로부터 나온 배기 및 흡기관은 선루의 공간을 상당히 많이 차지하게 된다.

이상에서 예로 들은 것들과 같은 주요 기기 및 비품들을 배치한 후에는 나머지 공간을 거주용, 서비스용, 탱크류용 등을 위하여 선박운전에 편리한 방법으로 배치하게 된다. 만일 군함의 주요 치수들을 적절히 추정하여서 선박의 밀도가 0.3톤/m^3 정도가 될 수 있다면 여러 가지들을 배치할 공간이 비교적 충분히 있다고 볼 수 있다. 하지만 그렇지 못한 경우에는 설계 사이클을 다시 시작하여서 주요치수(먼저 배의 길이)들을 조정하여야 할 것이다.

여기서 각종 의장품들의 설계 때 고려할 일반적인 사항을 좀 더 소개하면 다음과 같다.

먼저 선체의장은 상세한 설계가 진행됨에 따라 작업량이 크게 증가하지만 초기 설계의 시점에서는 급하게 서둘러 해야 할 작업은 많지 않다. 다만 전체 계획의 배치, 주요 치수, 공간, 소요전력 등에 영향을 미치는 것은 비교적 초기에 검토하게 된다.

다음으로 기장(機裝)과 관련하여서 초기 설계에서 조기에 결정하지 않으면 안 될 점은 우선 공간과 배치에 영향이 있는 사항이다. 전술(前述)한 바와 같이 기관실의 길이가 어느 정도 필요하며 군함 내의 어떤 곳에 배치할 것인가를 우선 결정하지 않으면 안 된다. 기관실의 구획수를 줄여 전체를 큰 구획 속에 합치면 공간 효율도 좋아지므로 길이가 짧아질 수 있으나, 손상시의 복원성(damaged stability)이 나빠질 수 있으므로 이 점을 감안해서 계획하여야 한다. 또한 기관실을 어디에 배치할 것인가에 따라 축의 길이가 변하고 배기통로도 다르게 된다. 축이 길어지면 축로가 길어져 공간의 손실이 생기며 동력전달 손실도 커질 수 있음을 감안해야 한다. 그 밖에 연돌의 적절한 위치 선택 및 주기의 오버홀(overhaul) 등도 고려하여야 한다.

다음으로 전장(電裝)설계의 경우, 근래에는 각종 병기나 감지(sensor)장치의 전력소비가 증가하는 경향이 있으며 이는 선내 전투구획 이외의 거주구획 등에서도 볼 수 있다. 초기 설계를 시작할 때의 소요전력 예상은 실적선 값에서 크게 변경할 수 있을 정도의 근거자료를 갖추지 못하는 것이 보통이므로, 설계의 진전에 따라 주발전기의 용량이 부족하게 되는 경향이 있어 곤란할 때가 종종 발생한다. 이와 같이 여러 가지 사정은 있으나, 중량이나 공간을 망라한 상태에서의 소요전력을 예측하여 주발전기의 능력을 우선 결정하는 것부터 시작하지 않으면 안 된다. 설계가 진행되어감에 따라 소요전력의 계산은 반복하여 실시되며 당초의 계획이 몇 번이나 수정되어도 주발전기를 변경하는 것은 어려우므로 이러한 선정에서는 초기부터 신중히 검토할 필요가 있다. 일반적으로 전기장치는 자함 발포 때의 충격에 견디지 않으면 안 되며, 적의 포탄이나 폭탄 등의 충격도 어느 정도 견뎌낼 수 있어야 한다.

마지막으로 무장(武裝)과 관련하여서는 어떠한 무기라도 함정에 고정시켜 그 중량이 지지되고 조작이 가능하도록 공간을 할당하여야 한다. 이때 공간배치는 단순히 넓이뿐만 아니라 기능 발휘상의 여건이 좋은 장소나 방어성 등이 검토되어야 한다. 이를 위해서 진동, 소음, 주위 온도 등에 대한 사용조건이 고려된 설계가 되도록 하여야 한다. 이러한 설계는 설계 과정의 진전에 따라 이의 배려도 점점 세밀하게 설계에 반영된다. 예를 들면 레이더실의 선내 위치를 배치할 경우 '무기 가이드(guide)가 길어져 감쇄가 너무 커지지 않을 것인가?', '여러 가지 안테나 사이에 간섭이 없는가?', '사격 관제실이나 레이더 기기를 위하여 실내온도를 어느 정도로 유지하지 않으면 안 될 것인가?', '각 실의 전자기계 주위에 유지(maintenance)를 위한 공간은 있는가?', '특수한 전원을 준비할 필요는 없는가?' 등을 검토하여야 한다.

13.2.6 구 조(structure)

군함의 선체구조에 요구되는 특성은 선체 성능상 특성 이외에 전투성능상 특성이 있다. 군함의 선체 성능상 특성으로는 고속과 기민한 기동성이 요구되므로 가벼운 선체가 되도록 설계함이 필요한 반면에, 전투성능의 요구특성을 위해서는 무장과 연동된 무장 영향 설계가 되기 위해서 강인한 선체구조가 아울러 요구된다. 또한 배치상 특성으로부터 야기되는 선체구조상 특성을 살펴보면 우선 상선보다 더 다양하고 조밀한 공간의 배치 때문에 구조적인 불연속이 두드러지며, 많은 무장과 전투 관련 공간 소요에 따라 상부구조가 길어지므로 구조중량이 일반적으로 증대된다. 따라서 군함의 구조설계는 상선보다 더 복잡하다. 이는 구획이 더 복잡하다는 것 이외에도 수송선의 경우는 더 많은 병력과 무기를 수송할 수 있도록 늑골, 보강재, 거더(girder) 등을 가능한 한 경량화시켜야 한다. 만일 수송선이 아니라서 무게보다는 공간의 제약을 받는 설계(volume-limited design)를 하는 경우는 건현과 예비부력에 문제만 없다면 좀 더 단순하고 저렴할 수 있도록 다소 중구조(heavy scantling)의 군함으로 설계할 수도 있을 것이다.

늑골(framing)의 배치 방식은 중량이나 강도 면에서 유리한 이점 때문에 종늑골 방식을 선호하며, 여기에 횡늑골 방식을 가미하고 있다. 각국의 종 및 횡늑골 배치상 특성을 요약해서 소개하면 다음과 같다.

① **미국** : 넓은 간격으로 불규칙적인 배치를 한다. 종늑골 간격은 600~760 mm, 횡늑골 간격은 2.1~2.4 m(통상의 표준값 : 8 ft)이다.

② **러시아** : 좁은 간격에 불규칙적인 배치를 하는 특성이 있다. 종늑골 간격은 480~510 mm(대략의 평균값 : 500 mm), 횡늑골 간격은 평균 1.0 m 내외이다.

③ **유럽** : 미국과 러시아 배치 특성의 절충형이라 볼 수 있다. 종늑골 간격은 보통 500~600 mm 정도이며, 횡늑골 간격은 1.4~2.1 m이다.

종늑골재 및 보강재로 미국은 강도 및 중량에 유리한 T형(rolled T/I-T)을 사용하며, 러시아는 조밀한 부재 배치를 고려해서 대부분 벌브앵글(bulb angle)을 사용한다. 유럽 국가의 경우는 대부분 T형을 사용하지만 일부 함정에서는 벌브앵글을 사용한 예도 있다.

상선의 경우와는 달리 선진 조선국들의 해군에서는 각자 나름대로의 함정 설계기준(code)을 개발하여 보유하고 있는 실정이다. 하지만 21세기에 들어서 각국(영국 · 미국 · 노르웨이 · 독일 · 이탈리아 등)의 선급이 군함과 관련된 규정을 개발하여서 이를 적용하는 추세에 있다. 각국 선급의 규정 대부분은 무료로 공개되고 있으나, 미국선급(ABS)경우에 '수상함 자료'는 미국인에게만 판매하고 있다. 하지만 영국국방성 자료처럼 '수상함 자료'도 공개된 것이 있다.

전통적으로 군함의 구조는 상선에 비하여 경구조선(light scantling)인 것이 보통이다. 즉 부식에 대한 여유를 적게 하고 높은 응력을 받도록 설계하는 경우가 많다.

군함에 사용되는 강재로는 잠수함 등에 사용되는 특수강의 경우를 제외하고는 서유럽의 경우 보통의 연강 외에 다음과 같은 두 가지 종류의 강재를 사용한다.

- A급 강(notch-tough 연강) : 로이드의 A급 강과는 다른 것임)
- B급 강(고강도 강)

일반적으로 많이 사용되는 주요 선체 구조 재료는 다음과 같다.

- MS(medium steel) : 보편적으로 가장 많이 사용된다.
- HTS(high tensile steel) : 최근 전투함 선체 재료로 사용이 확대되는 추세이다.
- HY-80, HY-100(high yield steel) : 균열 멈추게(crack arrester) 등의 특정 부분에 한정하여 사용된다.
- Al-Alloy(5000~6000 series) : 상부구조나 고속정 등에서 경량화 목적으로 사용된다.
- 복합재료(FRP, GRP 등) : 소해함 등을 비롯해서 적용 분야가 확대되는 추세이다.

13.2.7 건현 및 복원성

상선과 달리 군함의 경우 일반적인 복원성 관련 규정의 저촉을 받지 않으며, 선진 조선국들의 해군 당국들은 경험에 기초를 둔 기준을 개발하여서 보유하고 있는 것이 보통이다. 특별히 동·서 냉전의 종식에 따라서 요즈음은 대양해전보다는 연안해전의 가능성이 고조되어 있으므로, 연안해전의 전투능력 향상이 중요시된다. 따라서 쌍동선(catamaran), 삼동선(trimaran) 등 특별한 선체의 전함이 출현됨이 보통이므로, 일반 상선에 적용되는 복원성 관련 규정을 그대로 이용하기가 곤란한 경우가 많다.

여기서 건현 추정을 위한 미 해군의 기준에 따른 군함의 최소선수건현(FB_{MF}) 및 최소선미건현(FB_{MA}) 추정식을 소개하면 다음과 같다. 이 식에서 L은 선박의 수선길이(LWL)를 의미하며, d는 흘수를 나타낸다. 또한 이 식의 건현 값은 ft 단위로 표시된 것이다.

$$FB_{MF} = [1.011827(100d/L) - 0.000636215 \cdot L + 2.780649] \cdot (L/100)$$

$$FB_{MA} = 0.01L \cdot (2.125 + 0.00125L)$$

또한 1976년 영국왕립조선학회지에 발표된 논문('An approach to small warship design')에 의거하면, 소형 군함 경우에 다음 두 가지 식으로 표시되는 건현 중에서 큰 것을 택하도록 권장하고 있다.

$$FB_0 = L \times 0.04$$

$$FB_1 = C_M \cdot d / \{[C_W (n_b + 1)/(0.84C)] - 1\}$$

여기서, 각 기호들은 다음을 의미한다.

FB_0 : 중앙부의 표준 건현

FB_1 : 침수 때 극복을 위한 최소 건현

C_M : 중앙횡단면계수

d : 흘수

C_W : 수선면 계수

n_b : 길이에 따른 수밀격벽의 수

C : 침수되는 수밀구획의 수

한편 구획설계는 예비부력, 경사모멘트, 손상 시 복원성 등과 연관성을 갖고 있으므로 폭, 흘수, 건현은 일반적으로 구획설계를 고려해서 결정한다.

또한 선수의 플레어(flare) 및 건현을 크게 한 군함의 경우는 내해성이 상당히 개선되게 된다. 아울러 헬리콥터나 무기들의 능률적인 운용을 위하여 감속장치를 효과적으로 설치하여야 한다.

13.2.8 선형 설계

군함은 상선에 비해서 일반적으로 선형계수들이 작으며, 다른 주요 치수에 비하여 길이가 길고, 속장비가 큰 고속에 적합한 선형이라는 특성이 있다. 군함의 선형 설계 때는 상선설계와 마찬가지로 성능이 우수한 것으로 판명된 유사선 자료가 절실히 요구된다. 설계과정도 몇 차례의 나선형(spiral)의 설계를 거치면서 최적의 선형으로 추정되는 시점에 이르면 모형실험을 수행하여 그 성능을 판단한다. 이때 모형시험의 결과가 기준선에 비해 우수한 성능을 나타내더라도 최적의 설계라고 볼 수 없으므로, 선형 및 부가물을 부분적으로 수정해 가면서 여러 번의 모형시험을 수행하는 것이 바람직하다. 특히 군함의 경우는 상선보다 성능 측면이 강조될 뿐만 아니라 쌍동형, 삼동형 등의 특수한 선형을 개발해야 하는 경우가 많으므로 이러한 과정이 더욱 요구된다.

여기서 구축함의 각종 선형계수의 예를 소개하면 표 13 · 1과 같다.

표 13 · 1

C_B	C_P	C_M	C_{VP}	C_W	$\Delta/(L/100)^3$
0.46~0.54	0.56~0.64	0.76~0.83	약 0.65	0.68~0.76	약 50

13.2.9 프로펠러

군함과 같은 고속-고마력의 선박인 경우 이에 따른 프로펠러 효율을 높여주기 위하여 프로펠러 날개면적은 충분히 큰 값을 가져야 하지만, 흘수 및 선미형상 등으로 인한 제한

조건 때문에 이를 충족시키지 못하는 경우가 보통이다. 따라서 프로펠러 개수를 통상 2개 이상으로 선택한다. 이와 같은 쌍추진기 또는 다추진기 방식은 조종성능면에서도 유리한 점이 있다.

또한 군함에서 흔히 사용하는 가스터빈은 역회전이 안 되므로 역전을 위해서는 가변피치 프로펠러(controllable pitch propeller)를 이용하는 것이 보통이다. 뿐만 아니라 군함은 최고속도(전투 시 속도) 및 최저속도(보통의 운항 속도) 간의 차가 큰데, 이들 각 상태에서 적절한 효율을 유지시켜 주기 위해서도 가변피치 프로펠러를 사용함이 원칙으로 되어 있다.

또한 프로펠러 날개의 수는 진동을 고려해서 홀수로 하되 고속정과 같은 소형에서는 3개, 구축함 등에서는 5개를 주로 쓰고 있다.

다음으로 군함용 프로펠러 설계 관련 사항을 소개하면 다음과 같다. 프로펠러 설계의 목표는 물론 제반 조건을 만족하면서 궁극적으로 프로펠러단독효율(η_O, open water propeller efficient)이 극대화된 프로펠러를 설계하는 것이다. 이를 위해서는 이론, 설계자료(보통 실험값에 근거를 둠)와 경험 등이 요구된다.

군함과 같은 고속선의 η_O 추정에는 보통 Newton-rader series와 Gawn series가 사용된다.

여기서는 Newton-rader series에 의한 프로펠러 설계를 예로 들어서 간략히 소개해 본다.

① 실선의 속도(V_s)와 반류비(w)로부터 전진속도[$V_A = V_s(1-w)$]를 구한다. 이때 C_B(방형계수)가 작은 군함의 경우 $w \cong 0$이므로 전진속도를 V_s로 할 수도 있다.

② 다음의 실험식을 이용해서 최적의 $(K_T/J^2)_O$를 구한다. 여기서 K_T는 추력계수(thrust coefficient)이며, J는 전진계수(advance coefficient)이다.

$$(K_T/J^2)_O = 0.105 - 1.00 \times 10^{-4} V_s - 4.03 \times 10^5 V_s^2 + 3.76 \times 10^{-7} V_s^3$$

③ 다음의 식을 이용해서 추력(T)과 프로펠러 지름(D)을 구할 수 있으며, 이 값은 최적의 K_T/J^2으로부터 구한 것이므로 최적의 지름(D_o)으로 간주될 수 있다. 실제의 프로펠러 지름(D)의 최대값은 통상 다추진기 함정에서는 $0.875T$, 단추진기 함정에서는 $1.0T$값이며, 또한 이들 값은 $(1/5)$[{(축마력 / 축수),(kw)}/선속, (kt)]을 초과하지 않도록 D를 결정해 준다.

$$K_T/J^2 = (T/\rho n^2 D^4)/(V_A^2/n^2 D^2)$$

$$= T/\rho D^2 V_A^2$$

④ 추력부하계수(thrust loading coefficient)와 프로펠러 효율(propeller efficiency) 관계 곡선을 이용해서 최대의 효율을 찾는다.

이상의 설계법에서는 날개면적비(blade area ratio) 및 피치(pitch) 등이 고려되지 않았는데, 이는 초기에 추정된 효율에 이들 값이 적절히 고려되었을 경우를 가정한 것이다.

소요동력 추정 때 이용되는 프로펠러의 상대회전효율(η_R, relative rotative efficiency)은 식 $\eta_R=\eta_B/\eta_O$인 관계로부터 구할 수 있다. 여기서 η_B는 프로펠러 선후효율(propeller efficiency behind hull)을 의미한다. 일반적으로 η_R의 값은 대부분의 쌍추진기선의 경우에서 0.95~1.0 사이이며, 단추진기선의 경우는 1.0~1.1이다. 그리고 $\eta_H \cdot \eta_R$은 쌍추진기선에서 0.92, 단추진기선에서 0.95 정도의 값을 갖는다. 여기서 η_H는 선체효율[$=(1-t)/(1-w)$]을 나타낸다. 또한 t는 추력감소율(thrust deduction fraction), w는 반류비(wake fraction)를 각각 의미한다. 쌍추진기선이며, 프로펠러가 스트럿(strut)에 의해 지지되는 구축함의 경우 w 및 t를 다음 식으로 구할 수도 있다.

$$w = 2C_B^5(1-C_B)+0.04$$

$$t = 0.7w+0.06$$

또한 준추진계수(η_D, quasi-propulsive efficiency)는 $\eta_D=P_E/P_D=\eta_H \cdot \eta_O \cdot \eta_R$로 정의되며, 구축함의 예를 보면 0.63~0.65 정도의 값을 갖는다. 여기서 P_E는 유효마력(effective horse power)을, P_D는 전달마력(delivered horse power)을 각각 의미한다.

13.2.10 마 진(margins)

군함의 설계 때는 다음과 같은 두 가지 경우를 대비하여 마진을 두어야 한다.

[1] 설계 및 건조 마진

중량, 체적, 무게중심 등을 아직 완전히 알지 못하는 상태에서 설계를 하게 되는 것이 보통이므로 이와 관련된 여유분을 미리 고려하여 설계하여야 한다. 이론적으로는 본 마진이 군함의 완공 후에 영(零)이 되도록 되어 있다.

[2] 미래의 변화에 대한 마진

군함의 경우는 선체의 수명보다 탑재된 병기의 수명이 더 짧은 경우가 많다. 또한 선체의 수명이 끝나기 이전에 적재된 병기를 신무기로 교체해야 되는 경우가 보통 발생된다. 이를 대비하기 위하여 중량이나 무게중심의 위치 등 측면에서 여유분을 설정해 주어야 한다. 이러한 종류의 마진을 상선의 경우에는 거의 찾아볼 수 없는 것이다.

13.2.11 경제성

상선의 경우와는 달리 군함의 경제성을 검토하기에 적당한 지표(指標)는 없다. 그러나 분명한 것은 군함의 선가가 상선보다 훨씬 더 비싸다(예 경하배수량 1톤당 10배의 가격)는 것과, 군함의 승무원 수가 훨씬 많으므로 유지비도 매우 고가라는 것이다.

13.2.12 기 타

군함설계 때 상선의 경우보다 더욱 더 중요하게 고려하여야 할 기타의 특성들을 좀 더 소개해 보면 다음과 같다.

[1] 손상시의 복원성

군함이 피격되어서 부분적으로 손상을 입은 경우에도 전투를 수행할 수 있을 정도의 복원성을 가능한 한 갖도록 설계해야 한다.

[2] 방 호

탄약고와 전기 장치 같은 주요 부분은 파편 등으로부터 방호될 수 있도록 설계하여야 하지만 항공모함을 제외한 일반적인 군함은 전체적으로 방호될 수 있도록 설계하지는 않는 것이 보통이다. 그러나 핵무기나 생화학무기로부터 보호될 수 있는 설비는 갖추어야 할 것이다. 또한 포가(gun mount)가 내충격성을 갖도록 탄력성 있게 설치하는 노력도 하여야 할 것이다.

[3] 조종성

군함설계 때 대잠수함의 추격을 위해서라든지 공중으로부터의 공격을 피하기 위해서도 조종성능을 좋게 해야 하는 것은 매우 중요하게 고려하여야 할 요소이다. 이를 위하여 군함에는 두 개의 타(rudder)와 두 개의 가변피치 프로펠러(controllable pitch propeller)를 설치하는 것이 보통이다.

[4] 피탐지에 대한 방호

군함이 적군에게 탐지되는 것을 막기 위하여 설계 때 특히 다음을 최소화하도록 노력하여야 할 것이다.

- 기관, 추진기, 부가물 등으로부터의 소음
- 배기가스 및 선박의 열원으로부터 발산되는 적외선
- 레이더, 통신기기 또는 선박으로부터 발산되는 전자파 내지는 자연발생의 전자기력

이상에서 소개된 차이점들을 대표적인 상선과 군함에 대해서 요약해 보면 표 13·2와 같다.

표 13·2 대표적인 상선과 군함의 특징 비교

상 선	군 함
제한적 목적용	다목적용
동종의 적화물 취급	이질적 적화물 취급
통상 중량 제한적 설계	통상 공간제한적 설계
저 속	고 속
뚱뚱한 선형	홀쭉한 선형
일정한 선속	변화되는 선속(전투시, 순항시)
다변하는 흘수	거의 일정한 흘수
저밀도의 구획	고밀도의 구획
중구조선	경구조선
소수의 승무원	다수의 승무원
한 가지의 주기관 : 저속 디젤, 중속 디젤, 증기터빈	두개 이상의 주기관(COGOG, COGAG, CODOG) : 가스터빈, 중속 디젤, 증기터빈, 원자력기관
저선가	고선가
낮은 운용비	높은 운용비
단기간의 설계 및 건조	장기간의 설계 및 건조
제한하는 규정이 많음	제한하는 규정이 적음
	기타 특성 : 조종성의 중요성, 보기(補機)의 차, 방호설비, 손상시 복원성, 피탐지 방호

13.3 실선(구축함 및 벌크화물선)의 비교 예

상선과 군함을 좀 더 구체적으로 비교하기 위하여 동일한 배수량의 구축함과 벌크화물선을 예로 들어서 각각의 특성들을 소개하면 다음과 같다.

[1] 비교 대상의 선종

- 군함 : 배수량 4000톤의 구축함 또는 프리깃함(frigate)
- 상선 : 배수량 4000톤의 짧은 항로상선

[2] 대표적 기능

- 군함 : 함대공(anti-air), 대잠수함(anti-submarine), 해군병력 수송
- 상선 : 곡물, 석탄, 소형 목재 등의 산화물 운반

[3] 선체의 요목

	군 함	상 선
전 장(m)	131.00	87
수선간장(垂線間長)(m)	123.00	81.00
폭(m)	14.20	13.00
상갑판까지 깊이(m)	9.00	6.37
중앙부 평균흘수(m)	4.30	5.20
운항 최대 흘수(m)	6.20	5.30
만재배수량(톤)	4000	4000
경하배수량(톤)	3060	1040
등록 총톤수	3700	1599

[4] 선형계수 및 치수비

	군 함	상 선
방형계수(C_b)	0.52	0.713
주형계수(C_p)	0.598	0.728
중앙횡단면계수(C_m)	0.87	0.98
수선면계수(C_w)	0.74	0.86
L/B(조종성)	8.66	6.23
L/D(강도)	13.67	12.72
B/d (복원성)	3.30	2.50
d/D(내파성)	0.478	0.816
DWT/Δ	0.225	0.74

[5] 적재물

- 군함 : 병기(함대공 유도탄, 함대함 · 함대지 유도탄(surface-surface missile), 중구경포, 단거리포, 대잠수함 어뢰, 레이다 및 소나(sonar) 장치
- 상선 : 화물(산화물 용적 : 3730 m^3, 포장화물 용적 : 3520m^3)

[6] 선 속

	군 함	상 선
최대속도(knots)	30	12.6
순항속도(knots)	18	12

[7] 기관, 동력, 프로펠러 등

		군 함	상 선
기관 종류		항공전용형 가스터빈, 16기통 4행정 V형 고속 디젤	6기통 4행정 중속 디젤
동력(최대)		37,000 kw(50,000 HP)	1600 kw(2175 HP)
동력(순항)		5000 kw(6800 HP)	1360 kw(1850 HP)
기관/추진기 회전수(rpm)	최대 시	5000/300	600/250
	순항 시	1000/180	570/240
기관실 길이(m)		38	14.5
디젤 발전기		4=4000 kw	3=140 kw
오일 연료(톤)		600	120
1일 연료소모량 (톤)	최대 시	300	9.0
	순항 시	36	7.7
항속거리 (마일)	최대 시	1440	4030
	순항 시	7200	4480

[8] 중량분포(%)

	군 함	상 선
•선체 및 기관중량 – 선체 구조 – 의장품 – 기관	69%(2760톤) 31%(1240톤) 20%(800톤) 18%(720톤)	26%(1040톤) 18%(720톤) 5%(200톤) 3%(120톤)
•가변중량물 – 연료 – 승무원, 창고품, 물 – 가변하중	31%(1240톤) 16%(헬리콥터용 포함)(640톤) 6%(240톤) 9%(병기, 탄약 포함)(360톤)	74%(2960톤) 3%(120톤) 1%(40톤) 70%(2800톤)

[9] 체적분포(%)

	군 함	상 선
가변 하중물용	20%(2700m^3)	56%(3730m^3)
기 관	26%(3510m^3)	14%(930m^3)
연 료	6%(810m^3)	2%(130m^3)
거주구역	23%(3100m^3)	8%(530m^3)
통 로	9%(1220m^3)	2%(130m^3)
서비스 구역 (창고, 사관실, 조타실, 업무실, 통풍용 등)	14%(1890m^3)	4%(270m^3)
기타 탱크용(밸러스트용 포함)	2%(270m^3)	14%(930m^3)
	100%(13,500m^3)	100%(6650m^3)

[10] 초기선가 분포(%)

	군 함	상 선
선각구조	7%	35%
의 장	24%	33%
기 관	23%	27%
전 장	11%	5%
무 기	35(25~50)%	
	100%	100%

※ 인건비 : 두 선박 공히 전체비용의 약 34%임.

[11] 연간운용비 분포(%)

	군 함	상 선
선박구입비(연간 이자 포함)	30%	35%
승무원비	20%	20%
운전비(연료, 창고품, 탄약, 항구사용료 포함)	25%	35%
유지비(정기 검사비 포함)	25%	10%
	100%	100%

[12] 기 타

	군 함	상 선
승무원수	240명(사관급 이상 20명 포함)	15명(고급선원 6명 포함)
평균 GM(m)	1.1	1.0
대표적인 선각두께	10 mm	11 mm
최대 Fn ($V/\sqrt{L}$, ft)	0.444(1.49)	0.230(0.77)
Admiralty계수(최대 HP)	136	232
Tonnes / cm	13.2	9.3
선 가 비	27	1

13.4 군함설계와 관련된 문헌

상선설계와 관련된 문헌의 경우와는 달리 군함설계와 관련하여 공개된 문헌들은 별로 많지 않은 실정이다. 이제 군함설계와 관련된 문헌들 중에서 비교적 정평이 있는 것들을 모아서 소개하면 다음과 같다.

13.4.1 교재식의 책으로 되어 있는 문헌

- Arentzen, E. S. & Manel, P., *Naval architectural aspects of submarine design*, SNAME, 1960.
- Burcher, R. & Rydill, L., *Concepts in submarine design*, Cambridge University Press, 1944. (한국어 번역판 : 심면섭 역, 동명사, 2005)
- Corse, C. D., *Introduction to shipboard weapons*, 2nd printing, U.S. Naval Institute, 1976.
- Du Cane, P., *High speed small craft*, 4th edition, David and Charles, 1974.
- Frïedman, N., *Submarine design and development*, Conway Maritime Press, 1984.
- Gillmer, T. C., *Fundamtals of construction and stability of naval ships*, 2nd edition, U.S. Naval Institute, 1959.
- Gillmer, T. C., *Modern ship design*, U.S. Naval Institute, New edition 1976.
- Harry, A. & Jackson, P. E., *Submarine design notes*, Professional summer at MIT, 1981.

- "Lloyd's register of shipping", Report of the inquiry into hull forms for warships HMSO, 1988.
- Moor, J. G., *Naval armament*, Doug Richardson, 1981.
- Newton, R. N., *Practical construction of warships*, 3rd edition, Longmans, 1970.
- Polmar, N., *The American submarine*, Nautical and Aviation Publishing Company of America, 1983.
- Rawson, K. J. & Tupper, E., *Basic ship theory*, Longmans, 2nd edition in two parts, 1976.
- SNAME, *Submersible vehicle systems design*, 1990.
- 대한조선학회 편, 함정, 텍스트북스, 2012.

13.4.2 군함설계와 관련하여 기술적인 측면을 취급한 논문

- Bailey, D., "High speed displacement ships; trends in hull form design", Second symposium on small fast warships & security vessels, RINA, May 1982.
- Bailey, D., "Performance prediction – fast craft", Symp. on PPSC, *RINA Occasional Pub*. No. 1, 1974.
- Bailey, D., "The N. P. L. high speed round bilge displacement hull series", *RINA MTM* No. 4.
- Bales, N. K., Optimizing the Seakeeping Performance of Destroyer-Type Hulls, 13th Sym. on Naval Hydrodynamic, Oct. 1980.
- Beale, G. B. & Gowans, B. J. M., "Transmission design for warships of the royal navy", I. Mar, E., 1969.
- Berres, D. S., "Habitability of Naval Ships", *SNAME*, 1955.
- Brand, R. A. & Broderick, T. E. & Moyer, J. K., "Design criteria of U.S. naval ship electrical systems", *SNAME*, 1958.
- Bromfield, N. & Forster, J., "Statistical analysis of available data on the resistance of destroyers and frigates", Portmouth College of Technology, Dept. of Mechanical Eng. and Naval Architecture, Nov. 1966.
- Dean A. Rains, "Design tradeoffs for destroyers", *Naval engineers journal*, May 1983.
- Dunlop, J. M. C. & Good, E. B., "G.M. destroyers and G.P. frigates", T. Mar, E., 1963.

• Eames, M. C. & Drummond, T. G., "*Concept exploration – An approach to small warship design*", *RINA*, 1976.
• E–Beauchamp–Nobbs & Wang, E. Y., "Development of rational design criteria for submarine sea water systems", *ASNE*, Vol. 78, No. 6, Dec. 1966.
• Faulkner, D., "Welded connections used in warship structures", *RINA*, 1964.
• Ferreiro, L. & Stonehouse, M., "A comparative study of US and UK frigate design", Trans. *SNAME*, Vol. 99, 1991.
• Fung, S. C., "Resistance predictions and parametric studies for high–speed displacement hulls", *Naval engineers journal*, March 1987.
• Gawn, R. W. L., "Aspects of Propellers for the Royal Navy", *INA*, 1958.
• Goldberg, L. L. & Tucker, R. G., "Current status of U.S. navy stability and buoyancy criteria for advanced marine vehicles(Hydrofoils, ACV'S, SWATH etc.)", American institute of aeronautics and astronautics/SNAME, Advanced marine vehicles conference, San Diego, Feb. 1974.
• Hamlin, N. A., & Comption, T. H., "Evaluation the seakeeping performance of destroyer – Type ships in the north artantic", *Marine technology*, Jan. 1970.
• Heggstad, "A unique snorkel design", *ASNE*, vol. 77, No. 3, 1995.
• Hoekzema, D. K., "Powering characteristics for a 154–foot high–speed PGM from test of models 4932, 4942, and 4950(U)", DTMB Hydrodynamics Lab. R & D Report C–1652, April 1964.
• Jones, H. D., "DD963 intact and damage stability in beam waves and wind", DTRC Ship Hydromechanics Dept., Bethesda, Md., DTRC/SHD–1360–03, Jan. 1992.
• Kehoe, C. A. & James, P. T. & Brower K. & Meier, H., "U. S. and Soviet ship design practices, 1950~1980", U. S. Naval institute proceedings, Naval review, 1982.
• Kehoe, J. W. & Brower, K. S., & Meier, H. A., "The impact of design practices on ship size and cost", *Naval engineers journal*, April 1982.
• Kiss, T. K., & Compton, R. H., "The effects transom geometry on the resistance of large surface combatants", Tran. SNAME, 1989.
• Korotkin, I. M., "Battle damage to surface ships during world war Ⅱ", Trans. by U.S. joint publications research service for the David Taylor model basin in February 1964.

- Lloyd, D., "Determination of bulkhead positioning in surface warships", University of college London, Dept. of mechanical Eng., MSc in naval architecture thesis, 1991.
- Lover, E. P., "Hull resistance performance coefficients – The triplet technique", The naval architect, April 1975.
- Lunchick, M. E., "Plasticity research on submarine hull conducted at DTMB", Proc. of 2nd Symp. on naval structural mechanics, April 5~7, Pergamon Press, N.Y., 1960.
- Mcgill, J. E., "Design of air conditioning and ventillation systems for nuclear submarines", New England section of SNAME, Jan. 1959.
- Mckee, A. I., "Development of submarines in the united sates", SNAME historical transactions, 1893~1943.
- Mcvoy, "An analytical approach to the evaluation of submairne safety", *ASNE*, Vol. 80, No. 2, 1968.
- Murdey, D. C. & Schmitke, R. T., "Seakeeping and resistance trade-offs in frigate hull form design", 13th Sym. on naval hydrodynamic, Oct. 1980.
- Nachtsheim, J. J. & Peden, H. M. & Weiler, D. J. & Straubinger, E. K., "Weight control of U.S. naval ships", SNAME, 1965.
- Newton, R. N. & Rader, H. P., "Performance data of propellers for high-speed craft", RINA, 1961.
- Newton, R. N., "Wetness related to free board and flare", RINA, 1960.
- Rickover, H. G. & Dunford, J. M. & Rockwell, T. & Barnes, W. C. & Shaw, M., "Some problems in the application of nuclear propulsion to naval vessels", *SNAME*, vol. 65, 1957.
- Roddis, K. H. & Simpson, J. W., "The nuclear propulsion plant of the USS Nautilus – SSN 571", *SNAME*, vol. 62, 1957.
- Rorly, M. & Hansen, B. & Bowes, J., "Corvette KV72", RINA, 1978.
- Sarchin, T. H. & Goldberg, L. L., "Stability and buoyancy criteria for U.S. naval surface ships", SNAME, 1962.
- Schmitke, R. T. & Glen, I. F., & Murdey, D. C., "Development of a frigate hull form for superior seakeeping", Eastern Canadian section, SNAME, April 1979.
- Schmitke, R. T. & Murdey, D. C., "Seakeeping and resistance trade-offs in frigate hull form design", 13th Sym. on naval hydrodynamic, Oct. 1980.

- Schmitke, R. T., "The influence of displacement, hull form, appendages, metacentric height and stabilization on frigate rolling in irregular seas", SNAME spring meeting/STAR symposium, June 1980.
- Scott, R. J. & Moak, K. E., "Studies of helicopter capable DDG 51 variants", *Naval engineers journal*, Sep. 1994.
- Sharples, A. K., Small patrol craft symp. on performance prediction of small craft, RINA occasional publication No. 1, 1974.
- Slager, J. J. & Fung, S., "Hull form definition and area / volume subroutines for the U. S. navy destroyer synthesis model", NAVSEA report 55W3-82- 16, Dec. 1982.
- Slager, J. J. & Hagen, G. & Sounders, D. & Fung, S., "Revised resistance and powering performance equations for use in the NAVSEA aircraft carrier design synthesis model", NAVSEA TN OIS-SSW-TN-0042, June 1985(Confidential).
- Slager, J. J. & Tomassoni, C. A. & Covich, P. M., "Formulation of the U.S. navy ship design speed-power margin policy", *Marine technology*, Vol. 16, No. 3, SNAME, July 1979.
- Standen, G. & Bowes, J. & Warsop, J. C., "Machinery installation in the type 42 destroyer", I. Mar, E., 1975.
- Suko, S. W., "An assessment of current warship damaged stability criteria", *Naval engineers journal*, May 1994.
- Tatton-Brown, P. D., "Main propulsion gas turbines in the royal navy", NECIES, 1970-1.
- "Test of transom sterns on destroyers", U.S. Experimental Model Basin Report No. 339, Nov. 1932.
- Thomason, T. P. & Wilson, M. B., "Study of transom stern ship hull form and resistance", DTNSRDC Report 85/072, April 1986.
- Thornbury, J. W., "Current electrical systems and equipment for warships", SNAME, 1961.
- Weiler, D. J. & Castle, J. E., "The need for an open systems approach to naval ships", SNAME, 1995.

13.4.3 실존하는 군함과 관련하여 일반적인 자료를 제공하는 문헌

- Cabel, F. T., "The Submarine Torpedo Boat 'Holland'", *U.S. naval institute proceedings*, vol. 69, 1943.
- *Combat fleets of the word 1976~77*, Ed. J. Couhat, Arms and Armour Press.
- Gale, P. A., *Margins in naval surface ship design*, N. E. J., April 1975.
- *Jane's fighting ships*(annual), Ed. J. E. Moore, Macdonald and Janes.
- Kehoe, J. W., "Warship design – Ours and theirs(A comparison of American and Soviet warship characteristics)", *Naval engineers journal*, February 1976.
- Leopold, R., "Gas turbines in the U. S. Navy : Analysis of an innovation and its future prospects as viewed by a ship designer", *Naval engineers journal*, April 1975.
- Naval record : Vosper thornycroft MKIO frigates, April 1974.
- Navy international : Type 42 destroyer, March 1975.
- Rains, D. A. & Beyer, K. M. *et al.*, "Design appraisal DD-963", *Naval engineers journal*, October 1974.
- Shipbuilding and marine engineering international : Type 21 frigate, October 1973.

13.4.4 군함설계와 관련하여 일반적인 사항을 취급하였거나 군함의 특수한 형에 관하여 발표된 논문

- Abbott, S. W., "Moudular payload ships in the U.S. navy", SNAME 1977.
- Andrews, D., "The management of warship design", *The naval architect RINA*, Jan. 1993.
- Arentzen E. S. & Mandel, P., "Naval architectural aspects of submarine design", SNAME, 1960.
- Arndt, B. & Brandl, H. & Vogt, K., "20 years of experience-stability regulations of the West German navy", Second International Conference on Stability of Ships and Ocean Vehicles, Tokyo, Oct. 1982.
- BV 1033, "Specifications for ships of the German federal army 1033 stability 1033-1 surface vessels", Sept. 1987.
- C-03-001-024/MS-002, "Stability and buoyancy requirements canadian armed forces surface ships", Aug. 1991.

- Coates, J. F., "Why do our warships cost so much?", Navy international, June 1977.
- Daniel, R. J., "Warship design new concepts and new technology", NECIES, 1976–77.
- DDS 079–1, "Design data sheet–stability and buoyancy of U.S. naval surface ships", Naval ship engineering center, Aug. 1975.
- Eames, M. C. & Durmmond, T. G., "Concept exploration – An approach to small warships", RINA, 1976.
- Farrell, K. P. *et al.*, "The DDH–280 class design", *Marine technology*, Jan, 1972.
- Graham, C. & Fahy, Y. E. & Grostick, J. L., "A comparative analysis of navy hydrofoil and displacement ship design", SNAME 1976.
- Hawkins, R. S, "Progress in naval machinery during the last thirty years", I. Mech. E. 1964–5
- Heller, S. R. Jr., "Submarine design for living", *ASNE*, vol. 78, No. 4, Aug. 1966.
- Leopold, R. & Jons, O. P. & Drewry, J. T., "Design–to–cost of naval ships", SNAME, 1974.
- Leopold, R. & Reuter, W., "Three winning designs–FDL, LHA, DD 963 : Method and Selected Features", SNAME, 1971.
- Mckee, A. L., "Recent submarine design practices and problems", SNAME, 1959.
- "Navtec '90 – Interaction between naval weapon systems and warship design", RINA Symp., 1990.
- "Navtec '91 – Information technology and warships", RINA Symp., 1991.
- NES 109, "Naval engineering standard–stability standards for surface ships", Ministry of defence, Sea systems controllerate, Issue 3, Aug. 1989.
- Norton, E., "Developments in naval propulsion : The engineers role", I. Mech. E., 1973.
- Oakley, O. H., "Size determinants in destroyer design", *Marine technology*, Oct, 1968.
- Palmer, S. J., "The impact of the gas turbine on the design off major surface warships", RINA, 1974.
- Purvis, M. K., "Post–war frigate and guided missile destroyer design, 1944 ~1969", RINA, 1974.
- Raper, G., "Designing warships for a cost–effective life", I. Mech. E. 1070–1.

- Raswon, K. J., "Toward economics warships acquisition and ownership", RINA, 1973
- "Report of the ship operational characteristics study on the operational characteristics of the surface combatant of the year 2010", Chief of naval operations(OP-03K), Washington D.C., 26 April 1988.
- Revans, J. T. & Gentry, A. A. C., "The 'brave' class fast patrol boat", RINA, 1960.
- RINA, *New developments in warship propulsion*, 1989
- Rossell, H. E., "Tupes of Naval Ships", *SNAME Historical Transactions*.
- Sarchin, T. H. & Goldberg, L. L., "Stability and buoyancy criteria for U.S. naval surface ships", Trans. *SNAME*, Vol. 70, 1962.
- Schade, H. A., "German wartime technical developments", Trans. *SNAME*, vol. 54, 1946.
- Sherwin, S. A. & Miller, R. T., "The impact of electronics on warship design", SNAME, 1962.
- Sims, A. J., "Warships 1860-1960", RINA, 1960.
- "Small fast warships and security vessels", RINA Symposium, 1978.
- Spaulding, K. B. & Della Rocca, R. J., "Fibreglass reinforced plastic mine-sweepers", SNAME, 1965.
- St. Denis, M., "The strike aircraft carrier : Considerations in the selection of the size and principal design characteristics", SNAME, 1966.
- "Warship '86 – Coastal defence and assault", RINA Symposium, 1986.
- "Warship '87 – Anti submarine warfare", RINA Symp., 1987.
- "Warship '88 – Naval submarine Ⅱ", RINA Symp., 1988.
- "Warship '90 – The future for surface warships", RINA Symp., 1990.
- "Warship '91 – Naval submarine 3", RINA Symp., 1991.
- "Warship '92 – Affordable warships-extending and enhancing maritime capabilities", RINA Symp., 1992.
- "Warship '93 – New developments in naval submarines", RINA Symp., 1993.
- "Warship '94 – Minewarfare vessels and systems Ⅲ", Proc. of International Symp., RINA, 1994.
- "Warship '95 – Offshore protection vessels", Proc. of International Symp., RINA, 1995.
- "Warship '96 – Naval submarines", Proc. of International Symp., RINA, 1996.

- "Warship '97 – Airpower at sea", Proc. of International Symp., RINA, 1997.
- "Warship '98 – Surface warships : The next generation", Proc. of International Symp., RINA, 1998.
- "Warship '99 – Naval submarines 6", Proc. of International Symp., RINA, 1999.
- "Warship 2000 – Warships for amphibious operations & minewarfare", Proc. of International Symposium, RINA, 2000.
- "Warship 2001 – Future surface warships", Proc. of International Symposium(CD Rom), RINA, 2001.
- "Warship 2002 – Naval submarine", Proc. of International Symposium(CD Rom), RINA, 2002.
- "Warship 2003 – Airpower at sea", Proc. of International Symposium(CD Rom), RINA, 2003.
- "Warship 2004 – Littoral warfare & expeditionary force", Proc. of International Symposium(CD Rom), RINA, 2004.
- "Warship 2005 – Naval submarines 8", Proc. of International Symposium (CD Rom), RINA, 2005.
- "Warship 2006 – Future surface warships", Proc. of International Conference (CD Rom), RINA, 2006.
- "Warship – The affordable warship", RINA, 2007.
- "Warship 2008 – Naval submarines", Proc.(or CD Rom) of International Symposium, 2008.
- "Warship Technology, by quarterly or the naval architect : Warship technology, by monthly", *Journals of RINA*.
- "Warship 2009 – Air power at sea", Proc.(or CD Rom) of International Symposium, RINA, 2009.
- "Warship 2010 – Advanced technologies in naval design & construction", Proc.(or CD Rom) of International Symp., RINA, 2010.
- "Warship Technology", July/August 2010, Jounals of RINA.
- "Warship Technology", March 2011, RINA.
- "Warship 2011 – Naval submarines and UUVS", Proc.of(or CD Rom) of International Symp., RINA, 2011[※ published once every year].
- "Warship Technology", May 2012, Journals of RINA.
- "Warship 2012 – The affordable warship", Proc.(or CD Rom) of International Symposium, RINA, 2012.

- "Warship Technology", 2012, 2013, 2014, 2015, 2016, 2017(By monthly until 2017), Journals of RINA.
- "Warship 2013 : Minor Warship", Proc.(or CD) of Int. Symp., RINA, 2013.
- "Warship 2014 : Naval Submarines and Unmanned Underwater Vehicles", Proc.(or CD Rom) of Int. Symp., RINA, 2014.
- "Warship 2015 : Future Surface Vessels", Proc.(or CD Rom) of Int. Symp., RINA, 2015.
- "Warship 2016 : Advanced Technologies in Naval Design, Construction, and Operation ", Proc.(or CD Rom) of Int. Symp., RINA, 2016.
- "Warship 2017 : Naval Submarines and UUV's", Proc.(or CD Rom) of Int. Symp., RINA, 2017.
- "Warship 2018 : Procurement of Future Surface Vessels", Proc.(or CD Rom) of Int. Symp., RINA, 2018.
- "Warship 2019 : Multi-Role Vessels", Proc.(or CD Rom) of Int. Symp., RINA, 2019.
- "Warship 2020 : Future Technologies In Naval Submarines", Proc.(or CD Rom) of Int. Symp., RINA, 2020.

13.4.5 군함 관련 주요 인터넷 사이트 (군함 종류, 무기 개요, 현존 군함별 소개, 역사 등)

- http://kr.dir.yahoo.com/Government/Military/Weapons_and_Equipment/Ships/
- http://my.netian.com/~draken/
- http://www.roknavy.com/
- http://www.jcs.mil.kr/library/weapon/
- http://gunsa.nared.net/Navy/Carrier/Invincible.htm
- http://nuke.co.kr/energy/arms/aircraft_carrier/c_d.htm
- http://gunsa.nared.net/Navy/Carrier/Giuseppe_Garibaldi.htm
- http://gunsa.nared.net/Navy/Carrier/Chakri_Naruebet.htm
- http://www.navy.go.kr
- http://www.powercorea.com/
- http://www.zingle.net/mars/carrier.html
- http://www.powercorea.com/aircarrier_LPX.htm
- http://www.kittyhawk.navy.mil/

- http://www.reagan.navy.mil/
- http://myhome.naver.com/bbibboo/
- http://bodugy.ms98.net/
- http://user.chol.com/~jy1010/
- http://www.mnd.go.kr:8077/mnd_news/sosik/1999/05/19991034158.html
- http://www.nuke.co.kr/energy/arms/bomb/sub_main.htm
- http://www.uboat.net/
- http://kr.imagesearch.yahoo.com/imgsrch/dir/dir_thumbs.php?dir=9106
- http://www.northropgrumman.com/
- http://www.navyfield.co.kr/
- http://www.hitel.net/~soulys/
- http://www.hazegray.org/navhist/albacore.htm
- http://www.raytheon.co.kr/raytheon/defense/elec/stand.html
- http://www.naval-technology.com/contractors/missiles/otobreda/otobreda1.html
- http://www.dhiltd.co.kr/low/korean/model/7/model4.html
- http://www.centurychina.com/plaboard/archive/11699.html
- http://hanbat.chungnam.ac.kr/~s_navy/navy.html

[주] 영국왕립조선학회(RINA)는 매년 군함에 관한 국제심포지엄을 개최하고, 이 심포지엄의 논문집(proceeding) 및 관련 CD-ROM을 발행하고 있다. 또한 "Warship Technology"라는 저널은 격월로 발행되고 있다. 이들 문헌은 위에서 분류한 방법과 관계없이 종합적으로 참고가 될 만한 것도 있다.

또한 상기(上記)의 문헌 소개 때 'transaction'이라는 말을 대부분 생략하였다(예 transaction NECIES를 NECIES로 표기함).

제 14 장 선속 시운전 해석 및 동력 마진

상선설계의 3대 조건이 경량화, 최적의 기동성(선속), 최적의 강도임을 감안할 때, 잘 설계되었음을 해석하고 증명하는 것도 설계자의 중요한 몫이다. 특히 해상의 바람 및 파랑에 기인된 속력 손실량 내지는 동력 증가량을 신빙성 있게 산출하는 것은 최적의 선박설계나 선박의 경제적인 운용을 위하여 매우 중요하다는 것은 주지의 사실이다. 이에 본장에서는 이 내용을 좀 더 구체적으로 분석해 보고 선속 시운전 결과 해석법 및 씨마진(sea margin)산정법의 개선법을 소개한다. 소개할 때 본 장의 말미에 첨부한 참고문헌 목록에 있는 것은 발표 연도 대신에 [ ] 속에 참고문헌 번호를 삽입하였다.

14.1 해상에서의 선속성능 해석의 주요 목적

해상에서의 선속성능 해석의 주요 목적을 살펴보면 다음과 같다.

[1] 시운전 해석법의 개선을 위하여

시운전의 주요 목적들을 열거해 보면 다음과 같다.

- 선박 건조자와 선주와의 사이에 계약조건(속력, 기관, 동력, 연료소비율 등과 관련된)의 만족을 증명하기 위하여
- 실선으로부터 미래의 선박설계 자료를 얻기 위하여
- 선박의 항해자료(예 추진기 회전수와 선박속력과의 관계)를 얻기 위하여
- 실선-모형선의 상관관계를 얻기 위하여

해상의 바람 및 파도 등은 장소 및 시간에 따라 항상 변하고 있는 반면 시운전은 실제 해상에서 수행되므로, 그 결과를 바람 · 파도 등의 외력이 없는(calm weather) 상태의 값

으로 환산해 주어야만 비로소 상기한 목적이 달성될 것은 명약관화하다고 하겠다. 이를 위하여 여러 단체로부터 시운전 결과의 해석법이 제안되었다.

하지만 제16회 국제수조회의[16]에서 지적된 바처럼 파도의 영향을 효과적으로 고려하기 위한 방법의 결핍으로 시운전 결과의 해석이 부정확하게 수행되고 있는 것이 사실이다. 파도의 영향(특히 파장이 선장보다 짧은 경우에 가장 큰 영향을 미치는 반사파의 영향 : 이 영향만으로 시운전 속도가 1.5노트까지 차이가 났음이 ITTC에서 인정됨)의 중요성은 비단 1981년도 국제수조회의(ITTC)에서 뿐만 아니라 1978년의 ITTC[16]에서도 위원회 결론으로 강조된 바 있으며, 많은 연구자들이 그 연구의 필요성을 역설하고 있다[예 Takahashi(1977), Laredo *et al.*(1977)]. 시운전 결과 계약속도 미달(당시 1노트)이라는 이유로 선박의 인도가 거부된 사례가 국내에서도 과거에 있었다. 특히 조선 불황기에는 선주로부터 악의적인 문제제기까지 종종 발생되므로 해석법의 개선이 절실하다고 하겠다.

[2] 서비스 동력 마진(Service power margin) 산정법의 개선을 위하여

통상의 선박설계는 평수 중에서의 선박속력에 기반을 두어 수행하게 되므로 이 속력을 유지하기 위하여 실제 항로에서 불규칙하게 작용하고 있는 바람, 파도, 조류, 선체표면의 조도 등의 영향을 극복하기 위한 기관동력의 증가량을 얼마로 해야 하느냐 하는 것은 오래 전부터 지대한 관심사가 되어 왔다. 예컨대 제16회 ITTC의 성능분과위원회[16]가 지적한 바와 같이 선주들로부터 많은 연구기관들이 이 문제에 관한 연구의뢰를 받고 있으며, 의뢰되는 빈도수도 증가되고 있는 것이 사실이다. 만일 추가동력의 산정을 적절히 할 수만 있다면, 선박건조비 측면에서나 유지비 측면에서 절약할 수 있는 것은 분명하기 때문이다. 이 문제의 해결을 위하여 모든 조선소 및 선주들이 기존 선박의 운항자료에 기반을 둔 경험식들을 각자 가지고 있다. 하지만 항해일지(logbook)자료의 부정확성[Aertssen (1969), Townsin[35], ITTC(1981)] 및 자료에 나타난 기상조건의 편중[Whyte(1973), Townsin *et al.*(1975), ITTC(1981)] 등으로 이들 경험식들의 오차가 문제시될 정도이다.

일반적으로는 실제값보다 높게 산정됨이 보통이다[Swift[27], Ferdinande(1978), ITTC(1981)]. 따라서 제16회 ITTC[16]에서도 이들 산정법의 개선이 절실히 필요하다는 것을 성능분과위원회 보고서의 결론에서 지적하고 있으며, 아울러 이를 위하여 특히 다음에 열거한 영향들에 관한 연구가 수행되어야 함을 강조하고 있다.

- 파도(특히 반사파)의 영향,
- 선체표면조도의 영향

[3] 연료경제성을 고려한 최적속력 산정을 위하여

근래에 많은 연구가들[예컨대 Towsin et al.[35], Logan et al.(1980)]이 지적했듯이 선박유지비의 급격한 상승으로 선박의 최대속력은 별 의미가 없으며, 경제적 측면에서의 최적의 속력이 얼마인가가 관심사가 되고 있다. 이의 산정을 위하여, 이제까지 보통 이용된 방법(예 all-in fuel consumption 및 log. abstract analysis)보다는 주위조건(기상조건, 선체조도 등) 변화에 따른 좀 더 정확한 선속손실량(speed loss)을 산정할 수 있어야 함은 부언의 여지가 없다고 하겠다[Logan *et al.*(1980)].

[4] 용선계약 및 이행의 개선을 위하여

Townsin *et al.*[35]이 지적했듯이 용선계약의 불이행 문제를 법정으로 끌고 가서 많은 시간과 경비를 소모하고 있음이 사실이다. 만일 항로의 기상조건(바람, 파도 등) 및 선체의 조도변화에 따른 동력-마력 곡선을 신빙성 있게 구할 수만 있다면 용선계약에 도움을 줄 수 있는 것은 분명하다고 하겠다.

[5] 기존의 선박설계법 개선

씨마진을 개선하여서 최적의 경제적인 선박을 설계할 수 있도록 한다. 이를테면 제 8 장에서 설명된 바처럼 기존의 설계방법으로 소요동력을 추정할 때는 정수(still water) 중의 선체저항만을 고려해서 추정한 후에, 실제 항로에 존재하는 불규칙한 파도 · 바람 · 조류 등의 영향 몫으로 정수 중 동력의 15% 이내로 씨마진을 고려하고 있다. 그러나 불규칙한 파도 · 바람 · 조류 등의 영향은 정수 중의 저항에 비례하는 성질이 아니므로, 이 씨마진 부정확성의 심각성이 오래 전부터 많이 지적되어 오고 있다[예 제15회 및 16회 국제수조회의 보고서].

14.2 지연(delay)의 원인

다음으로 실제 발생되는 선박 지연(delay)의 원인을 분석해 봄으로써 이들 원인에 의한 선속손실량을 규명하는 데 도움을 주고자 한다.

[1] 비자발적인 속도손실(ISL, involuntary speed loss)

① 선각(hull) 및 프로펠러의 조도(roughness) 영향
- 직접적인 저항
- 추진효율의 감소

② 바람 및 파도(weather)의 영향
- 직접적인 추가저항
- 요잉(yawing)저항
- 표류(drifting)저항

- 타(rudder)저항
- 롤링(rolling)저항

③ 기관효율의 감소

④ 조류의 영향

[2] 자발적인 속도손실(VSL, voluntary speed loss)

이 VSL은 다음과 같은 이유에서 선장이 자발적으로 감속시킴에 따라서 발생되는 속력 손실을 의미한다.

① 악천후의 영향(rough weather : shipping of green water, slamming, high acceleration, bad visibility)
- 선체구조의 손상 또는 파괴 우려
- 프로펠러 레이싱(propeller racing)으로 인한 축 및 기관에 문제점 발생 우려
- 횡 복원성의 손실 때문에 전복 또는 침몰의 위험성 발생
- 조종성의 악화로 표류(drift), 충돌 또는 좌초의 위험성 발생
- 여객 및 선원들의 참기 힘든 뱃멀미 발생
- 화물의 손상 우려
- 연료소비량의 급증으로 운영비용(operation cost)이 과대해질 우려가 있음
- 시야가 나빠져서 조종이 곤란

② 주기관 또는 보기의 고장

③ 항해용 비품의 고장

④ 승무원의 발병

⑤ 정박지 및 부두인부 등에 문제점 발생

⑥ 밀물 및 썰물의 영향

⑦ 화재의 발생

이 VSL은 다음과 같은 것을 결부하여서 규명해야 하므로 이 분야의 연구가 아직 매우 부진한 실정이다. 하지만 다행스러운 것은 실제 항로 날씨 상태(겨울 제외)의 80~90%는 VSL의 문제가 안 되는 맑은 날씨(fair weather)라는 것이 조사되어 있다[Townsin *et al.*(1975b), Lindeman *et al.*(1980), Logan *et al.*(1980)]. 또한 시운전 결과 해석 때는 ISL의 영향만이라고 볼 수 있다.

- 선장, 기관장 등의 주관적인 판단력의 기준
- 선체의 강화도
- 선박의 복원성 및 조정성능
- 기관의 성능
- 항로의 날씨 상태(weather condition)

따라서 감속량(VSL) 자체를 구하는 방법은 아직 제안되어 있지 않으며, 단지 감속이 시작될 한계조건만이 발표되고 있다. VSL이 발생하기 시작하는 한계치와 관련하여서 이제까지 발표된 결과들을 참고적으로 소개하면 다음과 같다.

- 선수부 뒤 $0.15L$의 슬래밍(slamming $0.15L$ Behind F.P.) : 3~4% 발생
- 선수부에서 그린워터(shipping of green water at F.P.) : 5~7% 발생
- 프로펠러 레이싱(propeller emergence for racing) : 프로펠러 지름의 1/3 이상 노출
- 유의 수직속도(significant vertical acceleration) : (0.18~0.4)g 발생
- 그린워터급의 갑판침수(deck wetness) 간격 : 40초 이하

이상의 여러 원인 중에서 그 영향이 가장 큰 것은 단연 조도(roughness 및 fouling)의 영향과 해상에서의 기상 상태(바람과 파도)의 영향이다. 예컨대 Townsin(1976, 1978)이 6척의 컨테이너선 및 7척의 대형 유조선(VLCC) 자료를 분석한 결과, 전체 지연요인 중에서 조도와 기상 상태의 영향이 차지하는 비율이 컨테이너선의 경우는 약 80%이며, VLCC의 경우는 약 71%임을 조사한 바 있다(그림 14 · 1 참조).

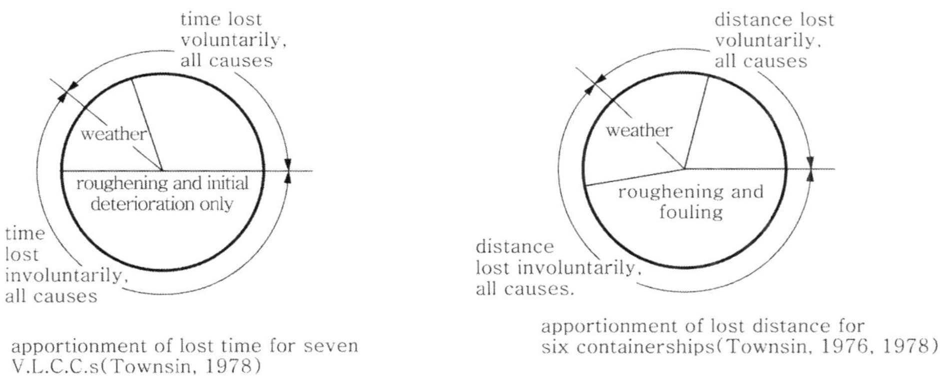

그림 14 · 1 속력손실 원인 분포

14.3 속력손실량(또는 동력증가량) 산정법의 문제점

기존의 산정법을 대별하여 다음 3가지 유형으로 구분할 수 있겠다.

[1] 실선의 자료를 분석하여 구하는 법

[2] 모형실험 자료를 이용하여 계산하는 법

[3] 이론적인 방법(하지만 부분적으로 model data를 이용)으로 계산하는 법

이상 방법들을 실제 문제(예 선속 시운전 결과 해석)에 이용할 때는 종류별 특성을 잘 알고 적용함이 필요하므로 이들의 단점들을 간단히 소개한다.

[1] 실선의 자료를 분석하여 구하는 법

① 다음과 같은 이유로 실선의 자료가 부정확할 수 있다.

- 측정 장치의 오차
- 실선자료의 대부분은 관측에 의한 것이며 따라서 관측에 의한 오차 발생
- 실선의 자료들이 편중되어 있으므로 이 자료들로부터 일반해(모든 기상조건, 선형, 선속, 동력의 경우에 응용할 수 있는 일반해)를 얻는 것은 불가능함.

② 실선의 자료를 분석하여 경험식을 구하는 과정에서 또 다른 오차가 발생한다.

[2] 모형실험으로 추정하는 법

① 다음과 같은 이유로 측정자료가 부정확할 수 있다.

- 측정장치의 오차
- 실험과정 및 조건에 따른 오차

② 실선 · 모형선의 축척비(scale effect)로 인한 오차가 크다(예 레이놀즈수와 연관된 마찰저항의 오차).

③ 파도 중에서 부하의 변화에 따른 추진계수(propulsion factor) 및 하중 변화에 따른 프로펠러성능 변화 추정 때 발생되는 오차가 크다.

④ 실제 해상조건에서 나타나고 있는 불규칙성의 고려과정에서 발생되는 오차[예 예인수조(towing tank)에서의 불규칙파 실험 결과를 해양파의 경우로 확장해서 적용하는 방법이 없다. 따라서 해양파의 부가저항을 구하기 위해서는 선형화된 스펙트럼법과 규칙파의 결과를 이용해서 구할 수밖에 없는데, 이때 가정되는 바 '부가저항이 규칙파 진폭에 비례한다'는 가정으로부터 야기되는 오차가 상당히 커서 모형실험 자료에 근거를 둔 방법도 문제가 될 정도로 부정확함이 밝혀졌다. 예를 들면 반사파부가저항 측면에서 모형실험값과 권법의 결과를 비교하고 있는 그림 14 · 2에서 볼 때 규칙파의 부가저항(R_{AWR})은 모형실험값과 계산된 값이 비교적 잘 일치하지만, '부가저항이 규칙파 진폭에 비례한다'는 가정하에 모형선 자료로부터 환산된 모형선의 규칙파 부가저항계수(C_{AWR})는 계산된 값과 일치하지 않고 있다.

[3] 이론적으로 구하는 법

① 상기 [2]항의 ③과 ④는 역시 오차 발생

② 비선형 문제의 선형화 과정에서의 오차 발생

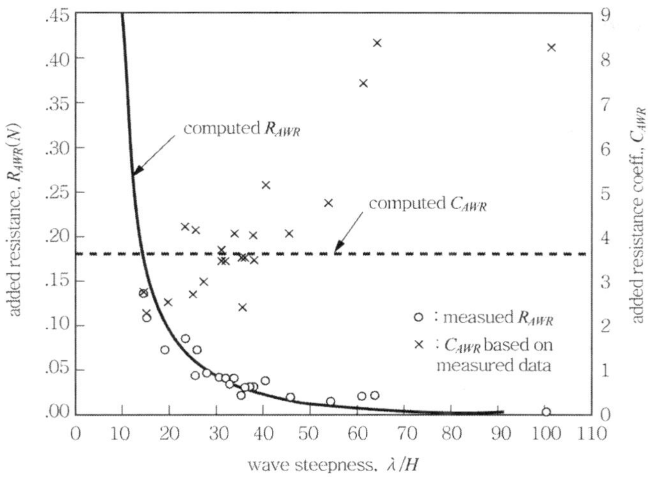

그림 14 · 2 반사파부가저항(λ/L=0.23)[19]

14.4 바람부가저항

바람부가저항(R_{wind})은 다음과 같이 표기된다.

$$R_{wind} = \frac{1}{2} \cdot C \cdot \rho_a \cdot A \cdot V_r^2 \qquad (14 \cdot 1)$$

여기서, C는 저항계수, ρ_a는 공기밀도, A는 R_{wind}를 위한 유효면적(통상 투영면적을 사용하지만 사풍의 경우가 문제임), V_r는 바람과 선박의 상대속도를 각각 의미한다.

C를 위한 모든 방법들은 모형실험 자료에 기반을 둔 경험식들이다. 바람부가저항의 경우는 파랑부가저항 산정법에 비하여 각 방법간의 오차가 적다. 하지만 다음과 같은 두 가지 관점에서 특별히 오차가 커질 수 있으므로 이의 개선의 노력이 계속되고 있다.

14.4.1 기존 바람부가저항의 문제점

[1] 경계층(boundary layer)의 영향 고려 문제

고도에 따른 바람속도 변화 영향이다. 이를테면 같은 종류의 바람일지라도 경계층 영향 때문에 측정하는 높이에 따라서 평균풍속이 16.5%까지 차이가 날 수 있음을 표 14 · 1은 보여주고 있다. 바람부가저항이 상대속도의 제곱에 비례한다는 것을 감안할 때 이것은 대단히 큰 것임을 알 수 있다. 따라서 시운전 때 풍속 측정을 위한 풍속계(anemometer)의 위치를 기록하도록 권장하고 있으며, 기록이 없는 경우는 표준고도로 합의되어 있는 해발

10 m로 간주된다. 고도와 풍속과의 관계는 식 (14 · 2)와 식 (14 · 3)의 두 가지 형태로 제안되어 있으며, 식 (14 · 2)의 지수크기는 5~7 등으로 아직 이견이 많은 실정이다. 한편 Isherwood[13]는 식 (14 · 4)와 같은 공칭속도(nominal speed)의 사용을 제안하기도 했으며, Sheerer-Lynn 및 Todd는 도식적 형태(graphic form)의 사용을 제안한 바 있다.

$$\left(\frac{W_z}{W_h}\right)=\left(\frac{z}{h}\right)^{\frac{1}{a}} \tag{14 · 2}$$

$$\left(\frac{W_z}{W_h}\right)=\frac{\ln(z/z_0)}{\ln(h/z_0)} \tag{14 · 3}$$

$$(W_{nr})^2=\frac{1}{h}\int_0^h (W_{rz})^2 dz \tag{14 · 4}$$

표 14 · 1 고도에 따른 풍속의 변화(Townsin, 1975)

Beufort number	Wind speed 10 m above surface		Free stream wind speed	
	Mean(m/s)	Range(m/s)	Mean(m/s)	Range(m/s)
1	0.8	0.3~1.5	1.0	0.1~1.7
2	2.4	1.6~3.3	2.8	1.8~3.8
3	4.3	3.4~5.4	5.0	3.9~6.2
4	6.7	5.5~7.9	7.7	6.3~9.1
5	9.3	8.0~10.7	10.7	9.2~12.3
6	12.3	10.8~13.8	14.2	12.5~15.9
7	15.5	13.9~17.1	17.8	16.0~19.7
8	18.9	17.2~20.7	21.8	19.8~23.9
9	22.9	21.1~24.7	26.4	24.3~28.5

여기서, W_z 및 W_h 는 높이 z 및 h 에서의 풍속이며, z_0는 높이파라미터(height parameter)이다.

[2] 사풍(oblique wind) 경우 발생되는 문제

상기 식 (14 · 1)에서의 면적은 보통 투영면적을 사용하지만 사풍의 경우에 이렇게 하면 갑판 위 직립물체(erection)들 사이의 바람에 따른 간섭효과 때문에 오차가 큰 것으로 알려져 있다. 따라서 이를 유효하게 표시하려는 연구가 진행되고 있다.

이상에서 지적된 문제점에도 불구하고, 바람저항의 오차는 파랑부가저항의 오차보다 매우 작은 것으로 알려져 있다. 풍속과 유효면적이 같은 경우는 여러 가지 방법의 결과상 차이가 최대 10% 이내인 것으로 알려져 있다(표 14 · 2 참조).

표 14 · 2 바람부가저항 산정법의 결과 비교[19]

추 정 법	바람부가저항 (Isherwood 결과에 대한 비)
Isherwood(15회 ITTC 추천)	1.00
van Berlekom	1.10
Aage	0.89
Wilson & Roddy	1.18
Tsuji *et al.*	1.29
Wagner	0.99
Gould	1.08
Shearer & Lynn(1960)	1.06
평균 1.07	1.07

14.4.2 추천되는 바람부가저항 산정법

가용한 바람부가저항 산정법들은 전부 모형실험 결과를 이용한 경험적인 방법이므로, 실제 사용하려는 선종과 유사한 선종의 모형실험값을 이용한 법을 찾아서 사용하면 더욱 정확할 것이다. 바람부가저항 계산법의 주요 발표자는 Shearer *et al.*(1960), Gould (1967), Wagner(1967), Tsuji *et al.*(1970), Wilson *et al.*(1970), Aage(1971), Isherwood(1972), van Berlekom (1978, 1981) 등을 들 수 있다. 또한 선종별로 제안되어 있는 바람부가저항 산정법의 예 54가지를 문헌[19]에서도 찾을 수 있다. 14.4.1절의 [1]항에서 지적된 바처럼 바람부가저항 산정 때 고도에 따른 풍속의 변화가 중요한 인자임을 감안하여서 풍속계 설치 고도를 명시하여야 하며, 설치 고도의 언급이 없는 경우는 국제협약에 따라서 고도 10 m로 간주된다. 참고적으로 ISO(2002)에서 인용되고 있는 주요 바람부가저항 산정법을 VLCC에 적용해 보았을 때 평균 차이는 7%인 것으로 나타났다(표 14 · 2 참조). 물론 이 비교 때 상기 식 (14 · 1)에서 A 및 V_r은 서로 같다고 가정하였다.

위에서 소개된 바람부가저항 산정법 중에서 Isherwood[13]의 법은 제15회 ITTC [16]에서 추천을 받은 바 있다. 또한 2002년에 최종 확정된 ISO[12]에서 바람부가저항 산정법으로 Shearer(1960), Wagner([40]~[43]), Beukelman[8], van Berlekom ([36]~[39]), Blendermann[9]법들이 예시되고 있다. 또한 Townsin-Kwon법[30]은 MARIN의 'STAP'에서 사용된 바 있다.

14.5 파랑부가저항(규칙파저항, 불규칙파저항, 추천되는 법 등)

해양의 불규칙파에 기인된 부가저항을 직접 구하여서 이용하는 법은 아직까지 제안되어 있지 못하므로, 일단 규칙파의 부가저항을 먼저 구하고, 이 결과와 식 (14 · 5) 또는 식 (14 · 6)과 같이 표기되는 선형화 스펙트럼(linear spectrum)법을 이용해서 구할 수밖에 없다. 규칙파의 부가저항 중에 짧은 파에서 영향이 큰 회절파 및 반사파의 부가저항(통칭해서 흔히 '반사파부가저항'이라고 함) 추정상의 오차가 특히 심각한 것으로 지적되고 있다(14.1절의 [1] 및 [2]항 참조). 이를테면 이 영향 한 가지만으로도 시운전속도가 1.5노트까지 차이가 났음이 ITTC에서 인정된 바 있다[16]. 또한 시운전 때의 파랑 영향 대부분은 이 영향으로 알려져 있다.

선형화 스펙트럼법은 다음과 같이 두 가지 형태로 표시할 수 있다.

① 파만남진동수(encounter frequency, ω_e)로 표시한 선형화 스펙트럼

$$R_{irreg} = 2\int_0^{\infty} S(\omega_e) \cdot \frac{R_{reg}}{\zeta_a^2}(\omega_e) \cdot d\omega_e \tag{14 · 5}$$

여기서, $S(\omega_e)$: 스펙트럼 밀도함수(spectrum density function)[부록 VII 참조]

$\frac{R_{reg}}{\zeta_a^2}(\omega_e)$: 진폭응답함수(response amplitude operator, RAO)

ζ_a : 규칙파의 진폭(amplitude)

R_{reg} : 규칙파 부가저항(added resistance in regular waves)

R_{irreg} : 불규칙파 부가저항(added resistance in irregular waves)

ω_e : 파만남진동수(encounter frequency)[부록 VII 참조]

② 원진동수(circular frequency, ω)로 표시한 선형화 스펙트럼

$$R_{irreg} = 2\int_{-\pi}^{\pi} G(\alpha - x)\, d\alpha \int_0^{\infty} S(\omega) \frac{R_{reg}(\omega,\alpha)}{(\zeta_a)^2} d\omega \tag{14 · 6}$$

여기서, G : 입사파의 방향 분포(direction distribution of incident waves)

α : 입사파 요소의 방향(direction of elementary incident waves)

ω : 원진동수(circular frequency)

상기 식 (14 · 5) 및 식 (14 · 6)에서 스펙트럼 밀도함수(spectrum density function)는 ITTC 스펙트럼[16]으로부터 구하는 것이 일반적으로 추천되지만, 이 스펙트럼법의 계수들은 실제 해역의 값으로부터 구할 것을 ITTC[16]가 요구하고 있다. 비교적 언급이 많이 되고 있는 해양파 스펙트럼에는 ITTC standard(1969, 1981), Ochi *et al.*(1976), Chen(1976), Hogben(1978) 등이 있다. 이들 중 '완성된 바다(fully developed sea 또는 fully arisen sea)'의 경우의 Pierson-Moskowitz(1964) 스펙트럼을 이용한 ITTC 표준스펙

트럼(standard spectrum)이 가장 쓸모가 있는 것으로 추천되고 있다(ITTC [16]). 한편 파랑 생성 초기의 과도기적인 경우를 위해서는 'JONSWAP' 스펙트럼이 이용된다. 이 경우는 대부분의 파랑에너지가 피크(peak) 부근에 모여 있다고 가정하여서 좁은 범위(narrow band)의 파랑진폭을 고려한다.

ISSC(국제선박구조회의, 1979)에서도 Ochi, Chen, Hogben 등의 스펙트럼들을 비교검토한 바 있으나, 이 세 가지 중 어느 한 가지도 그 사용을 추천하지는 않았다.

또한 식 (14 · 5) 및 식 (14 · 6)의 스펙트럼법을 사용할 때 채택된 가정(규칙파의 부가저항이 규칙파 진폭의 제곱에 비례)으로부터 야기되는 오차가 크다는 사실을 잘 파악하고 이용하여야 할 것이다. 일반적으로는 $Fn \geq 0.25$인 경우에 특별히 오차가 클 수 있으며, 선박의 길이(L)에 대한 파랑의 상대적 길이 및 파장(λ)에 대한 상대적 파고값에 따라서도 오차가 달라지는 것이 밝혀졌다(권[19], Sibul[24]~[27]). 일반적으로 다음과 같은 경우에 이로 인한 오차가 적은 것으로 나타났으므로, 특별히 모형실험으로 파랑부가저항을 구할 때는 이 범위의 파랑 상태에서 실험하는 것이 요청된다[19].

① $0.7 \geq (\lambda/L) \geq 0.5$인 경우는 20 < (파장 / 파고) < 60

② $(\lambda/L) < 0.5$인 경우는 30 < (파장 / 파고) < 40

또한 식 (14 · 5) 및 식 (14 · 6)을 이용할 때 ω와 ω_e 사이의 관계도 알 필요가 있으며, 개선의 바탕 지식으로 에너지스펙트럼, 불규칙파 높이(H_{av}, $H_{1/3}$, $H_{1/10}$, $H_{1/100}$ 등), 완성된 바다의 표현법 등도 이해할 필요가 있다. 이 관계는 부록 Ⅶ(irregular seaway)에서 좀 더 상세하게 소개한다.

상기에서 설명된 바처럼 불규칙파의 저항(R_{reg})을 신빙성 있게 구하기 위해서는 우선 규칙파의 부가저항을 신빙성 있게 구하여야 한다. 그러나 이의 산정법이 부정확해서 시운전 결과 해석이나 동력 마진 산정이 심각할 정도로 문제가 된다는 것은 이미 주지의 사실이다(그림 14 · 3 및 상기 14.1절의 [1] 및 [2]항 참조). 그림 14 · 3에서 λ는 파장을, L은 선박길이를 각각 의미한다. 규칙파의 부가저항 중에서도 짧은 파에서 영향이 큰 회절파 및 반사파의 부가저항(통칭해서 흔히 '반사파부가저항'이라고 함) 추정상의 오차가 특별히 문제가 되는 것으로 지적되고 있다. 예를 들면 그림 14 · 3에서 $\lambda/L < 0.8$ 이하의 경우는 실험값이 모든 대표적 이론값들보다 상당히 크게 나타나는데, 이 오차가 바로 반사파 부가저항의 영향으로 알려져 있다. 이 오차는 이론 산정값에서 물체를 2차원화하고, 선형화하면서 무시한 고차항의 영향이다.

규칙파에서의 운동에 기인된 부가저항(R_{motion}) 산정법의 주요 제안자는 Havelock (1937), Haskind(1947, 1957), Newman(1965), Hanaoka(1956, 1957), Maruo (1957a, 1963), Joosen(1966), Wahab(1971), Boese(1970), Gerritsma(1972a, 1972b, 1978), Salvessen(1974), Faltinsen *et al.*(1981) 등이 있다. 이 법들의 특징들은 문헌

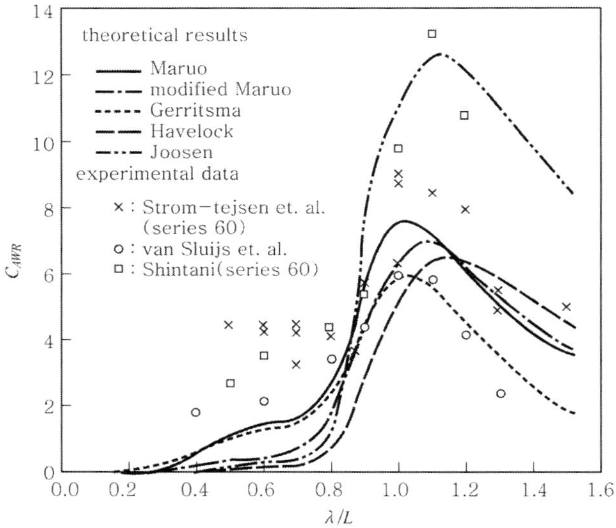

그림 14 · 3 규칙파 부가저항계수[19]

[19]에서 좀 더 상세하게 분석하고 있다.

이들 방법 중에서 Maruo법이 비교적 가장 많이 인용되고 있으며, 특이점 분포법의 변화를 주어서 Maruo법의 개선을 시도하는 노력이 계속되고 있다[예 Wang(1965), Sibul (1967), Beck(1969), Loukakis(1970), Brown *et al.*(1973), Hosoda(1973)]. 또한 Gerritsma법도 이론적인 배경에는 모호성이 있으나 그 계산식의 단순성 때문에 역시 인기가 있다. 특별히 Maruo법[21]은 운동에 기인된 부가저항 산정법으로 ISO[12]가 추천하고 있는 법이다.

반사파부가저항은 선속시운전 결과 해석 때 무시해서는 안 될 영향으로 지적되고 있다. 하지만 이 저항은 선형화 이론에서 무시되는 고차항의 영향에 속한 것이므로 이론적인 접근이 어려울 뿐만 아니라, 짧은 파도에서($\lambda/L<0.8$) 두드러지게 나타나는 영향이고 이 영역에서는 불규칙파를 위한 선형화 스펙트럼법의 오차가 더욱 커서 실험값도 믿을 수가 없는 것으로 알려져 있다(그림 14 · 2 참조). 따라서 오랫동안 많은 학자들이 이의 연구 필요성을 강조하고 있음에도 불구하고(예 제15회 및 16회 ITTC[16]), 별로 많지 않은 연구 결과가 발표되어 있는 실정이다. 이의 연구에는 1975년의 Fujii-Takahashi법[11], 1981년의 Faltinsen et al.법[10] 및 1982년의 권영중법[19] 등이 있으며, 이들 모두 8년 동안 전 세계 회원국의 의견수렴과 투표 끝에 2002년에야 확정된 ISO 15016 [12]에 복수로 추천되고 있다. 또한 권법[19]는 모든 사파(oblique waves)에 적용이 가능하지만 Fujii-Takahashi법 및 Faltinsen et al.법은 맞파도(head waves) 내지는 횡파(beam waves)에만 적용이 가능하다는 것을 ISO 15016[12]는 아울러 지적하고 있다(부록 Ⅶ 참조). 하지만 최근에 MARIN[45]의 'STA-JIP'에서 자체적으로 개발했다는 실험적 방법과

Fujii-Takahashi법[11] 및 Faltinsen et al.법[10]을 이용한 법을 제안하고 있으나 그 정확성은 아직 검증되지 않았다. 예를 들면 이 'STA-JIP[45]'에서는 Fujii-Takahashi법[11] 및 Faltinsen et al.법[10] 이외에 포함하고 있다는 실험적법("Spectral Method using Measured Data"라는 표현)이라는 것이 규칙파의 모형실험 측정치와 14.5절에서 소개된 선형화된 스팩트럼법을 이용해서 구하거나, 또는 편중되고 부정확할 수밖에 없는 일부의 실선 자료를 이용해서 구하는 것을 시도했다는 뜻인데 이 또한 14.3절의 [1] 및 [2]에서 지적된 바처럼 엄청난 오차의 소지가 있음이 이미 잘 알려진 사실이다. 따라서 비교적 오랜 기간 동안 전 세계적으로 검증이 되고 ISO 15016의 공동 추천을 받고 있는 Fujii-Takahashi법(1975), Faltinsen et al.법(1981) 및 권영중법(1982)의 특징적 차이점을 특히 잘 파악할 필요가 있다. 우선 이들 법의 공통적 특성은 경계조건에 기하학적 광학(geometric optics)의 가정을 도입해서 단순화한 후에 보완을 해준 것이다. 이 중에서 Faltinsen et al.[10]이 제안한 점근법(asymptotic theory)에서는 선체를 수직벽으로 이루어진 무한 흘수의 실린더로 가정함으로서, 흘수선면의 형상만을 고려하는 2차원적 문제로 반사파저항을 구하였다. 위의 3가지 법 중에서 비교적 가장 논리적 해석법에 가깝다. 하지만 그의 논문[10]에서도 보여 준 바처럼 실험값과의 비교에서 C_b=0.8의 경우는 비교적 잘 일치하지만, C_b=0.6의 경우 및 컨테이너선형(S-175)에서는 실측값과 너무 큰 오차를 나타내고 있다. 한편 Fujii-Takahashi법(1975)은 실험값과 비교적 잘 일치하고 있으나, 그의 법은 수선면의 반쪽 앞부분 형상만 고려하는 맞 파도의 경우만을 고려하고 있다는 단점이 있다. 이를 보완하여 1982년에 권영중이 제안한 법[19]이 있으며, 이 법의 아이디어가 Fujii-Takahashi법과 유사한 점이 많으므로, 표 14·3에서 이들 법 간의

표 14·3 Fujii-Takahashi법과 권영중법 비교[19, 51]

	Fujii-Takahashi법(1975)	권영중법(1982)
공통적 채택 사항	geometric optics 가정하에 drift force를 구하고 이를 수정함	좌 동
drift force 구할 때 사용된 식	head sea에 관한 Havelock식('40) 사용 : 수선면의 선수부 형상만 고려	oblique sea에 관한 Bessho식('58) 사용 : 수선면 전체 모양 고려
drift force 구할 때 가정된 선형	흘수선면의 선수부 반쪽	전체 흘수선면 : 흘수선면을 4차 다항식으로 수식화함
wave scattering 보정 때 사용된 식	Wehausen-Laiton의 reflection coeff. 식('60) : 유한깊이의 vertical flat barrier에 적용하는 식	Jones-Whitham의 scattering coeff. 식('57) : 임의의 형상에 적용하는 식
무한 흘수의 수정	별도의 수정이 없음(reflection coeff.에서 고려된 것으로 간주)	Smith효과(수심에 따른 유체입자 운동의 감쇠현상)를 이용해서 보정함
선속에 관한 수정계수 도출법	모형실험 결과 이용	모형실험 결과 및 encounter frequency식의 형태 이용

특징을 비교하였다. 상기 3가지 법의 좀 더 상세한 특성 분석은 문헌[19]를 참조하기 바란다.

ISO(2002)가 추천하고 있는 Maruo법(운동 부가영향), 권영중법(반사파부가저항), van Berlekom법(바람부가저항), ITTC 표준스펙트럼 등을 이용하여 미리 해양파 부가저항 및 바람부가저항을 체계적으로 계산하여서 '(파랑부가저항) / (파랑부가저항 + 바람부가저항)' 비를 제공함으로서 복잡한 과정 없이도 이들 값을 간단히 구할 수 있는 표준계열표를 부록 Ⅷ에 수록하였다.

14.6 표면조도 영향 추정법

표면조도의 영향은 실제 해상의 바람 및 파랑 영향을 합친 것보다 3배 이상까지도 클 수 있다는 것을 그림 14·1 및 그림 14·4는 보여주고 있다. 하지만 기존의 표면조도 영향 고려법이 문제가 될 정도로 부정확하다는 것이 많은 학자들에 의하여 지적되어 왔다 [ITTC(1978, 1981), Swift[28]]. 그러나 시운전의 경우나 운항 중인 선박의 경우 모두 표면을 깨끗하게 처리하면 이 영향은 쉽게 제거될 수 있다는 점에서 이의 심각성이 파랑이나 바람보다는 덜하다.

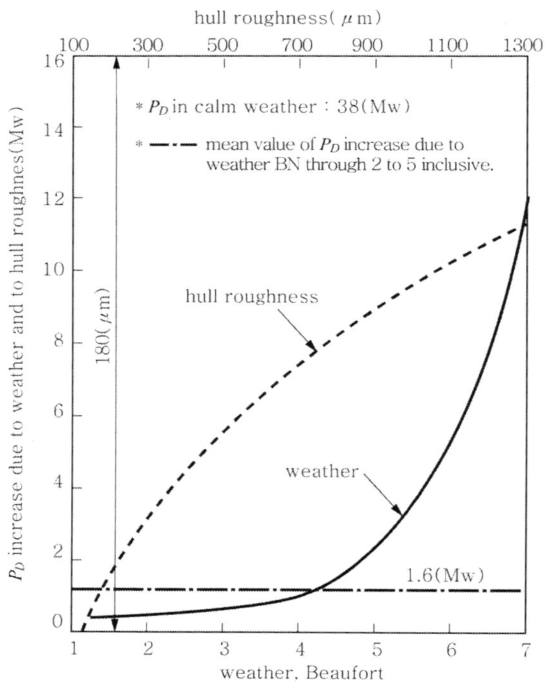

그림 14·4 표면조도와 기상 영향 비교[3]

신조선 시운전 때의 동력 마진은 표면조도의 영향을 무시해서 통상 12~15% 정도로 하는 경우가 많으나, 운항 중인 선박의 서비스 파워 마진 경우는 표면조도의 영향을 고려해서 최대 50%까지 설정하기도 하며, 통상 25%의 마진이 채택되고 있음을 Swift[28]가 지적한 바 있다. 이 영향 추정에는 ISO[12] 및 ITTC[14]가 추천한 Towsin-Dey법[34]을 이용할 수 있다. 표면조도 영향 고려법과 관련하여 2005년의 ITTC[14]가 인용한 방법들은 Townsin-Day[34], Townsin[31], Townsin Byrne, *et al.*[[32], [33]], Walderhaug[44], Johansson[17], Musker-Lawkovicz[22], Lackenby[20] 등이다.

14.7 항로의 파랑 및 바람 상태의 합리적 표시법

24시간 동안 인공위성에 의해 관측되고 있는 실제 해상의 바람 및 파랑 상태를 통계적으로 분석해서 표시할 수 있겠다. 이 통계적 자료의 예를 들면 Walden(1964), Hogben-Lumb(1967), U.S. Naval Ocenographic Offic(1969), Yamanouchi-Ogawa(1970), U.S. Navy(1977, 1978), Takaishi *et al.*(1980) 등이 있다. 또한 선박의 항로를 확률적으로 분석한 예도 Zubaly(1970), Townsin *et al.*(1975), Lindeman *et al.*(1980) 등의 연구에서 찾아볼 수 있다. 아울러 해상에서 풍속과 파고와의 관계를 규명하려는 연구도 진행되고 있는데, 이 분야의 연구자의 예는 Pierson(1964), Hogben-Lumb (1967), ITTC(1969), Nordenstrom(1969), Yamanouchi *et al.*(1970), Motte(1972 : Conish, Zimmermann, Script, Rossby, Pierson-Moskowitz, Scott, Darbyshire), Aertssen(1975), Takaishi *et al.*(1980) 등이 있다. 이 중에서 완성된 바다(fully developed sea 또는 fully arisen sea)의 경우를 위하여 비교적 인용이 많이 되고 있는 Pierson-Moskowitz(1964)의 표현법은 부록 Ⅶ(irregular seaway)에 수록하였다.

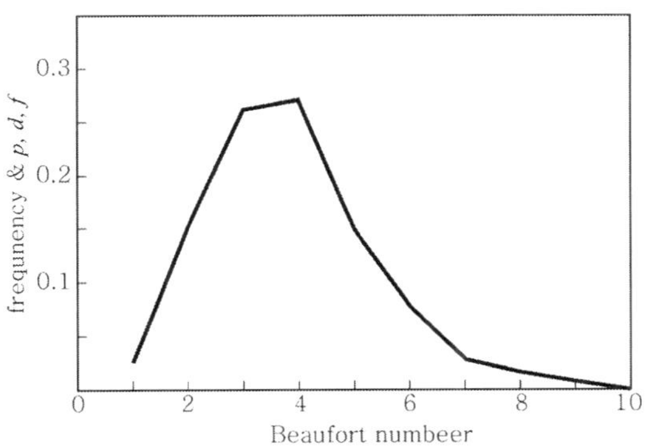

그림 14 · 5 Weather frequency and probability density function for Ulsan-L.A. route (All weather sectors)

이들 통계자료를 이용해서 항로의 파랑 및 바람 상태를 효율적으로 표시할 수 있을 것이다. 예를 들면 어떤 자동차운반선(PCC)의 울산-L.A. 항로의 경우 기상 상태를 그림 14·5와 같이 표시할 수도 있으며, 이를 다음과 같은 확률밀도 함수로도 표시할 수 있겠다. 즉 $X=BN$, $Y=\theta$인 두 개의 확률변수를 설정하고, 이의 결합확률 밀도함수 $P_{xy}(x,y)$를 구한다. 여기서 BN은 Beaufort number를 의미하며, θ는 해상 바람 및 파도의 접근 방향을 나타낸다. 여기서 2개의 확률변수 X, Y의 함수 Z를 고려한다.

$$Z=f(X,Y) \tag{14·7}$$

여기서,

$$\begin{aligned}(Z=z) &= [f(X,Y)_{=z}] \\ &= \underset{(f(x,y)=Z)}{U}(X=x,\ Y=y)\end{aligned}$$

라고 보아서 확률밀도함수 $P_Z(Z)$를 다음과 같이 표시할 수 있겠다.

$$P_z(Z)=\int_{-\infty}^{\infty} P_{xy}\{f^{-1}(z,y),y\}\left|\frac{\partial f^{-1}(z,y)}{\partial z}\right|dy \tag{14·8}$$

14.8 파랑 중에서의 추진계수 및 프로펠러 성능에 관한 연구

프로펠러는 정수 중에서 최대의 효율을 갖도록 설계되는데, 각종 저항에 따른 하중(load)의 변화에 따른 프로펠러 효율 변화를 신빙성 있게 찾는 것도 계속적인 연구의 필요성이 강조되고 있다. 이와 관련된 연구문헌의 예는 Moor *et al.*(1697, 1970), van Sluijs(1972), Oosterveld *et al.*(1972, 1973), Geisler *et al.*(1974), Nakamura *et al.*(1975, 1976), Faltinsen *et al.*[10], Townsin-Kwon *et al.*[29] 등에서 찾을 수 있다.

문헌[29]의 그림 14·6 곡선은 프로펠러의 단독시험 결과로부터 비교적 쉽게 찾을 수 있다. 이 곡선을 구하는 법을 요약하면 다음과 같다.

$P_0=\dfrac{T_0\cdot V_0}{\eta_0}$으로부터 다음의 관계를 얻는다.

$$P_0+\Delta P=\frac{(T_0+\Delta T)V_0}{\eta_0+\Delta\eta}$$

여기서 P, T, V, η는 동력, 추력, 선속, 프로펠러 효율을 각각 의미하며, 첨자 '0'은 정수(calm sea)의 값을 뜻하고, 기호 'Δ'는 변화량을 의미한다.

이제 $T_0 \propto R_0$로부터 추력 감소가 일정한 경우를 가정하면 $T_0+\Delta T \propto R_0+\Delta R$인 관계를 얻게 되며, 다음의 관계가 있다고 볼 수 있다. 즉,

$$\frac{P_0+\Delta P}{P_0}=\frac{R_0+\Delta R}{R_0}\cdot\left(\frac{\eta_0}{\eta_0+\Delta\eta}\right)$$

$$1+\frac{\Delta P}{P_0}=\left(1+\frac{\Delta R}{R_0}\right)\cdot\frac{1}{1+\dfrac{\Delta\eta}{\eta_0}}$$

한편

$$1+\frac{\Delta\eta}{\eta_0}=f\left(1+\frac{\Delta R}{R_0}\right)$$

$$T_0=\left(\frac{K_T}{J^2}\right)_0\rho D^2(V_0)^2$$

$$T_0+\Delta T=\left(\frac{K_T}{J^2}\right)_1\rho D^2(V_0)^2$$

따라서

$$\frac{T_0+\Delta T}{T_0}=\left(1+\frac{\Delta R}{R_0}\right)=\frac{(K_T/J^2)_1}{(K_T/J^2)_0}\text{ 이며,}$$

$$\eta=f\left[(K_T/J^2),K_Q\right]\text{ 이고 }\frac{K_T}{J^2}=\frac{T}{\rho D^2V^2}$$

라고 볼 수 있다.

이제 추력감소율(thrust deduction fraction, t)이 일정하다고 가정하면, $R_0\propto T_0$이고 $R_0+\Delta R\propto T_0+\Delta T$이므로 식 (14 · 9)를 가정할 수 있다.

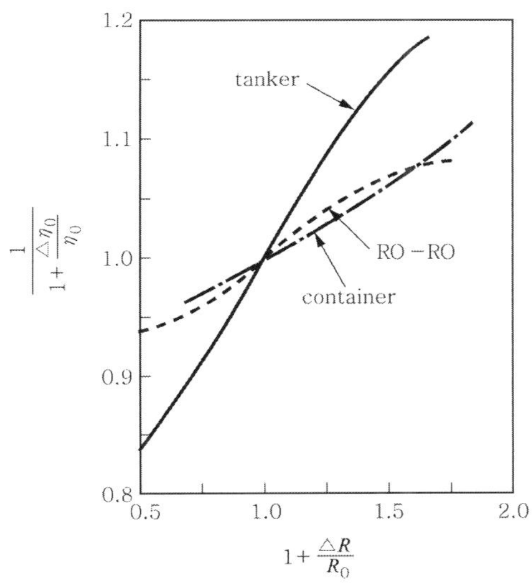

그림 14 · 6

$$\frac{R+\Delta R}{R_0}=\frac{T+\Delta T}{T_0} \tag{14·9}$$

한편 $T_0=\left(\frac{K_T}{J^2}\right)_0 \rho D^2(V_0)^2$ 이고 $T_0+\Delta T=\left(\frac{K_T}{J^2}\right)_1 \rho D^2(V_0)^2$ 이므로 식 (14 · 10)이라고 볼 수 있다.

$$\frac{T_0+\Delta T}{T_0}=\frac{(K_T/J^2)_1}{(K_T/J^2)_0} \tag{14·10}$$

이제 식 (14 · 9)와 식 (14 · 10)으로부터 다음의 관계를 얻게 되며, 이 식 (14 · 11)을 이용해서 그림 14 · 6과 같은 곡선을 얻을 수 있다.

$$\frac{R_0+\Delta R}{R_0}=\frac{(K_T/J^2)_1}{(K_T/J^2)_0} \tag{14·11}$$

여기서 J는 전진계수(advanced coefficient)를 나타내며, K_T와 K_Q는 추력계수(thrust coefficient)와 토크계수(torque coefficient)를 각각 의미한다.

이상 관계로부터 그림 14 · 6을 구하는 계산 예를 표 14 · 4에 수록하였다.

표 14 · 4 부가저항과 추진기효율 관계(그림 14 · 6) 계산 예

Addvance Coeff.(J)	Thrust Coeff.(K_T)	Propeller Effic.(η)	K_T/J^2	$\frac{(K_T/J^2)_1}{(K_t/J^2)_0}=\frac{R_0+\Delta R}{R_0}$	$1+\frac{\Delta\eta}{\eta_0}$	$\frac{1}{1+\frac{\Delta\eta}{\eta_0}}$	Remark
0.20	0.234	0.294	5.85	4.06	0.613 $(=1+\frac{0.294-0.480}{0.480})$	1.63	
0.25	0.216	0.360	3.46	2.40	0.750	1.33	
0.30	0.196	0.420	2.18	1.51	0.875	1.14	
0.35	**0.177**	**0.480**	**1.44**	**1.00**	**1.000**	**1.000**	Zero Coulum
0.40	0.157	0.536	0.98	0.68	1.056	0.95	
0.45	0.136	0.581	0.67	0.47	1.101	0.91	

14.9 해상의 선속 손실량 산정을 위한 약산법

[1] Townsin-Kwon식[30, 48]

• 탱커(하중 상태)

$$\Delta V/V(100\%) = \mu\,[0.5BN + BN^{6.5}/(2.7\nabla^{2/3})] \quad (14 \cdot 12)$$

• 탱커(밸러스트 상태)

$$\Delta V/V(100\%) = \mu\,[0.7BN + BN^{6.5}/(2.7\nabla^{2/3})] \quad (14 \cdot 13)$$

• 컨테이너

$$\Delta V/V(100\%) = \mu\,[0.7BN + BN^{6.5}/(22\nabla^{2/3})] \quad (14 \cdot 14)$$

여기서 ΔV는 속력손실량, V는 선박의 서비스속력, BN은 보퍼트수(Beaufort number), ∇는 m^3 단위로 표시된 배수용적(volumetric displacement), μ는 바람 및 파랑의 방향 수정계수[식 (14 · 15)~식 (14 · 17) 참조] 등을 나타내며, 풍속은 이용의 편의를 위하여 절대속도를 나타낸다.

$$2\mu_{bow} = 1.7 - 0.03(BN-4)^2 \quad (14 \cdot 15)$$

$$2\mu_{beam} = 0.9 - 0.06(BN-6)^2 \quad (14 \cdot 16)$$

$$2\mu_{following} = 0.4 - 0.03(BN-8)^2 \quad (14 \cdot 17)$$

여기서, head sea : up to 30° off bow
bow sea : 30° to 60° off bow
beam sea : 60° to 150° off bow
following sea : 150° to 180° off bow

등을 나타낸다.

위의 약산식은 시운전 결과 해석법으로 네덜란드선박연구소(MARIN)가 1994년에 제작하고, 현대중공업(주)에서도 도입한 'STAP' 프로그램에서 사용되고 있다. 하지만 본 식은 탱커의 경우 C_b=0.84, F_n=0.15, 컨테이너선의 경우 C_b=0.62, F_n=0.25인 경우에 대한 것이므로 범용할 때는 그만큼 오차가 클 수 있음을 감안해야 한다. 이를 보완하여서 다음과 같은 경우를 포함한 문헌[48]의 약산식을 이용하면 오차가 감소될 것이다.

C_b : 0.55, 0.60, 0.65, 0.70, 0.75, 0.80, 0.85
F_n : 0.10, 0.15, 0.20, 0.25, 0.30

[2] 컨테이너선을 위한 Aertssen의 약산식(제12회 ITTC, 1969)

$$\Delta V/V(100\%) = (m/L_{pp}) + n \quad (14 \cdot 18)$$

여기서 L_{pp}는 수선간 길이를 의미하며, m과 n은 표 14 · 5와 같다.

이 식도 이용의 편리성은 있으나, $BN=5$ 이하에는 적용할 수 없는 것이 아쉬운 점이다.

표 14 · 5 Aertssen식의 m 및 n값

BN	head sea		bow sea		beam sea		following sea	
	m	n	m	n	m	n	m	n
5	900	2	700	2	350	1	100	0
6	1300	6	1000	5	500	3	200	1
7	2100	11	1400	8	700	5	400	2
8	3600	18	2300	12	1000	7	700	3

14.10 부가저항으로부터 선속손실량 및 동력 마진을 구하는 약산식

[1] 일정한 추력(thrust) 때의 속력손실량 구하는 식

일정한 추력에서의 속력손실은 주로 다음 식을 이용해서 구해 왔다.

$$\frac{\Delta V}{V_0}=\left(1+\frac{\Delta R}{R_0}\right)^{\frac{1}{2}}-1 \qquad (14 \cdot 19)$$

식 (14 · 19)는 잔잔한 기상 상태(calm weather) 때의 선속을 V_0, 부가저항이 있는 기상 상태의 선속을 $V_0+\Delta V$라고 하고 이 두 경우에 프로펠러 스러스터(propeller thruster)가 같다고 할 때, 다음과 같이 유도된 식이다. 즉,

$$\frac{1}{2}\rho s V_0^2 \cdot C_T+\Delta R=\frac{1}{2}\rho s(V_0+\Delta V)^2 \cdot C_T \qquad (14 \cdot 20)$$

식 (14 · 20)을 정리하면 다음과 같은 과정에 의해서 식 (14 · 19)를 얻게 된다.

$$R_0+\Delta R=\frac{R_0}{V^2}(V_0+\Delta V)^2$$

이제 양변을 R_0로 나누고 정리하면

$$1+\frac{\Delta R}{R_0}=\left(1+\frac{\Delta V}{V_0}\right)^2$$

이 된다.

$$\therefore \frac{\Delta V}{V_0}=\left(1+\frac{\Delta R}{R_0}\right)^{\frac{1}{2}}-1$$

여기서 ΔV 과 V_0는 선속손실량과 잔잔한 기상 상태의 선속을 의미하며, ΔR 과 R_0은 부가저항과 잔잔한 기상 상태의 저항을 각각 나타낸다.

[2] 일정한 속력 때의 동력증가량 구하는 식

바람, 파랑, 표면조도 등으로 인한 부가저항(ΔR)을 극복하고 일정한 속력을 유지하기 위해서 증가시켜야 할 동력량(power increase, ΔP)은 다음과 같이 구할 수 있다.

즉, 잔잔한 기상 상태(calm weather)의 경우는

$$P_0 = \frac{T_0 V_0}{\eta_0}$$

이며, 바람과 파랑이 있는 기상 상태(heavy weather)의 경우는 다음과 같이 표현할 수 있다.

$$P_0 + \Delta P = \frac{(T_0 + \Delta T) V_0}{\eta_0 + \Delta \eta_0} = \frac{T_0\left(1 + \dfrac{\Delta T}{T_0}\right) V_0}{\eta_0\left(1 + \dfrac{\Delta \eta_0}{\eta_0}\right)}$$

이제 추력감소율(thrust deduction fraction) 및 반류비(wake fraction)가 일정하다고 가정하면 다음과 같은 관계식을 얻게 된다.

$$\frac{\Delta P}{P_0} = \frac{1 + \dfrac{\Delta T}{T_0}}{1 + \dfrac{\Delta \eta_0}{\eta_0}} - 1 = \frac{1 + \dfrac{\Delta R}{R_0}}{1 + \dfrac{\Delta \eta_0}{\eta_0}} - 1 \qquad (14 \cdot 21)$$

여기서 η_0는 프로펠러 단독효율(open water propeller efficiency)이며, $\Delta\eta$는 부가저항에 따른 프로펠러효율의 변화량을 의미한다. 식 (14 · 21)의 $1 + \dfrac{\Delta R}{R_0}$과 $1 + \dfrac{\Delta \eta_0}{\eta_0}$의 관계는 그림 14 · 6에서 구할 수 있다. 이 곡선은 14.8절에서 설명한 방법에 따라 프로펠러의 단독시험결과로부터 비교적 쉽게 찾을 수 있다[29].

[3] 일정한 동력 때의 속력 손실량 구하는 식

실제 문제에서는 식(14 · 19)보다는 오히려 일정한 동력에서의 속력 손실량을 구할 필요가 있으며 이를 위해서는 다음 식이 제안된 바 있다[29].

$$\frac{\Delta V}{V_0} = \frac{1}{n+1} \cdot \frac{\Delta P}{P_0} \qquad (14 \cdot 22)$$

이것은 다음과 같은 가정 하에서 유도된 식이다. 즉,

$$R \propto V^n$$

이고,

$$P_0 = kV^{n+1} \tag{14 · 23}$$

이라고 볼 수 있으며, 부가저항을 극복하고 일정한 속도를 내기 위한 동력은 다음 식과 같이 표시할 수 있다.

$$P = P_0\left(1 + \frac{\Delta P}{P_0}\right) \tag{14 · 24}$$

이제 식 (14 · 23)과 식 (14 · 24)로부터 식 (14 · 25)를 구할 수 있다.

$$P = \left(1 + \frac{\Delta P}{P_0}\right)kV^{n+1} \tag{14 · 25}$$

식 (14 · 25)를 이용해서 부가저항이 없을 때의 속도(V_0)와 부가저항이 있을 때의 속도(V) 때의 동력을 식 (14 · 26)과 같이 표시할 수 있으며, 이 식으로부터 식 (14 · 27)을 얻게 된다.

$$P = k(V_0)^{n+1} = \left(1 + \frac{\Delta P}{P_0}\right)k(V)^{n+1} \tag{14 · 26}$$

$$\frac{V}{V_0} = \left(1 + \frac{\Delta P}{P_0}\right)^{\frac{-1}{n+1}} \tag{14 · 27}$$

이제 $\frac{\Delta P}{P_0}$가 1보다 작다고 보고, 이항정리(binomial theorem)를 써서 식 (14 · 28)과 (14 · 29)를 얻게 되며, 식 (14 · 29)가 식 (14 · 22)와 같은 형태임을 알 수 있다.

$$\frac{V}{V_0} \simeq 1 - \frac{1}{n+1}\frac{\Delta P}{P_0} \tag{14 · 28}$$

$$\frac{V_0 - V}{V_0} \simeq \frac{1}{n+1}\frac{\Delta P}{P_0} = \frac{\Delta V}{V} \tag{14 · 29}$$

여기서 n는 속력과 저항 또는 속력과 동력관계에서 얻어지는 상수이며, $\frac{\Delta P}{P_0}$는 식 (14 · 21)과 같다. 참고적으로 몇 가지 선종별로 구한 n값을 소개하면 다음과 같다.

하중 상태의 VLCC 경우 $n = 1.91$

밸러스트 상태의 VLCC 경우 $n = 2.40$

컨테이너선 경우 $n = 2.16$

14.11 속력시운전 결과 해석법

선박의 속력시운전은 계약된 속도의 선박으로 설계되었는지를 증명하기 위하여 실시하여야 하는 것이므로 조선소나 선주 입장에서 모두 신빙성이 대단히 중요한 의미가 있다는 것은 주지의 사실이다. 이를 위해서는 신빙성 있게 시운전을 수행하는 것 이상으로 시운전 때의 기상 상태를 깨끗한 표면의 잔잔한 기상 상태(calm weather)로 환산해 주는 방법이 중요하다. 이를 위하여 그동안 많은 기관들이 서로 다른 시운전 해석법을 제안한 바 있다. 몇 가지 예를 들어 보면 다음과 같다.

국제수조회의(ITTC : '69, '81), 영국선박연구소(BSRA : '64, '77, '78), 덴마크선박연구소(DSRI : '64), 노르웨이 조선기술협회(NASTS : '71), 미국조선학회(SNAME : '73, '76, '89), 일본조선연구협회('72, '93), 네덜란드선박연구소(NSMB : '76 / MARIN : '94, '06), 국제표준기구(ISO : '02) 등을 들 수 있다.

하지만 이들의 부정확성이 심각하다는 것이 많은 학자들에 의해서 지적되고 있다.

이들 결과의 부정확성이 심각하다는 것이 오래 전부터 지적되어 왔다. 특히 문제점으로 지적되고 있는 것은 반사파부가저항의 영향과 표면조도 영향 고려법이다(14.1절의 [1]항과 [2]항 및 그림 14 · 3 참조). 이로 인한 문제를 해소하기 위하여 국제표준기구(ISO)가 8년 동안의 산고 끝에 최근에 선속시운전 해석법의 표준가이드(ISO 15016)를 확정한 바 있다. 이법의 제정은 1994년에 착수해서 2002년 6월에 확정되기까지 총 9회에 걸쳐 전 세계 ISO 회원국의 의견을 수렴하고 투표를 실시한 바 있다. 한편 포르투갈 제안으로 유럽표준위원회(CEN, European committee for standardization)가 1998년부터 2005년 현재까지 제정 중인 선박의 조종성 관련법(DIN 1208)과 이미 국제표준기구(ISO)에서 제정되어 있는 ISO 15016(선속시운전 해석법)을 통합해서 종합적인 규정 ISO/FDIS 19019(international organization for standardization / final draft international standard 19019)로 제정하는 작업이 현재 진행 중이다. 이 ISO/FDIS 19019 최종안에도 ISO가 이미 확정해 놓은 ISO 15016(선속시운전 결과 해석법)은 그대로 인정해서 포함토록 되어 있다. 이렇게 되면 'ISO 15016'은 ISO와 CEN이 공동으로 인정함으로써 그 공인성이 한층 더 강화될 전망이다. 뿐만 아니라 IMO(국제해사기구)가 선박 대기오염 규제를 위한 선박 속력 산정 기준법을 ISO 15016로 하기로 최근에 결정한 바도 있다.

요즈음 시운전 해석법의 핵심 쟁점으로 되어 있는 파랑부가저항 산정법과 관련된 ISO 15016의 표준가이드를 부록 Ⅸ에 수록하였다. 최근에 MARIN이 또 한 가지 법(STA-JIP)[45]을 제안한 바 있으며, 이법에서의 반사파부가저항 고려법은 실험값에 근거를 둔 법과 문헌[10] 및 [11]을 이용하고 있다. 하지만 반사파부가저항을 위한 실험적 추정법은 그 오차가 대단히 클 수 있는 것으로 알려져 있다(14.3절의 [2]항 및 14.5절 참조)[47]. 또한 STA-JIP에서 채택하고 있는 문헌[10] 및 [11]의 법은 맞파도(head wave) 내지는 횡파(beam waves)의 경우만 쓸 수 있는 반면에 권법[19]는 모든 사파(oblique waves) 경우에 사용하는 것을 ISO 15016은 추천하고 있다(표 14 · 6및 부록 Ⅸ 참조).

표 14.6 ISO15016/STAP/STA-JIP의 반사파/회절파(주 쟁점) 고려법 비교[47 및 49]

해석법 명칭	ISO 15016[부록IX]	STAP	STA-JIP[45]
개발기관 및 추천 기관	국제표준기구(ISO), 유럽표준위원회(CEN)	네덜란드선박 연구소(MARIN)	네덜란드선박 연구소(MARIN)
채택한 반사파/ 회절파 영향 산정법	▶Faltinsen법[10] ▶Fujii-Takahashi법[11] ▶권영중법[19] ▶Townsin-권영중법[29]	▶Townsin - 권영중의 약산식[30] ▶모형실험 결과	▶Faltinsen법[10] ▶Fujii-Takahashi법[11] ▶선형화된 스팩트럼법에 의한 모형실험값 및 시운전값
적용상 특성	모든 방향 파도 (−180°∼+180°)에 적용가능	탱커(Cb:0.84, Fn:0.15) 및 컨테이너(Cb:0.62, Fn:0.25) 외에 부정확	선수파 및 횡파(−90°∼+90°)에만 적용가능[부록IX]
실험값 반영 특성	권영중법[19]의 방향 수정값 도출 때 실선값 반영	모형실험값 및 실선값 고려시 부정확도의 심각성 : 본 장 14.3 및 14.5와 문헌[19] 참조	

최근(2014년)에 EEDI(에너지효율설계지수) 적용과 관련된[16.2절 참조] 선속산정법의 단순화 논의가 진행중이며, 이 논의안 중 파랑 부가저항 산정법과 관련하여서는 문헌 11(Fujii-Takahashi법), 문헌 45(STA-JIP법) 및 문헌 52(Tsujimoto et al.법) 등이 유력하게 거론되고 있다. 하지만 이 법들의 부정확성이 밝혀진 바 있다[예 다음 내용 참조].

- ISO 15016(2002년)의 B.1.2의 추천법들의 특성 설명
- 본 도서의 표 14·3 및 표 14·6
- 기타 본 장의 참고문헌 : [51], [50], [19], [53]

시운전 때 신빙성을 높이기 위해서는 일반적으로 기상조건이 너무 나쁘지 않은 상태에서 시행해야 한다. ISO의 표준은 이 경우 최대 파고 3 m 미만(대략 BN=7 미만)을 권장하고 있다. BN가 7 이상인 경우는 프로펠러 레이싱(propeller emergence for racing) 현상까지 발생되어서 선속손실량이 두 배 이상 차이가 날 수 있음을 Aerssen-van Sluys(1972)가 실선으로부터 측정한 바 있다[30]. 또한 풍속계(anemometer)의 위치가 표준높이인 해발 10 m가 아닌 경우는 위치를 기록하고, 높이에 따른 풍속의 보정을 해준다(14.4절의 [1]항 참조). 이의 오차를 줄이기 위해서 가능한 한 높은 위치에 풍속계를 설치하는 것이 바람직하다. 아울러 조류(current)의 영향 고려를 포함한 신빙성을 높이기 위하여 왕복운항 횟수를 4회(총 8회 운전) 하는 것이 권장되고 있다. 아울러 수심이 영향을 미칠 수 있으므로 가능한 한 깊은 지역에서 시운전을 실시하되, 부득이 한 경우는 보통 Lackenby법[46]으로 보정해 주고 있다(ISO 15016의 Annex F). 또한 그림 14·1 및 그림 14·4에서 보듯

이 표면조도의 영향이 다른 어떤 영향보다 클 수 있으므로 시운전 전에 프로펠러를 비롯한 선체의 이끼 및 조개 등을 깨끗이 닦는 것이 중요하다.

다음으로 선박의 시운전 상태와 모형시험 상태의 차이에서 오는 영향을 보정해서 비교할 필요가 있으며, 이의 보정법은 일반적으로 다음과 같이 ISO 15016[12]을 사용하면 별 문제가 없을 것이다.

① 배수량 및 트림차 보정법 : ISO 15016의 Annex E

② 수온차 및 소금 함량(동점성계수차) 보정법 : ISO 15016의 Annex D

③ 코스 유지를 위한 저항(rudder resistance : effects of steering & drift) : ISO 15016의 Annex C.

14.12 합리적인 동력 마진(씨마진, 서비스마진) 산정법

위에서 설명된 방법에 의거해서 실제 항로의 바람, 파도 등과 표면조도의 영향을 합리적으로 고려하여서 마진을 산정함이 요구된다. 이의 구체적인 방안과 이 결과를 실선자료와 비교해 본 예는 문헌[2]를 참조하기 바란다.

참고문헌

[1] 권영중 · 김대영, 「선속 손실량 산정을 위한 약산식 개발 연구」, 『한국해양공학회지』 제19권 제2호, pp.90~93, 2005.

[2] 권영중, 「씨마진 산정법의 개선에 관한 연구(Ⅰ)」, 『한국해양공학회지』 제18권 제3호, pp.40~43, 2004.

[3] 권영중, 「선박의 속력성능에 관한 연구」, 『한국해양공학회지』 제17권 제2호, pp.67~71, 2003.

[4] 권영중 · 주동국, 「선박의 표면조도에 관한 연구 : 추정법 및 선박성능에 미치는 영향」, 『대한조선학회 논문집』 제33권 제2호, pp.30~35, 1996.

[5] 권영중 · R. L. Townsin, 「해상에서의 기상상태에 기인된 부가저항에 관한 고찰」, 『한국해양공학회지』 제7권 제1호, pp.56~61, 1993.

[6] 권영중, 「반사파의 부가저항에 관한 연구」, 『대한조선학회지』 제24권 제1호, pp.35~41, 1987.

[7] 권영중 · 유병건, 「속력시운전결과 해석법의 개선」, 『대한조선학회지』 제23권 제4호, pp.44~46, 1986.

[8] Beukelman, W. & Buitenhek, M., "Full scale measurements and predicted sea-keeping performance of the container-ship Atlantic crown", *I.S.P.*, Vol. 21, No. 243, 1974.

[9] Blendermann, W., "Wind forces and moments in dimensionless form", App. I to "Maneuvering technical manual", Schiff & Hafen, Vol. 3, 1990 and Vol. 4, 1991.

[10] Faltinsen, O. M. & Minsaas, K. J. & Liapis, N. & Skjordal, S. O., "Prediction of resistance and propulsion of a ship in a seaway", Proc. 13th Symposium on Naval Hydrodynamic, Tokyo, 1981.

[11] Fujii, H. & Takahashi, T., "Experimental study on the resistance increase of a large full ship in regular oblique waves", *J.S.N.A.J.*, Vol. 137.(1975)

[12] ISO, "Guidelines for the assessment of speed and power performance by analysis of speed trial data", International organization for standardization, ISO/DIS 15016, pp.1~45, 2002.

[13] Isherwood, R. M., "Wind resistance of merchant ships", *TRINA*, Vol. 115, 1972.

[14] ITTC, "Power margins", *Report of the special committee on powering performance prediction*, 24th ITTC, pp.629~638, 2005.

[15] ITTC, "Hull roughness", *Report of the performance committees*, 19th ITTC, pp.262~265, 1990.

[16] ITTC, "Seakeeping and powering performance committees", *ITTC proceedings*, pp.375~380(15th), 1978 and pp.129~247(16th), 1981.

[17] Johansson, L. E., "The local effect of hull rouchness on skin friction. Calculations based on floating element data and three dimensional boundary layer theory", Trans. *RINA*, Vol. 127, 1985.

[18] Kwon, Y. J & Kim, E. C. & Hwangbo, S. M., "A Simple method for estimating the effect of wind and waves on ship speed performance", *The naval architect*, Sept., RINA, U.K., pp.96~104, 2000.

[19] Kwon, Y. J., "The effect of weather, particularly short sea waves, on ship speed performance", Ph.D. thesis(supervisor : R. L. Townsin), University of Newcastle upon Tyne, U.K., pp.1~332, 1982.

[20] Lackenby, L. H., *The resistance of ships with special reference to skin friction and hull surface conditions*, Trans. the Institution of Mechanical Engineers, London, England, 1962.

[21] Maruo, H., "On the increase of the resistance of a ship in rough seas", *J.S.N.A.J.*, Vol. 108, p.5, 1960.

[22] Musker, A. J. & Lewkovicz, A. K., *The effect of ship hull; roughness on the development of turbulent boundary layers*, Proc. of the International Symposium on Ship Viscous Resistance, SSPA, Sweden.(1978)

[23] Shearer, K. D. A. & Lynn, W. M., "Wind tunnel tests on models of merchant ships", Trans. *NECI*, Vol. 76, 1960.

[24] Sibul, O. J., "Ship resistance in uniform waves as a function of wave steepness and beam of the ship", Univ. of California, I.E.R. Report Series 61, Issue 18, 1959.

[25] Sibul, O. J., "Ship resistance and motions in uniform waves as a function of block coefficient", Univ. of California, I.E.R. Report Series 61, Issue 19, 1961.

[26] Sibul, O. J., "Ship resistance in uniform waves", Univ. of California, Berkeley, Report N.A. 64-1, January 1964.

[27] Sibul, O. J., "Constant thrust vs. constant velocity method for resistance in waves", Univ. of California, Berkeley, Report N.A. 71-1, June 1971.

[28] Swift, P. M., "An approach to the rational selection of the power service margin", Doctorial dissertation, University of Michigan, U.S.A., pp.1~144, 1975.

[29] Townsin, R. L. & Kwon, Y. J. *et al.*, "Estimating the influence of weather on ship speed performance", Tran. *RINA*, Vol. 135, pp.191~209, 1993.

[30] Townsin, R. L. & Kwon, Y. J., "Approximate formulae for the speed loss due to added resistance in wind and waves", Tran. *RINA*, Vol. 125, pp.199~207, 1983.

[31] Townsin, R. L., "Developments in the calculation of rough underwater surface power penalties", 25th Anniversary Symposium, CETENA, Genoa, Italy, 1987.

[32] Townsin, R. L. & Byrne, D. & Svensen, T. E. & Milne, A., "Fuel economy due to improvements in ship hull roughness 1976~1986", *I.S.P.*, Vol. 33, 1986.

[33] Townsin, R. L. & Byrne, D. & Svensen, T. E. & Milne, A., "Estimating the technical and economic penalties of hull and propeller roughness", Trans. *SNAME*, 1981.

[34] Townsin, R. L. & Dey, S. K., "The correlation of roughness drag with surface characteristics", Marine roughness and drag workshop, London, 1990.

[35] Townsin, R. L. & Svensen, T., "Monitoring speed and power for fuel economy", Symposium shipboard energy conservation '80, SNAME, September 1980.

[36] van Berlekom, W. B., "Wind Forces on modern ship forms-Effect on performance", Trans. *NECIS*, Vol. 97, U.K., pp.123~134, 1981.

[37] van Berlekom, W. B., "Involuntary speed loss at sea", 1st W.G.E.M.T., Advanced ship design tech., Univ. of Newcastle upon Tyne, 1978.

[38] van Berlekom, W. B., "Wind resistance of surface ships", Report of performance committee, Appendix 8, 14th I.T.T.C., 1975.

[39] van Berlekom, W. B & Tragardh, P. & Dellhag, A., "Large tankers wind coefficients and speed loss due to wind and sea", RINA spring meetings, Paper No. 9, 1974 and Trans. *NECIS*, Vol. 117, 1975.

[40] Wagner, B., "Zur frage des effective zusatzwiderstandes durch den wind auf der grundlage von modellversuchen fur unter-und uberwasserschiffe", Schiff und Hafen Heft 3, 1974.

[41] Wagner, B., "Wind tunnel tests with ship models-coaster 600 DWT, refrigerated cargo ship, tanker 50,000 DWT", Hamburg University institute fur Schiffbau, report 188, 1968a.

[42] Wagner, B., "Wind tunnel tests with ship models-ferries, passenger ship, hydrofoil, tugs and stern trawlers", Hamburg University institute fur Schiffbau, report 189, 1968b.

[43] Wagner, B., "Windkrafte an Uberwasser-schiffen", Jahurbuch der Schiffbau hnischen Gesellschaft, 61, 1967.

[44] Walderhaug, H., "Paint roughness effects on skin friction", *I.S.P.*, Vol. 33, No. 382, 1986.

[45] van der Hout, "Sea trial analysis JIP", MARIN Report No. 18200-9-TM, 2006.

[46] Lackenby, H., "The effect of shallow water on ship speed", Shipbuilder, 70, No. 627, 1963.

[47] 권영중, "바람직한 선속 시운전 결과 해석법-ISO 15016법?/MARIN법(STA-JIP, STAP)?", 대한조선학회지 제43권 제2호, pp.69~79, 2006.

[48] Kwon, Y.J., "Speed loss due to added resistance in wind and waves", The Naval Architect, March 2008(pp. 14–16), RINA, U.K.

[49] RINA Editor, "Setting the standards", The Naval Architect, September 2014, RINA, U.K.

[50] Kwon, Y. J, "Methodological options for speed trials", The Naval Architect, November 2014, RINA, U.K.

[51] Kwon, Y. J, "SHIP TRIALS : Meeting the standards", The Naval Architect, February 2015, RINA, U.K.

[52] Tsujimoto, M., Shibata, K., Kuroda, M. and Takagi K. : "A Practical Correction Method for Added Resistance in Waves", J. JASNAOE, vol. 8, 2008, Japan.

[53] Kwon. Y.J.,: Comment for the topic of "What are really the consequences of the IMO 2050 ambition? by Johan de Jong, MARIN", in the 'Conference of Influence of EEDI on Ship Design & Operation', RINA(U.K.) on 27th May 2020.

제 15 장 고성능 선박설계 기법

15.1 통합설계

선박의 능률을 극대화한 선박의 설계법을 개발하려는 노력이 우리나라를 비롯하여서 영국 · 독일 · 노르웨이 · 일본 등지에서 활발하게 경주되어 오고 있다. 이들 중에서 많은 경우에는 여러 가지 설계대안 간의 차이를 판별함으로써 능률 높은 배를 찾으려는 것보다는 선박을 효율적으로 생산하기 위한 컴퓨터 기법적 개선시스템과 하드웨어 자체의 개발에 초점을 맞추고 있다. 하지만 고성능 상선의 설계를 위하여 고려해야 할 요소들 중에서 특별히 조선 전문가만이 해결할 수 있는 급선무들이 더욱 많다. 예를 들어서 상선설계를 위하여 연구 개발하여야 할 주요 요소기술들을 나열하면 다음과 같으며, 이들 상호간의 유기적 관계를 통합적이고도 합리적인 방법으로 맺어 주는 역할 또한 조선 전문가만의 독특한 임무이다.

① 최적의 선박용 주기관 및 보기용 도구 : 성능 및 가격 관계 분석 도구 개발
② 최적의 화물 및 가임하중시스템용 도구 : 화물과 여객의 효율적 배치 내지는 화물 관리용 도구 개발
③ 최적의 해상 기상(바람, 파랑) 영향 고려용 도구 : 선속손실량, 동력증가량이 고려된 기관 및 선형 설계 도구 개발
④ 최적의 추진효율 유지 도구 : 최적의 추진효율과 기관 유지를 위한 도구 개발
⑤ 최적의 구조설계 도구 : 구조설계의 질 및 효율 향상을 위한 도구 개발
⑥ 최적의 안정성 검토용 도구 : 위험성 방지를 위한 확률론적 분석용 도구 개발
⑦ 최적의 인력계획 및 안락성 설계 도구 : 최적의 선가, 항해 · 통신설비, 거주설비, 운전의 자동화율 등 설계 도구 개발
⑧ 최적의 공간 배치용 도구 : 최적의 선형, 구획, 설비 배치 등을 위한 도구 개발

표 15·1 선박설계 고려 요소간의 상호작용성

	주 및 보기 시스템	화물 및 가임하중 시스템	기상(바람, 파랑) 영향	고추진효율의 유지	구 조	안정성	인력계획 및 안락성	공간 배치
주 및 보기 시스템		주 및 보기 소요동력 및 전기 부하	기관 종류 및 특성	기관 종류, 표준 및 기준 ; 소요성능	(동적하중)	(방화 및 손상시 복원성)	기관부 인력 ; 소음 및 진동 수준 ; 자동화 수준	기관 종류, 크기, 위치, 이동통로 ; 연료탱크 체적 및 위치
화물 및 가임하중 시스템	화물 종류 및 서비스 ; 화물용 설비 ; 밸러스트 및 연료 ; 화물 보호 및 가동성 조건		적재조건	운용계획 (입항시간)	화물 특성 ; 화물적재법 ; 화물중량 ; 화물용 공간 및 시설의 특기사항	화물 종류 및 적하계획 ; 위험화물 ; 여객 및 선원수	화물 특성 ; 무역 형태 ; 화물용 시설 ; 서비스 기준 ; 자동화 수준 ; 거주구역 기준 ; 일반 환경	화물 특성(중량, 부피, 크기, 종류) ; 접근 및 취급법 ; 여객 및 선원수 ; 운용 및 거주구역의 특기사항
기상(바람, 파랑) 영향	동력 및 회전수	적재조건		성능영향 ; 추진기-선각-기관의 상호작용 (설계자료)	동적하중	기상 상태 자료 ; 속력 및 코스 자료 ; 요동 및 복원성 예측	선체동요, 비가동 시간	선형 수정(선수 및 횡단면 등) ; 적하조건 및 배치법 수정 ; 설계사양 수정
고추진효율의 유지	유지계획-과잉수준, 가동인자 등	유지계획	유지대책 ; 운용전략 ; 속력손실량				(유지계획 및 소요인원)	
구 조		특수구조의 요구사항, 구조배치의 윤곽	설계기준 및 조작상의 제약조건			주구조의 배치 및 규격 ; 구획의 상세계획	(구조배치계획 검토-보수유지, 청소, 진동, 소음 등의 최소화)	구조의 세부계획 ; 유한요소법 해석을 위한 3D/2D 모델
안정성	(필요구획)	화물 및 거주구역의 배치 ; 구획	복원성, 손상 및 동요 기준		충돌 및 좌초 등에 의한 힘의 크기 및 범위 ; 실제 기준에의 적합성		설비기준 ; 비상시 대책 ; 선박안전관리 수준	
인력계획 및 안락성	인력배치원칙 ; 환경 표준 및 제약조건	선원수 및 조성 ; 여건의 조건 ; 관리절차	(동요의 기준-여객 및 선원에의 영향도 ; 기능에의 영향도)	(소음 및 진동의 한계)	(보수, 청소, 진동, 소음 등이 최소인 구조배치)	비상시의 인력계획		거주 및 오락설비 ; 식당 및 기타 서비스 수준, 환경기준
공간 배치	기관 크기, 위치 및 크기 제한 ; 최적통로 배치	선박의 주요 치수 ; G/A개형 ; 거주구역과 서비스 루트 ; 주요 설비 배치 ; 시스템의 최적통로	치수, 선형, G/A 적하조건		각종 부재의 모양 ; 주요 구조부재의 위치와 특기사항 ; G/A ; 공간의 기능	(선형, 구획, G/A, 시스템 배치)	거주구역 및 갑판 크기 ; 인접시설 관계 ; G/A ; 시스템 통로	

※ '경제적 효율(economic model : cost effectiveness)'도 상기 각 항목들과 서로 작용함.

⑨ 최적의 경제성 효율검토용 도구 : 경제성 척도(RFR, NPV, 재화중량계수 등)의 산정법, 선가에 영향 주는 요소의 측정 도구 개발

⑩ 이상의 각종 요소들을 효율적으로 통합하는 도구 : 효율적 기법의 개발 및 적용이 된 도구 개발(15.1.1절 이후 본 장에서 소개되는 각종 기법 참조).

표 15 · 1에서 예시된 바와 같이 선박의 능률과 관련되어 있는 각종 요소들이 매우 다양할 뿐만 아니라 이들 요소들은 상호간에 긍정적 또는 부정적인 영향을 복합적으로 끼치고 있다. 이 중에서 해상의 바람 및 파랑 영향이 설계에 미치는 영향을 예로 들어서 요약해 보면 그림 15 · 1과 같다. 따라서 최근에는 이들 요소의 영향이 종합적으로 고려된 여러 대안들의 능률을 정밀하게 측정하고 평가하여서 최선의 것을 선택할 수 있는 시스템을 개발하는 데에 관심이 모아져 있다. 이를 위해서 현대식 컴퓨터 기술과 고도의 모듈방식(modularity)이 연계된 '완전통합 설계시스템(fully integrated design system)'의 필요성이 강조되고 있다. 완전하게 통합된 설계를 하기 위해서는 표 15 · 1에 예시된 각 요소들간의 영향 고려법에 관한 연구가 수행되어야 하는 것은 물론이려니와 이들 여러 가지 요소들을 분석하고 종합하여서 설계하기 위한 기법 자체에 관한 연구도 병행되어야 할 것이다. 위에 소개된 요소간의 효율적 통합법[상기 ⑩항]과 관련된 기법들을 위주로 살펴보면 다음과 같다.

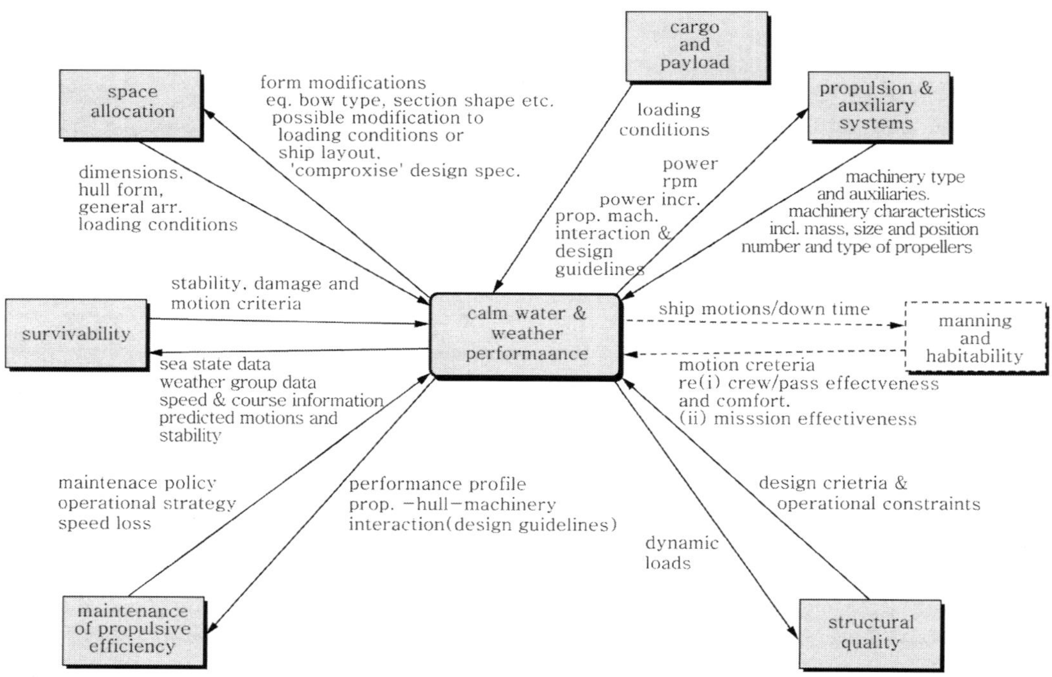

그림 15 · 1 설계요소들과 기상(바람 및 파랑)요소의 유기적 관계

15.1.1 정보처리법

AUTOKON(1968)이나 BOSS(1969) 등과 같이 설계시스템의 코어(core)로 데이터베이스(database)를 두고서 이것이 설계진행상의 결정적 역할을 하도록 짜여 있는 것은 완전 통합설계시스템에 이용하기에는 문제가 있다. 따라서 HOSDES(1988)나 SQL·NET(1989) 등과 같이 시스템의 어느 곳에서나 데이터베이스의 일반적인 접근이 용이하고 수정하기가 쉬운 '관계데이터베이스(relational database)'가 추천되고 있다. 또한 KAD-BASE(1985)에서처럼 설계데이터베이스와 지식기반시스템(knowledge based system)을 결합시킨 '통합CAD시스템(integrated CAD system)'도 선박설계에 효용가치가 높은 것으로 알려져 있다.

15.1.2 설계 계산상의 불확정성(uncertainty)

설계조건이나 모델링(modeling)으로부터 불확정한 것들이 나타나며, 이들 영향의 상대적 중요성에 따라 고려 때의 가중치를 달리하는 데 이용될 기법들은 매우 다양하다.

이들 불확정성은 설계의 한계에 따라 서로 다르게 나타나므로 이들을 다루기 위한 기법 또한 다음과 같이 구분하여 이용함이 바람직하다.

[1] 개념설계(concept design) 단계 때 사용될 기법

① 민감도 해석 또는 단순한 시뮬레이션기구[기능, 소요 동력 마진, 화물 취급조건, 효율, 안정성 등을 위한 시뮬레이션(simulation)]
② 유연한 제약조건(soft constraint) 또는 퍼지(fuzzy) 프로그래밍
③ 적절한 설계 마진(margin)
④ 성능 수준 파악을 위한 테일러 시리즈(Taylor series) 접근법

[2] 생산설계(detailed design) 단계 때의 사용기법

① 테일러 시리즈형 접근법 또는 하이브리드(hybrid) 접근법
② 시뮬레이션 기구(성능분석을 위한 simulation tool)
③ 충분한 확률 계산에 의한 리스크 분석(risk analysis)

참 고

선박의 통합설계를 위해서는 디지털 시뮬레이션(digital simulation)법 보다는 화상시뮬레이션(view simulation)법의 유용성이 더욱 높은 것으로 알려져 있으며 이는 다음과 같이 분류될 수 있다.

- 연속적인 것 : 선박조종성에서와 같이 동적 현상에 잘 나타나는 대형 미방 문제 해결에 적당함. 예 CSMP, DYNAMO
- 불연속적인 것 : 선박성능 해석에 적당함. 예 SIMULA, GPSS, ECSL, DEMOS

15.1.3 최적화 및 MCDM (multiple criteria decision making)기법

대부분의 선박설계 문제에서는 서로 다른 이해타산이 결부되어 있는 여러 가지 종류의 판단기준(criteria)들을 고려해서 결정하여야 하는 것들이 흔히 있다. 이러한 것들은 보통 다음과 같은 문제들을 내포하고 있다.

- 동등 또는 부등한 제약조건을 가진 선형 · 비선형 최적화 문제의 표준화
- 근본적으로 상충되는 여러 가지의 목적함수들을 가진 문제
- 설계상의 유연한 제약조건(soft constraint)을 갖고 있는 문제

또한 이러한 문제 속에서 설계상의 결정을 할 때 모드(mode)는 보통 선택(selection), 절충(compromise), 최적화(optimize) 등의 세 가지 형태로 나타나게 된다. 이들을 해결하기 위해서는 여러 가지 기준들의 상대적인 중요성을 평가하여서 가중치를 부여하는 설계(valued-related weighting scheme)가 보통 이용되며 여기에는 수학적인 해석법도 사용된다. 이 분야 연구자의 예로서는 Sen, Shi, Caldwell(1988), Souroullas (1987), Kuppuraju, Gane-san, Mistree(1985) 등을 들 수 있다.

최적설계에 관해서는 다음의 15.2절에서 좀 더 소개한다.

15.1.4 지식기반시스템(knowledge based system)

설계를 하기 위해서는 여러 가지 규약, 규정, 소프트웨어와 같은 정적 지식(stable knowledge)과 설계자의 경험적 지식인 동적 조정(dynamic intervention)을 잘 조화시켜서 활용해야 할 것이다. 이에는 지식기반기법이 매우 유용한 것으로 알려져 있다. 이의 예로서는 Sen(1986)의 IKBS, Tate법(1985), Rehak/Howard법(1985) 등을 들 수 있다. 아울러 다음 관점에서의 개선 노력이 계속되고 있는 실정이라 하겠다.

- CAD시스템과 개념 정의 양자를 위한 프런트 엔드(front-ends)로서의 지식기반시스템 개발
- 더욱 방대한 계산량과 더욱 풍부한 경험으로부터 얻은 자료를 이용한 지식기반도구(tool)의 개발

최적화 기법과 지식기반시스템에 관한 사항은 15.2.3절에서 좀 더 구체적으로 학습한다.

15.2 최적설계

15.2.1 최적설계 일반

공학설계의 최적화 방법에 대한 연구방향은 크게 두 가지로 분류할 수 있는데, 첫째는 설계를 모방할 수 없는 인간의 고유적 행동으로 파악하여, 설계 과정과 설계 작업 분석 등을 연구하여 설계 작업을 더욱 효율적으로 수행할 수 있는 방법을 찾아내는 방식이며, 둘째는 설계 작업도 인공물로 대체할 수 있는 것으로 파악하여 분석을 통한 대체품을 찾아내어 설계 작업을 자동화하려는 연구이다. 첫 번째 방식으로 분류될 수 있는 것이 인간과 컴퓨터의 상호작용(HCI, human computer interaction), 가시화(visualization), 그래픽 사용자 인터페이스(GUI), 컴퓨터 이용 설계(CAD), 형상모델링 등이다.

최적화 이론은 한정된 자원을 적절히 배분하는 문제를 주로 다루는 O.R.(operations research) 분야에서 많이 연구되어 왔으며, 경영과학 분야에서는 이러한 연구를 주로 선형계획(LP, linear programming) 문제로 단순화하여 그 해를 구해 왔다. 경영의 문제는 대부분 수백여 개에 이르는 많은 변수와 그들 간의 관계식으로 표현되기 때문에 선형화가 필요하며 의미가 있다. 공학설계 문제를 최적화 문제로 정식화(formulation)하는 경우에는 대부분이 비선형 문제(NLP, non linear programming)로 정의된다. 자원을 배분하는 경영문제보다는 변수가 적지만 변수들 간의 관계는 훨씬 복잡하게 표현된다. 따라서 선형계획 문제와 다른 방식으로 해를 구하게 된다.

공학설계 문제를 최적화 문제로 정식화하면, 그 목적함수(objective function)가 단일함수로 표현되지 않고, 여러 개의 상충하는 목표들을 동시에 추구해야 하는 문제로 정리되는 경우가 많다. 이러한 문제를 다루는 것이 다목적함수(multiple objective) 문제이다. 한편, 구조설계의 경우에는 목적함수나 제한조건식(constraint function)의 수치값을 얻기 위해서 유한요소법(FEM)과 같은 방대한 계산을 필요로 한다. 일반적인 최적화 알고리즘에서는 최적해를 얻기 위해 수백 또는 수천 번의 수치값의 반복계산이 필요하며, 이를 위해 유한요소법의 해를 수백 번 구한다는 것은 현재의 전산기 계산 능력으로 감당하기 어려운 양이다. 이러한 어려움을 극복하기 위한 방법으로 많이 연구되고 있는 것이 민감도 해석(sensitivity analysis)과 재설계(redesign) 방법이다. 여기서는 FEM 등으로 구한 수치해를 최대한 활용하여 반복계산의 양을 최소화하는 것이 중요한 부분이다.

최적화 문제의 해를 구하는 여러 가지 방법들이 아직도 많이 연구되고 있지만 최적설계에서 어려운 부분은 해를 구하는 것보다는 공학설계 문제를 어떻게 정식화하는가 하는 부분으로 옮겨지고 있다. 일단 정식화된 문제는 알맞은 알고리즘을 선택하여 실행시키면 그 해를 쉽게 구할 수 있다. 그러나 이러한 최적화 알고리즘들이 수학식으로 표현된 문제만을 처리할 수 있다는 것이 문제이다. 공학설계 문제를 모두 수식으로 표현하는 것은 불가능한 것이며, 수식으로 표현이 가능한 부분에서도 그 수식을 유도해 내는 것은 상당한 경험과 전문지식을 요구하는 작업이다. 따라서 활발한 연구가 이루어지고 있는 인공지능 분야의 여러 가지 방법들이 최적설계 문제를 해결하는 데 이용되고 있다. 이러한 적용방식들을 분류해 보면 크게 최적해를 찾는 방법을 개선하는 데 이용되어 새로운 최적화 알고리즘을 개발하는 데 쓰이는 방식과, 최적화 문제의 전처리(pre-processing)나 후처리(post-processing)에 이용되는 방식으로 분류가 된다.

최적화 문제뿐만 아니라 일반적인 공학 문제를 정식화(formulation)하는 것은 수학적인 이론으로 처리하기 어려운 부분으로, 인간의 경험과 직관, 논리의 추론 등을 필요로 하는 부분으로 전문가시스템의 적용에 알맞은 부분이다. 특히 공학설계 문제에서 주어진 성능 목표를 달성할 수 있는 설계 대안을 제시하기 위해서는 절차적인(procedural) 알고리즘만으로 해결할 수 없는 부분이 많고, 선언적(declarative)인 표현이나 경험을 바탕으로 한 노하우를 처리해야 하는 부분이 많다. 설계전문가시스템이라고 하는 것은 전통적인 공학설계 방법과 전산 분야의 전문가시스템, 이 두 분야의 기술을 잘 접목시킴으로 얻어질 수 있다. 오랜 세월 동안 사람들이 수행해 온 공학설계 작업의 내부 과정에 대한 규명 작업과, 인간의 지능을 컴퓨터 내부에 표현하고 이용하는 기술인 전문가시스템 기술을 접합하는 것이 중요하다. '전문가시스템(expert system)'에 관해서는 15.4.1절 내용을 아울러 참조하기 바란다.

근래에는 인공지능 방법론과 형상모델링을 바탕으로 하는 CAD를 접목하는 연구가 활발히 진행되고 있다. 지능형 CAD(intelligent CAD) 또는 모델기반설계시스템(model-based design system)이라고 불리는 이 분야는, 공학설계가 형상을 처리하는 부분이 많기 때문에, 단순한 지식의 집합체만으로 설계과정을 처리하기보다는, 형상을 바탕으로 한 추론 등이 가능하도록 지원한다. 특징형상모델링(feature-based modeling)도 이러한 맥락에서 연구되는 분야로 파악될 수 있다.

15.2.2 최적설계의 주요 과정

시스템설계는 최적화 문제로 정식화될 수 있으며, 최적화 문제는 모든 제약조건을 만족하면서 주어진 척도를 최적화하는 것이다. 최적설계의 주요 과정을 요약하면 그림 15·2와 같다.

예를 들어서 경제성을 고려해서 선박의 주요 치수를 최적화하는 과정을 살펴보면 다음과 같다.

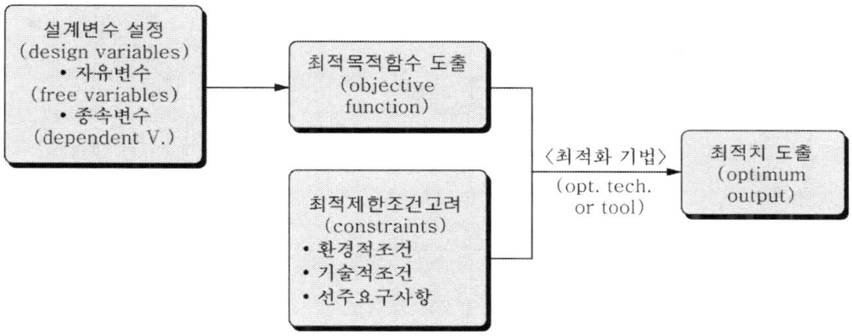

그림 15 · 2 최적설계의 주요 과정

① 최적의 자유변수 설정 : L, B, D, d, C_B, V…

② 최적의 종속변수 도출 : 건조비, 운항비, 연간 화물운반량

③ 최적의 목적함수 도출 : $RFR=f(L, B, D, d, C_B, V_s \cdots)$

여기서 RFR(required freight rate)를 간단하게 소개하면 다음과 같다.

$$RFR=\frac{(\text{연간가치로 환산한 건조비})+(\text{연간가치로 환산한 운용비})}{\text{연간 화물운반량(톤)}}$$

④ 최적의 제한조건 적용

- 환경적조건 : 항구의 하역설비, 선대길이, 항로조건(운하, 해협 등), 항구 수심 등에 의한 L, B, D, d의 제한
- 조선공학의 적정 범위 : L/B, L/D, B/d, Fn 등

⑤ 최적치 결정 : RFR이 최소인 주요 치수

제한조건(constraints)을 만족하는 목적함수의 최적값(최대값 또는 최소값)을 구하는 방법을 간단히 소개하면 다음과 같다. 먼저 가장 간단한 방법으로 1차 및 2차 도함수(1st & 2nd derivative)를 이용하는 방법이나 라그랑지곱수(lagrange multiplier)를 이용해서 극값을 찾는 방법이 있다. 하지만 이 방법으로 해결이 안 되는 소위 선형계획법 문제(linear programming problem)의 경우는 도식법(graphical method)으로 해를 구하는 경우도 있지만 심플렉스법(simplex method)이 더 많이 이용된다. 여기서 선형계획법문제란 1차 연립방정식의 제약조건에서 목적함수를 최대화(또는 최소화)하여 최적의 계획을 수치적으로 결정하는 방법이며, 해법으로는 심플렉스법이 많이 사용된다. 심플렉스법은 1940년대 말에 Dantzig 등이 개발한 방법으로서 선형계획법 문제를 푸는 가장 실용적인 법으로 알려져 있는데, 선형계획법 문제를 풀 때 심플렉스(simplex : 기하학적 의미로 k차원의 좌표상에서 $k+1$개의 좌표를 갖는 입체를 말함)의 가장자리를 따라 이동하면서 최적해를 찾아가는 방법이다.

또한 수치적으로 해를 구하는 법으로는 최대경사법(steepest ascent method 또는 steepest descent method)이 이용된다. 이 방법을 한마디로 설명하면 함수의 극값을 구할 때 출발점 가까이에서 각 변수의 축방향으로 조금씩 움직여 보아 함수값이 가장 많이 증가하는 축을 선택하고 그것을 다시 출발점으로 하여 반복해 나가는 법이다. 한편 주어진 함수의 미분에 의해 함수값을 줄이는 방향으로 감소하면서 최소값을 찾는 방법을 특히 최소강하법(gradient descent method)이라고도 한다.

여기서 최적 설계의 이해를 돕기 위하여 단순한 최적설계의 예제를 하나 소개하겠다.

예 제 15 · 1 200 m^3 들이인 드럼통을 설계하려 한다. 균일한 두께의 철판으로 이 통을 만들 때 재료가 최소로 드는 반지름(R)과 높이(H)를 결정하라. 또한 반지름은 3 m 이하여야 한다는 제약조건이 있을 때는 어떻게 되는가?

풀이 먼저 이 드럼통의 겉넓이(S)를 목적함수로 택하면 다음과 같이 표현된다.

$$C(R,H) = S = 2\pi RH + 2\pi R^2 \qquad (15 \cdot 1)$$

한편 제한 조건은 다음의 함수로 표현된다.

$$F(R,H) = \pi R^2 H = 200 \text{ 또는 } H = 200/\pi R^2 \qquad (15 \cdot 2)$$

식 (15 · 2)를 식 (15 · 1)에 대입해서 정리하면 식 (15 · 3)을 얻는다.

$$C(R) = S = 400/R + 2\pi R^2 \qquad (15 \cdot 3)$$

이제 이 통의 겉넓이를 나타내는 식 (15 · 3)의 해를 최소로 하는 R 및 H를 구하면 되며, 이것은 다음과 같이 1차 및 2차 도함수를 이용해서 구할 수 있다.

$$[\partial C(R)/\partial R] = -400/R^2 + 4\pi R$$

$$[\partial C(R)/\partial R^2] = +800/R^3 + 4\pi$$

즉, R=3.16m일 때 1차 도함수가 영(zero)이고, 2차 도함수가 '+'이므로 R=3.16m가 최소값이 된다. 또한 이 값을 식 (15 · 2)에 대입해서 H를 구하면 H=6.32m를 얻는다. 따라서 R=3.16m, H=6.32m인 드럼통을 제작하면 최소의 철판이 소요될 것이다. 만일 반지름이 3 m 이하여야 한다는 제약조건이 추가되는 경우는 R=3m를 식 (15 · 2)에 대입해서 H를 구하면 될 것이고 이때의 H는 7.09 m가 됨을 알 수 있다.

15.2.3 최적화기법과 지식기반시스템

공학설계에 있어서 보다 합리적인 최적설계 혹은 최적의 것과 근사한 설계안을 얻기 위해서는 최적화 모델에 표현할 수 없는 설계 과정의 경험적 지식이나 의사결정 과정을 지원할 수 있는 지식기반시스템이 결합되어야 할 필요가 있다.

설계 과정은 제한조건과 설계목표 간의 균형을 잡아가는 창조적인 과정이므로, 설계자는 얻어진 설계안이 최적인지 혹은 최적에 가까운지를 판단해야 하고, 최적화기법을 사용하였을 경우에는 얻어진 해가 국부적인 최적해(local optimum)인지 전체적인 최적해(global optimum)인지를 판단하여야 한다.

따라서 보다 현실적인 설계안을 얻기 위해서는 수치적 계산에 중점을 두고 있는 최적화기법과 경험적 지식의 심벌 머니퓰레이션(symbolic manipulation : 기호열 및 기호를 요소로 하는 데이터 구조의 분해 및 합성 등의 조작에 의한 처리)에 중점을 두고 있는 지식기반시스템(knowledge based system)을 결합하여 보다 효과적인 설계시스템을 구현할 필요가 있다. 이러한 설계시스템은 계산 결과를 신속하고 정확하게 설계자에게 제공하는 것뿐만 아니라 고도의 판단 기능도 동시에 보유하는 것으로서, 설계모델을 구현한 후 최적화기법을 이용하여 해를 구하고, 얻어진 해의 타당성을 지식기반시스템을 이용하여 판단하게 하는 등의 상호 보완적인 기능을 갖게 되어 설계의 질을 향상시킬 수 있다.

최적화기법으로 복잡한 시스템의 설계는 많은 계산과 자료처리가 요구된다. 컴퓨터 관련 기술과 수치계산법이 발달함에 따라 복잡한 계산과 다량의 자료처리를 효율적으로 수행할 수 있게 되었으며, 이러한 발전에 힘입어 공학설계 과정은 짧은 시간에 다양한 설계대안을 검토함으로써 보다 나은 시스템이 설계될 수 있게 되었다.

여기서 전문가시스템(expert system)과 지식기반시스템과의 관계를 살펴보자. 먼저 전문가시스템은 어떤 특정한 전문영역의 지식을 표현하고 이들 지식을 처리함으로써 전문가와 동등한 혹은 유사한 일을 할 수 있는 시스템을 말하며, 지식기반시스템은 보다 일반적인 지식이 외부적으로 표현된 시스템이라고 말할 수 있다. 따라서 전문가시스템은 지식기반시스템에 속하지만 지식기반시스템이라 할지라도 반드시 전문가시스템에 속하는 것은 아니다.

지식기반시스템은 진단 · 예측 · 교육 · 설계 및 계획 등의 많은 분야에 적용할 수 있지만 그 가운데서 설계와 계획분야는 설계공간이 넓고 해를 종합해야 하기 때문에 비교적 적용이 쉽지 않으나, 설계 과정이나 기존의 CAD시스템에 지식기반시스템을 적용하여 보다 효율적인 설계를 하기 위한 노력이 계속되고 있다.

설계를 위한 지식기반시스템은 다음과 같이 크게 두 종류로 분류할 수 있다. 첫째는 해석(analysis)을 위한 것으로 완성된 설계안에 대하여 성능을 평가하는 것이며, 둘째는 종합(synthesis)을 위한 것으로 설계의 목표나 요구되는 성능이 주어졌을 때 적합한 설계안을 도출하는 것이다.

또한 지식기반시스템을 구성하는 요소는 지식기반시스템 자체와 지식기반시스템의 개발과 운용에 관한 환경으로 이루어진다. 이 중에서 가장 핵심요소는 지식베이스와 추론기관이다. 지식베이스는 문제를 해결하기 위한 여러 종류의 지식이 저장되어 있는 곳으로, 기존 프로그램에서는 데이터베이스에 해당한다. 지식을 표현하는 방법으로는 룰(rule : 연산조작이나 프로그램의 작성, 데이터의 전송 등 각종 행위에서 사용자나 프로그래머가 반드시 따라야 할 규정 또는 절차), 의미 네트워크(semantic network : 자연언어 처리에서의 의미 해석의 결과 표현이나 질문 응답시스템에서의 지식 표현 등에 사용되는 네트워크 형태로 구성된 데이터베이스), 프레임(frame : 데이터 통신에서 데이터를 일정한 크기로 자른 기본 전송 단위), 논리(logic) 및 객체지향(object-orient)적 표현(representation) 등이 있다. 용어 설명은 15.4.1절을 아울러 참조하기 바란다.

또한 지식베이스의 지식과 사실들과의 부합(match) 여부를 조사하고, 부합하면 해당 지식을 실행하는 일을 담당하는 것이 추론기관이다. 지식기반시스템에서 주로 사용되는 추론방법은 전방향 추론(forward chaining)과 역방향 추론(backward chaining)이 있다. 전방향 추론은 주어진 사실들의 집합에서 출발하여 결론가설을 평가하여 가는 방법이며, 역방향 추론은 결론가설에서 출발하여 결론가설을 만족하는 룰을 차례로 평가하는 방법이다.

지식기반시스템과 최적화기법이 결합된 지식기반 최적설계시스템을 구성하는 기본 요소는 지식기반시스템의 지식베이스와 추론엔진, 최적화에 관련된 설계모델과 최적화기법 및 사용자 인터페이스(user interface)로 구성된다. 이 가운데서 사용자 인터페이스는 문제의 특성에 큰 영향을 받지 않으나 추론 방법과 최적화기법은 문제의 특성을 고려하여 적정한 것을 선택해야 한다. 반면에 지식베이스와 설계모델은 보다 직접적으로 문제의 특성에 관계된다. 지식기반 최적설계시스템의 지식베이스는 경험적 지식을 근거로 최적화기법에 의한 최적설계를 지원하거나 최적설계 문제를 보다 효과적으로 풀기 위한 지식들이 저장되어 있어야 한다. 여러 가지 종류의 설계지식 가운데서 지식베이스에 저장될 수 있는 설계지식은 주로 처리형의 지식(process knowledge)이다. 처리형의 지식은 상세한 수치적 계산결과나 해석에 의한 결과보다는, 설계기준이나 제한조건 혹은 이들 간의 관계를 표현하는 직감적(rule of thumb)이고 경험적인 것으로서, 지식기반시스템의 특징인 기호처리에 보다 적합한 것들이다.

최적화기법을 이용한 최적설계와 지식기반시스템이 통합되는 형태는 크게 세 가지로 구분할 수 있다. 즉, 지식기반시스템이 최적화의 전단계(pre-processing)에서 적용되는 경우, 최적화가 진행되는 과정에서 적용되는 경우 및 최적화가 종료된 후(post-process)에 적용되는 경우이다. 이들 형태에서의 주의점 내지는 특성을 좀 더 살펴보면 다음과 같다. 먼저 최적화의 전단계에서 유념할 점은 최적의 설계변수, 시작점(starting point)과 스텝 사이즈(step size) 및 최적화기법의 선정에 신경 써야 한다. 말하자면 설계전문가가 설계모델을 구축할 때 어떤 것을 설계변수로 택하는가에 따라 결과가 달라지고, 설계변수를 잘못 선정하면 설계모델이 실세계를 반영하지 못하게 된다. 또한, 최적화기법의 시작점과 스텝 사이즈 등의 입력값을 잘못 선정하면 탐색시간이 길어지거나 해(solution)를 찾는 데 어려움을 겪게 된다. 설계모델의 구축, 최적화를 위한 입력자료 및 적절한 최적화기법의 선택 등도 문제영역의 특성과 최적화에 대한 전문지식을 필요로 하며, 이를 지식기반시스템이 효율적으로 지원할 수 있다. 다음으로 최적화가 진행되는 과정에서 적용되는 경우는 설계모델과 지식기반시스템의 지식베이스가 정보를 공유하는 개념이다. 예를 들면 제한조건, 목적함수, 설계변수 등의 특성이 지식기반시스템의 작업메모리(working memory)에 저장되면, 지식베이스의 관련 지식들이 작동하여 탐색시간을 줄이거나, 사용자로 하여금 최적화의 환경을 개선할 수 있도록 지원한다. 마지막으로 최적화가 종료된 후에 적용되는 경우는 최적화기법으로 구한 정량적인 최적점에 대한 정상적인 판단을 지식기반시스템이 수행하는 형태이다. 이를테면 구한 최적점이 국부적인지, 수용할 수 있는 결과인지 혹은 최적화를 다시 수행하여야 할 것인지 등에 대한 판단을 사용자에게 제공하게 된다. 다목적함수 최적화 문제인 경우에는 얻어진 파레토 최적세트(Pareto optima set : 파레토 최적성이란 사회가 타인의 만족 정도를 줄이지 않고 각자가 최대의 만족을 얻도록 하는 상태로서, 다목적 시스템의 평가척도의 세트를 말함)에서 어떤 점을 최적점으로 선택하는 것이 좋은가에 대한 경험적인 판단도 이 유형에 속한다.

15.3 컴퓨터를 이용한 선형의 설계

공학설계를 위한 컴퓨터 이용은 자동제도 등과 같은 설계를 위한 보조수단으로의 활용을 제외하면, 시뮬레이션과 최적설계로 요약될 수 있다. 시뮬레이션이란 설계대상물에 대한 전산모델을 이용하여 여러 가지 컴퓨터 실험을 수행하는 것으로, 과거의 설계 과정에서는 미적분방정식을 이용한 수학모델이나, 축소모형을 이용한 실물실험에 해당하는 방법이다. 시뮬레이션에서는 전산모델을 여러 가지로 변경시키면서 성능의 변화를 예측하여 설정된 목표에 맞는 가장 적절한 설계안을 찾아간다. 설계방법상으로는 과거의 방식과 차이가 없으나 전산모델이 좀 더 빠르고 경제적인 예측을 가능하게 한다. 최적설계에서는 전산모델을 바탕으로 목적함수와 제한조건을 추가하며, 최적화 알고리즘이 주어진 제한조건을 만족하면서 목적함수를 최소화하는 설계안을 자동적으로 찾아 준다.

근래에 인공지능 분야의 연구에서 얻어진 결과를 이용하여, 컴퓨터로 하여금 지식을 표현하고 처리할 수 있는 방법이 알려지면서, 인간설계자가 설계 작업을 어떻게 수행하고 있는가 하는 데 대한 연구가 더욱 활발해지고 있다. 이러한 연구를 통해 밝혀지고 있는 것은, 그동안 개별적인 공학제품들을 설계하기 위하여 시행착오적인 방법을 통해 쌓여 올려진 경험적 설계법들이 많은 부분에 있어서 공통점을 갖고 있다는 것이다. 전혀 관계가 없을 것으로 여겨지는 선박설계 과정과 소프트웨어 시스템설계 과정에서 유사한 방법들이 이용되고 있는 것이다. 따라서 공학설계 과정에 공통적으로 유용하게 쓰일 수 있는 방법들을 찾아내어 체계화하는 공학설계 방법론에 대한 연구가 활발히 진행되고 있다.

선박설계는 초기설계 단계에서 수많은 시행착오법(trial and error method)에 의해서 상당한 시간과 인력을 투입하여 수행되는 것이 필요하다. 이러한 작업의 능률을 높이기 위하여 컴퓨터에 기존 자료의 DB화, 자동제도 기능 활용, 시뮬레이션 기능 활용 등을 이용하는 기법들이 많이 있다. 이를 예시하면 다음과 같다.

15.3.1 표준계열 자료 이용기법(standard series approach)

선형설계를 위한 기존의 표준계열을 컴퓨터에 DB화하고 이를 이용해서 새로운 선형을 찾는 법이다. 이때 이용되는 표준계열의 예를 들면 다음과 같다.

- Taylor's standard series(Gertler, M., "A reanalysis of the original test data for the Taylor's standard series", DTMB report 806, March 1954)
- Series 60(Todd, F. H., "Series 60, methodized experiments with models of single-screw merchant ships", DTMB report 1712, July 1963)
- BSRA series(Moor, D. I. & Parker, M. H. & Pattulo, R. N. M., "The BSRA methodical series an overall presentation", *Trans. RINA*, vol. 103, 1961)
- Lap's compilation(Lab, A. J. W., "Diagrams for determining the resistance of single-screw-ships", *I.S.P.* vol. 1, no. 4, 1954)
- Guldhammer's Form Data(Guldhammer, H. E., "Formdata", *A series of four reports*, Danish technical press, Copenhagen, 1962 · 1963 · 1967 · 1969)
- HSVA lines atlas(Alef, W. E. & Collatz, G. & Mausbach, M., "Aulss and computer program for lines plan and curves of form in preliminary design", (in German) Report 65/1976, Parts A and B, Forschungszentrum des Deutschan Schiffbaus, Hamburg, 1975)

15.3.2 설계변수를 이용해서 선형을 찾는 기법(form parameter approach)

이 기법은 설계변수들을 체계적으로 변화시켜서 각각의 변수들에 대한 성질과 경향을 조사하여 최적값을 구하는 방법으로 간단하다는 장점이 있지만 설계변수의 수가 증가하면 계산량이 많아진다. 이러한 단점을 보완하기 위하여 최적화기법을 이용한 최적설계 프로그램들이 1970년대부터 개발되기 시작하였고 최근에는 보다 효율적이고 신뢰도 높은 프로그램들이 개발되어 응용되고 있다. 선형변수로서 널리 사용되고 있는 변수의 예를 들면 다음과 같다(그림 15 · 3 참조).

① 주요 치수 및 선형계수(principal dimensions and proportions)

L_{WL} : waterline length(수선길이)

L_{PP} : length between perpendicular(수선간 길이)

B : beam(폭)

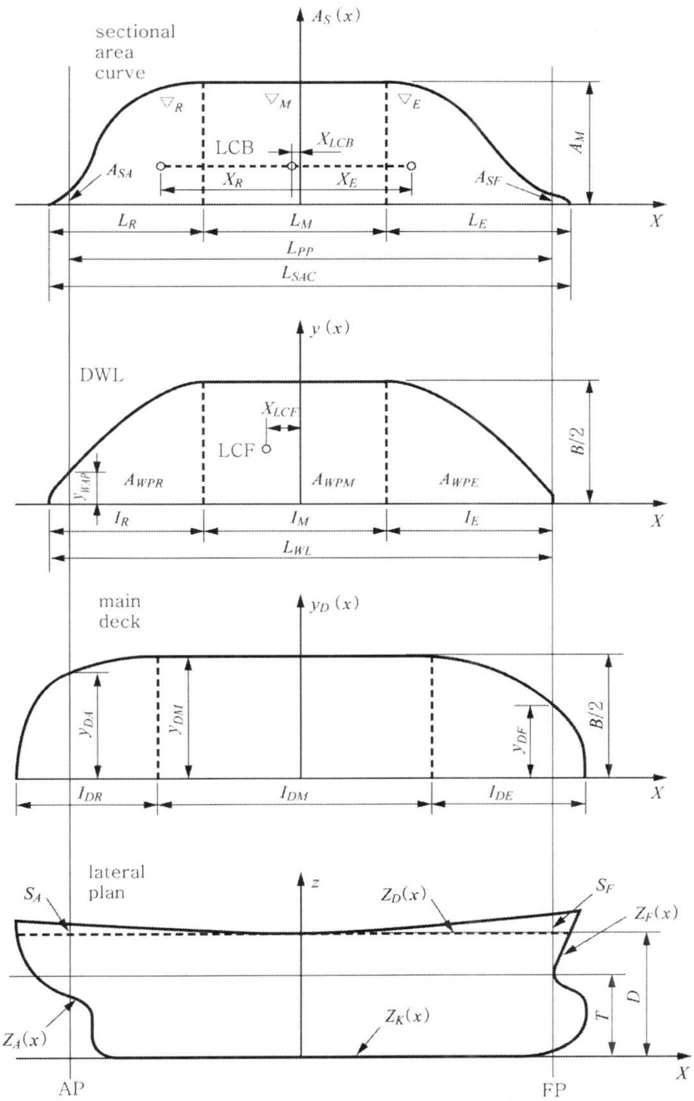

그림 15 · 3 선체형상(hull geometry)의 기본곡선들

T : draft(흘수)

D : depth(깊이)

∇ : underwater volume(배수용적)

$C_B = \nabla / (L_{PP} \cdot B \cdot T)$: block coefficient(방형계수)

A_M : area of midship section(중앙단면적)

C_M : midship section coefficient(중앙단면계수)

$C_P = \nabla / (L_{PP} \cdot A_M) = C_B / C_M$: prismatic coefficient(주형계수)

$C_V = \nabla / L^3$: volumetric coefficient(체적계수)

② 단면적 곡선(sectional area curve)

$A_S(X)$: curve of section area below design waterline V. length(SAC)

L_{SAC} : length of sectional area curve

L_E : length of entrance of SAC

L_M : length of parallel midportion of SAC

L_R : length of run of SAC

∇_E : volume of entrance

∇_M : volume of midportion

∇_R : volume of run

X_E : abscissa of centroid of midportion

X_R : abscissa of centroid of run

X_{LCB} : abscissa of longitudinal center of bouyancy(LCB)

A_{SF} : section area at forward perpendicular(FP)

$C_{PE} = \nabla_E / (L_E \cdot A_M)$: prismatic of entrance

$C_{PR} = \nabla_R / (L_R \cdot A_M)$: prismatic of run

③ 계획흘수선(DWL, design waterline)

$y(x)$: half-beam of design waterline V. length

l_E : length of entrance of DWL

l_M : length of parallel midportion of DWL

l_R : length of run of DWL

A_{WP} : waterplane area

A_{WPE} : waterplane area of entrance

A_{WPM} : waterplane area of midportion

A_{WPR} : waterplane area of run

X_{LCF} : abscissa of longitudinal center of flotation(LCF, waterplane centroid)

y_{WPA} : half-beam at AP

$C_{WP} = A_{WP} / (L_{WL} \cdot B)$: waterplane area coefficient

$C_{WPE} = A_{WPE} / (L_E \cdot B)$: waterplane area coefficient of entrance

$C_{WPR} = A_{WPR} / (L_R \cdot B)$: waterplane area coefficient of run

I_T : transverse moment of inertia of waterplane about centerline

$C_{IT} = I_T / (B^3 \cdot L/12)$: coefficient of transverse moment of inertia

④ 주갑판(main deck)

$y_D(x)$: half-width of main deck V · length

l_{DE} : length of main deck entrance

l_{DM} : length of parallel midportion of main deck
l_{DR} : length of main deck run
y_{DF} : half-width of deck at FP
y_{DM} : maximum half width of deck
y_{DA} : half-width of deck at AP
$z_D(x)$: sheer profile of main deck
s_F : sheer at FP
s_A : sheer at AP

⑤ **용골 · 선수 · 선미**(keel · stem · stern)

$z_K(x)$: keel profile
$z_F(x)$: stem profile
$z_A(x)$: stern profile

⑥ **정면도**(body plan, 그림 15 · 4)

a_{FK} : half-width of flat keel
α : deadrise(또는 rise of floor라고도 함) angle
γ_B : bilge radius

많은 경우에 선형 계수들을 무차원하여 사용하는 것이 선도(lines)설계 때 편리하다.

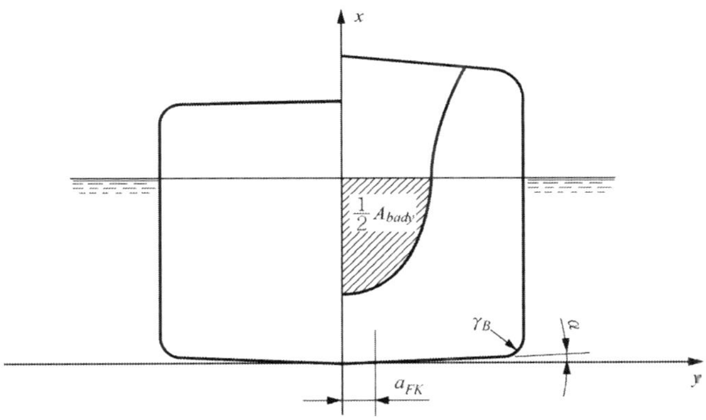

그림 15 · 4 Body plan definition

다음 예에서와 같이 대문자를 사용하여 무차원 값들을 정의할 수 있다.

$X = 2x/L_{WL}$
$\overline{A_S}(x) = A_S(x)/A_M$
$Y(x) = y(x)/0.5B$
$Y_D(x) = y_D(x)/0.5B$
$Z_D(x) = z_D(x)/D$

15.3.3 선도변형기법(lines distortion techniques)

단일한 모선(parent ship) 또는 15.3.1절의 표준계열 선도를 컴퓨터의 제도 기능을 이용해서 단계적으로 변형해서 원하는 선도를 설계하는 기법이다. 이때 어떤 설계변수는 고정시키고 어떤 변수는 변화시킴으로서 적은 변형만으로도 원하는 선도를 구할 수 있도록 시도하는 것이 바람직하다. 예를 들어 보면 다음과 같다.

① 주요 치수 변화 경우(그림 15 · 5 참조)

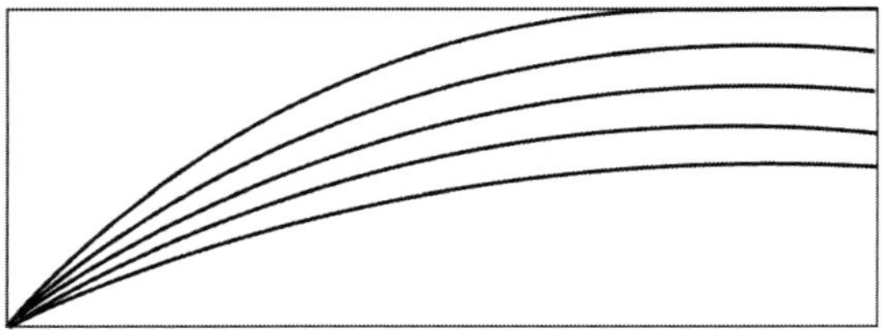

(a) y축에 대한 수선변형

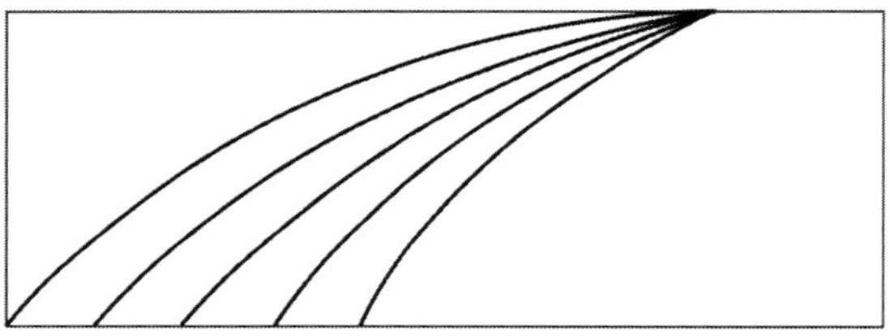

(b) x축에 대한 수선변형

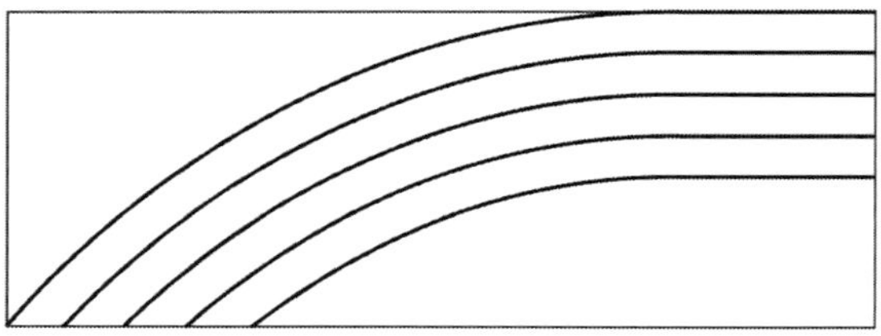

(c) x, y축에 대한 수선변형

그림 15 · 5 주요 치수 변화에 의한 선도변형의 예

수선길이(L_{WL} : X축 변형), 폭(B : Y축 변형) 및 흘수(T : Z축 변형) 등을 변경하여서 원하는 선도를 얻는 경우다. 만일 L_{WL}, B, T 등을 같은 비율로 동시에 변경하는 경우는 배수량, 수선(WL)의 물가름각(entrance angle) 및 선미단부각(run angle) 등은 변화되지만 선형계수의 변화는 없을 것이다.

② 단면적 곡선(SAC)과 계획수선(DWL) 변화의 경우

선도변형기법은 도식적 설계법 중에서 매우 오래된 방법이며, CAHD(computer aided hull design)에 쉽게 이용할 수 있는 도구라는 특성이 있다.

이 기법을 사용할 때 수선길이(L_{WL}), 폭(B), 흘수(T) 등의 주요 치수는 고정시

키고, 다음에 예시된 주요 선형변수(form parameter)를 컴퓨터를 이용해서 변화시킴으로써 원하는 선형을 구할 수 있을 것이다.

- 주형계수(C_P), 수선면 계수(C_W)
- 부심의 종방향 위치(X_{LCB}), 종방향 면심 위치(X_{LCF})
- SAC 및 DWL의 중앙평행부 길이

또한 연직방향으로 변형(vertical distortion)시키면 쉽게 배수량의 변화를 달성할 수도 있을 것이다.

SAC이나 수선(DWL)을 길이 방향으로 변경시킬 경우(그림 15 · 6 참조)는 표 15 · 2에 요약된 특성이 나타날 것이다.

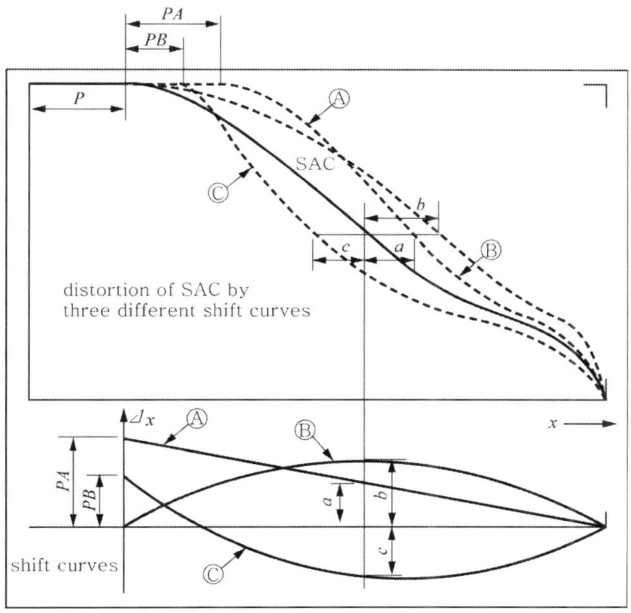

그림 15 · 6 두 가지의 직선적 변경곡선(linear and quadratic shift curves)을 이용한 SAC(또는 DWL)의 설계(distortion)

표 15 · 2 SAC(또는 DWL) 설계를 위한 변경상의 특성

변경 내용	변경으로 변화되는 값	일반적 성질
그림 15 · 6의 곡선 Ⓐ에서 1개 파라미터(예 PA)의 직선적 이동 : $P \Rightarrow P+PA$	① C_P와 X_{LCB} 또는 ② C_P 또는 ③ P와 X_{LCB}	1개의 파라미터를 변경할 경우 2개의 다른 파라미터에 변화 발생
그림 15 · 6의 곡선 Ⓑ 및 Ⓒ에서 2개의 파라미터(예 P와 C_P)의 변경	X_{LCB}	2개의 파라미터를 변경할 경우 1개의 다른 파라미터에 변화 발생

또 한 가지 참조할 사항은 형상이 변경되더라도 평저(flat bottom), 선저기울기(deadrise), 빌지(bilge) 반지름 등은 변하지 않는다는 것이다.

③ 기타 기법

NURBS(nonuniform rational B-spline), Bezier 곡선 등을 이용하는 자유형상 생성법(free form design method)이 있으며, 기존 선도를 순정해서 구하는 방법 등이 있다.

15.3.4 선박설계용 컴퓨터 툴(tool)

CAD기법에 의한 선박설계용 툴(Tool)의 개발은 30여 년 전부터 현재까지 선진 조선국을 중심으로 계속적으로 연구되어 왔다. 예를 들면 'VIKING(1975)', 'SEAKING (1975)', SIKOB(1976), 'AUTOCON' 계열(1978~1988), 'Napa(1989)', 'STEERBEAR(1989~1992)' 등이 있으며, 이중에서 20세기 말에 개발된 SIKOB(스웨덴 Sea state) 및 Napa(필란드 Napa사)는 선박 초기설계 때의 각종 계산용으로 개발된 것이다. 이들 중, 최근에 일본선급(NK)이 Napa(Naval Architectural Package)사를 흡수하면서 선박 초기설계 때의 선박계산용뿐만 아니라 초기설계도면설계에까지 그 활용성이 높아지고 있는 추세에 있다. 최근에 쓰이고 있는 종합적인 설계툴은 1994년부터 전 세계적으로 가장 많이 사용되고 있는 'AVEVA Marine(TRIBON의 업그레이드 버전 성격)'이 있다. 최근 로이드(영국) 통계에 의하면 전 세계 조선소의 2/3가 'AVEVA Marine'을 사용하는 것으로 나타났다. 이 시스템은 다운업(down up) 방식으로 구성되었으며, 생산 쪽이 강조되어 있다. 'TRIBON'의 일반적인 단점은 선체설계와 의장설계시스템과의 연계성이 없다는 것이다. 이에 반하여 1960년대에 스페인의 SENER사가 개발하여 현재까지 일부 조선소에서 사용되고 있는 'FORAN'은 톱다운(top down) 방식으로 구성되었으며, 일괄 시스템의 개념을 적용한 것이므로 기본설계와 의장설계 측면에서 유리점이 있다고 한다. 하지만 이 시스템으로 결과를 출력하려면 'TRIBON'에 비하여 시간이 특히 많이 걸리며, 전 세계적으로 이 시스템을 사용한 조선소 숫자가 적을 뿐만 아니라 특히 대형 조선소에는 적용해 본 예가 없다는 단점이 있다. 한국 · 일본 · 중국 등의 조선소 중에서는 이 시스템을 사용하고 있는 곳이 전혀 없다. 따라서 아직 그 효용성의 검증이 부족하다고 하겠다. 또한 2003년에는 선박의 설계기능(function)을 중요시하려는 CAD시스템인 'SURFCON'이 영국 국방성프로젝트(UKMOD)의 일환으로 D. Andrews가 개발한 바도 있으나, 그 효용성은 아직 알려진 바 없다. 한편 2005년에 국내의 삼성중공업(주)도 미국의 INTERGRAPH사와 공동으로 'Intelli-Ship'(또는 'GS-CAD'라고도 함)이라는 설계시스템을 개발하여서 7월부터 현업에 활용하고 있다. 이 시스템은 선체설계와 의장설계를 하나로 통합해서 생산설계에의 활용성이 높아진 것으로 알려져 있으나, 선도(lines)설계 기능이 없다는 것이 단점이다.

한편 해양구조물의 의장 설계시스템(PDMS)을 개발한 영국의 AVEVA그룹이 2003년 말에 TRIBON사를 인수해서, 2006년 'Vantage Marine(최근에 'AVEVA Marine'으로 개칭)'이라는 새로운 선박설계시스템을 개발하였으며, 이미 현대중공업(주)이 이 시스템의 도입을 2004년 12월에 미리 계약한 바 있었다. 'AVEVA Marine'은 선체용 및 의장용 설계시스템을 통합한 시스템으로 개발될 것으로 알려져 있다. 이상에서 거론된 설계시스템 이외에 근래까지 사용되고 있는 조선설계전문 컴퓨터 툴에는 'NUPAS/ CADMATIC', 'CATTIA(IBM)' 등이 있으나, 국내 조선소의 적용 예가 없을 뿐만 아니라 전 세계적으로도 활용의 예가 극히 저조한 실정이다. 'NUPAS/CADMATIC'는 당초에 핀란드에서 개발된 선체용인 'NUPAS'와 네덜란드에서 개발된 선박의장용인 'CADMATIC'을 합친 형태의 시스템이다. 한편 'CATTIA(IBM)'은 미 해군용으로 개발되었다는 특성이 있다. 또한 최근에 국내의 EzGRAPH사가 개발한 EzSHIP이 현대중공업 부설연구소, 삼성중공업 부설연구소, 대우조선해양, 현대미포조선, STX조선 등에서 사용되고 있다. EzSHIP은 톱다운 방식의 툴이며, EzHULL(선형설계용, 2004년), EzCOMPART(일반배치용, 2005년), EzSTRUCT(구조설계용, 2006년), EzDRAFT(2D 스케치용 보조모듈) 등의 4가지 모듈로 구성되어 있다.

이 중에서 'TRIBON'이 아직까지 전 세계의 대부분 조선소에서 사용되고 있으며, 이 시스템(M-series)은 PC에서 작업이 가능하다는 장점이 있다. 이 시스템을 도입하여 사용하고 있는 국내 조선소는 현대중공업, 대우조선해양, 현대미포조선, 현대삼호조선, 한진중공업, STX 조선해양, 신아조선, 성동조선, 21세기조선, 대한조선, INP중공업 등이 있다. 이 시스템은 2006년 4월 M3 version을 출시한 바 있다. 'AVEVA Marine'에서도 선체설계 부분은 계속적으로 'TRIBON'의 모듈을 사용하고, 의장설계 부분만 보완된 것이므로, 'AVEVA Marine'은 'TRIBON'의 업그레이드 버전 성격을 띠고 있다.

'TRIBON'의 용법을 공부하려면 'Document' 모듈에 있는 'User guide'와 'Training guide' 및 각 모듈에 있는 'Help' 등을 보면 된다. 여기서 참고적으로 'TRIBON'에 있는 여러 가지 모듈별 기능을 요약해서 소개하면 다음과 같다.

① Administration tools : TRIBON의 환경 잡는 것

② Hull : curved hull(외판의 외부재), planar hull(외판의 내부재), nesting 등

③ Lines & Utilities

- Interfaces : 다른 프로그램과의 호환용[예 AUTOKON, DXF(2D용)]
- Utilities
  - Digit : digitizer set(마우스 대신 사용했던 것. 요즈음은 거의 안 씀)
  - Gencal : print 때 CALCOM FORMAT(예전 Print용)
  - Plot : plot file을 만들어서 프린터로 보내기 위한 FORMAT 제작용

예 'Lines' 모듈에서의 프린트법 : 'Plot'(작은 책 모양의 그림) → File → Open → File 이름 → Export HPGL 만듦 → Plotter type 지정 → File명을 Print로 보냄

④ Outfitting : cable, pipe, ventilation 등 의장품설계용

⑤ TDM[trial data management : oracle용(※oracle: oracle사에서 공급한 관계데이터베이스 관리시스템)] : 조선소에서 자재 구입, 설계, 생산 등의 일괄 시스템(PDM)의 일종임. 사용 목적의 예는 ① 군함에서 자재 구입에 revision handling을 많이 해야 하는데 이를 도와주고, ② access control을 가능하게 하며(다른 사람은 설계를 수정할 수 없고 보기만 가능함), ③ TRIBON은 원칙적으로 model data인데 model data가 아닌 속성의 handling을 가능하게 한다.

⑥ Weld planning : 용접계획용

⑦ Assembly planning : 조립계획용

⑧ Document : user guide(이것 외에 각 모듈에 있는 'Help' 및 'Training guide'를 활용함)

⑨ Drafting : 2D drawing용

⑩ Form : 형상(lines)의 기본 계획용(국내에서는 안 씀)

⑪ Lines : lines설계용

⑫ Log viewer : 배치작업 후 output 보기용

⑬ Production manager : 생산의 진행 상태를 나타내는 browser의 일종

⑭ Project selection : 작업할 호선 선택용

⑮ Design manager : modelling의 진행 상태를 나타내는 browser의 일종

⑯ Calc & Hydro : 배수량 등 곡선도, stability(손상 및 비손상) 및 trim , loading condition, sheare force 및 bending moment, *SAC*, floodable curve 등의 제반 계산용(Calc) 및 powering, 조종성, seakeeping 등의 계산용(Hydro)

⑰ Basic design : 외판 및 내부재를 합친 설계용[중앙단면설계(ABS/Lloyd 등 class rule들과 interface된 scantling 포함, 일본에서는 NASTRAN과 직접 연결해서 사용 중임) 및 각 frame설계, construction profile, 일반 배치설계, primary shell expansion 등]

⑱ Surface & Compartment : 격벽, 갑판, 종강재 등의 설계용

[참고] 상기 모듈 중에는 '⑭ Project selection'에서 작업할 호선을 선택해야만 아이콘(icon)들이 활성화되는 것이 많다.

15.4 새 기술 관련 용어

본 절에서는 선박의 최적설계 내지는 CIMS(computer integrated manufacturing system 또는 CIM for shipbuilding)와 관련되어서 자주 사용되는 용어 및 약어들을 요약적으로 소개한다.

15.4.1 주요 용어 해설

- 객체지향(object oriented)

  프로그래밍 등에서 데이터의 조작을 중심으로 하는 절차지향에 반하여 조작의 대상이 되는 데이터의 기능과 의미를 중요시하는 개념임.

  - OOP(object-oriented programming, 객체지향 프로그래밍) : 객체라는 모듈을 단위로 하여 프로그램을 작성하는 기법. 객체란 하나의 데이터구조로 데이터 값과 그것에 관한 절차를 합한 것임. 객체지향 프로그래밍에서는 공통된 속성을 갖는 객체는 클래스라는 단위로 종합됨. 클래스는 상위의 클래스와 하위의 클래스로 계층화할 수 있고, 상위 클래스의 속성은 하위 클래스로 이어짐.
  - Object-oriented (programming) language[객체지향(프로그래밍) 언어] : 객체지향 프로그래밍의 개념을 도입한 프로그래밍 언어. 대표적인 것으로 초기의 언어는 Smalltalk이지만 현재는 C^{++}나 Objective-C 등이 널리 사용됨.
  - ODB 또는 OODB(object oriented database, 객체지향 데이터베이스) : 객체지향개념을 도입하여 만들어진 데이터베이스. 이것은 데이터 계층에 따라 구조를 표현하고 데이터와 그 조작절차를 함께 다룸. CAD 등의 복잡한 data를 관리하는데 편리함.
  - ODBMS(object-oriented database management system, 객체지향 데이터베이스 관리시스템) : 객체지향 프로그래밍의 기능을 도입한 DB 관리시스템.

- 동시공학(CE, concurrent engineering) 기술

  제품의 개발 과정에서 기획 · 설계 · 생산 · 판매 · 서비스 등의 각 공정을 동시에 병행해 진행하는 것. 개발기간의 단축과 비용의 삭감이 목적임. 전 공정 작업이 완료되기 전에 후 공정에서 표면화하는 문제점을 발견할 수 있기 때문에 이것을 반영한 설계 변경 등의 대응을 즉시 실행함. 또 전 공정의 진행상황과 결정사항을 후 공정 작업자가 항상 파악하기 때문에 미리 적절하게 대응할 수 있음. 이 기술을 추진하기 위해서는 CAD/CAM/CAE 등의 컴퓨터 툴에 의한 데이터 일원화, 조직과 네트워크에 의한 의사정보의 신속하고 정확한 전달이 필요함.

- **신경(회로)망(neural network) 이론**

  인간의 뇌신경 세포와 그 결합구조를 모방하여 만든 전자회로망. 즉 인간의 뇌세포인 뉴런(neuron)을 모방한 처리 요소(셀)를 뇌세포의 연접부인 시냅스(synapse)를 모방한 입출력 배선으로 결합하여 만든 컴퓨터 회로로 패턴 인식이나 음성분석, 언어처리, 자기학습 등의 인공지능 분야에서 수식화할 수 없는 것을 해결하는 데 유용하게 응용되고 있음.

- **유전자 알고리즘(GA, genetic algorithm)**

  문제 해(solution)의 후보에 대해 생물의 유전자 조작과 유사한 조작을 가하여 최적해에 가까운 해를 얻고자 하는 기법. 후보해의 집단을 생성하고 각각의 개체에 대해 적응도를 평가하여 평가가치가 높은 개체를 선택한 다음 교차함으로써 우성은 발전시키고 열성은 도태시켜서 최적화시키는 기법. 단 국소해(local solution)의 방지를 위해서 돌연변이 등의 조작을 해서 전체해(global solution)를 얻도록 함.

- **인공지능(AI, artificial intelligence) 기술**

  사고 · 판단 · 추론 · 학습 · 환경 적응 등 인간의 지적 활동과 유사한 기능을 컴퓨터로 실현시키려는 컴퓨터공학의 한 분야. 현재 전문가시스템이 인공지능의 대표적인 분야로 LISP나 Prolog 등의 인공지능언어가 사용되고 있음.

  - LISP(LISt Processor) : 1960년경 John McCarthy가 개발한 리스트 처리용 프로그래밍 언어. LISP는 함수형 언어로 프로그램을 사용자가 함수로 정의하여 리스트로 표현할 뿐만 아니라 재귀 호출이 가능한 구조로 할 수 있는 특징이 있음. 수식 처리를 비롯하여 기호 처리 분야에 널리 사용되고 있으며, 특히 인공지능 분야에서 응용이 활발히 이루어지고 있음.
  - Prolog(PROgramming in Logic) : 1972년 Alain Colmerauer가 개발한 논리형 프로그래밍 언어. 이것은 추론기구를 간결하게 표현할 수 있음.

- **전문가시스템(expert system)**

  인공지능 분야의 하나로 전문가가 가지고 있는 지식을 컴퓨터에 입력하여 비전문가라도 그 지식을 이용하여 문제의 해답을 추론해 낼 수 있도록 한 지식기반(knowledge based, K/B)시스템. 전문가시스템은 의료, 고장 진단, 설계지원, 교육 등 여러 분야에서 이용되고 있음.

- **퍼지(fuzzy)기법**

  불확실한 데이터를 확률 및 집합이론으로 문제를 해결하는 기법. 이것은 인공지능이나 전문가시스템, 제어계 등에 널리 사용됨.

  - L. A. Zadeh의 *Fussy set* (1965)이 시효

• B-spline(B-스플라인) 곡선

B-스플라인은 곡선 및 곡면모델링에 사용되는 여러 가지의 수학적 표현 방법 중 대표적인 것으로 B-스플라인 이론은 1970년대 초 Chenberg, Mansfield, de Boor와 Cox 등이 제시한 이론적 배경을 바탕으로 해서 Risenfeld가 컴퓨터를 이용한 곡선과 곡면설계 분야에 소개했음.

• CALS[computer aided acquisition and logistic(or life-cycle) support]

컴퓨터 네트워크와 데이터베이스의 유효한 이용에 의해서 제품의 설계부터 기술개발 · 제조 · 유통 · 유지 · 보수 등에 이르기까지 모든 데이터를 표준화하여 정보를 공유하기 위한 통합 정보시스템임. 이것으로 다품종 소량생산의 자동화가 가능하게 되었음.

• CASE(computer aided software engineering) tool

CASE는 컴퓨터를 이용한 소프트웨어 공학임. 이 개념에 바탕을 둔 소프트웨어 개발용 도구를 케이스도구라고 함. 일반적으로 application(응용프로그램)을 개발할 때 필요한 각종 정의 정보를 입력하면 원시 코드를 자동 생성하는 기능을 가짐. CASE tool은 1980년대 중반에 출현함. 1990년 초에 객체지향용 개발 수법에 대응한 CASE tool(OOA, OOD tool)이 출시됨. 기존에는 COBOL언어로 된 CASE tool이 많았지만 1990년대에 들어서는 C언어를 대상으로 한 것이 대부분임.

• CCD(change coupled device, 전하결합소자) 카메라

반도체 기억소자(이미지센서, 지연선 메모리)를 이용한 카메라.

– 선박의 밀폐된 chamber의 도장검사에 이용 추진 중.

• EDB(engineering data base) 기술

공학적인 제품정보를 저장관리하고 효율적으로 이용할 수 있는 기술

– 설계시스템의 코어(core) : AUTOKON('68), BOSS('69)
– 관계데이터베이스 관리시스템(RDBMS, relational database management system) : 데이터의 구조를 관계식을 이용하여 모델화하고 관리하는 H/W와 S/W의 집합체. 시스템의 어느 곳에서나 일반적인 접근이 쉽고, 수정하기 쉬운 장점이 있음.

예 ORACLE, INGRES, IBM DB2, DATACOM/DB, MODEL 204, Cincom, SUPPA

– 통합CAD시스템(integrated CAD system) : 설계 DB + KBS

예 KAD-BASE('85)

• ER(entity relationship)

데이터베이스에서 엔티티와 엔티티간 또는 한 엔티티를 구성하는 속성과 속성간의

관계를 말함. 여기서 엔티티란 시스템이나 프로그램의 물리적 또는 추상적 구성요소 또는 DB에서 처리대상이 되는 객체를 말함. ER은 효율적인 모델링 때 이용됨.

- Gantt chart(간트 도표)

  프로젝트의 스케줄링에서 각 공정을 목적과 시간이라는 두 가지의 요소로 조합하여 나타낸 그래프. H. L. Gantt가 고안한 것.

- GT(group technology)

  부재 제작공정에서 같은 종류의 부품들을 그룹화하여 흘러가게 함으로써 생산성을 높이고 원자재를 절감시키려는 기법으로 조선업에의 활용방안이 모색되고 있음.

- GUI(graphical user interface) 기술

  사용자가 아이콘이나 메뉴 등의 그래픽 화면을 통해 컴퓨터와 정보를 교환할 수 있는 작업환경. 근래의 멀티미디어 GUI는 다양한 정보매체들(음성정보, 그래픽정보, 이미지정보, 영상정보 등)에 대한 처리 기술로서 활발한 연구가 진행되고 있음.

  – GUI 표준화를 위한 기구의 예 : ISO, IEEE, ANSI, X/OPEN, X-consortium, OSF, UI.

- hybrid(복합, 혼성)

  두 가지 종류의 방식이나 정보를 결합하는 것.

- JIT(just in time)

  제조업의 제조공정에서 적시에 구매 · 공급하여 제조 · 생산을 하게 하는 적시 공급 생산체제(제고량 zero)

  – Tact system : JIT의 개념을 도입하여 작업단위의 시간이 평준화되도록 하여서 생산이 일정한 시간 간격으로 동시에 흐르도록 하는 시스템.

- KBS(knowledge based system)

  특정 분야의 문제를 해결하는 데 필요한 전문가 수준의 정보 또는 지식을 가진 데이터베이스시스템을 말하며 '지식기반시스템(또는 지식베이스시스템)'이라고 함.

- kernel(커널, 핵심)

  운영체제에서 가장 기초적인 기능을 제공하는 부분.

  예 형상모델링 커널(※ 선박설계용 CAD 툴의 커널 개발에만 보통 3년 이상의 기간이 소요되는 것으로 알려져 있다)

- learning(학습)

  인공지능에서 컴퓨터시스템이 정보의 입력에 의해 지식을 획득하고 과거의 실행경험을 바탕으로 자신이 가지고 있는 처리 기능을 향상 또는 개선해 나가는 것.

• lot(로트)

제품의 품질관리나 검사를 위해 일정한 양마다 잘라서 하나의 단위로 한 것.

– lot number : 제품의 품질관리나 검사 목적을 위해 각각의 로트에 붙여지는 고유번호

• macro(매크로)

〈전산용 뜻〉

① 여러 개의 명령문을 하나로 묶어서 일련의 처리절차를 미리 정해 두는 기능 또는 그러한 기능을 이용하여 만든 명령.

② 키보드 상에서 하나의 키를 눌러 미리 정의된 일련의 명령을 실행시키는 기능.

〈일반적인 뜻〉

대량의, 대규모의

• NURBS(nonuniform rational B-spline) 곡선

하나의 다항식으로 정의되는(비유리) B-스플라인 곡선.

– 유리곡선은 두 다항식의 비에 의해 정의되는 곡선임.

• MAP(manufacturing automation protocol, 공장자동화 프로토콜)

미국 제너럴모터스사가 개발한 FA(공장자동화)용 LAN프로토콜. 생산공정의 자동화를 위해 로봇이나 NC(수치제어)공작기계 등을 컴퓨터와 연결한 network에 관계되는 통신규약임.

– protocol(규약, 프로토콜) : 데이터통신에서 컴퓨터간의 정보교환을 원활하게 하기 위해 정한 약속 또는 규칙.

예 HDLC(high level data link control), OSI(open systems interconnection)

– 표준 network의 예 : Ethernet, TCP/IP, NCS, OSFDCE

• parametric design(파라미터 또는 변수 설계) 기술

설계모델을 구성하는 정보의 형태를 매개변수화하여 같은 유형의 새로운 정보를 손쉽게 정의하는 기술임. 이 기능은 표준화 부품의 정의에 특히 효과적임.

• PL/C(programming language/computer)

미국 코넬대학교에서 PL/I를 교육용으로 변형하여 만든 프로그래밍 언어이다. 여기서 PL/I(programming language/I)란 1965년 IBM사가 발표한 구조화 프로그래밍 언어인데, FORTRAN, COBOL, ALGOL의 장점을 따서 만든 범용 프로그래밍 언어로 과학기술 계산이나 사무처리 분야에서 사용할 수 있는 거의 모든 기능이 망라되어 있다. 그러나 그 규모가 너무 크기 때문에 실무에 널리 보급되지 못하고 일부 학술 및 연구 분야에서만 사용되고 있다.

- PL/M(programming language/microcomputer)
  1970년 초에 인텔사가 PL/I를 바탕으로 하여 만든 마이크로컴퓨터용의 프로그래밍 언어이다.
- PSD(position sensitive device)
  이동물체의 공간상 위치측정설비로서 조선소의 각종 작업(용접 · 조립 · 도장)의 자동화용으로 활용성이 시도되고 있음. 이 설비에는 다수로 배치된 laser 광원과 analog 신호처리기 등이 이용됨.
- sensitivity analysis(민감도해석 또는 감도분석)
  일정한 범위의 입력 값에 대해 출력 값의 반응을 시험하여 시스템의 감도를 평가하기 위한 분석. 문제의 분석에는 하나 또는 그 이상의 파라미터를 사용할 수 있기 때문에 parameter programming이라고도 함.
- solid model
  솔리드는 고체를 의미하고 따라서 솔리드 모델은 실속 있는 입체의 모델을 말한다. wire-frame model(선 모델)이 1차원 도형, surface model(면 모델)이 2차원 도형으로 생각하면, solid model(입체모델)은 3차원 도형임.
- STEP(standard for the exchange of product model data)
  1983년에 ISO가 제정하여 표준화를 추진하고 있는 제품 데이터교환을 위한 국제표준규격(ISO 10303)임. 개념설계에서 상세설계, 시작테스트, 생산지원에 이르는 하나의 제품 생존주기 전체에 걸쳐 필요한 모든 데이터(제품 데이터)를 표현 · 교환하기 위한 규격임. 따라서 CAD의 형상 데이터뿐만 아니라 NC(수치제어) 데이터 또는 부품표, 재료 등 모든 종류의 데이터가 그 대상이 됨.
  - IGES(initial graphics exchange specification, 초기그래픽교환명세) : 1980년 ANSI(American national standards institute, 미국규격협회)가 제정한 CAD/CAM 시스템간의 그래픽 정보교환을 위한 파일 형식의 표준규격
  - SDAI(STEP data access interface) : CAD시스템과 STEP간의 데이터교환용 프로그램

15.4.2 주요 약어

- ACSU : automatic control system for unattended engine room certified(미국)
- AEC : architecture engineering construction(형상모델링 커널 지원용)
- AGV : automatic guided vehicle(자재운반용)

- CAD : computed-aided design(also used for computer-aided drafting)
- CADD : computer-aided design and drafting
- CG : computer graphic
- CAHD : computer-aided hull design
- CAE : computer-aided engineering
- CAM : computer-aided manufacturing
- CAP : computer-aided planning
- CAPP : computer-aided process planning
- CAQ : computer-aided quality control
- CIM : computer-integrated manufacturing

  CIM = CAD + CAP + CAM + CAQ
- CIMS : computer-integrated manufacturing system(or C.I.M. for shipbuilding)
- CNC : computer numerical control(공작기계제어용 컴퓨터수치제어기술)
- DB : data base
- DBMS : data base management system(RDBMS용어 설명 참조)
- DNC : direct numerical control(직접수치제어)
- DAOS : DNC automatic operating system
- FA : factory automation
- IDE : integrated development environment(통합 개발환경)
- IDS : integrated design system
- IKBS : integrated knowledge base system(KBS용어 설명 참조)
- LAN : local area network
- MAUT : multi-attribute utility analysis technology
- MCAD : mechanical computer aided design
- MCDM : multiple criteria decision making
- MHD : magnetohydrodynamic propulsion ship
- NC : ① numerical control(수치제어), ② network controller, ③ non connection(무접속)
- OOA : object oriented analysis(객체지향의 분석기술)
- OOD : object oriented design(객체지향의 설계기술)
- OOP : object oriented programming(객체지향의 구현기술)
- PM : product modelling(제품모델링)
- ROV : remotely operated vehicle
- SILK : speech, image, language, knowledge

- SPC : statical process control
- UMS : unattended machinery space(영국)
- USS : ultimate shipbuilding system(스웨덴 개발)
- WIG : wing in ground effect ship

[Tip] 시험대비용 기타 연관지식

컴퓨터 지원 제도용 용어들의 출제 빈도수가 점차 높아지고 있다. 몇 가지 예를 들어 보면 다음과 같다. 좀 더 상세한 용어들은 문헌 '컴퓨터를 이용한 선박제도(대한조선학회편, 문운당)'의 3.2.3 및 3.2.4를 참조하기 바란다.

- 패닝(Panning) : 화면에 그려진 대상 물체를 이동하여 주는 기능으로 보통 커서의 위치를 화면 중앙부로 이동시켜 주는 방법에 사용됨.
- 쥬밍(Zooming) : 관심의 대상이 되는 영역의 경계를 사각형의 형태로 표시하여 이 영역을 화면 전체로 확대함으로써 물체를 보다 자세히 살펴 볼 수 있게 해줌.
- 트리밍(Trimming) : 선, 원, 곡선 등의 기하요소를 특정 경계에서 잘라 내거나 연장하는데 사용됨.
- 뷰포트(Viewport) : 윈도 내의 그림을 스크린 위의 일정 영역에 나타낼 때, 이 영역을 말함. 스크린 좌표가 화소(pixel) 단위로 나타내어지는 정수인 반면에 뷰포트 좌표는 실수로 나타내어지는데, 이것은 윈도를 나타내는 실좌표를 일정량으로 확대 및 축소하기 위해서임.

제 16 장 선박 국제규정 동향

16.1 IMO Goal-Based Standards(GBS)와 Common Structural Rules(CSR)

16.1.1 IMO Goal-Based Standards(GBS)

[1] IMO GBS의 개요

2000년대 초반까지 주로 선령 20년 이상의 노령 선박들이 구조붕괴와 함께 침몰하여 인명 및 환경에 피해를 주는 사건들이 지속적으로 발생함에 따라 선체구조 및 선박 유지보수에 관한 기준의 강화 필요성이 제기되었다. Greece, Bahamas 정부에서 선박이 일생동안 안전하게 유지될 수 있는 기준 마련을 국제해사기구(International Maritime Organization, IMO)에 공식적으로 요청하여 목표기반표준(Goal-Based Standards, GBS)에 대한 논의가 시작되었다. (77th MSC,2003)

선박의 안전 관점에서 달성하여야 할 목표(Goal)와 목표를 달성하기 위한 기능적 요건(Functional requirements)은 국제기구인 IMO에서 설정하고, 실제로 선박의 설계에 적용되는 IMO규정, 기국정부의 요건, 선급의 규칙, Industry standards 등은 Goal과 Functional requirements에서 요구하는 기준을 충족하도록 요구하고 있다.

본 GBS요건은 선복량이 압도적으로 많고 구조적으로 여분의 강도가 작은 유조선 및 산적화물선에 우선 적용된다. 2016년 7월 건조 계약되는 유조선 및 산적화물선은 GBS요건을 만족하여야 하며, 향후 다른 선종으로 확장될 예정이다.

[2] IMO GBS요건의 구성

설정한 목표(Goal)를 달성하기 위한 절차로써 IMO에서는 다음 5단계의 접근법을 도입하였다.

1) Tier I - Goals

달성하여야 할 최고 수준의 목표.

2) Tier II - Functional requirements

목표(Goal)에 달성하기 위해 만족시켜야 할 기준.

3) Tier III - Verification of conformity

선박의 설계와 건조에 사용되는 규칙과 규정이 설정된 Goals과 Functional requirements에 부합함을 증명하는 절차.

4) Tier IV - Rules and regulations for ship design and construction

Goals과 Functional requirements에 부합하기 위하여 IMO, 국가기관, 선급 등에서 개발한 구체적인 요건.

5) Tier V - Industry practices and standards

선박의 건조, 운영, 유지, 훈련, 인원활용 등과 관련된 품질 및 안전시스템, 표준절차, Industry standards 중 선박의 설계와 건조와 관련된 사항.

Tier I, II, III는 각각 달성하여야 할 목표, 목표를 달성하기 위한 기준, 기준의 유효성을 증명하는 절차와 관련된 사항으로 각각의 구체적인 내용은 국제해사기구(IMO)에서 결정된다. Tier IV는 Tier I, II를 달성하기 위한 구체적 요건으로 협약요건을 제정하는 IMO와 선급규칙을 제정하는 선급에서 주로 관여하는 단계이다. Tier IV단계에서 IMO 또는 선급이 제정하는 요건은 Tier I, II에서 결정된 목표와 기준을 만족하여야 하며, 만족여부를 증명하는 절차는 Tier III에서 제시된 절차를 따르게 된다.

[3] Tier I - Goals(목표)

SOLAS regulation II-1/3-10 에 규정된 목표와 목표에 대한 상세한 설명은 다음과 같다.

> 선박은 일생을 통해서 지정된 운항 및 환경상태 비손상 및 손상상태 하에서 적합하게 운용되고 유지, 보수된다면 지정된 설계수명 동안 안전하고 친환경적인 선박이 되도록 설계 및 건조되어야 한다.

① '안전하고 친환경적'이라 함은, 선박이 침수 또는 수밀성의 상실을 유발하는 붕괴를 포함하는 구조상의 문제로 인한 선박의 손실 또는 해양환경오염의 위험을 최소화 할 수 있도록 적절한 강도와 보전성 및 복원성을 가져야 함을 의미한다.

② '친환경적'이라 함은 친환경적으로 재생 가능한 재료로 선박이 건조되어야 하는 것을 포함한다.

③ '안전'에는 안전한 접근, 탈출, 검사 그리고 적절한 유지 보수 및 안전한 운용을 위한 선박의 구조, 부속품 그리고 배치도 포함된다.

④ '지정된 운항 및 환경상태'라 함은 선박의 일생 동안 예상되는 운항지역 및 그 지역의 상태에 의해 정의되며, 항만, 수로 및 해양에서의 화물 및 평형수 작업에 의해 일어날 수 있는 과도기적 상태를 포함한다.

⑤ '지정된 설계수명'은 선박이 운항 및/또는 환경적인 상태 및/또는 부식 환경에 노출된다고 추정되는 명목상의 기간을 말하며 적절한 선박설계 요소를 선택하는데 사용된다. 그러나, 선박의 실제 서비스 수명은 선박의 일생 동안에 실제 운항조건 및 유지 보수에 따라 더 길어지거나 짧아질 수 있다.

[4] Tier II - Functional requirements

IMO에서는 목표(Goals)를 달성하기 위한 기능적 요건(Functional requirements)을 다음과 같이 제시하였고, IMO의 관련문서에서 각 기능적 요건별로 필요충족조건을 상세히 규정하고 있다. 이에 따라 Tier IV 또는 Tier V 레벨의 SOLAS 등의 Statutory requirements와 선급규칙 등은 Tier II에 규정된 기능적 요건을 만족하는 내용으로 구성되어야 한다.

No.	Title (Tier II)	Requirements (Tier IV or Tier V)
DESIGN		
II.1	Design life	Class Rules
II.2	Environmental conditions	Class Rules
II.3	Structural strength	Class Rules
II.4	Fatigue life	Class Rules
II.5	Residual strength	Class Rules
II.6	Protection against corrosion	Statutory Requirements
II.7	Structural redundancy	Class Rules
II.8	Watertight and weathertight integrity	Statutory Requirements / Class Rules
II.9	Human element considerations	Statutory Requirements

(계속)

No.	Title (Tier II)	Requirements (Tier IV or Tier V)
II.10	Design transparency	Statutory Requirements
CONSTRUCTION		
II.11	Construction quality procedures	Industry Standards
II.12	Survey during construction	Class Rules
IN-SERVICE CONSIDERATIONS		
II.13	Survey and maintenance	Class Rules
II.14	Structural accessibility	Statutory Requirements
RECYCLING CONSIDERATIONS		
II.15	Recycling	Statutory Requirements

[5] Tier III - Verification of conformity

전술한 바와 같이 IMO GBS요건은 유조선과 산적화물선에 대해서 1차적으로 적용되므로, Tier IV레벨의 동 선박들에 대한 선급규칙은 Tier I과 Tier II레벨의 목표와 기능적 요건을 충족하고 있음이 검증되어야 한다. IMO에서는 GBS 전문가그룹을 활용하여 선급의 규칙이 목표와 기능적 요건을 충족하고 있는지를 조사하여 승인하게 되며, 필요할 경우 규칙의 보완을 요구할 수 있다.

[6] Tier IV - Rules and regulations for ship design and construction

GBS Tier II의 기능적 요건(Functional requirements) 중 SOLAS등의 Statutory requirements와 관련된 요건들은 관련 협약을 제/개정함으로써 요건들을 이미 충족하고 있다.

기능적 요건 중 Class Rules과 관련된 요건은 선박의 구조, 검사, 유지/관리 등과 관련된 요건이다. 국제선급연합회(IACS)에서는 선급의 기존 규칙이 IMO에서는 요구하는 기능적 요건을 충족하고 있는지에 대한 자체조사를 실시하였는데, 기존 규칙이 대체로 기능적 요건을 충족하고 있으나 일부 기능적 요건에 있어서는 부분적으로만 충족하고 있는 것으로 분석되었다. GBS의 요건은 유조선 및 산적화물선에 우선적으로 적용되므로 IACS에서는 두 선종에 대한 기존 규칙의 보완작업을 시작하였다.

16.1.2 Common Structural Rules(CSR, 공통구조규칙)

선급은 전통적으로 각 선급의 경험, 연구결과 등을 바탕으로 독자적인 구조규칙을 제정하여 입급선박에 적용해 왔다. 그러나, 각 선급의 독자적 연구에 의존하기 보다는 International Association of Classification Societies (IACS) 의 선급들이 공동으로 연구하여 구조규칙을 제정하는 것이 구조안전성 및 비용 측면에서 효율적이므로 GBS 제정 움직임과 함께 2000년대 초반부터 유조선과 산적화물선에 대한 IACS의 공통구조규칙(common structural Rules, CSR) 개발작업이 시작되었다. 몇 년간의 개발작업 끝에 CSR은 2006년 4월 이후 건조계약된 두 선종의 선박에 적용되고 있다.

CSR은 적용하중의 정립, 직접강도계산 강제화, 피로강도평가 강화, 순치수 접근방법 도입, 최종강도 평가, 진보된 좌굴평가방법 도입 등을 통해 이전 각 선급의 구조규칙에 비해 강화된 안전성을 주는 구조규칙으로 평가받고 있다. 또한 IACS "Knowledge Centre"(KC)를 통해 규칙에 대한 comment, interpretation 등의 industry feedback을 적절히 수용함으로써 규칙으로서의 완성도를 더욱 높여오고 있다.

16.1.3 Harmonised Common Structural Rules(통합공통구조규칙)

두 선종에 대한 CSR은 서로 독립적인 과정으로 개발된 관계로 하중, 구조부재 치수산정식, 구조해석방법, 피로강도평가법, 좌굴평가식, 용접법 등 규칙의 핵심적인 내용이 서로 상이하다. 예를 들어, 두 CSR은 선박이 일생동안 북대서양 파랑환경에서 운항되는 것으로 동일하게 가정하고 있으나, 선수파, 횡파 등의 하중상태에서 외판에 적용되는 각각의 동적 수압이 같지 않다. 이는 각 CSR의 개발과정에서 참고된 자료, 경험 등이 일치하지 않았기 때문이다. 물론 계산된 동적수압의 고저로 구조규칙의 엄격도, 정확도를 판단할 수 없으며, 치수산정식 및 구조해석 평가시 허용응력 등을 하중의 고저와 함께 고려하여야 한다. 그럼에도 불구하고, 동일한 가정을 바탕으로 개발된 구조규칙의 핵심적인 내용이 두 CSR에서 상이한 것은 기술적으로 합리화되기 어려운 부분이다. 자연스럽게도 CSR도입의 초기단계에서부터 두 CSR 통합에 대한 필요성이 제기되었으며, GBS의 기능적 요건 만족을 위해 기존의 두 CSR을 일부 보완할 필요가 있었고 이는 harmonisation project의 또 다른 목적이기도 하다.

IMO의 일정에 따르면, GBS요건을 충족하는 유조선 및 산적화물선에 대한 구조규칙은 2016년 7월 건조계약되는 선박부터 적용되기 때문에, IACS에서는 구조안전성이 강화된 통합공통구조규칙을 2014년 2월 제정하였으며, 관련 업계의 준비기간을 고려하여 2015년 7월부터 발효되도록 하였다. 따라서 유조선과 산적화물선에 적용되었던 공통 구조규칙은 2015년 7월부터 통합 공통규칙으로 대체되었다.

16.2 Air pollution 관련 규정

16.2.1 개요

지구온난화에 의한 기후변화는 이제 어느 특정 국가 특정 계층의 문제가 아니라, 인류 전체의 공통 관심사 중의 하나이며, 전 세계 정치, 경제 전반 걸쳐 영향을 미치고 있다. 이러한 환경에서 국제해사기구(International Maritime Organization, IMO)는 1997년 선박으로부터 대기오염물질의 배출을 규제하는 선박으로부터의 대기오염방지협약을 채택하였다. 이 협약의 시행을 통하여 지구 오존층을 파괴하는 CFC계 냉매와 Halon 가스의 사용을 금지하고, 배기가스 중에 포함된 황산화물(SOx)와 질소산화물(NOx)의 배출을 줄이기 위하여 황함유량이 높은 선박연료유의 사용을 규제하고, 질소산화물이 배출허용치를 만족하는 선박의 주기관의 사용을 의무화하였다.

이에 추가하여, IMO는 1997년 MEPC 40차에서부터 선박의 이산화탄소 배출에 대한 논의를 시작하였다. MARPOL Annex VI에 이산화탄소 배출량 제한에 대한 내용을 포함시키자는 내용이 제안된 이후, MEPC에서 지속적으로 이 문제를 검토하여, MEPC 58차(2008년 10월)회의에서는 신조선에 대한 에너지효율설계지수(EEDI, Energy Efficiency Design Index)와 현존선 에너지효율운영지수(EEOI, Energy Efficiency Operational Indicator) 그리고 선박에너지효율관리계획서(SEEMP)와 같은 기술적 그리고 운영상 접근법이 중점적으로 논의되었다.

MEPC 62차 (2011년 7월) 회의에서 MARPOL 부속서 6을 개정하여 2013년 1월 1일부터 건조계약되는 선박은 에너지효율설계지수(EEDI, Energy Efficiency Design Index) 요건을 만족하여야 하며, 현존선을 포함한 모든 선박은 선박에너지효율관리계획서(SEEMP)를 선박에 비치하도록 강제화하였다.

MEPC72차 (2018년 4월) 회의에서 IMO GHG Strategy가 채택되었다. 특히 2가지 목표에 주목할 필요가 있다. 첫째 탄소 집약도를 2030년까지 2008년대비 40% 개선하고 2050년까지 70% 개선해야 한다는 목표다. 두 번째 목표는 2050년 까지 2008년 대비 선박의 연간 온실가스 배출량을 50%까지 감축한다는 목표다. 이 두 목표는 신조선과 현존선을 포함한 모든 선박에 적용된다. 탄소 집약도는 다른 말로 한다면 에너지효율이라 할 수 있겠다. 이를 2030년까지 40%, 2050년까지 70% 개선한다는 목표는 매우 도전적인 것이다. 2030년까지 40%의 에너지 효율 개선은, 지금까지의 기술, 연비절감운항기술 등을 적용하면 달성가능한 수준인데 반해, 2050 목표수치인 배출량 50% 삭감은 상당한 비용이 드는 수소, 암모니아 등 무탄소 연료의 사용, 탄소포집기술의 도입 등 탄소 무 배출 기술을 도입하지 않고는 달성하기 어려운 수준이다.

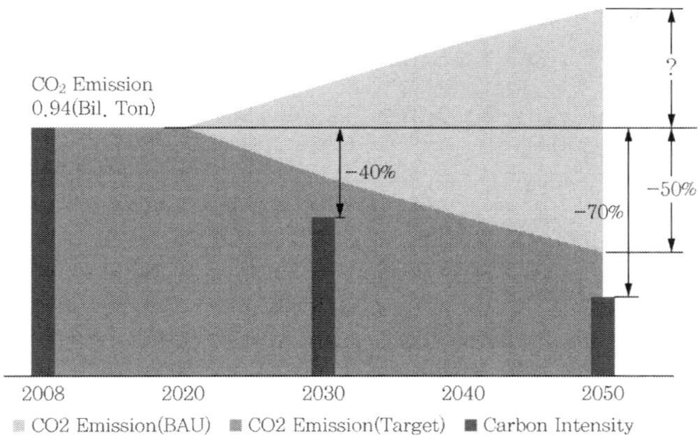

그림 16 · 1 IMO GHG Strategy[한국선급 2020]

이 도전적인 목표 달성을 위해 총 단기, 중기, 장기 방안을 IMO GHG Strategy는 명시하고 있다. IMO GHG Strategy는 5년 주기로 검토되고 개정 될 예정이다. 즉 목표 달성을 위한 모든 조치를 단계적으로 이행할 것이고 이는 계속 강화될 것이다.

16.2.2 EEDI 및 EEXI

그림 16 · 2는 1950년도에 발표된 '속도의 가격은 무엇인가?'라는 논문[Gabrielli and G, von Karman T.]에 실려 있으며, 수평축은 속도, 수직축은 $\frac{power}{weight \cdot speed}$ 임. 도표 가운데의 선이 K-G수송효율선인데, 수송효율이 좋은 수송체일수록 상대적으로 오른쪽, 아래쪽에 위치하고 있다. 속도와 물류이동 속도의 관계를 표시한 도표로서, 새로운 수송체 개발 시 많이 응용된다.

그림 16 · 3은 그림 16 · 2를 2004년 수송체 자료로 재정리한 그림이다. [Yong, J. et al]. 1950년도에 비해 수송효율이 많이 좋아졌으며, K-G선의 아래에 위치하는 수송체는 상용여객기, 기차, 대형 유조선 등이다. 이 수직축에 대응하는 수송효율(Transport Efficiency) 물리량은 저항-자중의 비임.

$$Transport\,Efficiency = \frac{Drag}{Weight} = \frac{R_T}{\Delta} = \frac{R_T \cdot V}{\Delta \cdot V} = \frac{P}{\Delta \cdot V}$$

$$R_T = C_T \times \frac{1}{2}\rho s v^2$$

$$Transport Efficiency = \frac{R_T}{\Delta} \propto \frac{C_T \cdot V^2}{L_S}$$

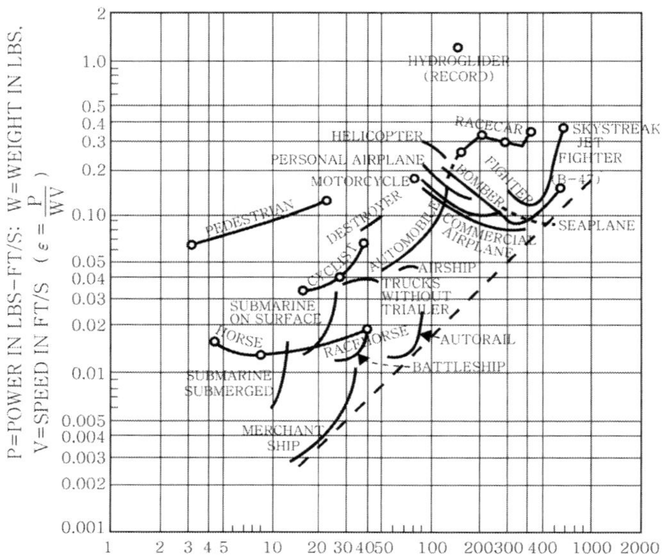

그림 16 · 2 Karman-Gabrielli Diagram (1950년)

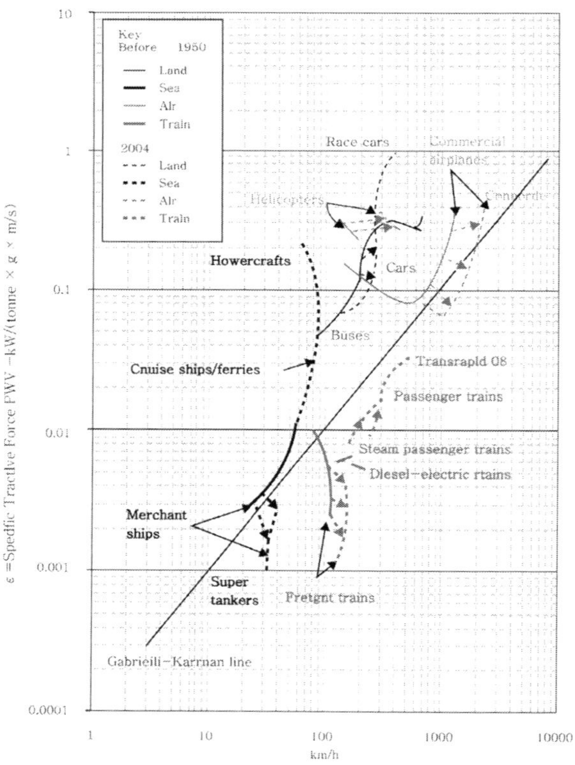

그림 16 · 3 Karman-Gabrielli Diagram (2004년)

그림 16 · 2 및 16 · 3의 수직축에 대응하는 항에 C_F, SFC를 곱한 것이 EEDI이다. 결국 EEDI는 다음식이 된다.

$$EEDI = SFC \times C_F \times Transport\,Efficiency = \frac{SFC \times C_F \times P}{\cap acity \cdot V_{ref}}$$

$$EEDI \quad \propto \quad SFC \times C_F \times \frac{C_T \cdot V^2}{L_S}$$

여기서,

C_F : the fuel mass to CO_2 mass conversion factor, $t - CO_2/t - Fuel$

SFC : the certified specific fuel consumption, g/kWh

EEDI의 단위는 $g/t \cdot nm$이다.

IMO는 EEDI를 다음 수식으로 규정하였다. 분자의 첫 두 항은 주 엔진 및 보조 엔진에서 나오는 이산화탄소 배출량을 계산하였으며, 세 번째 및 네 번째 항은 각종 연료 절감 장치의 설치로 인한 온실가스 배출량 감소를 고려한 것이다. 결국 계산식의 결과 값이 작을수록 기술적 수준이 높음을 알 수 있다. 계산에 의한 EEDI 값은 선종별로 요구되는 지수 값(Required EEDI)를 만족하여야 한다.

$$\frac{\left(\prod_{j=1}^{M} f_j\right)\left(\sum_{i=1}^{nME} P_{ME(i)} \cdot C_{FME(i)} \cdot SFC_{ME(i)}\right) + \left(P_{AE} \cdot C_{FAE} \cdot SFC_{AE}*\right) + \left(\left(\prod_{j=1}^{M} f_j \cdot \sum_{i=1}^{nPTI} P_{PTI(i)} - \sum_{i=1}^{neff} f_{eff(i)} \cdot P_{AEeff(i)}\right) C_{FAE} \cdot SFC_{AE}\right) - \left(\sum_{i=1}^{neff} f_{eff(i)} \cdot P_{eff(i)} \cdot C_{FME} \cdot SFC_{ME}**\right)}{f_i \cdot f_c \cdot Capacity \cdot f_w \cdot V_{ref}}$$

출처 : IMO Resolution MEPC. 245(66)

현재 기준이 되는 Required EEDI는 현존선의 분석에서 나온 것으로, 국제해사기구(IMO)는 현존 선박(1999년에서 2009년에 지어진 선박)에 대한 광범위한 분석을 통해 다양한 종류의 화물선에서 나오는 이산화탄소 배출량을 측정하였으며, 선종에 따라 수십 척에서 수백 척을 표본 분석하였다.

EEDI는 대부분의 선종에 적용되어 연비효율을 나타내는 강제적인 표기 사항이 되었으며, 조선 업체의 생존 조건이 더 이상 원가 경쟁력이 아니며 R&D 및 자체 설계 능력, 충분한 설계 인력의 확보, 탁월한 선박 제조의 능력으로 전환되는 계기가 되었다.

EEDI 3가지 핵심요소는

① **3자에 의한 검증** : 선박의 탄소 배출량을 검증하기 위해 조선소와 선주간의 계약사항이었던 선속 등이 EEDI의 도입으로 제3자가 검증하는 사항이 됨.

② **2차에 걸친 검증** : EEDI를 검증하는 것은 우선 설계 단계에서 제작되었을 때 기준에 맞는 탄소배출량을 맞출 수 있는 여지를 검증하고, 선박 인도 전 경사시험 및 해상에서의 시운전을 통하여 최종 검증을 한다.

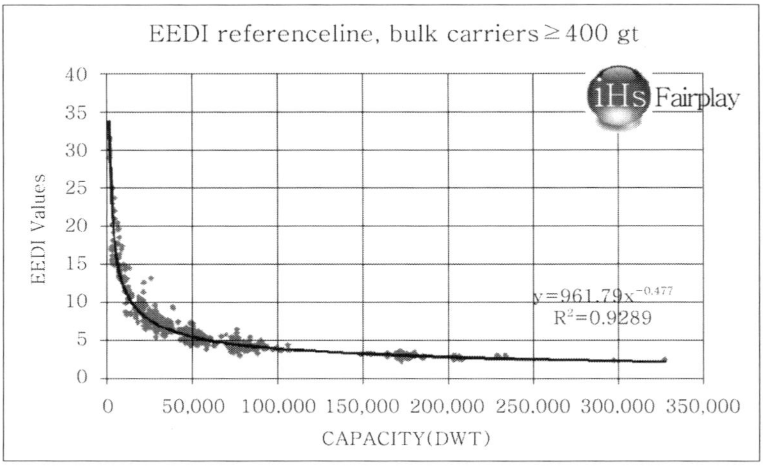

그림 16 · 4 벌크선의 CO2 index (gram of CO2)[출처 : IMO MEPC 62/6/4]

③ **요구수준 미달 시 선박 인도 금지** : EEDI는 2013년부터 강제조항이 되었으며, 만약 어떤 선박이 인도 시점에서 요구수준의 EEDI를 맞추지 못할 경우 해당 선박은 인도 및 운항이 원천적으로 금지된다.

국제해사기구가 제안한 EEDI 개선 방법은 다음의 세 가지로 요약이 된다.

① **개념, 설계 속도, 그리고 부가용도** : 연비의 효율은 선박의 초기 개념 설계에 많이 좌우된다. 또한 선박의 개념 설계는 여러 상황에 여건에 맞는 효율적 운항과 업그레이드가 가능한 유연성이 있어야 한다. 이러한 요소들이 온실가스감축의 잠재력을 높이는 데 중요하다.

② **선체 및 상부구조** : 선체의 최적화는 저항의 최소화와 추진 효율의 극대화에 중점을 둔다. 우선 선체의 무게를 줄이는 것이 필요하다. 이로 인한 잠재적 온실가스 감축은 5~20%까지 예상된다. 또한 소형 선박에서의 효과는 상당할 것으로 보는데 이는 소형 선박에 대해서는 제대로 된 R&D 및 연료 절감 노력이 거의 없었기 때문이다.

③ **엔진과 추진시스템** : 구형엔진의 업그레이드, 구형 터보차저의 교체 및 엔진의 출력감소 조치를 고려할 수 있다. (연비개선을 위해선 선박 운항속도의 감속 및 이를 위한 선박 자체의 출력을 낮추어야 한다). 폐열회수처리장치(Waste Heat Recovery System, WHRS)를 사용할 경우 10% 정도의 온실가스 감축이 가능하며, 샤프트 제네레이터(shaft generator)를 사용할 경우 5~7%의 연비절감이 가능하다. 프로펠러의 추진 효율성도 상당이 중요하며, 보통은 블레이드 수의 감소나, 프로펠러의 크기를 제약조건하에서 최대한 크게 할수록 효율성이 증대된다. 또한 각종 연비절감장치를 고려할 수 있는데, 프로펠러의 효율성을 높이는 각종 Fin의 설치, 방향키의 개선 등을 고려할 수

있다. 또한, 프로펠러의 회전 에너지를 추진력으로 효율적으로 사용하기 위한 여러 장비들로서 Coaxial contra-ratating propeller (두 장의 프로펠러가 서로 반대방향으로 도는 시스템), free rotating vane wheel, ducted propeller (프로펠러 앞에 유도 공간을 마련), Pre-swirl devices (프로펠러 앞에 유도 날개 장착), Post-swril devices, and integrated propeller and rudder units 등이 사용될 수 있다.

EEDI는 2013년이후 건조 계약되는 선박부터 강제 적용되었으며 에너지효율설계지수 허용 값(Required Eergy Efficiency Design Index〈EEDI〉)은 그림 16·5와 같이 Phase 0, 1, 2, 3의 순으로 순차적으로 강화되어 적용된다. 또한, 2020년 11월 MEPC75차에서는 컨테이너 선박, 가스케리어등의 Phase 3 적용일자를 2022년으로 앞당기는 것으로 결정하였다.

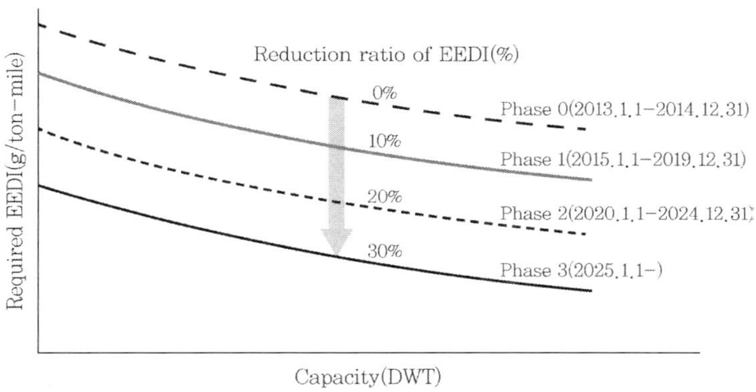

그림 16·5 MEPC 71 'EEDI Database'

신조선에 대한 EEDI 요건이 점차 강화되고 있다. IMO GHG Strategy의 목표중 하나가 탄소 집약도를 2030년까지 2008년 대비 40%까지 개선하는 것이다. 따라서, Phase 3 이후 Phase4, Phase 5를 추가 적용 여부에 대한 논의도 IMO에서 진행될 예정이다.

신조선에 적용하고 있는 EEDI와 더불어 현존선에도 EEDI와 같은 개념의 EEXI(Energy Efficiency eXisting ship Index)가 2023년부터 적용될 것으로 예상된다. EEXI의 적용될 경우 선박의 MCR을 10%에서 30%까지 제한해야 하는 경우가 생긴다. 2030년 탄소집약도 40% 향상을 위해서는 현존선에도 제한을 가해야 한다는 것이 EEXI규정 제정의 의미이다. 신조선 뿐 아니라 현존 선에 대해서도 에너지효율 향상을 위한 방안수립이 요구되고 있다.

16.2.3 선박에너지효율관리계획서, SEEMP (Ship Energy Efficiency Management Plan)

SEEMP (Ship Energy Efficiency Management Plan)는 해운사나 선주로 하여금 선박의 운용에서의 효율성을 높이기 위한 하나의 운용지침서이다. 해운 수송의 다양성과 여러 환경을 복합적으로 고려하여, SEEMP는 기획단계부터 가장 효율적인 수단을 강구할 수 있는 지침서를 제시한다. 이를 이용하여 IMO GHG Study 2009에서는 톤 마일 당 20%까지 온실가스를 줄일 수 있음을 보여주었다. SEEMP에서 제안하는 지침은 기획, 도입, 모니터링, 그리고 평가 및 개선 방안의 4단계로 구성되어 있다.

선박에너지효율관리계획서(SEEMP) 작성은

- SEEMP의 목적은 선박 운항 관련 에너지효율을 향상시키기 위해 회사 및/또는 선박의 매커니즘을 설립하는 것이며,
- SEEMP는 4단계(Planning – Implementation – Monitoring – Self-evaluation and improvement)로 구성되며, 3단계인 Monitoring Tool로서 EEOI(Energy Efficiency Operational Indicator)의 사용이 권장된다.

한편, EEOI 및 SEEMP의 수행을 위해서는 실제 운항 중인 선박에서 소요되는 연료량뿐 아니라, 선속 및 운항 거리 등과 같이 선박의 소요 에너지 및 추진 효율을 지속적으로 모니터링 할 수 있는 선박 에너지 관리 프로그램이 필요하며, 해당 프로그램 내에는 관련 정보들을 장기간 저장하여 항차별 및 원하는 기간 동안의 선박 에너지 관련 정보를 통계처리할 수 있는 기능이 요구된다.

이를 위해서는 선박에서 발생되는 에너지 관련 정보들을 설치된 센서로부터 interface 하는 기술, 에너지 관련 정보들을 이용하여 선박 에너지를 자동으로 분석할 수 있는 기술 및 분석된 선박 에너지 정보를 지속적으로 관리할 수 있게 하는 database 구축 기술 등이 반드시 필요할 것이다.

앞 절에서 설명한 EEDI와 EEXI는 엔진출력등 선박사양을 기준으로 평가하는 탄소집약도 (CII, Carbon Intensity Indicator) 개선을 위한 기술적인 접근방법이다.

실제 선박의 에너지효율관리 운용상의 접근방법으로 SEEMP (Ship Energy Efficiency Management Plan)의 강화방안도 IMO에서 논의 중이다. 2021년 MEPC76차에서 최종 채택되면 2023년부터 적용될 예정이다. 즉 선박의 실제 연료소모량과 운항데이터를 바탕으로 운항상 탄소집약도(Operational CII)를 집계하고 점차 요구치를 강화해 가는 방법이다.

요구치와 실적치를 비교해서 선박의 에너지효율 등급을 매기는 작업을 매년 시행하고 요구치도 지속적으로 강화해서 운항선박의 탄소집약도를 점차 향상시켜나가는 조치이다.

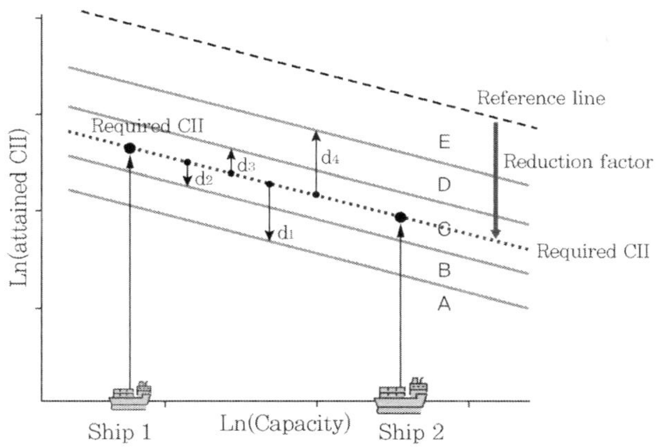

그림 16 · 6 MEPC 75 'CII Rating'

16.2.4 친환경 대체연료

EEXI와 SEEMP의 강화등 규제강화로 2030년 40% 탄소집약도 향상 방안은 달성될 수 있을 것으로 예상된다. 그러나 2050년 70% 탄소집약도 향상, 50% 온실가스 배출량 감축 목표를 달성하기 위해서는 무탄소 연료선박이 2030년부터는 시장에 도입되어야 한다는 예상이 일반적이다. 2030년 시장에 도입될 것으로 예상되는 무탄소 연료 선박은 2050년에는 전체선복량의 35%이상을 차지해야 2050년 IMO 목표를 달성할 수 있다는 것이 클락슨 리서치의 2020년 3월 발표자료에 포함되어 있다.

수소, 암모니아, 바이오 연료 등이 미래 연료후보로 거론되고 있지만 과연 어떤 무탄소 연료가 시장을 주도할 것인지는 단정할 수 없다. 안정적인 공급량과 가격경쟁력 확보가 전제되어야 한다. 또 선박에 적용하기 위한 연료저장기술과 엔진 기술의 발전도 필요하다.

모든 미래연료들이 극복해야 할 문제점들을 가지고 있다. 표 16 · 1에서 녹색은 좋은 점을 빨간색은 극복해야할 어려운 점들을 표시한 것이다. 현재 기술적으로 상용화된 친환경 연료는 LNG임을 상기 표를 통해 볼 수 있다. LNG연료 사용은 석유기반연료에 비해서는 이산화탄소 배출을 20% 가량 줄일 수 있지만 여전히 무탄소 연료는 아니다. 메탄슬립 등으로 온실가스 효과가 이산화탄소보다 훨씬 높다는 지적도 있다. 앞으로 점차 무탄소 연료 또는 탄소 중립 연료로 전환되어 갈 것이다.

표 16·1 **친환경 미래 선박 연료 전망**(선박연료로써의 암모니아) [한국선급, 2019]

구분	MGO	LNG	Bio gas	Bio diesel	Methanol	Ammonia	Hydrogen
연료 종류	화석연료		탄소 중립 연료				
Storage condition	상압, 상온	−162℃	−162℃	상압, 상온	상압, 상온	−34℃ or 10bar	−253℃
Relative Fuel Tank size	1	2.3	2.3	1	2.3	4.1	7.6
Relative CAPEX	1	~1.3	~1.3	1	~1.15	~1.2	매우 비쌈
Fuel cost & Availability	저렴하고 매장량이 풍부함		원료 수급 문제로 충분한 대량생산 어려움	수급 불안정성으로 가격 예측 힘듦 식량 안보 문제	이산화탄소 포집 비용이 높음* (공기 중으로 부터 이산화탄소 포집시)	비싸나, 탄소중립 연료 중에서는 저렴	연료 생산비용은 합리적이나, 운송 및 저장 비용이 과도함

*연소가스(발전소 배기가스)로부터 이산화탄소 포집시 비용을 낮출 수 있으나, 이 경우에는 화석연료를 이용하여 생산한 이산화탄소를 사용하기 때문에 탄소 중립연료가 아님

■ Excellent ■ Acceptable ■ Undesirable

유망한 무탄소 연료로 고려되고 있는 수소연료는 장점이 많지만 현재로써는 극복해야 할 기술적 및 경제적인 부분이 많다. 저장 온도가 낮고, 탱크사이즈도 커져야 하고 비용도 높다. 그럼에도, 수소는 다른 친환경연료를 만들기 위한 매개체로써 중요성이 높다. 신재생에너지를 이용한 전기분해를 통해 생산한 수소는 녹색수소라고 칭하며 합성메탄이나 합성암모니아 생산을 위한 필수 원료다. 화석연료 개질을 통해 수소를 생산하고 과정에서 발생하는 이산화탄소를 포집하여 지하에 저장하여 대기방출을 하지 않는 생산과정을 거쳐 생산한 수소를 청색수소라고 하며 암모니아 생산을 위해 사용할 수 있고 녹색수소보다 먼저 수소시장을 확대해가는 매개 역할을 할 것으로 판단된다.

바이오 연료들은 강점이 있지만 안정적인 공급량 확보가 선결되어야 하고 메탄올은 공급량과 진정한 탄소제로 연료가 되기 위해선 이산화탄소 포집을 통한 생산과정을 적용하여야 한다. 이는 연료 가격을 비싸게 하는 요인이 된다. 암모니아의 경우도 문제점들이 있지만 다른 연료들에 비해서는 장애물이 적은 편으로 LNG를 잇는 다음세대의 연료로 예측되고 있다.

연료전지에 대한 연구도 활발하다. 연료전지의 수명과 비용문제가 대표적으로 해결해야 할 과제다. 연료전지를 대양 항해 상업용 선박에 적용하기 위한 연구가 활발히 진행되고 있음으로 이 분야의 발전 속도와 상황도 잘 살펴보아야 한다. 연료전지와 배터리 추진선박은 연안 소형 선박부터 적용하려는 시도가 이어지고 있다.

16.2.5 질소산화물(NOx), 황산화물(SOx) 저감장치 및 천연가스연료(LNG)엔진

[1] 질소산화물(NOx) 저감장치

선박용 디젤엔진에 대한 질소산화물(NOx) 배출 규제요건은 선박의 톤수에 관계없이 적용되므로, 총톤수 400톤 미만의 2000.01.01 이후 건조된 국제항해 종사 선박일지라도 출력 130 kW를 초과하는 엔진은 EIAPP증서 및 NOx Technical File이 필히 비치되어야 하고 정기적으로 검증이 실시되어야 한다.

질소산화물(NOx) 저감장치로는 암모니아 혹은 우레아 같은 질소화합물(nitrogen compound)을 이용하여 NOx를 저감하는 선택적 촉매저감법(selective catalytic reduction, SCR)과 배기가스재순환(Exhaust Gas Recirculation, EGR) 방법 등이 있다.

배기가스재순환(exhaust gas recirculation, EGR)은 소형 및 중대형 디젤엔진에서 NOx 배출을 저감 시킬 수 있는 유용한 방법이다. 하지만 NOx 저감에 대한 반대급부로서 EGR은 PM, HC, 그리고 CO 배출의 증가, 연비의 악화, 그리고 엔진의 조기마모와 이에 따른 내구성의 문제를 안고 있다. 엔진의 설계단계에서 잠재적인 부정적 효과를 최소화하면서 NOx 저감목표를 이룰 수 있는 EGR의 제어 전략을 수립하여야 한다. EGR 최적화의 중요한 항목은 엔진의 모든 작동조건에서 적절한 EGR 율과 공연비의 유지에 관한 것이다. 이를 위해서 EGR 시스템은 흡기/배기/후처리 시스템, 엔진의 운용 전략, 그리고, 특히 터보챠저 매칭과 관련된 통합적 전략이 필요하다.

[2] 황산화물(SOx) 저감

황산화물(SOx)의 저감은 황함유량이 적은 고급 연료유를 사용하는 것이 가장 쉬운 방법이다. 그러나 황함유량이 적은 기름은 가격이 비싸므로, 산업계는 황산화물(SOx) 저감 설비를 개발하고 있다.

스크러버(Scrubber)란 기체를 액체에 접촉시켜, 기체중 가용성 성분을 액상 중에 용해시키는 일련의 공정, 즉 '가스 흡수'를 목적으로 한 장치로써 이러한 장치를 주로 "스크러버(Scrubber)" 또는 "가스 흡수탑(Gas Absorption Tower)"이라 통칭하고 있다. 스크러버의 역할은 가스 흡수에만 국한 되는 것은 아니며, 실제로 스크러버(Scrubber)는 가스 흡수 외에 증류, 증습 및 먼지(Dust)와 액적의 제거 등 다양한 용도로 사용되고 있다.

세정집진장치는 보통 습식 집진 장치라고 하는데 액적, 액막, 기포등에 의해 함진가스를 세정하여 입자에 부착, 입자상호간의 응집을 촉진시켜 직접 가스의 흐름으로부터 입자를 분리시키는 장치이다.

[3] 천연가스(LNG)연료엔진

관련 산업계를 중심으로 LNG추진 선박 보급을 위한 연구개발이 한창 진행되고 있다.

국제해사기구의 선박에 대한 환경규제가 강화되면서 선박도 친환경으로 탈바꿈하지 않으면 안 되기 때문이다. 조선업계는 LNG추진선박을 새로운 사업 아이템으로 생각하고 많은 관심을 쏟고 있다.

LNG추진 선박은 기존 연료(벙커유, 디젤유 등) 추진 선박에 비해 황산화물(SOx) 배출은 없고 질소산화물(NOx)은 최대 70% 이상, 온실가스(EEDI)는 20% 이상 저감되는 장점이 있다. LNG추진 선박은 소형어선, 중형페리선, 유조선, 컨테이너선 등에 적용할 수 있다.

LNG추진 선박 보급의 관건은 LNG 공급(벙커링) 기술 및 서비스를 확보하는 것이다. 벙커링(Bunkering)은 청정에너지 추진 선박에 청정에너지를 공급하는 행위와 설비 등을 의미한다. 현재 LNG를 벙커링 하기 위한 기술기준 수립이 진행되고 있다. 세계적인 에너지기업들은 벙커링 서비스산업에 진출하고 있다.

16.3 Ship Recycling

16.3.1 개요

선박의 리사이클(해체)은 낮은 코스트와 재생 철의 수요 면에서 이제까지 개발도상국에서 열악한 환경 하에서 실시되어 왔고, 이들 해체 시설에서의 환경오염이나 안전사고가 세계적으로 문제가 되어 왔다. 이러한 배경에서 MEPC 44차 회기(2000년 3월)에서 선박재활용에 대한 IMO의 역할이 처음 제기되었고 MEPC 49차 회기(2003년 7월)에서 선박재활용에 대한 가이드라인이 개발되어 2003년 11월~12월 개최된 제23차 Assembly에서 Res.A.962(23)으로 채택되었다. 그러나 이 결의는 조사방법이나 유해물질의 양이나 장소를 식별이 불명확하여 통일적인 운용이 어렵고, 또한 비강제 결의라는 문제가 있었다.

이를 해결하기 위하여 MEPC 53차 회기(2005년 7월)에서 선박재활용과 관련한 법적 강제력이 있는 협약을 개발하는데 동의하였으며, MEPC 54차 ~ MEPC 57차 회기를 거치는 동안 중간작업반회의/통신작업반 등의 작업을 통하여 협약 초안이 작성되었고, MEPC 58차 회기(2009년 10월)에서 선박재활용 협약 초안이 승인되었다. 이 협약에서는 노동안전의 확보와 환경영향을 최소화하고, 협약요건에 맞는 시설에서만 선박 리사이클링이 가능하게 된다. 한편 협약발효 시에는 요건을 충족시키는 개도국 시설이 한정되어, 노후선이나 과잉선복의 조기 해체가 필요한 시기에 세계적인 선박해체 능력이 부족해질 것이라는 우려가 제기되었다.

2009년 5월 홍콩에서 개최된 외교회의(a diplomatic conference)에서 최종 채택되었으며, 동 협약의 적용대상 및 발효 요건은 다음과 같다.

- 적용대상 선박 : 국제항해에 종사하는 총톤수 500톤 이상의 선박

- 협약 발효 요건 : 비준국이 15개국 이상, 전 세계 상선 선복량의 40% 이상을 차지하고, 지난 10년 동안 각 비준국의 연간 최대 재활용된 선복량의 합계가 비준국 전체 선복량의 3% 이상을 충족한 날로부터 24개월 후 발효

16.3.2 주요 내용

재활용을 위한 선박들은 유해물질 목록(Inventory of Hazardous Materials, Part I)을 보유해야 되며, 최초검사를 통해 유해물질 목록 국제협약증서가 발행되어야 한다.

여기서 유해물질목록이란 선박에 존재하는 유해물질/폐기물/저방물의 양과 장소를 기재한 목록이며, 이를 작성하는 목적은 이들 정보를 리사이클 시설에 제공함으로써 해체 현장에서의 인명의 안전과 건강을 향상시키고, 환경오염을 방지하는 것이다.

선박의 일생동안 이 목록은 유지 및 최신화 되어야 하고, 정기적 검사를 통해 증서가 갱신되어야 한다. 이러한 선박들은 재활용 시설로 가기 전에 최종검사를 받아야 하며, 이 때 상기의 유해물질 목록(Part I), 선박의 운항 중 발생되는 쓰레기(Part II), 재고목록(Part III), 선박재활용계획 및 유해물질 목록 국제협약증서 등이 확인되어야 한다.

선박재활용 시설은 선박이 재활용 시설로 가기 전에 안전하게 재활용 하는 방법을 포함하는 선박재활용계획(Ship Recycling Plan)을 제공해야 되어야 하며, 최종검사 후 선박재활용 준비 국제협약증서가 발행되며, 이 증서는 3개월 동안 유효하므로 이 기간 내에 선박은 재활용시설로 인도되어야 한다.

동 협약의 원활한 이행을 돕기 위하여 일련의 가이드라인들이 개발되고 있으며, 상기의 내용을 Flowchart로 표현하면 그림 16 · 7과 같다.

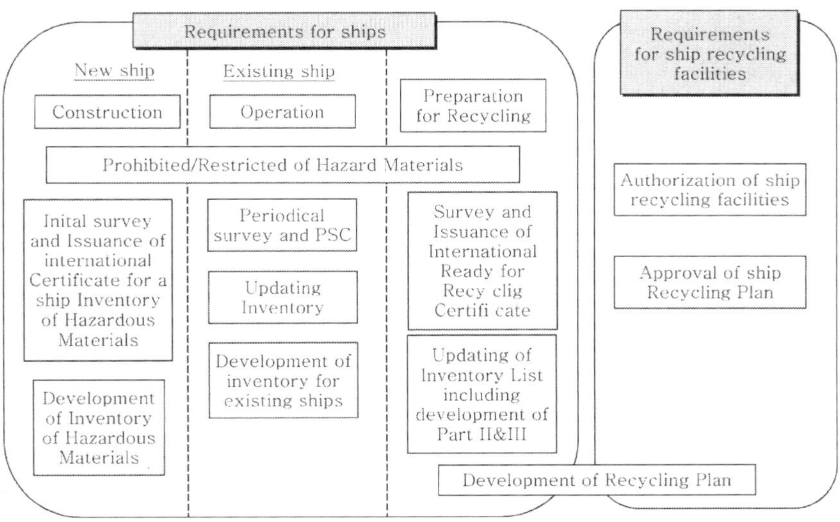

그림 16 · 7 Ship Recycling Plan Flowchart

16.4 Ballast Water Management & Treatment System

16.4.1 개요

해상을 이용한 무역과 교통량이 급속히 증가함에 따라, 선박 평형수에 포함된 외래 침입종으로 인한 환경파괴 문제가 그동안 꾸준히 제기되어 왔다. 많은 해역에서 이러한 외래 침입종의 영향으로 생태계 교란이 놀랄만한 속도로 증가되고 있고, 이러한 외래 침입종의 문제는 해상 무역량의 증가로 인하여 계속 발생할 것으로 예상된다.

1988년 캐나다와 호주가 자국 해역에 유해한 종의 출현 문제를 경험하고 처음으로 국제해사기구(IMO)의 해양환경보호위원회(MEPC)에 이에 대한 문제를 제기함에 따라, 1993년 IMO 총회에서 Res. A. 774(18) – “Guidelines for preventing the introduction of unwanted aquatic organism and pathogens from ship's ballast water and sediment discharges”을 채택하였고, 1997년 IMO 제20차 총회에서는 Res. A. 868(20) – “Guidelines for the control and management of ship's ballast water to minimize the transfer of harmful aquatic organisms and pathogens”를 채택하였다. 이러한 노력의 결과로, 2004년 2월 홍콩 외교회의에서 평형수 관리 협약(Ballast Water Management Convention : BWM Convention)이 채택 되었으며, 이 협약은 2017년 9월 8일부로 발효되었다. 평형수관리협약은 평형수를 적재하도록 설계 또는 건조된 모든 선박에 적용하며, 총톤수 400톤 이상의 선박의 경우에는 관련 증서를 비치하여야 한다. 다만, 이 협약은 평형수를 적재하도록 설계 또는 건조되지 아니한 선박과 선박의 봉인된 탱크에 적재된 배출할 수 없는 영구적인 평형수에는 적용하지 아니 한다. 여기서, ‘평형수(Ballast water)’라 함은 선박의 종경사, 횡경사, 흘수, 복원성 또는 선체응력을 제어하기 위하여 선박에 적재된 부유물질이 포함된 물을 말하며, ‘평형수 관리’라 함은 평형수 및 침전물 내에 포함된 유해 수중생물 및 병원균을 제거하거나, 무해하게 하거나, 그 유입 또는 배출을 방지하기 위한 기계적, 물리적, 화학적 및 생물학적 공정으로, 이의 단일 공정 또는 복합 공정을 의미한다.

16.4.2 평형수 관리 방법

[1] 평형수 교환 기준(D-1 규칙)

① 가능한 한, 가장 가까운 육지로부터 최소 200해리 이상 떨어지고 수심 200미터 이상인 해역에서 평형수 용적 기준으로 95% 이상 교환하여야 한다.

② 국제해사기구(IMO)에서 인정하는 평형수 교환 방법으로는 Sequential Method(순

차교환방식), Flow-Through Method(넘침흐름방식), Dilution Method(희석방식)과 같은 세 가지 방법이 있다.

③ Flow-Through Method에 의해 평형수를 교환하는 선박의 경우, 각 평형수 탱크용적의 3배에 해당하는 평형수를 Pumping하는 것을 95%이상 교환 기준에 만족하는 것으로 판단하며, 95%이상 용적 교환이 만족되는 것을 실증할 수 있다면, 그 탱크 용적의 3배미만의 Pumping은 허용될 수 있다.

[2] 평형수 관리시스템(D-2 규칙)

평형수 내의 유기체 및 병원균을 기계적, 물리적, 화학적 및 생물학적 공정으로 살균하는 처리설비를 평형수 관리시스템(Ballast Water Management System, BWMS)라고 한다.

평형수 관리시스템(D-2 규칙)의 평형수 성능 기준은 다음과 같다:

① 최소길이 50㎛이상의 생존 개체의 수가 m^3당 10개

② 최소길이 10㎛이상 50㎛미만의 생존 개체의 수가 ㎖당 10개

③ 미생물 지표

- 독성 비브리오콜레라는 100㎖당 1cfu(균체형성단위) 미만
- 대장균(Escherichia Coli)은 100㎖당 250cfu 이하
- 분변성대장균(Intestinal Enterococci)은 100㎖당 100cfu 이하

16.4.3 평형수 관리시스템(BWMS)의 적용

[1] 평형수 관리시스템의 승인

활성물질을 이용하는 평형수 처리장치의 경우에는, 처리에 사용되는 활성물질이 선박의 안전, 인체의 건강 및 수중 환경에 미치는 영향을 평가하기 위하여 활성물질에 대한 IMO 승인을 먼저 받아야 한다. 활성물질이란 바이러스나 균을 포함하는 물질 또는 유기체로서, 유해한 수중생물 및 병원균에 대해 일반적 또는 특정한 작용을 하는 것을 말한다.

IMO의 기본 승인 및 최종 승인을 득한 처리장치는 각국 정부로부터 처리장치의 생물사멸 능력과 각종 작동 성능 그리고 선박의 적용을 확인하는 형식승인을 받아야 한다. 형식승인을 위해서는 평형수 관리시스템이 형식승인 지침과 국제협약 성능기준에 적합한 지를 확인하기 위하여 실험실, 제조공장, 바지선 또는 시험선을 포함한 시제품 공장에서 실시하는 육상시험을 하여야 한다. 또한 평형수 관리시스템이 성능기준에 적합한지를 확인하기 위하여 선상에서 평형수 관리시스템의 최대크기로 실시하는 선상시험을 수행한다.

[2] 적용 시기

평형수 관리협약은 2009년 발효를 목적으로 최초 협약을 채택하였으나, 각 국가의 협약비준이 지연됨에 따라 2016년 9월 8일이 되어서야 협약 발효 요건을 충족하였고, 이날부터 1년 후인 2017년 9월 8일 최종 발효되었다.

평형수관리협약은 표 16 · 2와 같이 협약 발효일자 이전/이후를 기준으로 평형수 합계용량에 관계없이 D-1 규칙(평형수 교환) 또는 D-2 규칙(평형수 관리시스템의 설치) 요건을 만족하도록 요구하고 있다.

표 16 · 2 선박의 평형수 관리협약 적용 년도

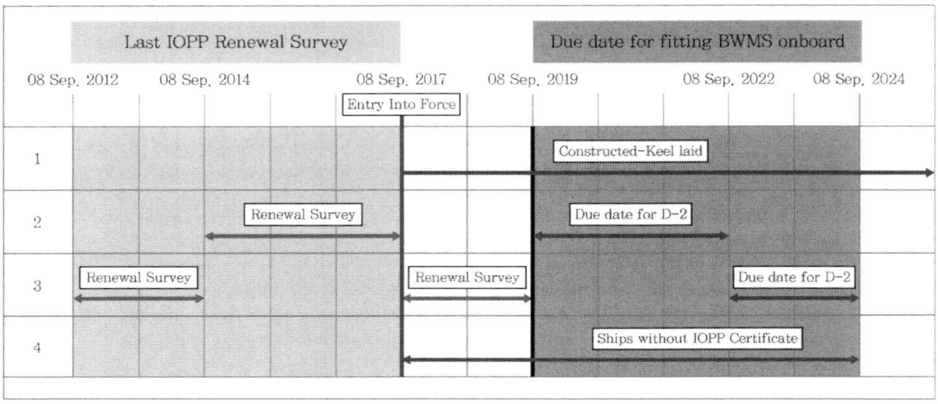

즉, 협약 발효일자 이후에 건조된 선박들은 선박의 인도와 동시에 D-2 기준을 만족하여야 하며, 협약 발효일자 이전에 건조된 선박이라 할지라도 본선의 가장 최근 수행한 국제기름오염방지(IOPP) 정기검사일을 기준으로 상기의 표 16 · 2에서 정하는 날까지 소급 적용되어 D-2 기준을 만족하여야 한다. 아울러, IOPP 증서가 없는 선박(예 : 총톤수 400톤 미만)들도 늦어도 2024년 9월 8일까지는 D-2 기준을 만족하여야 한다.

16.4.4 평형수 관리시스템의 기술

평형수 처리장치의 일반적인 시스템은 그림 16 · 8과 같다. 평형수는 물리적 처리를 위해 필터 등을 거치게 되는데, 통상 50㎛ 이상의 크기의 생물이나 침전물을 걸러낸다. 그 후, 약품, 전기분해 등을 통한 화학적 처리 또는 자외선 살균 등을 통해 생물을 사멸시키고, 이렇게 처리된 처리수를 평형수 탱크에 주입한다. 이후, 선외로 배수하는데 평형수의 재처리나 중화처리가 필요한 시스템의 경우에는 그 처리 후에 선외로 배수하도록 되어 있다. 많은 시스템이 50㎛가 넘는 크기의 생물이나 침전물을 걸러내기 위해 필터나 캐비테이션 등의 물리적 처리장치를 시스템에 도입하고 있으며, 이러한 방법은 침전물의 억제에

도움이 되고 있다.

미생물이나 세균 등의 살균 처리하는 방법에는 전기분해를 통한 차아염소산의 주입, 자외선(UV) 살균법, 오존 주입법 등이 있다. 이들 방법 중, 대표적인 처리방법인 전기분해를 이용하는 방법과 자외선(UV)을 이용하는 처리하는 방법은 그림 16 · 8 및 그림 16 · 9와 같다.

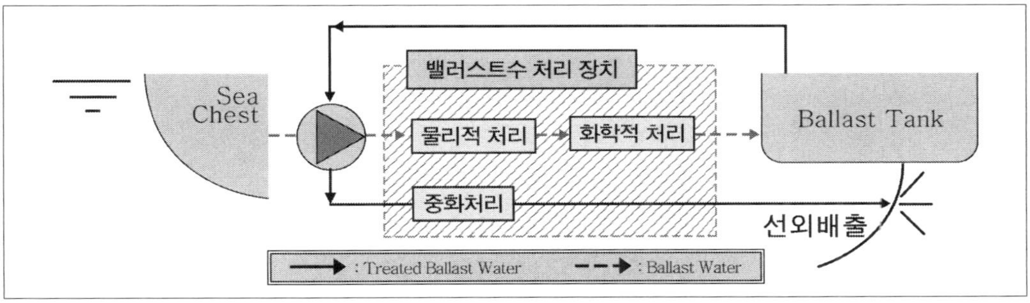

그림 16 · 8 평형수 처리장치의 일반적인 처리방법

[1] 전기분해를 이용하여 처리하는 방법

전해장치로 Hypochlorite(차아염소산나트륨), 라디칼을 통해 세포핵을 파괴하고 산화환원 전위(ORP)를 통해 세포막을 파괴하여 살균 처리를 한다. 한편, 평형수 탱크 내에서의 미생물의 재생을 방지하기 위해, Hypochlorite를 평형수 중에 잔류시켜둔다. 이 때문에 평형수를 배출할 때 잔류되어 있는 Hypochlorite에 티오황산나트륨을 섞어서 중화된 상태로 배출하도록 한다.

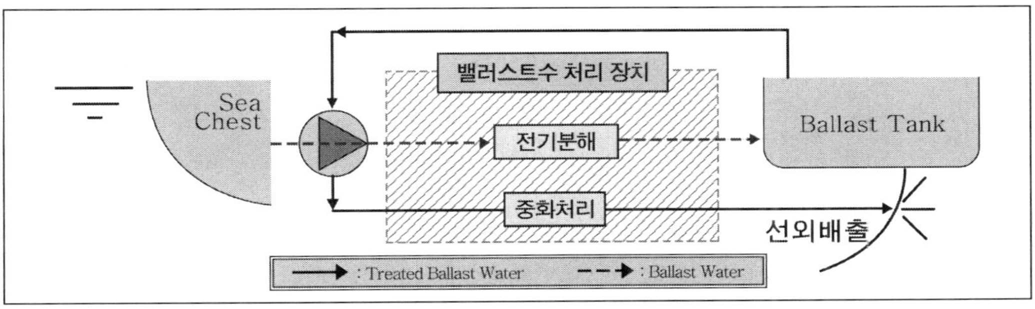

그림16 · 9 전기분해방법을 이용하여 처리하는 과정

[2] 자외선(UV)를 이용하여 처리하는 방법

수중 생물의 살균 처리 시 외부에서 가져온 화학약품을 사용하지 않고 우선 필터를 통해 큰 수중 생물을 침전물과 함께 제거하고 그 후 자외선을 통해 미생물과 세균 등을 살균한다. 배수 시에 다시 한 번 자외선 발생장치에 통과시켜 탱크 내에서 생존한 미생물과 세균 등을 살균한다.

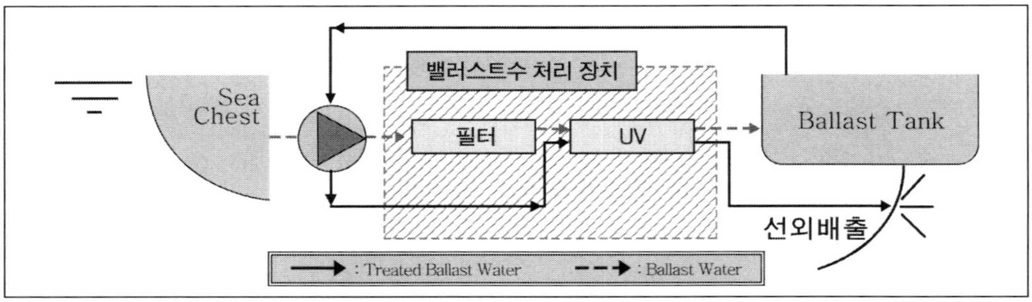

그림16 · 10 자외선(UV)을 이용하여 처리하는 과정

16.4.5 평형수 관리시스템의 선박 적용

[1] 일반사항

그림 16 · 11은 산적화물선에 대한 평형수 처리장치의 본선설치 조감도이다. 통상 평형수 탱크는 화물창 주위의 이중선체 또는 이중저에 배치되어 있으며 또한 선수 F.P.T 및 선미 A.P.T를 평형수 탱크로 사용한다. 일반화물선, 컨테이너선도 이러한 산적화물선의 평형수 탱크 배치와 유사한 구조를 가지고 있으며, 로로화물선, 여객선과 같은 선박도 흘수를 조절하기 위하여 별도의 평형수 탱크를 가지고 있다.

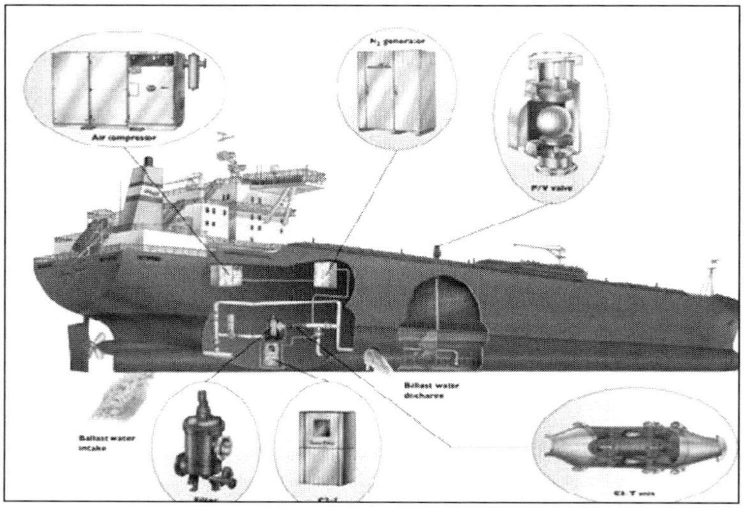

그림 16 · 11 평형수 처리장치 실선 설치 조감도

일반적으로 평형수 탱크의 주수 및 배수는 본선의 운항 목적에 따라 기관실에 설치된 Bilge, Fire & G/S Pump 또는 Bilge, Fire & Ballast Pump를 사용하여 수행한다. 그러나 산적화물선 또는 컨테이너선 등과 같은 대형 선박들은 Bilge, Fire & G/S Pump

또는 Bilge & Fire Pump 이외에도 기관실에 전용의 평형수 펌프를 2대 이상 설치하여 신속한 주수 및 배수를 수행한다.

[2] 평형수 처리장치를 기관실 내부에 설치하는 경우

그림 16·8은 기관실 내부에 평형수 처리장치를 설치한 개략도이다. 탱커선을 제외한 대부분 화물선의 평형수 탱크는 안전구역으로 분류되므로 BWMS를 기관실 내부에 설치하여 평형수를 처리하는데 전혀 문제가 없다. 다만, 평형수 처리를 위하여 오존(O_3) 가스를 생산하는 장치가 설치된 장소에는 오존감지기를 설치하여 누출 시 경보를 발하도록 조치하여야 한다. 또한 발생된 O_3를 이송하는 관은 이중관이나 또는 완전 용접이음 SUS Pipe를 사용하여 배관하는 등의 누설에 대한 특별한 조치를 하여야 한다. 또한 BWMS 처리 후 수소가스 등과 같은 위험가스가 발생하는 BWMS 구조의 경우에는, 위험가스가 기관실 내부로 유출되지 않도록 조치하여야 하며, 위험가스 배출관은 기관실 밖의 안전한 장소로 유도하여야 한다.

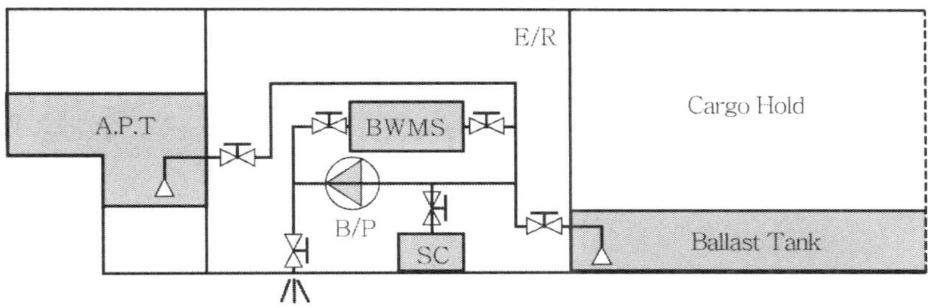

그림 16·12 기관실 내부 설치

[3] 기관실 외부에 설치하는 경우

기관실에 평형수 처리장치에 필요한 장비를 설치하기 위해서는 각 장비의 형식에 따라 최소한의 설치 공간이 필요하다. 그러나 기관실이 협소하거나 또는 관배치의 어려움 등의 이유로 BWMS를 기관실 밖에 설치하는 경우도 있다. 아래 그림 16·13은 기관실 외부에 BWMS를 설치한 개략도이다.

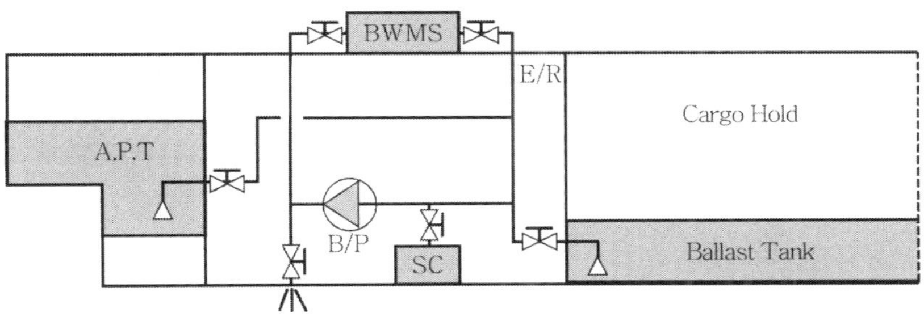

그림 16·13 기관실 외부 설치

갑판 상부등 기관실 외부에 평형수 처리장치를 설치한 경우, 평형수 펌프의 수두 감소에 대해 고려하여야 하며, 또한 높은 장소에서 낮은 곳으로 평형수가 이동할 때 평형수관에 과도한 진공 압력이 발생할 수 있으므로 이를 예방할 수 있는 Vacuum Valve를 설치하는 등의 적절한 조치를 취하여 배관을 보호하여야 한다.

16.5 IGF 코드

16.5.1 개요

지속적인 유가상승과 환경규제 강화에 따라 선주들은 중유를 대체할 수 있는 선박용 연료를 찾기 시작하였고, 그 결과 천연가스가 중유를 대체할 수 있는 연료로 부각되었다. 하지만, 선박용 연료로 가스를 사용하는 경우, 기존의 중유 연료에 비하여, 가스가 선내에 누설되는 경우 폭발성 분위기를 형성할 가능성이 높다. 따라서 이에 대한 안전성을 확보하기 위하여 충분한 안전조치를 강구할 필요가 있다. IMO(International Maritime Organization : 국제해사기구)에서는 가스연료를 사용하는 선박에 대한 국제적인 공통 안전요건 즉, IGF Code를 제정하여 가스 및 저인화점 연료를 사용하는 GT 500 ton 이상의 신조선 및 개조 선박에 2017년 1월 1일부터 강제로 적용하고 있다.

16.5.2 IGF 코드의 주요내용

IGF Code의 정식 명칭은 가스 또는 저인화점 연료를 사용하는 선박의 안전에 관한 국제코드(International Code of Safety for Ships using Gases or Other Low-flashpoint Fuels)로, 연료의 특수성으로 인한 선박, 선원과 환경에 가해지는 위험을 최소화하는 것을 목표로 LNG(Liquid Natural Gas, 천연가스)와 같은 저인화점 연료를 사용하는 기관, 장비와 시스템의 배치, 설치, 제어 및 모니터링에 대한 강제규정을 제공하는 것이다.

IGF Code는 저인화점 연료사용에 따른 특별한 고려가 필요한 모든 영역을 다루고 있다. 이는 목표기반접근방식을 기반으로 한 것으로 저인화점 연료를 사용하는 선박의 설계, 건조 및 운항의 기본을 구성하는 각 부분에 대한 목표와 기능요건들이 명시되어 있다.

IGF Code는 동 Code의 발효이후 가스 및 저인화점 연료를 사용하는 신조선 및 개조 선박에 적용될 예정이며 GT 500 ton 이상의 선박에 강제 적용될 예정이다.

현재 개발된 IGF Code의 초안은 첫 번째 단계로 LNG를 연료로 사용하는 선박에 대한 요건에 초점을 맞추고 있다. 따라서 CCC 1(2014.9)은 차후 IGF Code에 포함되어야 할 다른 연료에 대한 요건 개발 필요성을 고려한 IGF Code의 다음단계 개발계획에 동의하였

ㄷ. IGF 통신작업반도 재구성되어 연료로써 Ethyl 또는 Methyl 알코올의 사용, 연료전지 적용, 저인화점 디젤 오일의 사용 등에 대한 대응방안에 대한 연구를 시행할 예정이며 CCC 2(2015.9)에 보고서를 제출할 예정이다.

현재까지 개발된 IGF 코드의 구성은 다음과 같다.

1장 서문(Preamble)

Part A

2장 일반사항

3장 목적과 기능요건

4장 일반요건

Part A-1부 LNG를 연료로 사용하는 선박에 대한 특별 요건

5장 선박설계 및 배치

6장 연료격납설비

7장 재료 및 관 설계

8장 벙커링

9장 연료소모장치로의 연료 공급

10장 추진을 포함한 발전기관 및 기타 연료소모장치

11장 화재안전

12장 폭발방지

13장 통풍

14장 전기설비

15장 제어, 감시 및 안전장치

Part B-1 제조 및 시험

16장 제조 및 시험

Part C-1 선내비상훈련

17장 선내비상훈련

18장 작업규정

Part D 훈련

19장 훈련

16.6 PSPC(Performance Standard for Protective Coating)

16.6.1 개요

선체구조의 상태를 양호하게 유지함은 물론 보수정비의 용이성을 확보하기 위하여 도장은 매우 중요하다. 이를 위하여 도장품질의 향상이 중요함으로 IMO에서는 2006년 12월에 "Performance Standard for Protective Coatings for Dedicated Seawater Ballast tanks on All New Ships and Double-Side Skinn Spaces of Bulk Carriers(약칭 PSPC)"가 MSC216(82)에서 채택되었다.

또한, 선박의 원유 화물 탱크는 화물탱크가 적재되는 경우 혐기성 박테리아를 포함할 수 있는 산성 물질 및 슬러지일 수 있는 물에 노출되는 최하부, 스트링거 데크 상의 수평부 등과 화물유가 모든 침지된 강과 접촉하는 중간 부분, 공기가 H_2S, CO_2, SO_2와 같은 적재된 화물탱크로부터의 여러 가지 증기들, 수증기 및 불활성가스시스템으로부터의 다른 가스 및 합성물이 포화된 증기 공간에 부식이 발생하는 경우가 생겼다. 이에 MSC 87차에서는 원유탱커의 화물유탱크에 대한 부식방지 요건 신설하는 것을 채택하였다.

16.6.2 전용 해수평형수 탱크에 대한 PSPC

SOLAS II-1장 제 3-2 규칙에 의거 모든 형식의 선박의 전용 해수 평형수 탱크 및 산적화물선의 이중선측 구역의 보호도장을 강제 적용하도록 하였다.

적용 대상은 다음과 같은 경우에 총톤수 500톤 이상의 선박에 적용된다.

① 2008년 7월 1일 이후에 건조 계약이 체결된 경우; 또는

② 건조계약이 없는 경우, 2009년 1월 1일 이후에 용골이 거치되거나, 동등한 건조 단계에 있는 경우; 또는

③ 2012년 7월 1일 이후에 인도되는 경우.

또한, 선박에 배치된 모든 해수전용 평형수 탱크와 길이 150m 이상의 산적화물선에 배치된 이중선측 구역은, 해사안전위원회 결의서 MSC.215(82)로서 채택된 모든 형식의 선박의 전용 해수 평형수 탱크 및 산적화물선의 이중선측 구역의 보호도장에 대한 성능기준에 따라 건조시에 도장되어야 한다.

1998년 7월 1일 이후에 건조된 유탱커 및 산적화물선에 배치된 모든 전용 해수 평형수 탱크는 결의서 MSC.47(66)로 채택된 제II-1장/제3-2규칙의 요건에 적합하여야 한다.

보호도장시스템의 정비는 전반적인 선박의 정비계획에 포함되어야 한다. 보호도장 시스템의 유효성은 기구가 개발한 지침1)을 근거로 주관청 또는 주관청이 인정한 단체에 의하

야 선박의 일생동안 확인되어야 한다.

그림 16 · 14는 IMO PSPC의 적용절차 흐름도를 보여준다.

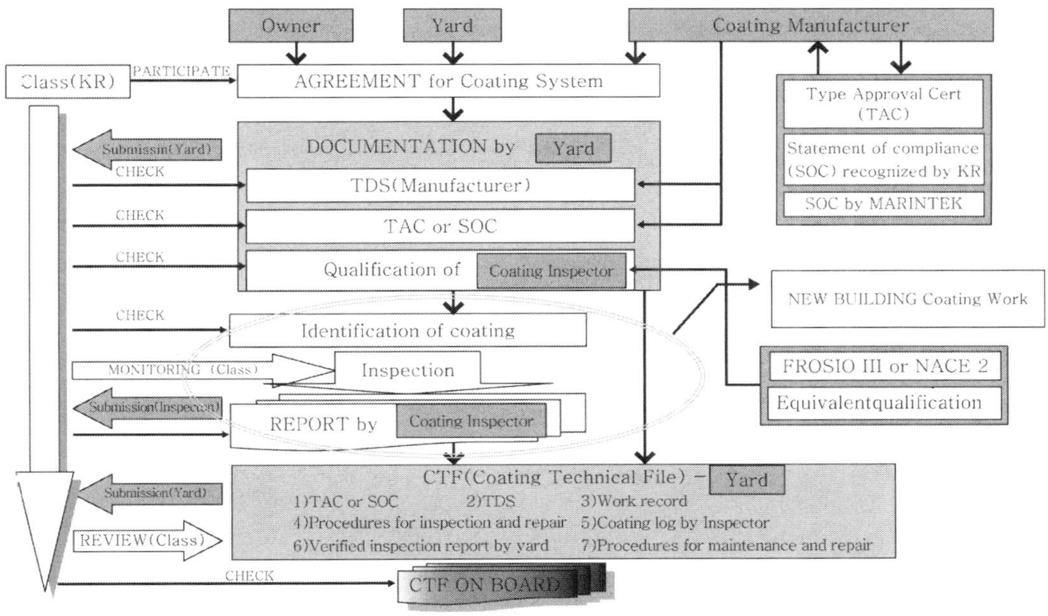

그림 16 · 14 IMO PSPC의 적용절차 흐름도

16.6.3 원유 운반선의 화물유탱크에 PSPC

SOLAS II-1장 3-11규칙으로 다음과 같이 적용 대상 및 적용일자를 결정하였다.

다음에 해당하는 5,000 DWT 이상의 MARPOL 73/78 부속서 I의 제1규칙에 정의된 원유탱커의 모든 화물유 탱크는 ① "원유탱커 화물유탱크의 보호도장에 대한 성능기준 (Res.MSC.288(87)"에 따라 선박 건조 시 도장되거나, 또는 ② "원유탱커 화물유탱크 부식방지의 대체수단에 대한 성능기준(Res.MSC.289(87)"에 따라 25년 동안 요구되어지는 구조 완전성을 유지하기 위하여 부식방지 또는 내식성 재료의 사용의 대체수단 (alternative means)에 의해 보호되어야 함.

① 2013년 1월 1일 이후에 건조 계약이 체결된 경우; 또는

② 건조계약이 없는 경우, 2013년 7월 1일 이후에 용골이 거치되거나, 동등한 건조 단계에 있는 경우; 또는

③ 2016년 1월 1일 이후에 인도되는 경우

16.6.4 CRS(Corrosion Resistance Steel)

보호도장의 대체안으로서, 25년 동안 요구되는 구조적 무결성을 유지하기 위한 보호도장이외의 방식 방법 또는 내부식 재료의 활용 수단으로서 가능성이 높은 것으로는 내부식강이 유일하게 잘 알려져 있다.

내부식강이란 선박재료, 구조강도 및 건조에 관한 기타 관련 요건에 추가하여 이 기준에서 정하는 요건에 따라 화물유 탱크 내부의 바닥 및 상부에서 부식 저항 성능이 만족스럽게 시험 및 승인된 강을 말한다.

내부식강이 대체 방식으로 사용되는 경우, 부속서에 규정된 내부식강에 대한 성능기준에 따라야 한다.

내식강에 대한 승인시험 결과는 문서화되어야 하며 시험결과가 적합하다면 관할 당국에 의해서 형식승인증서가 발급되어야 한다.

16.7 PMA(Permanent Means of Access) 관련 규정

16.7.1 개요

지난 2000년부터 IMO에서는 유조선 및 산적화물선에 대한 ESP(enhanced Survey programme)의 일환으로 PMA(permanent means of access)가 논의되어 2003년도 MSC 제76차 회의에서 SOLAS Reg. II-1/3-6 및 부속된 기술규정(technical provisions)인 IMO Reg. MSC.133/4(76)을 채택하였고, 동 신설 협약은 2004년 7월 1일 발효되어, 2005년 1월 1일 이후 건조되는 유조선 및 산적화물선에 대해 적용하도록 하였다.

그러나 신설 협약은 PMA의 설치 및 유지 · 보수 면에서 여러 문제점을 안고 있어 해운업계 및 조선소 측에서 개선의 요구가 있었고 IMO에서는 이를 수용하여 개정안 IMO Res. MSC.151/8(78)를 MSC 제78차 회의에서 채택하였으며 2006년 1월 1일부터 적용하기로 하였다. 개정안은 내용면에서 기존 원안보다 완화되는 부분이 있어 2005년 1월 1일 이후 건조되는 선박에 소급 적용이 가능하도록 하였고, 이 기준을 적용하면 경하배수량이 약 1.5-2% 증가될 수 있는 것으로 알려져 있다.

한국선급(KR)에서는 IMO에서 개정 의결된 SOLAS Reg. II-1/3-6 및 부속 기술규정인 IMO Res. MSC.151/8(78) 및 이에 대한 IACS UI SC191 내용을 정리 종합하여 상세지침서를 2004년에 발행한 바 있다. 상세한 내용은 지침서를 참고하기 바라며, 협약 내용을 정리하면 다음과 같다.

16.7.2 SOLAS Reg. II-1/3-6 내용

[1] 적용

2006년 1월 1일 이후에 건조된 총톤수 500톤 이상의 유조선 및 총톤수 20,000톤 이상의 산적화물선에 적용한다. (개정 협약을 2005년 1월 1일 이후 건조된 선박에 적용할 수 있다.) IBC Code를 적용 받는 Oil/Chemical 겸용선의 화물탱크에는 적용하지 않는다.

[2] 화물구역 및 기타 구역으로의 접근설비 요건

① 선박의 수명기간 동안 선체구조에 대한 현상검사, 정밀검사 및 두께계측을 가능하게 하기 위하여, 각 구역에는 접근설비가 제공되어야 하며, [5] 요건 및 기술규정에 적합하여야 한다.

② 상설접근설비가 정상적인 적 · 양하 작업에 의해 쉽게 손상을 입을 수 있거나 설치 불가능할 경우에 휴대식 접근설비를 설치할 수 있다. 휴대식 접근설비를 부착 수단이 선체구조의 상설적으로 설치되어 있다면 기술규정에 명시된 것과 같이 이동식 또는 휴대식 접근설비의 설비를 허용할 수 있다. 모든 휴대식 장비들은 선원에 의해 손쉽게 조립 및 전개될 수 있어야 한다.

③ 모든 접근설비의 구조 및 재료와 선체 구조에 부착된 상태는 주관청이 만족하는 것이어야 한다. 검사에 사용되기 전 또는 검사와 함께 접근설비도 검사를 받아야 한다.

[3] 화물창, 화물탱크, 평형수 탱크 및 기타 다른 구역으로의 안전한 접근 요건

① 화물창, 코퍼댐, 평형수탱크, 화물탱크 및 화물지역 내의 기타구역으로의 안전한 접근은 개방갑판에서부터 직접 통하여 하며, 완전한 검사를 할 수 있어야 한다. 이중저 구역 또는 선수 평형수 탱크로의 안전한 접근은 펌프룸, 디프 코퍼댐(deep cofferdam), 파이프 터널, 화물창, 이중선체 구역 또는 유류나 위험화물을 적재하지 아니하는 유사한 구획으로부터 이루질 수 있다.

② 길이가 35 m 이상인 탱크 및 탱크구획은 가능한 한 멀리 떨어진 최소 2개의 창구 및 사다리가 구비되어야 한다. 35 m 미만의 탱크는 최소 1개의 창구 및 사다리가 제공되어야 한다. 탱크 다른 부분으로의 신속한 접근을 허용하지 않는 1개 이상의 제수격벽 또는 유사한 장애물에 의해 탱크가 구획되어 있을 때는, 최소 2개의 창구 및 사다리가 설치되어야 한다.

③ 각각의 화물창은 가능한 한 멀리 떨어진 최소 2개의 접근설비가 제공되어야 하며 이러한 접근설비는 일반적으로 대각선으로 배치되어야 한다. 예를 들면, 전방 격벽 쪽의 접근설비는 좌현, 후방 격벽 쪽의 접근설비는 우현에 비치하여야 한다.

[4] 선체구조 접근 매뉴얼

① 현상검사, 정밀검사 및 두께계측을 수행하기 위한 선박의 접근설비는 주관청에 의하여 승인된 선체구조 접근 매뉴얼에 설명되어야 하고, 최신화된 매뉴얼이 선박에 비치되어야 한다. 선체구조 접근 매뉴얼은 화물 구역의 각 장소에 대하여 다음 사항을 포함하여야 한다.

- 기술적 사양 및 제원과 함께 그 공간으로의 접근 수단을 보여 주는 도면
- 기술적 사양 및 제원을 포함하여 현상검사를 가능하게 하기 위한 각 구역 내부의 접근설비를 보여주는 도면. 이 도면은 그 장소 내의 각 구역이 어디로부터 검사 가능한지가 나타나 있어야 함.
- 기술적 사양 및 제원과 함께 정밀검사를 가능하게 하기 위한 그 장소 내부의 접근설비를 보여주는 도면. 이 도면은 '취약한 구조지역'의 위치, 동 접근설비가 영구적인 것인지 또는 이동식인지의 여부 그리고 각 구역이 어디로부터 검사 가능한지가 나타나 있어야 함.
- 장소 내에 존재할 수 있는 부식 환경을 고려하여 모든 접근설비 및 부착수단의 구조적 강도를 검사하고 유지하기 위한 지침
- 정밀검사 및 두께계측 시 래프팅이 실시될 경우, 안전을 위한 지침
- 이동식 접근설비를 안전한 방법으로 설치하고 사용하기 위한 지침
- 모든 이동식 접근설비의 목록
- 선박의 접근설비에 대한 정기적인 검사 및 정비기록

② '취약한 구조지역'이라 함은 계산으로부터 감시가 요구되는 또는 유사 선박 및 동형선의 운항기록으로부터 선박의 구조적 안정성을 해칠 수 있는 균열, 좌굴, 변형 및 부식에 민감하다고 식별된 위치를 말함.

[5] 일반적인 기술적 사양들

① 수평 개구, 창구 또는 맨홀을 통하여 접근하기 위해서는, 그 치수가 자장식 공기호흡구 및 보호 장구를 착용한 사람이 방해 없이 모든 사다리를 이용할 수 있고, 구획의 바닥으로부터 부상자를 쉽게 끌어 올리기에 충분한 것이어야 한다. 최소 통과 개구치수는 600 mm × 600 mm 이상이어야 한다. 화물창으로의 통로가 화물 창구를 통해 배치되는 경우, 사다리 정부는 창구코밍과 가능한 한 가까이에 위치하여야 한다. 높이 900 mm 이상의 접근 창구코밍은 사다리와 함께 외부에 발판(steps)을 가져야 한다.

② 구획의 길이 또는 너비 방향의 통행을 위하여 제수격벽, 늑판, 거더 및 웨브 프레임에 설치하는 수직 개구 또는 맨홀을 통하여 접근하기 위해서는 그 최소 개구치수가

600 mm×800 mm 이상이어야 하며, 또한 바닥판 또는 기타의 발판이 설치되어 있지 않는 경우에는 개구의 위치는 선저외판에서 600 mm를 넘어서는 아니 된다.

③ 재화중량 5,000톤 미만의 유조선에 있어서, 그러한 개구를 통하여 통행할 수 있거나 부상당한 사람을 운반할 수 있다고 입정된다면 주관청은 특별한 상황에서 상기 ① 및 ②에 언급된 개구보다 작은 치수를 승인할 수 있다.

16.7.3 기술규정(Technical provisions) 내용(IMO Res. MSC.151(78))

[1] 용어 정의

① 수평의수직사다리발판(rung) : 수직사다리의 발판 또는 수직면 상의 발판
② 디딤판(tread) : 경사사다리의 발판 또는 수직 개구를 위한 발판
③ 경사사다리의 플라이트(flight of an inclined ladder) : 경사사다리 프레임의 실제 길이, 수직사다리의 경우 플랫폼 사이의 거리
④ 스트링거(stringer)
- 사다리의 프레임, 또는
- 선측외판, 횡격벽 및 종격벽 등에 설치된 보강된 수평판구조. 이중선측구역을 형성하는 5 m 미만의 폭을 가지는 평형수탱크에 대해, 수평 판 구조가 선측외판 또는 종격벽 상 보강재 또는 특설늑골을 넘어 폭 600 mm이상의 연속적인 통로를 제공한다면, 그 수평 판구조는 스트링거 및 종방향 상설접근설비로 간주할 수 있음. 스트링거 상의 안전한 통행 및 모든 횡웨브로의 안전접근을 제공하기 위하여, 상설접근설비로 사용되는 스트링거 판에 설치되는 개구는 가드레일 또는 격자 덮개를 갖추어야 함.

⑤ 수직사다리 : 경사각이 70° 이상 90° 이하인 사다리, 횡방향 경사각은 2°이하이어야 함.
⑥ 상부 장해물 : 접근설비 상부에 있는 보강재를 포함한 갑판 및 스트링거 구조
⑦ 상부갑판아래의 거리 : 판부재로부터 하방 거리
⑧ 크로스 갑판은 창구코밍 사이의 갑판구 측선 안쪽 갑판지역

[2] 기술규정의 일반요건

① 이중저 구역 내의 부재들을 제외하고, 검사강화제도에 따른 선체구조에 대한 정밀검사 및 두께계측의 대상이 되는 구조 부재들에는, 적용 가능한 경우 아래 [3] 및 [4]에 규정된 정도까지 상설접근설비가 제공되어야 함. 광석운반선의 선측 평형수 탱크와 유조선에 대하여는, 선체구조를 안전하고 효과적으로 이용할 수 있다면, 설치된 상설접근설비와 결합하여 승인된 대체방법을 사용할 수 있음.

② 상설접근설비는 자체의 견고함을 확보하고 전반적인 선체구조강도에 기여하도록 가능한 한 선체의 구조부재와 일체화하여야 함.

③ 상설접근설비로서 고가 통로(elevated passageway)가 설치된 경우, 최소 600 mm의 폭을 가지고 개방 측의 전 길이에 걸쳐 가드레일이 제공되어야 함. 다만, 수직웨브(web)를 돌아 지나가는 경우에는 450 mm까지 그 폭(clear width)을 감소시킬 수 있음. 접근설비의 일부로서 설치되는 경사 구조물은 미끄럼방지 구조이어야 함. 가드레일은 그 높이가 1,000 mm이고, 레일 및 500 mm 높이의 중간 횡봉으로 구성되며, 견고한 구조이어야 함. 지지대는 3 m 이하의 간격이어야 함.

④ 상설접근설비 및 수직개구는 선저로부터 쉽게 접근할 수 있도록 통로, 사다리 및 디딤판이 제공되어야 함. 디딤판은 측면지지대가 있어야 함. 수직사다리 발판이 수직면에 설치되는 경우, 수직사다리발판(rung)의 중앙점이 수직면으로부터 최소한 150 mm 이상 떨어져 있어야 한다. 수직맨홀이 보행 면에서 600 mm 보다 높게 설치된 경우, 접근이 용이하도록 양쪽에 승강단(platform landing)을 가진 디딤판과 손잡이를 설치하여야 함.

⑤ 상설 경사사다리는 그 경사각이 70° 미만이어야 함. 개구 근처를 제외하고는 경사사다리 면으로부터 750 mm 이내에는 방해물이 없어야 함. 개구 근처에서는 600 mm까지 줄일 수 있음. 적절한 치수의 휴식용 플랫폼이 수직높이 6 m 이하 간격으로 제공되어야 함. 사다리와 난간은 강 또는 적합한 강도 및 강성을 가진 강과 동등한 재질로서 제작되어야 하며, 스테이에 의해 구조에 견고히 부착되어야 함. 지지방법 및 스테이의 길이는 진동이 실질적으로 최소화 될 수 있도록 하여야 한다. 화물창의 사다리는 화물 적양하를 방해하지 않고, 또한 화물의 하역설비에 의한 손상의 위험을 최소화 할 수 있도록 설계되고 배치되어야 함.

⑥ 경사사다리의 스트링거 간 폭은 400 mm 이상이어야 함. 디딤판(tread)은 동일한 간격으로서 발판 사이의 수직거리는 200 mm 에서 300 mm 사이 이어야 함. 강재의 디딤판은 단면이 22 mm × 22 mm 이상인 사각봉 2개로 구성되어야 하며, 두 모서리가 위를 향하게 하여 수평발판을 형성하여야 함. 디딤판은 사이드 스트링거를 관통해 지지되어야 하며 이중연속용접으로 부착되어야 함. 모든 경사사다리는 견고한 구조의 핸드레일이 디딤판으로부터 적당한 높이를 가지고 양쪽에 부착되어야 함.

⑦ 수직사다리 또는 나선형사다리의 폭과 구조는 주관청이 인정하는 국제기준 또는 국가기준에 따라야 함.

⑧ 자기 지지형 사다리는 그 길이가 5m 미만이어야 함.

⑨ 대체의 접근설비로 다음과 같은 수단이 있음. 다만, 이러한 것으로만 제한하지는 않음.
- 안전받침을 가진 유압식 팔
- 와이어 리프트 플랫폼

- 족장(staging)
- 뗏목
- 로봇팔 또는 원격 조종 탈것(remotely operated vehicle)
- 사다리의 상단부를 고정하는 기계 장치를 가진 경우 5 m 이상의 휴대식 사다리도 이용할 수 있음.
- 주관청의 승인을 받거나 인정하는 기타의 설비

상기 설비에 대한 안전한 사용 및 고착방법과 이용하는 구역을 선체구조접근 지침서에 명확히 기술되어야 함.

⑩ 수평개구, 창구, 맨홀을 통하여 접근하기 위해서 최소의 통과 개구 크기는 600 mm × 600 mm 이상이어야 함. 화물창으로의 접근을 화물창구를 통하여 하는 경우 사다리 상부는 가능한 한 창구코밍까지 배치시켜야 함. 그 사다리와 연결하여 높이가 900 mm를 넘는 접근 창구코밍은 외부에 발판이 있어야 함.

⑪ 구역의 길이 또는 너비 방향의 통행을 가능하게 하는 제수격벽, 늑판, 거더 및 웨브프레임에 설치하는 수직개구 또는 맨홀을 통한 접근을 위하여 그 최소 통과개구치수는 600 mm × 800 mm 이상이어야 하며, 또한 바닥판 또는 기타의 발판이 설치되어 있지 않는 경우에는 개구의 높이는 통행로로부터 600 mm를 넘어서는 아니 됨.

⑫ 재화중량 5000톤 미만의 유조선에 있어서 개구의 크기가 통과하거나 부상당한 사람을 운반할 수 있는 크기라고 주관청이 인정하는 경우에는 ⑩ 및 ⑪에 의한 최소개구치수를 감소시킬 수 있음.

⑬ 산적화물선에서 화물창 및 기타 구역으로의 접근용 사다리는 다음에 따라야 함.
- 인접한 갑판의 상면 사이 또는 화물구역 바닥과 갑판 사이의 수직 거리가 6 m 이하일 경우, 수직사다리 또는 경사사다리를 설치하여야 함.
- 인접한 갑판의 상면 사이 또는 화물구역에서 갑판과 바닥 사이의 수직거리가 6 m 이상일 경우, 상부 장애물 안쪽으로부터 계측하여 화물구역의 최상부 2.5 m 및 최하부 6 m를 제외하고는, 화물구역의 한끝단부에 설치된 하나 또는 일련의 경사사다리는 수직사다리를 가질 수 있음. 단, 수직사다리를 연결하는 단일의 경사사다리 또는 복수의 경사사다리의 수직 범위가 2.5 m 이상이어야 함. 화물구역 다른 쪽 끝단부의 두 번째 접근설비로 일련의 교차된 수직사다리를 설치할 수 있는데, 이 사다리에는 수직으로 6 m 이내 간격으로, 사다리 좌측 또는 우측 한쪽으로 치우친 한 개 또는 그 이상의 연결 플랫폼을 설치하여야 함. 인접한 사다리는 횡 방향으로 적어도 사다리 폭만큼 떨어뜨려 설치하여야 함. 직접 화물창에 연결되는 사다리의 최상부는, 상부 장애물 내측으로부터 2.5 m 구간에서 수직으로 배치하여야 하며, 하방에 사다리 연결 플랫폼을 설치하여야 함.
- 갑판과 탱크의 종방향 통행설비, 스트링거 또는 출입구 직하에 있는 구획 바닥 사

이의 수직거리가 6 m 이하인 경우, 수직사다리를 톱사이드 탱크의 접근설비로 사용할 수 있음. 수직사다리의 갑판으로부터 출입구 최상부는 상부 장애물로부터 2.5 m 구간에서 수직으로 배치되어야 하며, 2.5 m의 수직거리 내에 종방향 통행설비, 스트링거 또는 바닥에 대한 발판이 없는 경우, 하방에 사다리 연결 플랫폼이 설치되어야 함.

- 갑판과 출입구 하방 스트링거 사이, 스트링거와 스트링거 사이, 갑판 또는 스트링거와 바닥 사이의 수직거리가 6 m를 넘는 경우, 탱크 또는 구역으로의 접근을 위해 경사사다리 또는 경사사다리의 조합이 사용되어야 함. 이 경우 갑판으로부터 사다리 최상부 출입부분은 상부 장애물 안쪽으로부터 2.5 m 구간에서 수직으로 배치되어야 하며, 하방에 랜딩 플랫폼을 통하여 경사사다리와 연결되어야 함. 경사사다리의 플라이트(flight)는 실제 길이로 9 m 이하이어야 하며, 수직거리로 6 m 이하이어야 한다. 사다리의 최하부는 수직거리로 2.5 m 이상 구간에서 수직으로 할 수 있음.
- 폭이 2.5 m 미만인 이중 선측 공간에서, 해당 구역의 통행은 수직으로 6 m 이하의 간격으로, 사다리 좌측 또는 우측 한쪽으로 치우친 한 개 또는 그 이상의 연결 플랫폼을 설치한 수직사다리로 할 수 있음. 인접한 사다리는 적어도 횡 방향으로 사다리 폭만큼 떨어뜨려 설치하여야 함.
- 나선형 사다리는 경사사다리의 대체설비로 인정될 수 있음. 이 경우, 최상부 2.5 m는 나선 사다리의 일부로 연결할 수 있으며, 수직사다리로 변경할 필요는 없음.

⑭ 탱크로의 접근을 제공하는 수직사다리의 갑판으로부터 입구 최상부는, 상부 장애물 안쪽으로부터 2.5 m 구간에서 수직으로 설치하여야 하고, 사다리 좌측 또는 우측 한쪽으로 치우친 사다리 연결 플랫폼을 가져야 함. 갑판 구조로부터 1.6 m – 3.0 m 하방 범위 안에 종방향 또는 횡방향 상설접근 설비가 위치하는 경우, 이 수직사다리는 그 범위 안에 위치할 수 있음.

[3] 기술규정의 유조선에 대한 접근설비 요건

(1) 평형수 탱크 및 화물유 탱크

• 갑판하 및 수직 구조에 대한 접근

1.1) 내부 부재를 포함한 높이 6 m 이상의 탱크의 경우, 상설접근설비를 .1 내지 .6 항에 따라 제공하여야 한다.

.1 모든 횡격벽의 보강면에 갑판으로부터 최소 1.6 m 에서 최대 3.0 m 하부에 횡방향의 연속된 상설접근설비 설치

.2 탱크의 각 측면에 적어도 1개의 연속된 종방향 상설접근설비 설치. 이중 하

나는 갑판으로부터 최소 1.6 m에서 최대 6.0 m 하부에 다른 하나는 갑판으로부터 최소 1.6 m에서 최대 3.0 m 하부에 설치

.3 .1항 및 .2항의 접근설비 사이 및 주갑판으로부터 .1항 또는 .2항의 접근설비로의 접근 확보

.4 중간 높이에 대한 검사를 위한 ⑨에 정의된 대체설비의 사용을 위하여 최상부 플랫폼에 설치된 상설 고정설비가 없을 경우, 트랜스버스로의 접근을 위하여, 가능한 한 횡격벽의 수평 거더와 일렬정열(alignment)을 이루는, 종격벽의 보강면의 구조 부재와 일체화된 연속된 종방향 접근설비를 제공하여야 한다.

.5 탱크 바닥으로부터 6 m 이상에 설치된 크로스타이를 갖는 선박에 대하여, 탱크의 양측 타이 플레어링 브래킷을 검사하기 위하여 크로스타이 상에 횡방향 상설접근설비가 설치되어야 하며, 이 접근설비는 4항의 종방향 상설접근설비 중 하나와 연결되어야 함.

.6 소형선에서 높이가 17 m 미만인 유조화물탱크에 대해서 대체설비로서 ⑨에 정의된 대체설비를 제공할 수 있다.

1.2) 높이가 6 m 미만인 탱크에는, 상설접근설비를 대신하여 ⑨에 정의된 대체 설비 또는 휴대식 설비를 사용할 수 있다.

• 선수탱크(fore peak tanks)

1.3) 충돌격벽의 중심선에서 깊이 6 m 이상인 선수탱크에 대하여, 갑판하부 구조, 스트링거, 충돌격벽, 외판구조 등과 같은 중요지역에 대한 접근을 위하여 적절한 접근 설비를 제공하여야 한다.

.1 갑판 또는 직상에 있는 스트링거로부터 수직거리 6 m 이내에 있는 스트링거는, 휴대식 설비와 조합하여 적절한 접근설비로 간주할 수 있다.

.2 갑판과 스트링거간, 스트링거 간 및 최하부 스트링거와 탱크바닥 간의 거리가 6 m 이상인 경우 ⑨에 정의된 대체 설비를 제공하여야 한다.

(2) 이중선측구조를 형성하는 폭 5m 미만인 선측 평형수탱크 및 빌지호퍼부

2.1) 빌지호퍼부 상부 너클포인트보다 위쪽의 이중선측 공간에 대하여 .1 내지 .3항에 따른 상설접근설비를 제공하여야 한다.

.1 최상부 수평 스트링거와 갑판 사이의 수직 거리가 6 m 이상인 경우, 1개의 연속된 종방향 상설접근설비를 탱크의 전길이에 걸쳐서 제공하여야 하며, 이 접근설비는 갑판으로부터 최소 1.6 m에서 최대 3.0 m 하부에 트랜스버스를 통과하도록 설치하여야 하고, 탱크 양단에 수직 접근 사다리를 갖추고 있어야 한다.

.2 구조부재와 일체화되어 길게 연속된 상설접근설비는 수직거리로 6 m 이하의 간격이어야 한다. 다만, 10%범위 안에서 6 m를 넘을 수 있다.

.3 가능한 한 스트링거판은 횡격벽의 수평거더와 일렬정열을 이루어야 한다.

2.2) 탱크바닥으로부터 상부 너클포인트까지의 수직거리가 6 m 이상인 빌지 호퍼부에 대하여, 1개의 종방향 상설접근설비를 탱크 전 길이에 걸쳐 제공하여야 한다. 이는 탱크의 양단에서 수직 상설접근설비에 의하여 접근 가능하여야 한다.

.1 연속된 종방향 상설접근설비는 빌지 호퍼부의 상부에서 최소 1.6 m에서 최대 3.0 m 하방에 설치될 수 있다. 이 경우, 식별된 중요구조구역으로의 접근을 위하여 웨브프레임 근처의 연속된 종방향 상설접근설비를 연장시킨 플랫폼을 사용할 수 있다.

.2 대체설비로, 연속된 종방향 상설접근설비가 웨브링의 개구 상단으로부터 최소 1.2 m 하방에 설치될 수 있으며, 이 경우 식별된 중요구조구역으로 접근하기 위한 휴대식 접근설비를 사용할 수 있어야 한다.

2.3) 2.2에 언급된 수직거리가 6 m 미만일 경우, ⑨에서 정의된 대체설비가 상설접근설비를 대신하여 사용될 수 있다. 대체설비를 편리하게 사용하기 위하여 수평 스트링거의 개구는 일직선상으로 배치하여야 한다. 개구에는 적절한 지름을 갖고, 적합한 보호 난간을 설치하여야 한다.

[4] 기술규정의 산적화물선에 대한 접근설비 요건

(1) 화물창

• 갑판하 구조로의 접근

1.1) 선체중앙선 근처 및 크로스데크의 양 측에, 상부구조에 대한 접근을 위하여 상설접근설비가 설치되어야 한다. 각 접근설비는 화물창의 접근로 또는 주갑판에서 직접 접근 가능하여야 하며, 갑판 하방 최소 1.6 m, 최대 3.0 m에 설치되어야 한다.

1.2) 크로스데크 하방 최소 1.6 m에서 최대 3.0 m 위치의 횡격벽에 설치된 횡방향 상설접근설비를 1.1과 동등한 것으로서 인정할 수 있다.

1.3) 크로스데크 상부 구조로의 상설접근설비는 상부 스툴을 통하여 접근할 수 있다.

1.4) 내부로부터 모든 프레임과 판을 검사할 수 있는, 주갑판으로부터의 접근이 가능한 상부스툴을 가진 횡격벽을 지닌 선박은 크로스데크에 대한 상설접근설비를 요구치 않는다.

1.5) 대체설비로, 수직거리가 내저판으로부터 17 m 이하인 경우, 크로스데크의 상부 구조로의 접근을 위하여 이동식 접근설비를 사용할 수 있다.

• 수직구조에 대한 접근

1.6) 모든 화물창에 상설 수직 접근설비를 제공하여야 한다. 이러한 접근설비는 횡격벽 근방의 화물창 양단을 포함하여 화물창 전체에 걸쳐 좌, 우현에 균등히 분포되어 최소한 화물창 늑골 전체수의 25%에 대한 검사가 가능하도록 하는 일체화된 구조이어야 한다. 다만, 어떠한 경우에도 이러한 접근설비가 각 현 3개 이상(화물창 전후단 및 중앙)이어야 한다. 2개의 인접한 화물창 늑골 사이에 설치된 상설 수직 접근설비는 양쪽 늑골 모두의 검사를 위한 접근설비로 본다. 하부 호퍼 평형수탱크 경사판 위로의 접근을 위하여 휴대식 접근설비를 사용할 수 있다.

1.7) 추가로, 상기 접근설비가 설치되지 않은 화물창 늑골에 대한 상부 브래킷까지의 검사 및 횡격벽의 검사를 위하여 휴대식 또는 이동식 접근설비를 사용할 수 있다.

1.8) 화물창 늑골의 상부브래킷까지의 접근을 위하여 1.6항에서 요구된 상설접근설비를 대신하여 휴대식 또는 이동식 접근설비를 사용할 수 있다. 다만, 이들 접근 설비는 본선에 비치하여 항상 사용 가능하여야 한다.

1.9) 화물창 늑골로의 접근을 위한 수직사다리의 폭은 사다리 양쪽 프레임 간 거리가 최소한 300 mm 이상이어야 한다.

1.10) 단일선측구조의 화물창 선측늑골 검사용 수직사다리에 대해서는 길이가 6m를 초과하여도 인정 가능하다.

1.11) 이중선측 구조에 대해서는 화물창 면의 검사를 위하여 수직사다리가 요구되지 않는다. 이런 구조의 검사는 이중선측 공간내부로부터 실행되어야 한다.

(2) 평형수 탱크

2.1) 높이 6 m 이상의 각 톱사이드 탱크에는 1개의 연속된 종방향 접근설비가 현측외판 웨브를 따라 갑판 아래로 최소 1.6 m에서 최대 3.0 m에 설치되어야 한다. 이러한 접근설비는 톱사이드 탱크의 각 출입구 근처에 수직 접근사다리를 제공하여야 한다.

2.2) 탱크 바닥으로부터 600 mm 이내에 트랜스버스 웨브를 통과하는 접근개구가 없고 웨브 프레임 링의 웨브 높이가 현측외판 및 경사판 근처에서 1 m 초과할 경우에는, 각 트랜스버스 웨브 프레임 링을 넘어 안전하게 접근하기 위하여 발판/손잡이를 제공하여야 한다.

2.3) 각 탱크의 양단 베이(bay)와 중간 베이에 설치된 3개의 상설접근설비는 탱크바닥으로부터 창구 측거더와 경사판의 교차점까지 걸쳐 있어야 한다. 기 설치된 종식구조는 이러한 접근설비의 일부로서 사용가능하다.

2.4) 톱사이드 탱크의 높이가 6 m 미만인 경우, 상설접근설비 대신에 ⑨에 정의된 대체설비나 휴대식 설비를 사용할 수 있다.

• 빌지 호퍼 탱크

2.5) 높이가 6 m 이상인 빌지호퍼탱크에 대하여, 1개의 연속된 종방향 상설접근설비가 선측외판 웨브를 따라 제공되어야 하며, 이러한 접근설비는 웨브링의 개구 상단으로부터 최소 1.2 m 하방에 설치되어야 하고 이 탱크의 각 출입구 근처에 수직접근 사다리가 제공되어야 한다.

.1 연속된 종방향 상설접근설비와 빌지호퍼 탱크 바닥 사이의 접근 사다리가 탱크의 각 단에 제공되어야 한다.

.2 대체설비으로, 식별된 중요구조구역을 보다 적절하게 검사할 수 있는 배치인 경우에는, 연속된 종방향 상설접근설비를 웨브링 개구 상부의 웨브판을 관통하여 갑판으로부터 최소 1.6 m 하방에 설치할 수 있다. 이 경우 크게 만든 종부재를 통행로로 사용할 수 있다.

.3 이중선측 산적화물선에 대해서는 빌지 너클포인트로의 접근을 위한 대체방법과 함께 사용된다면, 연속된 종방향 상설접근설비는 빌지의 너클포인트로부터 6 m 이내에 설치될 수도 있다.

2.6) 탱크 바닥으로부터 600 mm 이내에 트랜스버스 웨브를 통과하는 접근개구가 없고 웨브 프레임 링의 웨브 높이가 현측외판 및 경사판 근처에서 1 m 초과할 경우에는, 각 트랜스버스 웨브 프레임 링을 넘어 안전하게 접근하기 위하여 발판/손잡이가 제공되어야 한다.

2.7) 6 m 미만 높이의 빌지호퍼 탱크에는 상설접근설비 대신에 ⑨에 정의된 대체설비나 휴대식 설비가 사용될 수 있다. 이런 접근설비는 필요 시 해당 장소에서 전개하여 쉽게 이용할 수 있음이 입증되어야 한다.

• 이중 선측 탱크

2.8) 유조선에 대한 접근설비 요건의 관련 조항에 따라 상설접근설비를 제공하여야 한다.

• 선수탱크(fore peak tanks)

2.9) 충돌격벽의 중심선에서 깊이 6 m 이상인 선수탱크에 대하여, 갑판하부 구조, 스트링거, 충돌격벽, 선측외판 구조 등과 같은 중요구역에 대한 접근을 위하여 적절한 접근 설비를 제공하여야 한다.

.1 갑판으로부터 또는 직상에 있는 스트링거로부터 수직거리 6 m 이내에 있는 스트링거는 휴대식 접근설비와 조합하여 적절한 접근설비로 간주할 수 있다.

.2 갑판과 스트링거간, 스트링거간 및 최하부 스트링거와 탱크 바닥 간의 수직거리가 6m 이상인 경우 ⑨에 정의된 대체 설비를 제공하여야 한다.

[5] 기술규정의 광석운반선에 대한 접근설비 요건

선측 평형수탱크 내의 상설접근설비는 유조선에 대한 접근설비 요건 및 산적화물선에 대한 접근설비 요건의 해당 조항에 따라야 한다.

16.8 연료유 탱크의 보호적 배치

16.8.1 배경

선박의 대형화/고속화가 되면서 연료유탱크의 대형화가 자연스럽게 수반되었다. 선박의 충돌/좌초 및 연료유의 유출등으로 의하여 심각한 해양오염등의 문제 발생으로 인하여 국제해사기구(IMO)에 의하여 연료유탱크의 보호적 배치의 규정이 강제화 되었다.

16.8.2 적용

Oil Fuel의 총 Capacity가 600 m^3 이상인 모든 선박으로 다음에 해당되는 경우에 적용한다.

① 2007년 8월1일 이후 건조계약/주요개조계약이 이루어진 선박 또는

② 2008년 2월1일 이후 K/L되거나 주요 개조가 시작된 선박 또는

③ 2010년 8월1일 이후 인도/주요 개조 완료되는 선박

여기서 Oil Fuel라 함은 주기와 보기에 연료로 사용되는 모든 기름으로 다음과 같다. Heavy Fuel Oil, Marine Diesel Oil, Gas Oil etc…

또한, Capacity가 30 m^3이하인 Oil Fuel Tank는 적용 제외되고 개별 연료유 탱크는 2500 m^3을 초과해서는 아니 된다.

16.8.3 규정

1) 연료유 총 용량이 600 m^3 이상인 자가-승강형 시추설비이외의 선박의 경우, 연료유 탱크는 선저외판의 형선 상에서 어느 단면에서도 아래 명시된 거리 h 값 이상으로 위치하여야 한다:

   h = B/20 또는,

   h = 2.0 m,중에서 작은 값.

   단, h의 최소치는 0.76 m 임.

만곡부 부위 또는 만곡부가 명확하지 않는 곳에서, 연료유 탱크의 경계선은선박중앙

평저선과 평행하도록 한다.

2) 연료유 총 용량이 600 m^3 이상 5,000 m^3 미만인 선박의 경우, 연료유탱크는 선측외판의 내측에 배치되어야 하고 그림 2.에서 보는 바와 같이 선측외판에서 수직으로 측정한 거리 w는 어느 단면에서도 아래에 명시된 값 이상이어야 한다:

$$w = 0.4 + 2.4\ C/20{,}000\ m$$

w의 최소치는 1.0 m임. 단, 연료유 용량이 500 m^3 미만인 개별탱크의 경우, 최소값은 0.76 m임.

3) 연료유 총 용량이 5,000 m^3이상인 선박의 경우, 연료유탱크는 선측 외판의 내측에 배치되어야 하고 선측외판에서 수직으로 측정한 거리 w는 어느 단면에서도 아래에 명시된 값 이상이어야 한다:

$w = 0.5 + C/20{,}000\ m$ 또는

$w = 2.0\ m$, 이중 작은 값

단, 최소치는 1.0 m 임.

4) 1)항에 정의된 거리 h 미만의 선저 거리, 또는 2)와 3)항에 정의된 거리 w 미만의 선측거리 내에 위치한 연료유 배관은 밸브 또는 동등한 잠금장치가 연료유탱크 내에 또는 바로 인접하여 설치되어야 한다. 이러한 밸브는 노출된 건현 또는 선루갑판을 통과하지 아니하고 항해선교나 추진기관제어실로부터 접근할 수 있는 쉽게 접근 가능한 폐위된 장소로부터 조작할 수 있어야 한다. 이 밸브는 원격제어시스템 고장시 잠겨야 되고(잠긴 위치에서 고장), 연료유 이송작업 중 개방되는 것을 제외하고 그 탱크에 연료유를 적재하고 있는 어떠한 때라도 항해 중에는 닫혀 있어야 한다.

5) 연료유탱크의 흡입웰은 거리 h로 정의되는 경계선 아래의 이중저 탱크로 돌출될 수 있으나 그러한 웰은 실행가능한 한 작아야 하며 웰 하부와 선저외판 간의 거리는 0.5 h 이상이어야 한다.

6) 대체방법으로써, 선박은 MARPOL협약에 명시된 사고기름유출비율 기준을 만족하여야 한다.

16.9 MLC(2006 해사노동 협약)

1920년부터 국제노동총회는 특별 해사총회를 개최, 선원의 근로 및 생활조건을 검토하여 1996년까지 선원 직업소개, 최저연령, 근로시간, 안전, 건강과 복지, 근로감독 및 사회보장 등을 포함한 다양한 쟁점과 관계되는 39개 협약과 29개의 권고를 채택하였다. 그러나 국제노동기구가 채택한 협약은 지난 80여 년에 걸쳐 특정한 문제와 필요성에 따라 여러 가지 시기에 채택되었기 때문에 일관성이 결여되거나 중복부분이 많았으며 그 기준을 신속하게 개정하여 최신화하지 못하였다는 비판이 제기 되어왔다. 2001년 1월 에 개최된 제29차 합동해상위원회는 INO 집행이사회에게 2005년 국제노동총회(해사총회)를 개최하여 ILO 해사노동기준의 기존 내용을 가능한 한 통합하여 단일의 협약을 채택할 것을 권고하였으며 2001년부터 작업에 들어가 2006년 2월 개최된 국제노동총회 해사총회에서 협약을 완성하였다.

동 협약은 협약 전문과 본, 규정, 코드 A 및 코드 B의 4단계 구조를 하고 있다. 각 단계별 법적 성격은 아래와 같다.

본문(articles)	선원의 기본권, 일반규정, 용어의 정의, 개정절차, 발효요건 등을 규정	강제규정
규정(Regulations)	원칙 및 권리에 해당하는 요소 규정	
코드 A(Standards)	세부요건을 분야별로 그룹화하여 규정	
코드 B(Guidelines)	권고사항을 분야별로 그룹화하여 규정	임의 규정

상기와 같이 많은 조문을 포함하고 있지만, 대부분의 요건은 선박설계를 하는데 있어서 고려할 사항은 아니고 선박의 운영하는 선주의 선원의 복지, 근로조건과 관련된 의무사항을 규정하고 있으며 선박설계를 하는데 있어서 고려하여야 할 사항은 "제3장 거주설비 및 오락시설, 식량 및 조달" 중 "규정3.1조 거주설비 및 오락시설"에 규정되어 있다.

그 요건을 간단히 살펴보면 선원실의크기, 선원실에 비치되어야 할 가구 및 비품의 종류 및 수량, 침대의 크기 및 위생시설 등에 대하여 규정하고 있다.

16.10 대빙구조 설계 관련 규정

지구 온난화에 따른 북극의 빙산이 녹아 아시아와 유럽을 연결하는 새로운 항로로 북극을 횡단하는 항로가 대두되고 있으며, 또한 북극 근처의 유전 개발에 따라 이들 지역의 원유와 가스를 수요처로 공급하기 위하여 북극, 발틱해 등 동절기에 얼음의 있는 항로를 운반하는 선박이 증가하고 있다. 이들 항로는 유빙, 착빙, 쇄빙 등에 대하여 특별히 고려된 선박만이 운항할 수 있는 특징이 있다. 빙해역에 대한 국가 또는 선급의 규정은 적용 선박에 따라 크게 3가지 정도로 구분할 수 있다.

즉,

1) 빙해역을(Baltic, Caspian sea, Black sea 등) 운항하는 일반 상선에 대한 요건,

2) 극지방을 운항하는 일반 상선에 대한 요건,

3) 빙해역을 운항하는 선박이 원활하게 운항할 수 있도록 얼음을 깨트리는 쇄빙선에 대

한 요건으로 구분할 수 있다.

우선 1)에 해당하는 규정으로 빙해역을 갖고 있는 국가(핀란드, 스웨덴, 러시아, 카나다 등)에서는 운항항로의 빙상조건을 고려하여 선박의 안전항해를 위한 관련 규정을 갖고 있으며 또한, 각 선급에서도 각 선급마다 관련 규정을 갖고 있다. 이 규정 중 대표적인 핀란드-스웨덴 규정(Finnish-Swedish Ice Class Rules)을 살펴본다.

핀란드 정부와 스웨덴 정부는 선급의 도움을 받아 1930년대에 최초로 Ice-class 규정을 제정하였고 이 후 수 차례의 개정이 있었으며 현재 최신의 규정은 2010년 개정본이다. 이 규정은 KR을 비롯한 대부분의 선급에서 선급규정으로 반영하여 사용하고 있다.

이 규정은 빙 하중으로써 Ramming(충격쇄빙으로서 특히 선수부에 걸리는 이 하중이 문제가 된다)과 Jamming(빙판 사이의 틈 속에 선박이 끼는 현상으로 특별히 이 하중으로 인한 선체 중앙부의 압축력이 문제이다)을 고려하여 이 하중에 견딜 수 있는 선체구조 강도를 확보하기 위한 선체구조 부재에 대한 강도 요건과 빙해역에서의 원활한 항해를 위하여 주기의 최소 출력요건 그리고 Rudder, 프로펠러, 샤프트 및 기어의 요건을 규정하고 있다.

이 규정은 선박이 운항 중 만나는 얼음에 의한 하중을 고려하여 다음과 같이 다섯 단계로 대빙선박을 구분하고 있다.

1) Ice class IA super : 선박의 구조, 주기 출력 및 기타 장비가 쇄빙선(Icebreakers)의 도움 없이 어려운 빙해역을(difficult ice condition) 운항할 수 있도록 설계, 건조된 선박
2) Ice class IA : 선박의 구조, 주기 출력 및 기타 장비가 필요한 경우 쇄빙선(Icebreakers)의 도움을 받아 어려운 빙해역을(difficult ice condition) 운항할 수 있도록 설계, 건조된 선박
3) Ice class IB : 선박의 구조, 주기 출력 및 기타 장비가 필요한 경우 쇄빙선(Icebreakers)의 도움을 받아 보통의 빙해역을(moderate ice condition 운항할 수 있도록 설계, 건조된 선박
4) Ice class IC : 선박의 구조, 주기 출력 및 기타 장비가 필요한 경우 쇄빙선(Icebreakers)의 도움을 받아 가벼운 빙해역을(light ice condition) 운항할 수 있도록 설계, 건조된 선박
5) Ice class II : 빙해역에 대한 보강이 없으나 개방 해역(Open sea)에서 운항할 수 있도록 설계된 강선으로 자신의 출력으로 매우 가벼운 빙해역을(light ice condition) 운항할 수 있도록 설계, 건조된 선박

한편, 이 규정에서 등급에 따른 선박의 분류시 빙해역에서 만나는 얼음의 두께를 각각 다음과 같이 가정하고 있다. 즉, IA Super는 1.0m의 두께 IA는 0.8m, IB는 0.6m, IC는 0.4m를 기준으로 하고 있다.

KR을 비롯한 대부분의 선급에서 이 규정을 선급규정으로 반영하여 사용하고 있으며, Finnish-Swedish의 대빙등급에 상응하는 각 선급의 선급부호는 다음과 같다.

Finnish-Swedish Class	IA Super	IA	IB	IC	II
KR	IA Super	IA	IB	IC	ID
ABS	Ice Class I AA	Ice Class I A	Ice Class I B	Ice Class I C	NA
LR	Ice Class 1AS FS	Ice Class 1A FS	Ice Class 1B FS	Ice Class 1C FS	1D
BV	ICE CLASS IA SUPER	ICE CLASS IA	ICE CLASS IB	ICE CLASS IC	NA
GL	E4	E3	E2	E1	NA
NK	Class IA Super Ice strengthening	Class IA Ice strengthening	Class IB Ice strengthening	Class IC Ice strengthening	Class ID Ice strengthening
DnV	ICE-1A*	ICE-1A	ICE-1B	ICE-1C	NA

2)에 해당하는 선박 즉, 극지방을 운하하는 선박에 대하여는 국제선급 연합회에서 북극 항로의 개척에 따라 2006년 극지방을 운항하는 선박에 대한 구조강도 및 기관설비에 대한 요건을 통일규칙(IACS UR I1, I2, I3)로 제정하여 각 선급이 동일한 규정을 사용하고 있다. 이 통일규칙에서는 얼음의 두께와 선박의 일년 중 북극에서의 운항시기를 고려하여 선박을 아래와 같이 총 7등급으로 구분하고 있으며, 등급이 높을수록 요건이 까다롭다고 할 수 있다.

극지등급	얼음 종류 및 선박 운항 형태	대표적인 얼음의 두께
PC 1	모든 극지해역에서의 년중 운항	〉3.0m
PC 2	중간 정도의 다년생 빙 조건에서의 년중 운항	3.0m
PC 3	다년생 얼음이 포함될 수 있는 2년생 얼음 조건에서의 년중 운항	2.5m
PC 4	오래된 얼음이 포함될 수 있는 두꺼운 1년생 얼음 조건에서의 연중 운항	〉1.2m
PC 5	오래된 얼음이 포함될 수 있는 중간 정도 두께의 1년생 얼음 조건에서의 연중 운항	1.2~0.7m
PC 6	오래된 얼음이 포함될 수 있는 중간 정도 두께의 1년생 얼음 조건에서의 하기/추기 (summer/autumn) 운항	
PC 7	오래된 얼음이 포함될 수 있는 얇은 두께의 1년생 얼음 조건에서의 하기/추기 (summer/autumn) 운항	0.7m

극저온 지역을 운항하는 선박의 경우 장비, 설비 그리고 선원의 안전을 위하여 얼음이 어는 것을 방지하기 위한 조치(Anti-icing), 얼은 얼음의 효과적인 제거(de-Icing), 그리고 극저온 적합한 재료의 사용 등 특별한 조치가 필요하게 된다. 이러한 일련의 모든 조치를 Winterization이라고 하는데 극지방을 운항하는 선박이 증가함에 따라 이에 대한 대비 또한 매우 중요한 이슈가 되었다.

이에 각 선급에서는 이러한 것을 고려하여 규정화하고 있다. 이들 규정에서는 대체로 다음에 대한 요건을 정하고 있다

- 재료의 선택 : 저온에서의 취성 파괴에 대비한 적절한 steel grade의 선택
- 선체구조 강도 : 대빙 구조의 요건을 준용
- 얼음의 제거하는 장비에 대한 요건
- 중요설비의 작동을 원활하게 하기 위한 결빙방지 요건
- 선원의 안전을 위한 설비 요건
- 안전설비의 즉시 사용을 위한 요건 등을 기술하고 있다.

한편 국제해사기구(IMO)에서는 2009년 제26차 총회에서 IMO ResA.1024(26) "Guidelines for ships operating in Polar Waters"를 채택하여 극지방의 항해선박에 대한 안전요건을 발표하여 2011년1월1일 이후 건조되는 선박에 적용을 권고하고 있으며, 현재는 이를 강제화 하기 위하여 국제해사기구 선박설계의장소위원회(IMO DE)에서 본 가이드라인을 개정 작업 중에 있으며 2012완료하여 2014년 발효를 목표로 하고 있다. 이 가이드라인은 선박의 구조, 구획 및 복원성, 거주/탈출설비, 주기 및 보기, 전기설비, 화재안전설비, 구명설비 항해설비 및 운항요건 등 선박의 안전을 위한 모든 요건을 규정하고 있다.

16.11 해적침입시 대피를 위한 공간에(Citadel) 대한 규정

근래 해상에서의 해적에 의한 선박 및 선원의 납포가 자주 발생하여 선박의 실종 및 선원의 사망에 이르는 사고가 발생하고 있으며 이에 국제해사기구 등에서 여러 가지 노력을 하고 있으나 효과가 미미한 수준이다. 한국정부에서도 이러한 사고로부터 선박 및 선원의 안전을 위하여 해적 침입시 해적이 접근 불가능한 선박내에 선원의 대피처를 설치하도록 의무화 하였다.(국토해양부 고시 제2011-60호 2011.2.24) 이 규정은 해적의 침입할 수 없도록 문에 대한 대한 요건, 피난처에서 구조될 때까지 선원의 생활을 위한 각종 설비 및 비품에 대한 비품 그리고 구조요청 및 위급 상황을 구조대에 알리기 위한 통신설비에 대한 요건을 규정하고 있다.

16.12 Noise Code

16.12.1 배경

선박에서의 소음으로부터의 보호를 강제화하기 위한 새로운 SOLAS II-1/3-12규칙이 MSC 결의서 338(91)로 채택되었으며 이와 관련한 "선박의 소음레벨에 관한 코드"(이하 Noise Code)도 강제화 되었다. Noise Code는 선내의 잠재적 위험요소인 소음의 발생을 예방하기 위한 기준을 제공하고 선원에게 적합한 환경기준을 제공하기 위하여 개발되었다. 이전에 존재하던 SOLAS II-1/36규칙 "소음에 대한 보호"는 기관구역에만 적용되던 것이며 소음으로부터의 피난장소 또는 귀마개만 제공하여도 만족할 수 있는 규정이었다. 이전의 SOLAS II-1/36규칙 및 총회 결의서 A.468(XII)로 채택된 선박에서의 소음레벨에 관한 코드는 현존선 및 II-1/3-12규칙의 2항에 정의된 선박에만 적용한다.

16.12.2 적용

• 적용선박

신선	현존선
총톤수 1,600톤 이상의 다음 선박에 적용 – 2014년 7월 1일 이후 건조계약이 이루어진 선박; 또는 – 건조계약이 없는 경우, 2015년 1월 1일 이후 용골이 거치되거나 또는 이와 동등한 건조 단계에 있는 선박; 또는 – 인도일이 2018년 7월 1일 이후인 선박.	주관청이 코드 적용이 가능하다고 판단하는 현존선

• 비적용선박

– 동적지지선박(dynamically supported craft)
– 고속선(high-speed craft)
– 어선(fishing vessels)
– 해저파이프설치선박(pipe-laying barges)
– 기중기부선(crane barges)
– 해양시추선(mobile offshore drilling units)
– 상업에 종사하지 아니하는 유람 요트(pleasure yachts not engaged in trade)
– 군함 및 군 수송함(ships of war and troopships)
– 기계로 추진되지 아니하는 선박(ships not propelled by mechanical means)
– 파일타설선박(pile driving vessels)
– 준설선(dredgers)

• Code 규정중 비강제 사항(권고 사항 또는 정보 제공용 사항)

Parts of the Code	Contents
Paragraphs 1.3.2 and 1.3.3	현존선 및 총톤수 1,600톤 미만의 선박에 대한 코드 적용 권고
Paragraphs 3.4.2 and 3.4.3	하역장치 운전 및 RO-RO 선의 하역 작업 시 소음 규제
Chapter 5	소음 노출 한계
Section 6.3	재료의 설치
Section 7.3	청력 보호기의 선택 및 사용
Appendix 2	안전경영시스템에 소음문제의 포함에 관한 지침
Appendix 3	소음감쇠에 대하여 제안된 방법
Appendix 4	소음에 대한 노출을 결정하는 간소화된 절차

16.12.3 규정

[1] 소음허용기준 : 최대허용 음압레벨 – 목표치가 아닌 허용치에 해당함.

85 dB(A) 초과 구역은 청력보호구 착용이 의무화, 허용치가 110 dB(A)인 구역에서는 충분한 소음방지가 가능한 청력보호구 착용이 필요함

• 최대허용 음압레벨(dB(A))

방 및 구역의 명칭	Res.MSC.337(91)		Res.A.468(XII)
	1,600GT 이상 10,000GT 미만	10,000 GT 이상	1,600 GT 이상
업무구역			
기관구역[1]	110	110	110
기관제어실	75	75	75
기관구역의 일부를 형성하지 아니하는 작업실	85	85	85
특정되지 아니한 작업구역[2] (기타 작업구역)	85	85	90
항해에 사용되는 구역			
항해선교 및 해도실	65	65	65
선교윙 및 창문을 포함한 견시장소[3]	70	70	70
통신실(무선장치가 소리신호를 발생하지 아니하는 작동 상태)	60	60	60
레이다실	65	65	65
거주구역(공간평균 음압레벨 적용)			
선실 및 병원	60	55	60
식당	65	60	65

(계속)

방 및 구역의 명칭	Res.MSC.337(91)		Res.A.468(XII)
	1,600GT 이상 10,000GT 미만	10,000 GT 이상	1,600 GT 이상
레크리에이션실	65	60	65
개방된 레크리에이션 지역 (외부 레크리에이션 지역)	75	75	75
사무실	65	60	65
서비스구역			
음식 조리기구를 사용하지 아니하는 상태의 조리실	75	75	75
요리 진열실 및 조리기구실	75	75	75
통상적으로 사람이 머무르지 아니하는 구역			
통상적으로 사람이 머무르지 아니하는 구역, 화물창, 갑판지역 및 소음원으로부터 먼 기타 구역	90	90	90

1) 기관 운전 시 최대 소음레벨이 초과되는 경우(기국의 면제가 허용된 경우에 한해)에는 해당 구역 안에서 아주 짧은 동안만 머물도록 하거나 또는 절대 머물지 못하도록 제한하여야 한다. 해당 지역은 코드 7.4절에 따라 표시되어야 한다.
2) 예) 기관구역이 아닌 개방갑판의 작업구역, 그리고 의사소통이 가능한 개방갑판의 작업구역
3) 청음위치(listening posts)에서의 소음레벨 계측방법에 관한 권고(결의서 A.343(IX))를 참고할 것

[2] 소음노출한계

항목	계측 조건
소음노출한계 허용치	24시간 등가 연속 소음노출레벨 $L_{ex}(24)$가 80 dB(A) 이하가 되도록 하는 것이 목적임 시운전 계측결과를 통해 선원별(업종)로 소음노출한계 허용치 만족 여부를 확인해야 함 * 위에 언급된 허용 기준 80 dB(A)는 코드의 부속서 4를 인용한 것이나, 부속서 4는 강제 사항이 아니라 권고사항이다. 따라서 80 dB(A)를 강제 허용 기준으로 삼으면 안 되며 선주로 하여금 본선의 허용 기준을 자체 설정하도록 요구하되 가능한 80dB(A)를 권고해야 함
85 dB(A) 초과 구역	청력보호구 착용하여야 하며, 이 구역에 대한 허용노출시간을 명시하여야 함
선박안전경영시스템 (SMS)	청력보호, 소음노출한계 및 이에 대한 교육과 관련된 선주사 방침이 선박안전경영시스템(Safety Management System)에 반영되어야 함
peak값이 135 dB(C) 이상의 소음	peak값이 135 dB(C) 이상의 소음에 청력보호구 착용없이 노출되면 안됨 (135 dB(C) 값은 115 ~ 120 dB(A) 수준임)

[3] 방음지수 요건

- 거주구역간 음향차폐(방음지수) : 거주구역의 격벽과 갑판에 적용
- 구역별로 아래 표의 방음 성능을 만족하는 자재를 사용하여야 함

• 방음지수 요구치

구역	R_w (dB)	I_a (dB)
	Res.MSC.337(91)	Res.A.468(XII)
선실과 선실 사이	35	30
식당, 레크리에이션실, 공용구역 및 오락지역과[1] 선실 및 병원 사이	45	45
복도와 선실 사이	30	–
왕래 가능한 문이 달린 선실과 선실 사이	30	–

R_w : ISO 717-1:1996(개정 1:2006)에 따른 가중 소음 감쇠지수

I_a : ISO R717에 따른 공기소음차폐지수

1) Res.A.468(XII)에서는 공용구역과 오락지역에 대하여 규정하고 있지 않음.

* 격벽 및 갑판의 방음지수 요건 충족 여부는 ISO 10140-2:2010에 따른 실험실 시험 결과에 의해 입증되어야 하며, 선내 설치 완료 후 시험하는 것(3 dB까지 tolerance 허용)은 권고사항임.

16.13 IMO협약 개정 현황

Effective Date	Regulation	Title	Relevant Doc.
2018/01/01	2011 ESP CODE	Amendments to 2011 ESP Code	Res.MSC.405(96)
2018/01/01	IMDG CODE	Amendments to IMDG Code	Res.MSC.406(96)
2018/01/01	MSC Resolution	Amendments to the International Maritime Solid Bulk Cargoes (IMSBC) Code	MSC.426(98)
2018/01/01	STCW 1978	Amendments to STCW 1978	Res.MSC.416(97), Res.MSC.417(97)
2018/03/01	Amendments to MARPOL Annex I	Amendments to MARPOL Annex I (IOPP Form B)	Res.MEPC.276(70)
2018/03/01	Amendments to MARPOL Annex V	Amendments to MARPOL Annex V (HME Substances and Form of Garbage Record Book)	Res.MEPC.277(70)
2018/03/01	Amendments to MARPOL Annex VI	Amendments to MARPOL Annex VI (Data Collection System for Fuel Oil Consumption of Ships)	Res.MEPC.278(70)
2018/07/01	2011 ESP Code	Amendments to 2011 ESP Code	Res.MSC.412(97)

Effective Date	Regulation	Title	Relevant Doc.
2018/10/28	Revision of G8 Guidelines of IBWM Convention	Revision of G8 Guidelines	Res.MEPC.279(70)
2019/01/01	MEPC Resolution	Adoption of Amendments to Bunker Delivery Note	Res.MEPC.286(71)
2020/01/01	2009 MODU CODE	Amendments to Provisions for Helicopter Facilities in 2009 MODU Code	Res.MSC.407(96)
2020/01/01	FSS CODE	Amendments to Ch8 Automatic Sprinkler, Fire Detection And Fire Alarm System & Ch17 Helicopter Facility Foam Firefighting Appliances	Res.MSC.403(96)
2020/01/01	FSS Code	Amendments to FSS Code Ch13 "Arrangement of Means of Escape", 2.1.2.2.2.1 "Distribution of Persons"	Res.MSC.410(97)
2020/01/01	IGC Code	Amendments to IGC Code Ch3 3.2 "Accommodation Service and Machinery Spaces and Control Stations"	Res.MSC.411(97)
2020/01/01	MSC CIRCULAR	Revised Guidance for Watertight Doors on Passenger Ships which may be opened during Navigation	MSC.1/Circ.1564
2020/01/01	MSC Resolution	Amendments to the International Convention for the Safety of Life at Sea, 1974, as Amended	MSC.421(98)
2020/01/01	MSC Resolution	Amendments to the International Code of Safety for Ships using Gases or Other Low-flashpoint Fuels (IGF code)	MSC.422(98)
2020/01/01	MSC Resolution	Amendments to the International Code of Safety for High-Speed Craft, 1994 (1994 HSC code)	MSC.423(98)
2020/01/01	MSC Resolution	Amendments to the International Code of Safety for High-Speed Craft, 2000 (2000 HSC code)	MSC.424(98)
2020/01/01	MSC Resolution	Amendments to the International Life-Saving Appliance (LSA) code	MSC.425(98)
2020/01/01	MSC Resolution	Amendments to the Revised Recommendation on Testing of Life-saving Appliances (Resolution MSC.81(70), as amended)	MSC.427(98)
2020/01/01	MSC Resolution	Revised Explanatory Notes to the SOLAS CH II-1 Subdivision and Damage Stability Regulations	MSC.429(98)
2020/01/01	MSC Resolution	Amendments to the Code for the Construction and Equipment of Mobile Offshore Drilling Units, 2009 (2009 MODU code)	MSC.435(98)
2020/01/01	Res.MSC.402(96)	Requirements for Maintenance, thorough Examination, Operational Testing, Overhaul and Repair Of Lifeboats and Rescue Boats, Launching Appliances and Release Gear	Res.MSC.402(96)
2020/01/01	SOLAS	Amendments to SOLAS Reg.II-1/3-12 relating to "Protection against Noise"	Res.MSC.409(97)

Effective Date	Regulation	Title	Relevant Doc.
2020/01/01	SOLAS	Amendment to SOLAS II-2/10.5.1.2.2 relating to "Fire Extinguishing Arrangements in Machinery Spaces"	Resolution MSC409(97)
2020/01/01	SOLAS	Addition of SOLAS XI-1 / 2-1 "Harmonization of Survey Periods of Cargo Ships not subject to the ESP code"	Res.MSC.409(97)
2020/01/01	SOLAS	Amendments to SOLAS CH II-2 Defnitions, Means of Escape and Helicopter Facilities and CH III Life Saving Appliances	Res.MSC.404(96)
2021/01/01	MSC Resolution	Maritime Cyber Risk Management in Safety Management Systems	MSC.428(98)

참고문헌

16.1 IMO Goal-Based Standards(GBS)와 Common Structural Rules(CSR)

[1] IMO, RESOLUTION MSC.287(87), (May 20, 2010)
[2] (사)한국선급(http://www.krs.co.kr), 2012, "선급 및 강선규칙 제11편, 산적화물선 공통구조규칙"
[3] (사)한국선급, 2012, "선급 및 강선규칙 제12편, 이중선체 유조선 공통구조규칙"
[4] IACS[http://www.iacs.org.uk/publictions(국제선급연합회)], July 2012, "Common Structural Rules for Bulk Carriers and Oil Tankers, External release version"

16.2 Air pollution 관련 규정

[1] "친환경선박설계", 해양연구원 저자: 신명수, 김해경, 차지협
[2] IMO Resolution MEPC. 245(66) 2014 Guidelines on the Method of Calculation of the Attained Energy Efficiency Design Index(EEDI) for New Ships

16.3 Ship Recycling

[1] Recycling of ships - IMO Homepage 발췌내용
[2] 선박재활용협약 채택 외교회의 결과보고서 - 국토해양부

16.4 Ballast Water Management & Treatment System

[1] "한국선급, 기관기술팀 2010, 평형수 관리시스템의 선박적용에 대한 지침서"

16.5 IGF 코드

[1] IGC Code Ch. 16 Use of Cargo as Fuel (Gas Carrier)
[2] IACS UR M 59 Control and Safety Systems for Dual Fuel Diesel Engines
[3] KR 기준 가스연료선박 지침(2012)
[4] CCC 1/WP.3, Development of International Code of Safety for Ship Using Gases of Other Low-Flashpoint Fuels(ICF Code)

16.6 PSPC(Performance Standard for Protective Coating)

[1] IMO Resolution MSC.216(82) Adoption of amendments to the international convention for the safety of life at sea, 1974, as amended
[2] IMO Resolution MSC.288(87) Adoption of amendments to the international convention for the safety of life at sea, 1974, as amended
[3] IMO Resolution MSC.289(87) Adoption of amendments to the international convention for the safety of life at sea, 1974, as amended

16.7 PMA(Permanent Means of Access) 관련 규정

[1] International convention for the safety of life at sea, 1974 and amendment
[2] IMO Resolution MSC.133(76) adoption of technical provisions for means of access for inspections
[3] IMO Resolution MSC.134(76) Adoption of amendments to the international convention for the safety of life at sea, 1974, as amended
[4] IMO Resolution MSC.151(78) Adoption of amendments to the international convention for the safety of life at sea, 1974, as amended
[5] IMO Resolution MSC.158(78) Adoption of amendments to the technical provisions for means of access for inspections
[6] IACS Unified interpretations (UI)SC190 Application of SOLAS regulation II-1/3-6 (Res MSC.134(76)) and technical provisions on permanent means of access (Res MSC.133(76))
[7] IACS Unified interpretations (UI)SC191 for the application of amended SOLAS regulation II-1/3-6 (resolution MSC.151(78)) and revised technical provisions for means of access for inspections (resolution MSC.158(78))

16.8 연료유 탱크의 보호적 배치

[1] MARPOL Annex I Reg. 12A

16.9 MLC(2006 해사노동 협약)

[1] 2006년 해사노동협약 해인출판사 전영우, 정대율, 오병렬, 이철중

16.10 대빙구조 설계 관련 규정

[1] Guidelines for the application of the Finnish 2011, Swedish Ice class rules Swedish Transport Agency
[2] IACS UR I1, I2, I3 IACS
[3] IMO ResA1024(26) "Guidelines for ships operating in Polar Waters"

16.11 해적침입시 대피를 위한 공간에(Citadel) 대한 규정

[1] 선박안전법 선박설비기준 국토해양부

16.12 Noise Code

[1] IMO Resolution MSC.337(91) Adoption of the Code on Noise Level on Board Ships

16.13 IMO협약 개정 현황

[1] KR-CON(http://krcon.krs.co.kr)

부 록

[별첨] AutoCAD에 의한 선박도면 작도법

관련 데이터는 **도서출판 동명사 홈페이지 자료실(www.dmsbook.com)**에서 다운받으실 수 있습니다.

제 1 장 선 도

1.1 Lines 작성 개요
1.2 Body Plan 작성
1.3 Half Breadth Plan 작성
1.4 Sheer Plan 작성
1.5 종합적인 선도의 도면화
1.6 출력(Print/Plot)

제 2 장 중앙단면도

2.1 Midship Section 작성 개요
2.2 AutoCAD를 사용하기 위한 기본 개념 및 명령어
2.3 Midship Section 작성 순서
2.4 최종 Midship Section 점검
2.5 저 장
2.6 종합적인 중앙횡단면도의 도면화
2.7 출 력

제 3 장 일반배치도

3.1 General Arrangement(G/A) 작성 개요
3.2 General Arrangement(G/A) 작성
3.3 종합적인 일반배치도의 도면화
3.4 출력(Print/Plot)

Appendix

Appendix 1. AutoCAD 기본 명령어
Appendix 2. 단축키 및 핫키 사용하기
Appendix 3. 도면에 주석 달기
Appendix 4. Autodesk Inventor 유틸리티

[대학의 CAD 교육 관련 참고 사항]

일본조선학회가 주관해서 '대학과정의 선박설계 및 제도과목을 위한 CAD교육의 필요성'에 관한 조선업계 관점의 앙케트를 대대적으로 조사해서 발표한 바가 있었다[결과 발표 : 『일본조선학회지』 제 790호, 1995. 4]. 총 응답자 수는 367명이었으며, 조사된 주요 결과는 다음과 같았다.

"CAD의 'D'는 본래 'Design'과 'Drawing'으로 구분될 수 있으며, 이 중에서 'Design'을 위한 CAD는 대학과정에서 교육할 필요가 없는 것으로 나타난 반면에 'Drawing'을 위한 CAD의 교육은 유용한 것으로 조사되었다. 또한 대학 과정에서는 특히 아래 사항의 교육이 필요하다는 조사 결과를 결론적으로 발표하고 있다.

(1) Lines : Cp-Curve, Body Plan, Water Line, Buttock Line, Hydro-Curve 작성 등의 일련의 과정을 통한 수작업 설계의 기초 교육이 필요하다.
(2) G/A : 단순한 사도작업(Tracing)보다는 최신 지식의 관점에서 배치를 위한 기본 지식의 함양이 요구된다.
(3) Midship : 규칙(Rule)에 의한 설계 연습과 아울러 단면계수(Section Modulus) 계산에 의한 부재치수 결정법을 교육함이 필요하다. 또한 도면에 의한 구조해석을 통하여 규칙(Rule)의 타당성과 강도의 확인을 위한 교육도 필요하다."

부록 I 선체구조 명칭도

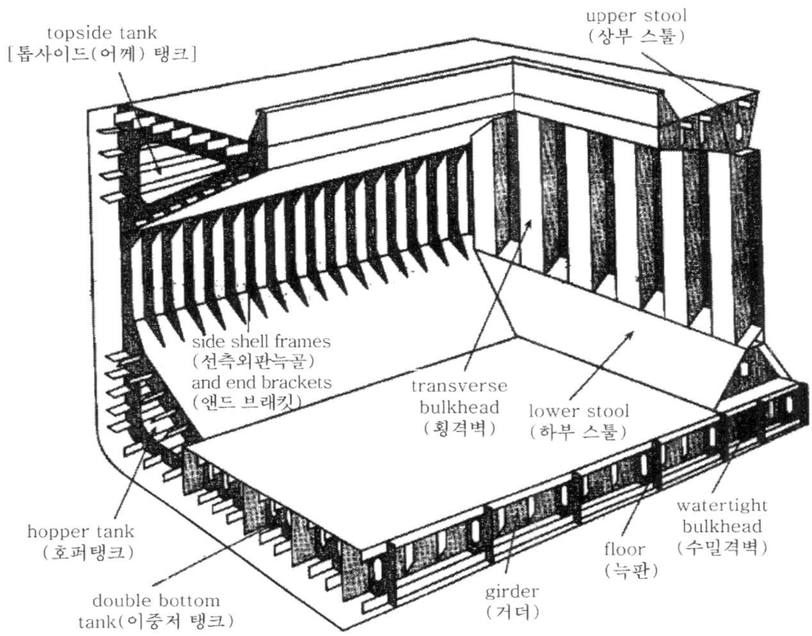

부도 I·1 벌크화물선 단면

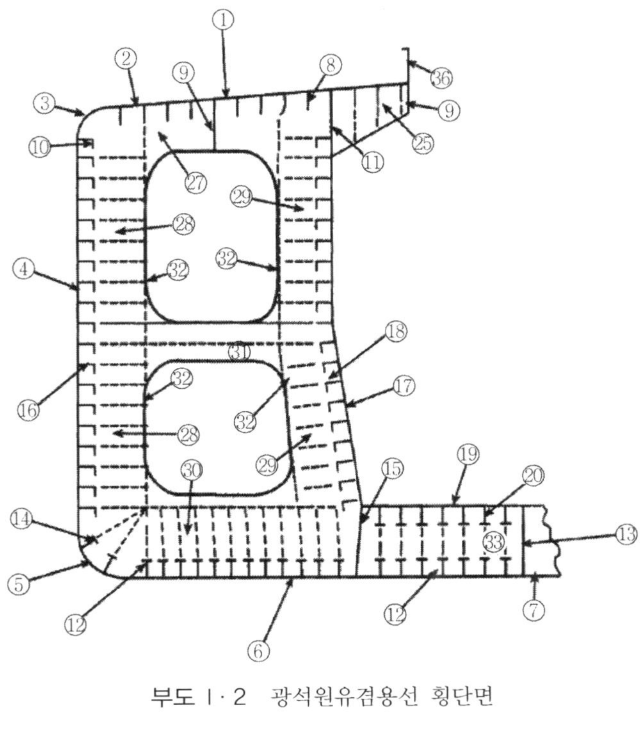

부도 I·2 광석원유겸용선 횡단면

부도 Ⅰ·2에서 번호별 국·영문 명칭은 다음 표와 같다. 단, 이 명칭 중에는 대한조선학회가 편찬한 『조선용어사전』(1997)과 한국선급의 규정이나 선박안전법에 사용된 용어가 서로 다른 것들이 있다. 이의 예를 부록 Ⅲ에 일부 소개하였다. 한편 한국과학기술한림원에서 편찬한 『과학기술용어집』(1998) 및 한국기술단체총연합회에서 편찬한 『과학기술대사전』(2005)에 사용된 용어는 대한조선학회가 편찬한 『조선용어사전』의 것과 같은 것을 수록하고 있다.

용 어					
번호	국 문	영 문	번호	국 문	영 문
1	강력갑판플레이트	strength deck plating	16	선측외판늑골	side shell longitudinals
2	스트링거판	stringer plate	17	종격벽판	longitudinal bulkhead plating
3	현측외판 현측후판	sheer strake	18	종격벽종통재	longitudinal bulkhead longitudinals
4	선측외판	side shell plating	19	내저판	inner bottom plating
5	빌지외판	bilge plating	20	내저종늑골	inner bottom longitudinals
6	선저외판	bottom shell plating	25	갑판트랜스버스 센터탱크	deck transverse center tank
7	용골판	keel plate	26	선저트랜스버스 센터탱크	bottom transverse center tank
8	갑판세로보	deck longitudinals	27	갑판트랜스버스 윙탱크(현측탱크)	deck transverse wing tank
9	갑판거더	deck girders	28	선측연직웨브	side shell vertical web
10	종현측외판	sheer strake longitudinal	29	종격벽연직웨브	longitudinal bulkhead vertical web
11	종격벽 톱스트레이크	longitudinal bulkhead top strake	30	선저트랜스버스 윙탱크	bottom transverse wing tank
12	선저종늑골	bottom longitudinals	31	크로스타이	cross ties
13	선저거더	bottom girders	32	트랜스버스웨브 페이스판	transverse web face plate
14	빌지종통재	bilge longitudinals	33	이중저	double bottom floor
15	종격벽 하부스트레이크	longitudinal bulkhead lower strakes	36	창구코밍	hatch coamings

부록 II 조선용어의 차이점(조선용어사전 / 규정집)

영어 용어	조선용어사전 (대한조선학회, 과학기술용어집)	선급 기술 규칙(KR)
air pipe head	공기관 머리쇠	공기관 헤드
azimuth	방위각	선회식
ballast water	물밸러스트	밸러스트수 water ballast : 물밸러스트 salt water ballast : 해수밸러스트
bar	바	봉(원형단면), 바(사각단면)
blade	날개	블레이드(프로펠러용), 날개(펌프용)
bollard	볼러드	볼라드, 볼러드
code	코드	코드(코우드)
flame arrester	불꽃막이	프레임어레스터
flexible shaft	유연성축	플랙시블 축
guide plate	안내판	가이드플레이트
hatch cover	창구덮개	해치커버
mooring	계류	무어링
mooring winch	계류윈치	무어링윈치
owner	owner's flag : 선주기	선박소유자(선박안전법, KR규칙)
pipe tunnel	파이프통로	파이프터널
pontoon cover	pontoon hatch cover : 폰툰창구덮개	폰툰덮개(steel pontoons : 강제폰툰 덮개)
sea chest	해수흡입	시체스트
settling tank	침전탱크	settling tank : 세트링 탱크 service tank : 서비스탱크
sheave groove	시브홈	시브그루브
spill valve	spill valve : 가감밸브 spill tank : 스필탱크	스필밸브
stopper	멈추게	스토퍼
stringer	종통재	스트링거
stripping pump	stripping pipe : 잔유관 stripping pump : 잔유펌프	스트리핑펌프
strut bearing	스트럿베어링	스트럿베어링(스트러트베어링)
thrust bearing	thrust bearing : 추력베어링 thrust block : 추력블록 thrust(block) recess : 스러스트리세스	추력베어링(스러스트베어링)

영어 용어	조선용어사전 (대한조선학회, 과학기술용어집)	선급 기술 규칙(KR)
topside tank	거널탱크	톱사이드탱크
tow line	토라인	토우라인
transverse web frame	web : 웨브 web frame : 특설늑골 transvers frame : 횡늑골 transvers ring : 트랜스버스환 transvers web : 트랜스버스웨브	트랜스버스웨브프레임 transvers webframe ring : 트랜스버스웨브프레임링
vent	vent(hole) : 통기구멍 vent pipe : 벤트관	벤트
void space	빈 공간	보이드스페이스
water seal	물봉쇄	수밀
weather tight	풍우밀	비바람막이
web frame	특설늑골	대형 : 웨브프레임, 소형 : 특설늑골
wedge	쐐기	웨지
windlass	양묘기	윈들러스
wing ballast tank	wing tank : 현측탱크 topside tank : 거널탱크, 어깨탱크, 호퍼탱크	윙밸러스트탱크 ballast tank : 밸러스트탱크, topside wing tank : 톱사이드윙탱크
wing tank	현측탱크	윙탱크

부록 Ⅲ 주요 조선용어의 약어 및 원어

본 부록Ⅲ에서는 조선산업 현장에서 사용하는 주요용어의 약어 및 원어(: [ ] 속 내용)를 수록하였다. 아울러 우리말 용어 내지는 보충 설명을 첨가하기도 했다. 단, 『조선용어사전』(대한조선학회 편), 『과학기술용어집』(한국과학기술한림원 편), 『과학기술대사전』(한국과학기술단체총연합회 편) 등에 수록되어 있지 않은 용어는 산업 현장에서 통용하고 있는 원어 발음 또는 원어를 그대로 수록했다. 또한 약어의 표기가 조선산업체에 따라 다른 것은 복수로 표기하기도 했다. 하지만 근소한 차이가 있는 것은 한 가지로만 표기했다(예 Tank의 약어를 'T' 또는 'Tk'로 표기함).

A [Angle] 형강재

A/B [Above Base Line] 기선의 상부

ABS [American Bureau of Shipping] 미국 선급협회

AC [Acetylene] 아세틸렌

A/C [Air Conditioner, Anti Corrosive] 에어컨/공기조절장치, 방청도료

ACC.LAD [Accommodation Ladder] 현측 사다리

ACCOM [Accommodation] 거주설비

AC/H [Access Hole] 통로구멍

A/C RM [Air Conditioner Room] 에어컨실

A.D [Air Duct] 통풍로, 에어덕트

AFRA [Average Freight Rate Assessment]

AFT [Afterward] 선미 쪽

A/H [Air Hole] 공기 구멍

AIMS [American Institute of Merchant Shipping] 미국 선주협회

AIR. CLR [Air Cooler] 공기 냉각기

A.L [Air Lock , Anchor Light] 공기로커, 정박등

AMPTC [Arab Maritime Petroleum Transport co.] Opec Tanker 해운공사

An.H.T [Anti-Heeling Tank] 안티 힐링 탱크

ANT. [Antenna] 안테나

A.P. [After Perpendicular] 선미 수선

APPROX. [Approximate] 대략

A.P.T [After Peak Tank] 선미피크탱크

ARR'T [Arrangement] 배치

ASBESTOS PACK'G [Asbestos Packing] 석면 패킹

A.T [Air Escape Trunk] 공기빼기관, 통풍관

AU.H.T [Auto Heeling Tank] 오토 힐링 탱크

AUTO. [Automatic] 자동의

AUX. MACH.RM 또는 A/E RM [Auxiliary Machinery Room] 보기실, 보조기계실

A.V [Air Vent] 에어벤트, 공기통

A.V/V [Angle valve] 앵글 밸브

AW [Water Plane Area] 수선면적

AWES [The Association of West European Ship builders] 서구 조선공업 협회

AWNING 또는 AWN'G [Awning] 천막
B(MLD) [Breadth (Moulded)] 형폭
B. [Bed , Bench , Bitt , Bollard]
BALLAST CONT.RM [Ballast Control Room] 밸러스트 조정실
BAR.SH [Barber shop] 이발소
BATT.RM [Battery Room] 축전지실
BC [Book Case] 책장
BC [Bulk Carrier] 산적화물선, 벌크화물선
BCH [Bench] 긴 의자
B.F [Blank Flange] 블랭크 플랜지 : 파이프 끝단을 막는 플랜지
B.F [Boiler Flat] 보일러 플랫
BF.T [Buffer Tank] 버퍼 탱크
B.F.W.T [Boiler Feed Water Tank] 보일러 피드 워터 탱크
BG [Barge] 바지선
B/H [Bilge Hat] 빌지햇 : 갑판의 오수류
BHD [Bulkhead] 격벽
BHP [Break Horse Power] 제동마력
B.H.T [Bilge Holding Tank] 빌지 홀딩 탱크
BILGE KEEL [Bilge Keel] 만곡부 용골
BKT [Bracket] 보강재
B.L. [Base Line, Buttock Line] 기선, 버토크라인
BLR.(RM) [Boiler Room] 보일러 룸
BLR.O [Boiler Opening] 보일러 오프닝
B.M [Bell Mouth] 벨 마우스
BM REST [Boom Rest] 붐 받침대, 붐 레스트, 붐 격납대
Bm, B/M [Beam] 빔
B/N/W [Bolt & Nut & Washer] 볼트 & 넛트 & 와셔
B/O [Blending Oil] 블렌딩 오일 : 혼합유
B.O [Bilge Oil] 폐유
BOAT DK [Boat Deck] 단정갑판
BOAT DVT [Boat Davit] 단정대빗, 보트대빗
BOAT WINCH [Boat Winch] 보트 윈치
BOLLARD [Bollard] 볼러드
BOSUN RM [Boatswain Room] 갑판장실
BOSUN STR [Boatswain Store] 갑판장 창고
B.O.T [Bilge Oil Tank] 빌지 오일 탱크
B.P [Blank Plate] 블랭크 플레이트 : 파이프 끝단을 막는 판
B.PLUG [Bottom Plug] 선저 플러그
BRG [Bearing] 베어링, 방위
BRIDGE DK [Bridge Deck]
B.S [Bottom Shell] 선저 외판
B.S.P [Bilge Suction Pipe] 오수 흡입관
B.S.SL.T [Bilge Separated Sludge Tank]
B/T [Bath Tube] 욕조
BT.DECK [Boat Deck] 단정갑판, 보트데크
BT.DK.L [Boat Deck Light] 단정갑판등, 보트데크 라이트
BTM [Bottom] 선저
BV [Bureau Veritas] 프랑스 선급협회
B/W [Bilge Well] 빌지 웰 : 오수가 모이도록 오목하게 파여진 곳
B.W.H.T [Bilge Water Holing Tank] 빌지 워터 홀딩 탱크
CAACE [Comite Des Association D'armateurs Des Communautes Europeennes] EC 선주협회
CAB. [Cabin] 선실, 캐빈

C.A.C.C. [Centralized Administration & Control Center] 중앙 집중 제어실

CADET RM [Cadet Room] 견습생실

CAFE. [Cafeteria] 카페테리아

CAMBER [Camber] 캠버

CAP./CAPT [Capstan] 캡스턴, 계선기

CAPT.RM [Captain Room] 선장실

CARL'G [Carling] 칼링 : 국부보강재

Cb [Block Coefficient] 방형계수

CB [Cupboard] 컵보드 : 찬장

C.B [Channel Bar] 채널 바 : "ㄷ" 형강

C.B.T [Clean Ballast Tank] 클린 밸러스트 탱크, 청수 밸러스트 탱크

CC [Coal Carrier 또는 Crude Oil Carrier] 석탄 운반선 또는 원유 운반선

CC [Common Chair] 커먼 체어 : 일반 의자

C.C.O.T [Center Cargo Oil Tank] 센터 카고 오일 탱크

C.C.RM [Cargo Control Room] 카고 컨트롤 룸

CD 또는 C/D [Cable Duct] 케이블 덕트 : 전선 도관

C/D [Cofferdam] 코퍼댐

CEBOSINE [The Netherland Association of Ship Builders] 네덜란드 조선공업협회

C.F.W.ST.T [Cooling Fresh Water Storage Tank] 냉각용 청수 저장 탱크

C.G [Center of Gravity] 중량중심

C.G.T [Compensated Gross Tonnage] 보정 총 톤수

CGL [Cleaning Gear Locker] 클리닝 기어 락커 : 청소도구 창구 옷걸이

C/H [Cargo Hold] 화물창

CH.V/V [Check Valve] 체크 밸브

CHAIN PIPE [Chain Pipe] 체인 파이프

CHAIN STOPPER [Chain Stopper] 체인 스토퍼

C.K [Center Keel] 중심용골

C.L [Center Line] 중심선

C.L.O.ST.T [Cylinder Lub. Oil Storage Tank] 실린더 루브 오일 스토리지 탱크

C.LKR [Chain Locker] 체인 락커 : Chain 격납고

CLR [Cooler] 쿨러

Cm [Midship Sectional Area] 중앙횡단면계수

CMI [Committee Maritime International] 국제해사 위원회

CN [Container Vessel] 컨테이너 운반선

C.O.P.T [Cargo Oil Pump Turbine] 화물유펌프용터빈, 카고 오일 펌프 터빈

C.O.SE.T [Cylinder Oil Setting Tank] 실린더 오일 세틀링 탱크

C.O.ST.T [Cylinder Oil Storage Tank] 실린더유저장탱크, 실린더 오일 스토리지 탱크

C.O.SV.T [Cylinder Oil Service Tank] 실린더유서비스탱크, 실린더 오일 서비스탱크

C.O.T [Cargo Oil Tank] 화물유탱크, 카고 오일 탱크

C.O.W [Crude Oil Washing] 원유세정

COMP [Compressor] 압축기, 컴프레셔

COMP.BLR [Composite Boiler] 컴포지트보일러

CONST-RUNAVES [The Association of Spanish Shipbuilders] 스페인 조선 공업협회

CORR.BHD [Corrugate Bulkhead] 파형 격벽, 코러게이트 벌크헤드

COT [Crude Oil Tanker] 유조선(원유 운반선)

Cp [Prismatic Coefficient] 주형계수

C.PL [Collar Plate] 칼라판, 칼라 플레이트 : 복강용 부재

CR [Chinese Register of Shipbuilding] 중국선급협회

CS.T [Cascade Tank] 캐스케이드 탱크

Cw [Water Plane Area Coefficient] 수선면 계수

C.W.B.T [Cargo Water Ballast Tank] 카고 워터 밸러스트 탱크

D(mld) [Moulded Depth] 형깊이

da [Draft At After Draft Mark] 선미 흘수표 흘수

dA [Draft At After Perpendicular] 선미수선흘수

DB.F.O.T [Double Bottom Fuel Oil Tank] 더블 바톰 퓨얼 오일 탱크, 이중저 연료유 탱크

D.B.W.B.T [Double Bottom Water Ballast Tank] 더블 바톰 워터 밸러스트 탱크, 이중저 수 밸러스트 탱크

D/B W.B.T. [Double Bottom Water Ballast Tank] 선저탱크

D.BTM(D/B) [Double Bottom] 이중저

D/D [Dry Dock] 건식독, 독, 드라이 독

D/E [Diesel Engine] 디젤 엔진

DEEP T. [Deep Water Ballast Tank] 심수조 밸러스트 탱크

df [Draft at Fore Draft Mark] 선수 흘수표 흘수

dF [Draft at Forward Perpendicular] 선수수선흘수

D/G [Diesel Generator] 디젤 발전기, 디젤 제너레이터

D.H.F.O.T [Deep Heavy Fuel Oil Tank] 디프 헤비 퓨얼 오일 탱크, 심 중유 탱크

D/H [Drain Hole] 드레인 구멍, 드레인 홀 : 배수공

DISPT(MLD) [Displacement(Mold)] 형배수량

DISPT. [Displacement Tonnage] 배수톤수

DISPT.(EXT) [Displacement With All Appendages in Metric Ton] 최대배수량

DK [Deck] 갑판

DK STR [Deck Store] 갑판 창고

DKHOUSE [Deckhouse] 데크하우스, 갑판실 : 상갑판 이상의 구조물

D.L.W.L. [Designed Load Water Line] 계획 만재 흘수선

DN [Down] 내려감

DNV [Det Norske veritas] 노르웨이 선급협회

D.O.BK.T [Diesel Oil Bunker Tank] 디젤 오일 벙커 탱크

D.O.SE.T [Diesel Oil Setting Tank] 에이(A)중유청정기, 디젤 오일 세팅 탱크

D.O.ST.T [Diesel Oil Storage Tank] 에이(A)중유청전기, 디젤 오일 스토리지 탱크

D.O.SV.T [Diesel Oil Service Tank] 에이(A)중유 서비스 탱크, 디젤 오일 서비스 탱크

D.O.T. [Diesel Oil Tank] 디젤 오일 탱크

D.P [Drain Pipe] 드레인관, 드레인 파이프, 배수 파이프

DP [Drawing Program] 드로잉 프로그램 : 설계 일정과 시수 관리를 위한 설계관리 프로그램

Draft(EXT) [Draft From Base Line Excluding Keel Plate] 최대흘수

DRAIN FILTER [Drain Filter] 드레인 필터 : 찌꺼기 여과기

DRAIN PIPE [Drain Pipe] 드레인 파이프, 드레인관 : 배수 파이프

DRIP PAN [Drip Pan] 드립 팬 : 물받이

DRY RM [Drying Room] 드라잉 룸, 건조실

DS [Drill Ship] 드릴 쉽

DS.W.T [Distilled Water Tank] 디스틸드 워터 탱크, 증류수 탱크

D.W.B.T [Deep Water Ballast Tank] 딥 워터 밸러스트 탱크, 심수밸러스트 탱크

D.W.T [Drinking Water Tank] 드링킹 워터 탱크, 식수 탱크

D.W.T. [Drinking Water Tank, Distilled Water Tank] 식용수 탱크, 증류수 탱크

DWT [Deadweight] 재화중량톤수

EA [Each] 이치 : 각각, 개수

EC [Easy Chair] 이지 체어 : 안락의자

E/CASING [Engine Casing] 엔진 케이싱

E.H [Engine Room Hatch] 엔진 룸 해치 : 상갑판에서 엔진룸으로 연결된 창구

E.H. [Engine Room Hatch] 기관실 해치

EL.FAN [Electric Fan] 일렉트릭 팬 : 전기송풍기

EL.WINCH [Electric Winch] 전동식 윈치, 일렉트릭 윈치

EL.WIND [Electric Windlass] 전동식 윈들러스, 일렉트릭 윈들러스

ELEV. [Elevation] 양각, 입면도, 엘리베이션 : 측면도

ELEV. [Elevator] 승강기, 승강기

ENG. STR [Engine Store] 기관창고

ENT. [Entrance] 엔트런스, 출입구, 물가름부

E/R [Engine Room] 엔진 룸, 기관실

E/R ARR'T [Engine Room Arrangement] 엔진 룸 어랜지먼트 : 기관실 배치도

E/R BHD [Engine Room Bulkhead] 엔진 룸 벌크헤드, 기관실 격벽

E.S 또는 E/S [Echo Sounder] 음향측심기, 음향심측기

ESC [European Shipper's Councils] 유럽 수주 협의회

E.T. [Escape Trunk] 탈출통로, 비상탈출구

EXP.DK [Exposed Deck] 노출갑판, 노천갑판

EXT. [Extreme]

F'cle [Forecastle Deck] 선수루 갑판

F'CLE DK [Forecastle Deck] 선수루 갑판

FCH [Folding Chair] 폴딩체어, 접는 의자

FDN [Foundation] 파운데이션 : 받침대

FEED.W.T [Feed Water Tank] 급수탱크, 피드 워터 탱크 : 기간 용수 탱크

FENDER [Fender] 방현재

FEU [Forty-foot Equivalent Unit] 40 피트 컨테이너

FIRE DET. [Fire Detector] 파이어 디텍트 : 화재 탐지기

FL [Fairleader] 페어리더

FLOODABLE HOLD [Floodable Hold] 플러드블 홀드 : Cargo Hold 중 액체를 실을 수 있는 Cargo Hold

FLR [Floor] 늑판

F.M. 또는 F/M [Fore Mast] 선수 마스트, 포어 마스트

FN. [Funnel] 연돌

F.O.OVER.T [Fuel Oil Overflow Tank] 연료유 넘침 탱크

F.O.P [Fuel Oil Pipe] 퓨얼 오일 파이프 : 연료유관

F.O.SERV.T [Fuel Oil Service Tank]

F.O.SETT.T [Fuel Oil Setting Tank]

F.O.SL.T [Fuel Oil Sludge Tank] 퓨얼 오일 탱크 : 연료유 탱크

F.O.T. [Fuel Oil Tank] 연료유 탱크, 연료 탱크

FOOD LIFTER [Food Lifter] 푸드 리프트 : 부식 승강기

F.P. [Forward Perpendicular] 선수수선

F.P.P [Fixed Pitch Propeller] 고정 피치 프로펠러, 픽스드 피치 프로펠러

F.P.T [Fore Peak Tank] 포어 피크 탱크 : 선수부 탱크

FR. [Frame] 늑골

F.S [Frame Space] 프레임 스페이스 : 늑골 간격

F.S.D [Fabrication Sequence Diagram] 패브리케이션 시퀀스 다이어그램 : 조립 순서도표

F.W.P [Fresh Water Pipe] 프레시 워터 파이프 : 청수관

F.W.P/P [Fresh Water Pump] 프레시워터 펌프 : 청수 펌프

F.W.T. [Fresh Water Tank] 청수탱크

FWD [Foreward] 선수쪽(으로)

G/A [General Arrangement] 일반배치도

GALLEY [Galley] 갤리선, 갤러리 : 취사장

GATE V/V [Gate Valve] 게이트 밸브

G.BAR [Gutter Bar] 거터 바 : 수밀용테두리

GC [General Cargo Ship] 일반 화물 운반선

G.D [Gravity Davit] 중력식 대빗

G/E [Generator Engine] 발전기 엔진

GEN [Generator] 제너레이터 : 발전기

GIR [Girder] 거더

GKT [Gasket] 개스킷 : 면을 수(기)밀하기 위하여 끼우는 재질

GL [Germanischer Lloyd] 독일선급협회

GM [Metacentric Height] 메타센터 높이

G.P [Gyro Pilot] 자이로 파일럿

GRAV.T 또는 G/TK [Gravity Tank] 중력탱크

GREASE NIPPLE [Grease Nipple] 그리스니플 : 그리스 주입구

GRIND'G [Grinding] 그라인딩

GT 또는 G/T [Gross Tonnage] 총톤수

G.V [Gooseneck Ventilator] 거위목형 통풍구

G.W [Gangway] 구름다리, 현문, 갱웨이 : 선원 출입구

GYM. [Gymnasium] 체육관

H. [Hatch] 창구

H.C [Hatch Coaming] 해치코밍, 창구코밍

H/COAM'G [Hatch Coaming] 해치코밍, 창구코밍

H/COIL [Heating Coil] 히딩 코일

H/CVR [Hatch Cover] 해치 커버 : 화물창 덮개

H.EL WDL [Hydro-Electic Windlass] 하이드로-일렉트릭 윈들러스 : 전동 유압식 양묘기

H.EL.S/G [Hydro-Electric Steering Gear] 전동 유압식 조타기

H.F.O. [Heavy Fuel Oil] 중유

H.F.O.BF.T [Heavy Fuel Oil Buffer Tank] 비(B)중유버퍼탱크, 시(C)중유버퍼탱크, 중유 버퍼 탱크

H.F.O.BK.T [Heavy Fuel Oil Bunker Tank] 비(B)중유벙커탱크, 시(C)중유벙커탱크, 중유 벙크 탱크

HF.O.OV.T [Heavy Fuel Oil Overflow Tank] 중유 오버플루 탱크, 비(B)중유오버플루탱크, 시(C)중유오버플루탱크

H.F.O.ST.T [Heavy Fuel Oil Storage Tank] 비(B)중유저장탱크, 시(C)중유저장탱크, 중유 저장 탱크

H.F.O.SV.T [Heavy Fuel Oil Service Tank] 비(B)중유서비스탱크, 시(C)중유서비스탱크, 중유 서비스 탱크

H.F.B.T. [Heavy Oil Bunker Tank] 헤비 오일 벙커 탱크 : 중유 저장 탱크

H/G [Handgrip] 핸드그립 : 손잡이

HH.S/G [Hand Hydraulic Steering Gear] 수동 유압식 조타기

HNG [Hinge] 힌지

HOSP. [Hospital] 병실

HP [Horse Power] 마력

H.P.C.F.W.T [Heavy Pressure Cleansing Fresh Water Tank] 헤비 프레셔 클리닝 프레시 워터 탱크

HP.T [Hopper Tank] 호퍼 탱크 : 선저 외측 쪽의 탱크

H.PIPE [Hawse Pipe] 호저 파이프

H.R [Handrail] 핸드레일 : 난간

H.S.C [High Sea Chest] 상흡입구

H.W.P [Hot Water Pipe] 핫 워터 파이프 : 온수관

H.WCH [Hand Winch] 핸드 윈치 : 수동 윈치

IACS [International Association of Classification Societies] 국제선급 협회 연합회

ICB CODE [International Code For The Construction And Equipment Of Ships Carrying Dangerous Chemicals In Bulk] 국제 Container 연맹

ICE.BR [Ice Breaker] 쇄빙선

I.F.O [Intermediate Fuel Oil]

I.G.G. [Inert Gas Generator] 불활성가스발생장치, Inert가스 제조장치,

I.H.P [Indicator Horse Power] 지시마력

IHO [International Hydrographic Organization] 국제 수로 기구

I.LDR [Inclined Ladder] 인클라인드 래더 : 경사 사다리

IMO [International Maritime Organization] 국제 해사 기구

INC'T [Inclining Test] 경사시험, 인클라이닝 테스트

INN.BTM [Inner Bottom] 내저판

ISO [International Standardization Organization] 국제 표준 기구

JIS [Japanese Industrial Standards] 일본공업 규격

J/O [Junior Officer] 주니어 오피서

JSA [Japanese Shipowner's Association] 일본 선주 협회

JSRA [Japan Ship Research Association] 일본 조선 연구회

K [Keel] 지느러미꼴 용골, 용골

KB [Vertical Center of Buoyancy Above Base Line in Meter] 부심 연직 위치

KG [Vertical Center of Gravity Above Base Line in Meter] 중심 연직 위치

K.L. [Knuckle Line, Keel Line] 너클선, 용골선

K/L [Keel Laying] 용골 배치 : Key Event 중의 하나로 배의 용골을 즉, 첫 Block을 Dock에 내리는 것.

K.P [Knuckle Point] 너클 포인트 : 절곡점

K.PL [Keel Plate] 용골판

KR [Korean Register Of Shipping] 한국선급 협회

KTS [Knots] 노트

LAB [Laboratory] 실험실

LAB. [Laboratory] 연구실

LAV [Lavatory] 세면실

LAV. [Lavatory] 수세실

L.B. [Life Boat] 구명정

L.BHD [Longitudinal BHD] 종통격벽, 종방향 격벽

LBP [Length Between Perpendiculars] 수선간 길이

L.BUOY [Life Buoy] 구명분환, 구명부이

L.C.B. [Longitudinal Center Of Buoyancy From Midship in meter] 종부심

L.C.F [Longitudinal Center Of Flotation From Midship in meter] 배의 길이 중앙으로부터 부면심까지의 수평거리

L.C.G [Longitudinal Center Of Gravity From Midship in meter] 종 방향 무게 중심

L/C [Launching] 진수

LDR [Ladder] 사다리

L.F.O [Light Fuel Oil] 경유

LKR [Locker] 락커 : 창고(Store보다 작은 창고)

LN [LNG (Liquified Natural Gas)] 액화천연가스 운반선

L.O [Lubricating Oil] 윤활유

LOA [Length Over All] 선체 전길이

L.O.T [Lubricating Oil Tank] 윤활유 탱크

Lo/Lo [Lift On/ Lift Off] Cell Structure Container선

LP [Lamp] 등

LP [LPG (Liquified Petroleum Gas)] 액화석유가스 운반선

LR [Life Raft, Lloyd's Register of shipping] 영국선급협회

L.R [Life Raft] 구명 뗏목, 라이트 레프트

LR [Lloyd's Register Of shipping] 영국선급 협회

L.S [Longitudinal Space] 종통재 간격

L.W.L. [Load Water Line] 흘수선

L/W 또는 LWT [Light Weight] 경하중량

MACH [Machinery] 기계류

MAIN DK [Main deck] 주갑판

MARK'G [Marking] 마킹

MARAD [Maritime Administration Of Department Of Transportation] 미국 해상청

MARPOL [International Convention For the Prevention Of Pollution From ship] 해양 오염방지에 대한 국제협약

MAX. [Maximum] 최대

MBC [Minor Bulk Carrier] 소형 산적 화물선

M.C. [Magnetic Compass] 자기컴퍼스, 자기 나침의

MCR [Maximum Continuous Rating] 최대 연속정격출력

M.D.O [Marine Dissel Oil] 선박용 경유

ME & FISH RM [Meat and Fish Room] 미트앤 피시룸 : 육고기 및 생선 저장고

M/E [Main Engine] 주기관

MEPC [Marine Environmental Protection Committee] IMO 해상 환경 보호 위원회

MESS RM [Mess Room] 메스룸 : 식당

M/H [Man Hole] 맨홀 : 사람이 통행할 수 있는 구멍

M/H COV [Man Hole Cover] 맨홀뚜껑, M/H덮개

MLT [Mast Light] 마스트 등

MP [Multi Purpose Carrier] 다목적 화물선

M.S [Mild steel] 연강

M.S.L. [Morse Signal Light] 모스신호등

MSC [Maritime Safety Committee] IMO해상 안전 위원회

MT [Metric Ton] 미터톤

M/T [Main Turbine, Model Test]

MTC [Maritime Transport Committee] OECD 해운 위원회

MTR [Motor] 모터

M.V. [Mushroom Ventilatcr] 버섯형 통풍통, 버섯형 통풍관

M/V [Motor Vessel] 내연기관선

M/VV [Magnetic Valve] 마그네틱 밸브, 자기밸브

NAV.BRI.DK [Navigation Bridge Deck] 네비게이션 브릿지 데크, 항해선교갑판

NCR [Normal Continuous Rating] 정상 연속 출력

NEST'G [Nesting] 네스팅 : 자재 배치

NK [Nippon Kaiji Kyokai] 일본 선급 협회

NMC [National Maritime Council] 미국 해사 평의회

N.T [Net Tonnage] 순 톤수

N.T.DOOR [Non Tonight Door] 비수밀문

N.V [Natural Ventilation] 자연통풍

N.W.T [Non Water Tight] 비수밀

N.W.T BHD [Non Water Tight Bulkhead] 비수밀 격벽

OC [Ore Carrier] 광석 운반선

OF.T [Overflow Tank] 넘침탱크, 오버플루 탱크

OFF. [Officer] 사관

OPEN'G [Opening] 오프닝 : 개구

O.T.BHD [Oil Tight Bulkhead] 오일 타이트 벌크헤드 : 유밀 격벽

O.T.HATCH [Oil Tight Hatch] 유일문, 오일타이트 해치

OUTFIT. [Outfitting] 아웃핏팅 : 의장

O.W.S [Oily Water Separator] 오일리 워터 씨퍼레이터 : 유수 분리기

P [Port] 항구, 현문, 좌현

PASS [Passage] 패시지 : 통로

PASS.DK [Passenger Deck] 패신저 데크, 여객 갑판

PC [Products Carrier] 석유제품 운반선

PCC [Pure Car Carrier] 자동차 운반선

P/F DK [Platform Deck] 플랫폼갑판, 플랫폼 데크 : 중간갑판

P/H [Pipe Hole] 파이프 홀 : 배관구멍

POOP DK [Poop Deck] 선미루 갑판

PORT W. Tk [Portable Water Tank] 이동식 물탱크

P/P [Pump] 펌프

P/R [Pump Room] 펌프실

PROV.CRANE [Provision Crane] 프로비전기중기

P&S [Port & Starboard] 좌우현

Q.M. [Quarter Master] 조타수

RAC [Revolving Arm Chair] 리볼빙 암체어 : 회전의자

R.B [Rescue Boat] 구조정, 레스큐 보우트 : 구명정

RD [Rudder] 타, 키

R.DVT [Radial Davit] 회전대빗, 래디얼 대빗 : 선회대빗

REF [Refrigerator] 냉장고

REF. [Refrigerator] 냉장고

REF.STR [Refrigerator Store] 냉동창고

RELIEF V/V [Relief Valve] 안전밸브, 릴리이프 밸브, 배출밸브

R/G [Reduction Gear] 감속기

R.H. [Rope Hatch] 로프해치

RINA [Register Italiano Nnavale] 이탈리아 선급협회

R.L. [Red Light] 홍등

R.O.T [Residual Oil Tank] 레지듀얼 오일탱크 : 찌꺼기 오일 탱크

R/OFF.RM [Radio Officer Room] 통신사실

RO/RO [Roll-On/Roll-Off] 수평 하역시 Container선

RPM [Revolution Per Minute] 분당 회전수 측정단위

R.RM [Radio Room] 레디오 룸, 무선실

RT [Reception Table] 리셉션 테이블 : 접대의자

R.T [Rudder Trunk] 러더트렁크, 타트렁크

S [Starboard] 우현

SB [Side Board] 사이드 보드 : 벽장

S.B.T [Segregated Ballast Tank] 분리 밸러스트 탱크

SBC [Sea Bee Carrier] Barge운반선

S.BHD [Swash Bulkhead] 제수격벽, 스위시 벌크헤드 : 계수격벽

SC.P [Scupper Pipe] 배수관, 스커퍼 파이프

S/C [Sea Chest] 해수 흡입구

SD.CAP [Sounding Cap] 측심캡, 사운딩 캡

SD.P [Sounding Pile] 사운딩 파이프 : 측심관

SEA CAB [Sea Cabin] 씨 캐빈 : 함장실

S/G [Steering Gear] 스트링기어 : 조타장치

S.H.P [Shaft Horse Power] 축마력

SHR (RM) [Shower Room] 샤워장

SIG.L [Signal Light] 시그널 라이트 : 호등

SINAVAL [Brazilian Shipbuilding Association] 브라질 선급협회
SING.BTM [Single Bottom] 단저
SKY.L [Sky Light] 스카이라이트 : 천창
SL [Steel Locker] 스틸 락커 : 철제함
S.L. [Side Light, Search Light] 현등, 탐조등
S.L.W.L. [Summer Loaded Water Line] 하기 만재 흘수선
S.LOG [Speed Log] 선속계, 스피드 로그 : 속도측정장치
SMK [Smoking Room] 흡연실
SNK [Sink] 조리대
SOLAS [International Convention Safety Of Life At Sea] 국제해상 인명 안전 회의
SPEC. [Specification] 시방서, 사양서
S/S [Semi Submersible Drilling Rig] 반잠수식 시추선
S.SHELL [Side Shell] 선측외판
S/T [Sea Trial] 해상 시운전
S/TUBE [Stern Tube] 선미관
STAN [Stanchion] 스탠션 : 기둥
STAY [Stay] 스테이 : 지주, 난간받침대
STB'D [Starboard] 우현
STER [Strainer] 거르개, 스트레이너, 여과기
STERN [Stern] 선미
STIFF [Stiffener] 보강재
STL [Stool] 스툴
STR [Stringer] 종통재
STRIP [Stripping] 잔유 처리(잔수 제거)
SUP SHIP [Supply Ship] 보급선
S/VV [Safety Valve] 안전밸브
S.W [Sea Water] 해수
SWBD [Switchboard] 배전반
S.W.B.T. [Side Water Ballast Tank]
S.W.L. [Safety Working Load] 안전사용부하, 안전작동부하
S.W.P [Sea Water Pipe] 해수관
S.W.R [Steel Wire Rope] 스틸 와이어 로프
T. [Trunk, Ton] 트렁크, 톤
T.B [Tripping Bracket] 트리핑 브래킷
TB [Tug Boat] 예인선
T.BHD [Transverse Bulkhead] 횡경벽
T.C [Toilet Cabinet] 화장실 캐비닛
T.C.G [Transverse Center of Gravity] 횡 방향 무게 중심
T/CC [Truck/Car Carrier] 트럭/자동차 운반선
T/ENG [Turbine Engine] 터빈 엔진
TEU [Twenty-foot Equivalent Unit]
T.L.W.L. [Tropical Load Water Line] 열대 만재 흘수선
TS.W.T [Topside Wing Tank] 톱사이드 윙 탱크,
TT [Tea Table] 티 테이블
ULCC [Ultra Large Crude Oil Carrier] 30만 DWT 이상 초대형 탱커
UP [Upward] 위쪽으로
UPP.DK [Upper Deck] 상갑판
U.S.C.G [United States Coast Guard] 미국 해안 경비대
V. 또는 VENT. [Ventilation] 공기 공급, 통풍
V.C.G [Vertical Center Of Gravity] 수직 방향 무게 중심

VDR [Shipowners Association Of West Germany] 서독 선주 협회

VENT. [Ventilator] 벤틸레이터, 통풍기, 통풍통

V.L. 또는 V/LDR [Vertical Ladder] 수직 사다리

V/LDR [Vertical Ladder] 수직사다리, 버티컬 래더

VLBC [Very Large Bulk Carrier] 대형 산적 화물선

VLCC [Very Large Bulk Oil Carrier] 20만 DWT 이상 대형 탱커

V/S [Void Space] 보이드 스페이스, 빈공간, 무효공간

V/V [Valve] 밸브

W.B.T [Water Ballast Tank] 워터(물) 밸러스트 탱크

WB/M [Wash Basin With Mirror] 거울 달린 세면기

W.BHD [Wash Bulkhead] 와셔 벌크헤드, 제수격벽

WEA.DK [Weather Deck] 폭로갑판

WEB BM [Web Beam] 웹 빔, 특설보

WEB FR [Web Frame] 웹 프레임, 특설늑골

W/H [Wheel House] 조타실, 항해실

W.L.W.L [Winter Load Water Line] 동기만재 흘수선

W/M [Washing Machine] 워싱머신, 세탁기

W.N.A.L.L [Winter North Atlantic Load Line] 동기 부대서양 만재 흘수선

W.RB [Wardrobe] 워드롭, 옷장

W.RM [Wardroom] 워드룸, 상급 사관실

W.T.BHD [Water Tight Bulkhead] 수밀격벽

부록 Ⅳ 배수량 · 비중량 · 비중 · 밀도 및 각종 단위

선박의 배수용적(▽)에 선박 주위 유체의 비중량(specific weight)을 곱해서 배수량 (Δ)을 구한다. 여기서 비중량은 중량밀도(weight density)라고도 한다. 이때 비중량은 단위 체적당의 중량으로 정의되는 값으로서, 무차원수인 비중(specific gravity)과는 완전히 다른 값이다. 또한 중량을 표시하는 단위가 SI계에서는 N(newton)이나 kN(kilo newton, 1000 N) 등으로 표시되는 반면에 kg이나 ton은 질량의 단위를 나타낸다. 하지만 관습적으로 쓰고 있는 MKS계에서는 kg이나 ton이 kg중(kg_f)이나 ton중(ton_f)의 의미를 갖는 것으로서 '중(重)'이나 첨자 'f'를 생략한 상태로 중량의 단위로 사용되고 있다. 이를테면 '홍길동의 몸무게가 70 kg이다'라든지 '선박의 배수량이 4000 ton이다'라고 할 때 kg과 ton은 kg중이나 ton중을 의미하는 중량의 단위를 뜻한다. 이 경우 이 숫자에 중력가속도를 곱한 값이 힘의 단위와 같은 중량의 단위로 될 것이다. 이러한 점에서 선박의 배수량을 계산할 때 비중량과 밀도(density)를 혼동해서 쓰는 경우가 있다. 이제 이러한 혼동을 예방토록 비중량 · 비중 및 밀도의 정의를 정리하여 보면 다음과 같다.

$$\text{비중량(또는 중량 밀도, }\gamma) = \frac{\text{중량}(W)}{\text{부피}(V)} = \text{밀도}(\rho) \times \text{중력가속도}(g)$$

$$\text{비중}(S) = \frac{\text{어떤 물질의 비중량 또는 밀도}}{\text{표준물질(액체의 경우는 보통 4℃의 물)의 비중량 또는 밀도}}$$

$$\text{밀도}(\rho) = \frac{\text{질량}(M)}{\text{부피}(V)}$$

이제 각종 양들의 차원 · 단위 · 청수 및 바닷물의 밀도 및 비중량 등을 소개하면 다음 표와 같다.

양 및 MLT차원	SI 계	ft-lb 계	MKS(관습)계
질량[M]	kg, ton	slug, lb_m (1lb=1slug · ft/s^2)	kg_m ($1kg_m$ =1kg · s^2/m)
길이[L]	m	ft	m
시간[T]	s	s	s
중력가속도[LT^{-2}]	9.8m/s^2	32.2 ft/s^2	9.8m/s^2
중량(힘) [MLT^{-2}]	N (1N = 1kg · m/s^2)	lb (1lb=32.2lb_m ft/s^2)	kg, ton

양 및 MLT차원		SI 계	ft-lb 계	MKS(관습)계
밀 도 $[ML^{-3}]$	청수	$1.000 ton/m^3$	$62.4 lb_m/ft^3$ $1.938 slug/ft^3$ $(\rho_{slug} = \rho_{lb_m}/32.2)$	$1,000 kg_m/m^3$
	해수	$1.025 ton/m^3$	$62.4 lb_m/m^3$ $1.988 slug/ft^3$	$1,025 kg_m/m^3$
비중량 $[MT^{-2}L^{-2}]$	청수	$9.81 kN/m^3$	$62.4 lb/ft^3$ $\frac{1}{36} ton/ft^3$	$1.000 ton/m^3$
	해수	$10.06 kN/m^3$	$64 lb/ft^3$ $\frac{1}{35} ton/ft^3$	$1.025 ton/m^3$

부록 V 국제만재흘수선협약(ICLL1966)의 개정 내용 [protcol 1988/2006 Amendment]

1966년에 제정된 국제만재흘수선협약(ICLL) 중에서 1988년에 개정된 협약과 2004년에 수정된 프로토콜(Revised Protocol)의 조문 번호(Regulation No.)와 제목을 다음 표에서 간단히 요약하였다. 여기서 조문이 부분적으로 수정된 것은 '수정'으로 표기했으며, 추가된 부분은 '첨가', 위치가 이동된 것은 '위치이동', 삭제된 것은 '삭제'로 각각 표기하였다.

Amendments of International Convention on Load Lines(1966) in 1988
(Enter force from Jan. 1, 2005)

Reg. No.	Key Contents
2	Application / (6), (7) – 삭제
22	Scuppers, Inlets and Discharges / (1) : except as provided in paragraph (2) – 첨가
23	Side Scuttles / Summer Load Line – 첨가 Side Scuttles, windows and skylights / (5) – 수정
24	Freeing Ports / (1) (c) – 수정
27	Type 'A' ships / (2) A Type 'A' ship is one ~ in bulks – 수정 / (a), (b), (c), (3) – 수정 Type 'B' ships / (6) – 수정 / (7), (8), (9) (10) – 첨가 Initial condition of loading / (11) – 첨가 Damage assumptions / (12) – 첨가 Condition of equilibrium / (13) – 첨가 Ships without means of propulsion / (14) – 첨가
37	Percentage of deduction for type 'A' and 'B' ships / Context – 삭제
38	Measurement of Variation from Standard Sheer Profile / (12) – 수정
44	General / (2) Context – 수정 Uprights / (5) – 수정 Lashing / (6) – 수정 Stability / (7) – 수정 Protection of Crew, Access to Machinery Spaces, etc. / (11)→(8) – 위치이동 / (8) – 수정 ※길이 단위 변경 / (9) – 첨가
45	Computation for Freeboard / (5) – 수정
46	Northern Winter Seasonal Zones and Area / (b) – 수정
47	Southern Winter Seasonal Zone / Context – 수정
48	Tropical Zone / (2) Context – 수정
49	Seasonal Tropical Areas / (b) Context – 수정

Revised Protocol of 1988 / [Resol. MSC 143(77), 2004]

Reg. No.	Key Contents
1	Strength and Intact Stability / (1) - 수정 / (2), (3) - 첨가
2	Application / (1) - 수정 / (2) - 수정 / (3) - 수정 / (6), (7), (8), (9) - 첨가
2-1	Authorization of recognised organizations - 첨가
3	Definitions of Terms used in the Annexes / (1) Length / a), b), c) - 첨가 / d) - 수정 / Figure 3.2 - 첨가 / (6) - Depth for Freeboard (D) / (a) - 수정 / (7) - Block Coefficient. / (a) - 수정 / (b) - 첨가 / (9) - Freeboard Deck / b) - 수정 / b) - III. 첨가 / (c) - 첨가(~7p) / (9) - Freeboard Deck / Figure 3.3 첨가 / (10) - Superstructure - 수정 / (11), (12) - 삭제 / (e), (f), (g), (h), (i) - 첨가 / (11), (12), (13), (14), (15) - 첨가
4	Deck Line / 수정 / Figure 4.1 첨가
5	Load Line Mark - 수정
6	Lines to be used with the Load Line Mark / (1) - 수정 / (3) - 수정 / (6) - 수정 / (7) - 첨가 / (8) - 수정
9	Verification of Marks / Context - 수정
10	Information to be supplied to the Master / (1) Context - 삭제 / (2) loading information -첨가 / (2)→(3) - 위치이동 / (3) (c) - 첨가 / (b)→(d), (d)→(b) - 위치이동 / (4) - 첨가
11	Superstructure End Bulkheads / an acceptable level of strength - 첨가 / Efficient construction and shall be to the satisfaction of the Administration - 삭제
12	Doors / (2) - 첨가, (2)→(3) - 위치이동, (4) - 첨가
13	Position of Hatchways, Doorways and Ventilators / Superstructure decks situated - 첨가
14	Cargo and other Hatchways / (1) Hatchways - 첨가 / 15 and 16of this Annex - 삭제
14-1	Hatchway coamings / (1), (2) - 첨가
15	Hatchway Covers / (1) - 삭제 / (2)→(1), (3)→(2), (4)→(3) - 위치이동 / (3) Hatchways in position - 삭제 / (5) - 삭제 / (4) 4.25→1.25, 0.0028→0.0056 - 위치이동 Portable Beams / (6)→(4) - 위치이동 / (5) - 첨가 Pontoon Covers / (7)→(6), (8)→(7) - 위치이동 / (6) - 수정 Carriers or Sockets / (9)→(8) - 위치이동

Revised Protocol of 1988 / [Resol. MSC 143(77), 2004]

Reg. No.	Key Contents
15	Cleats / (10)→(9) - 위치이동 Battens and Wedges / (11)→(10) - 위치이동 / (1/2 inch) - 삭제 Tarpaulins / (12)→(11) - 위치이동 Security of Hatchway Covers / (13)→(12) - 위치이동 / (4.9 feet) - 삭제
16	Hatchway Coamings / (1) - 삭제 Weathertight Covers / (2), (3) All - 첨가 Means for Securing Weathertightness / (4) All - 삭제 / All hatchways in position - 첨가 Hatch cover minimum design loads / (2) For ships of 100 m in length and above / (3) For ships 24 m in length / (4) For ships between 24 m and 100 in length, and for positions between FP and 0.25L / (5) All hatch covers shall be designed / Securing arrangements / (6), (7) - 첨가
17	Machinery Space Openings / (1) The sills (23.5 inches), (15 inches) - 삭제 / (2)→(3) - 위치이동 / (2) - 첨가 / (3) Coamings of any fiddley - 수정 / (2)→(5) - 위치이동
18	Miscellaneous Openings in Freeboard and Superstructure Decks / (2) - 수정 / (3)→(4) - 위치이동 / (3), (4), (5), (6), (7) - 첨가 / (4) (23.5 inches), (15 inches) - 삭제
19	Ventilators / (1),(4) - 수정 / (3) - 수정 ※길이에 대한 단위가 수정되었음
20	Air Pipes / (1) - 수정 / ※길이에 대한 단위가 수정되었음 / (2), (3), (4) - 첨가
21	Cargo Ports and similar Openings / (1), (2) - 수정 / (3), (4), (5) - 첨가
22	Scuppers, Inlets and Discharges / (1) (a) - 수정 / (b), (c), (d), (e), (f), (g) : Table 22.1 - 첨가 / (7) - 첨가
22-1	Garbage chutes / (1), (2), (3), (4) - 첨가
22-2	Spurling pipes and cable lockers / (1), (2), (3) - 첨가
23	Side Scuttles / (1), (2), (3) - 삭제 Side Scuttles, windows and skylights / (1), (2), (3), (4), (6), (7), (8), (9), (10), (11), (12) - 첨가 / (2)→(5) - 위치이동
24	Freeing Ports / (1) : (a) (b) (c)항목으로 나뉨 / (d), (e), (f), (g) - 첨가 / (1) - 수정 (길이에 관한 용어가 바뀌었음) / (2) - 삭제 / (3)→(2) - 위치이동 / (3) - 첨가 (길이에 관한 식이 추가되었음) / (4) - 수정 / (4) : (a), (b), (c), (d), (e) - 첨가(Freeing port area에 관한 식이 추가되었음) / (5), (6) - 수정
25	Protection of the Crew / (1) strength of the, to the satisfaction of the Administration - 삭제 / (2), (3), (4), (5) - 수정 / (3) : (a), (b), (c), (d) - 첨가 (길이에 관한 정의가 추가되었음)
25-1	Means for safe passage of crew / (1) - 첨가(길이에 관한 표가 추가되었음 Table 25-1.1) / (2), (3), (4), (5) - 첨가
26	Special Conditions of Assignment for Type 'A' Ships / (1) one of the following arrangements - 수정 / (a), (b) - 수정 / (2) - 수정 Gangway and Access / (2)→(3), (3)→(4) - 위치이동 / (3) - 수정 / (4) and satisfactory - 삭제 Hatchways / (4)→(5) - 위치이동 Freeing Arrangements / (5)→(6), (6)→(7) - 위치이동 / (6) - 수정

Revised Protocol of 1988 / [Resol. MSC 143(77), 2004]

Reg. No.	Key Contents
27	Type 'A' ships / (a) – 수정 / (a)→(b), (b)→(c) – 위치이동 / (4) table 28.1 – 첨가 / (2) – 수정 / (3) 492feet, 225meter(738feet) in length, a permeability of 0.85 – 삭제 / (a), (b), (c) – 삭제 / (4) Table A of Regulation 28 – 삭제 Type 'B' ships / (6) – 수정 / table 27.1 – 첨가 / (7), (8), (9), (10), (11) – 삭제 / (8), (9), (10) – 수정 Initial condition of loading / (11)~(iii) – 수정 Condition of equilibrium / (13)~(a) – 수정 Ships without means of propulsion / (14)~(b) – 수정
28	Freeboard Tables / (1) From Table A To Table 28.1 – 수정 / (1) From Table B To Table 28.2 – 수정
29	Correction to the freeboard for ships under 100 m in length / Context – 수정
30	Correction for Block Coefficient / Context – 수정
31	Correction for Depth / (2) (of this regulation) – 삭제 / (3) – 수정
32-1	Correction for Recess in Freeboard Deck / (1), (2), (3) – 첨가 / Figure 32.11 – 첨가
33	Standard Height of Superstructure / Standard Height – Deleted / Table 33.1 – 첨가
34	Length of Superstructure / (1), (2) – 첨가 / (1) of the Regulation – 삭제 / (3) : (a), (b), (c) – 첨가 / Figure34.1 – 첨가 / Figure34.2 – 첨가
35	Effective length of superstructure / (1) of this regulation – 삭제 / (3), (4) – 수정
36	Trunks / (1) (e) – 수정 / (4) regulation 15 (1) – 수정 / (5), (6), (7), (8) – 첨가
37	Deduction for Superstructures and Trunks / (1) – 수정 / Table.37.1 – 첨가 Percentage of Deduction for type 'A' and type 'B' ships (Table) – 수정 Lengths of Superstructures and Trunks / (3) – 수정 / (a), (b), (c) – 삭제
38	General / (5), (7) – 수정 / Figure 38.1, Figure 38.2 – 첨가 Standard Sheer Profile / Table 38.1 – 수정 Measurement of Variation from Standard Sheer Profile / (12) – 수정 / (13), Figure 38.3 – 첨가 Correction for Variation from Standard Sheer Profile / All – 삭제 Correction for variation from standard sheer profile / (14) – 첨가 Addition for Deficiency in Sheer / (14)→(15) – 위치이동 Deduction for Excess Sheer / (15)→(16) – 위치이동 / (16) – 수정
39	Minimum Bow Height and Reserve Buoyancy / (1) Context – 수정 / (2) – 수정 / (4) – 첨가 / Figure 39.1, 39.2, 39.3 – 첨가
40	Minimum Freeboards / (2), (4) – 수정 / (2), (4), (6) (단위) – 삭제 ※길이 단위 수정 / (7) inches, inch – 삭제
42	Definitions / Reference – 첨가
43	Construction of the Ship / (3) – 수정 ※길이 단위 수정
44	General / (1) – 수정 Lashing / (6) – 수정 / (7), (8), (9) – 삭제 Stability / (10)→(7) – 위치이동 Protection of Crew, Access to Machinery Spaces, etc. / (11)→(8) – 위치이동 / (8) – 수정
45	Computation Freeboard / (6), (7) – 첨가
47	Southern Winter Seasonal Zones and Area / Context – 삭제
48	Tropical Zone / (2) Context – 삭제
49	In the South Indian Ocean / b) Context – 삭제 In the South Pacific / (b) context – 수정

부록 VI 실적선의 주요 제원

TANKER

Ship kind	150K O.B.O CARRIER	CHEMICAL TANKER	OIL TANKER	CHEMICAL TANKER	PRODUCT CARRIER	PRODUCT CARRIER
Owner	EURO CANADIAN	PAN OCEAN BULK CAR. LTD.	PAN OCEAN	Nea Woe Shipping co., Ltd.	ABU DHABI NATIONAL TANKER CO.	ABU DHABI NATIONAL TANKER CO.
Intend Cargo	OIL, BULK, ORE	CHEMICAL	CRUDE OIL	Ethy, Acry., Methy.	PRODUCT OIL	PRODUCT OIL
Class	LR	KR,*KSE,*MKS (TYPE Ⅲ)	KR+KSE+MKS, ABS+A1 E	K.R*KSE*MKS+Chemical Tanker (IMO II)	LR+100A1,+LMC, UMS	LR+100A1,+LMC, UMS
LOA(m)	281.10	115.275	135.50	66.79	231.5	192.55
LBP(m)	269.00	107.000	127.00	61.00	220.0	180.00
B(m)	53	17.000	23.00	11.00	32.260	30.00
D(m)	22.3	8.600	12.10	5.20	19.0	16.50
d1(design)(m)	15.25(Mld)	7.0	9.4325	4.20	11.88(Mld)	10.90
d2(scantlg.)(m)	15.272(Ext.)	7.1	9.4325	4.21	12.20(Mld)	11.70
GT	90846.46	4583.38	9681	983.16	32221.65	24699
NT	63747.97	2641.32	5107	583.95	21652.33	12550
Δ at d2	180240.3	10066.1	22042.7	2030.4	72352	49056 TONS
Vs	13.5(80/0)	13.5KTS(85% MCR)	14.737	13.4	16.15	16.7KTS
Grain Capacity	166138(Bulk)	8341.5	17468	NO.1310.04(P&S)	CARGO OIL TK	47209
Bale Capacity	169007.9(Oil)	-		NO.2365.69(P&S)	73487	
Cb	0.8071	0.7573	0.7790	0.700	08123	0.7555
Cp	0.8088	0.7757	0.7825	0.711	0.8159	0.7585
Cw	0.8726	0.8711	0.8578	0.814	0.8850	0.8569
Cv	0.9980	0.8699	0.9081	0.860	0.9179	0.8817
FOT(m^3)	620.8, 6139.7	105.6 , 669.3	148, 1290	(P&S) 31.10, (P&S) 34.20	382.1, 2407	204.0, 2006.8
LOT(m^3)	327.61	10.3	41	3.71	122.1	151.7
WBT(m^3)	68694.9	1475.2	4962	486.63	22976	12986
M.E.Type	B&W 7L 7.80GFCA	FOUR STORKE, SINGLE ACTING DIRECT INJECT, TRUNK PISTON	B&W, 6L55GFCA HYUNDAI	SSANGYONG-HANSHIN 6LUN-28A×1	MISUBISHI, SULZER 6RL876	B&W 7L67GFCA
BHP(MCR)	21500 × 106	4500 P.S × 220 R.P.M.	8040 BHP × 150 RPM	1300PS × 375RPM	15600 × 108	15200 BHP×123 RPM
BHP(NCR)	19400 ×103	3825 P.S × 208.4 R.P.M	7316 BHP ×145 RPM	1105PS ×355RPM	13260 × 108	12900 BHP×123RPM
GM(F.Load)	9.45(0.06)	1.00 M	2.075(0.498)	0.97(0.23), 0.93(0.5)	2.862(0.511)	3.073(0.31)
GM(Ballast)	17.15(0.26)	2.20 M	4.654(0.241)	1.75(0), 1.99(0)	3.893(0.181)	3.352(0.066)
Stab.range(Deg)	84.23°, 74.5°	61 , 84	67, 100	64, 66.5, 75.5, 78	80.1, 85	79°, 80°
Generator (Type & Capacity)	1500Kw × 450V× 2406A × 720rpm × 2sets	TYPE : DRIP PROOF, SELF-VENTILATING, CAPA : 350KVA × 445V × 454A × 900R.P.M MAKER : TAIYO (FE 38C-8) NO : 2 SETS	4-CYCLE, SINGLE ACTING TURBO CHARGED DIESEL 2SETS 530 BHP × 900 RPM		MANUFACTURE : TAIYO RATED OUTPUT : 1000KW REVOLUTION : 720RPM VOLTS : 450V MANUFACTURE : TAIYO RATED OUTPUT : 320KW RATED REVOLUTION : 1200RPM VOLTS : 450V TYPE : GIN600-0.15FUW CAPACITY : 6000M3/H MANUFACTURE : HOLEC	
Complement	44	27	27	15	44	44

TANKER

Ship kind	OIL CARRIER	OIL CARRIER	OIL CARRIER	PRODUCT CARRIER	CLEAN PRODUCT TANKER	TANKER FOR OIL/CHEMICAL	76,000DWT O.B.O CARRIER	CHEMICAL TANKER
Owner	FLOTA PETROLERA ECUATORIANA	FLOTA PETROLERA ECUATORIANA	FLOTA PETROLERA ECUATORIANA	AREENA SHIPPING INC.	NURA SHIPPING	OLE SCHRODER HOLDING CO.A/S	LEIF/ HOEGH	O.W.L.
Intend Cargo	CRUDE OIL	CRUDE OIL	CRUDE OIL	PROCUCT OIL	Caustic soda, Molasses	CAUSTIC SODA,CRUDE,ETC	OIL/BULK/Ore	
Class	ABS+A1 E+AMS +ACC	ABS+A1 E+AMS +ACC	ABS+A1 E+AMS +ACC	ABS+AI E+AMS	LR+100A1+LMC	DNV+1A1-EO	DNV	D.N.V.
LOA(m)	160.0	176.7	210.7	157.60	110.85	182.60	243.0	158.96
LBP(m)	153.5	168.0	202.5	148.60	100.00	172.90	235.1	149.90
B(m)	22.9	28.0	31.0	22.96	17.00	29.60	32.2	23.10
D(m)	12.5	14.0	16.87	13.10	9.00	15.60	20.2	14.15
d1(design)(m)		9.45	11.9	10.009	7.20	10.60	12.5	9.80
d2(scantlg.)(m)	9.25	10.5		10.009	7.20	10.60	14.2	10.86
GT	11096.19	16986	26407.8	12671.26	4134.21	21750T	44834.77	13,331
NT	6501.00	10959	16876.0	8077.00	2279.69	14586T	27012.98	8,672
Δ at d2	26110			28576	9399	43522T	93983	30772.0
Vs	16.620	17.18	16.553	14.917	15.0(15%)	15.32(91% MCR)	15.65(80)	16.0(MCR)
Grain Capacity	22695	34275	55835	25586			84772	
Bale Capacity								
Cb	0.8002	0.7889	0.8130	0.8152	0.746	0.799	0.8520	
Cp	0.8041	0.7919	0.8164	0.8186	0.759	0.784	0.8550	
Cw	0.8937	0.8921	0.9108	0.8913	0.874	0.855	0.9269	
Cv	0.8954	0.8843	0.8926	0.9146	0.854	0.911	0.9965	
FOT(m^3)	227, 1344	320, 1827	482, 2753	70.9, 1403.8	105.06, 440.69	420.1, 2185.6	4446.5	232..0, 1244.0
LOT(m^3)	71	85	97	69.0	43.09	98.7	153.5	55.4
WBT(m^3)	6945	11024	18673	5054.0	1827.39	13725.8	27527.0	6410.0
M.E.Type	5 RND 76	6 RND 76M	7 RND 76M	HITACHI B&W 6L55GFCA	AKASAKA 6 UEC-45/115H	MITSUI B&W 6L67GFCA(D) 1SET	B & W 5L80GFCA	B&W 7L 55GFCA×1SET
BHP(MCR)	12000PS × 122RPM	14400PS × 122RPM		8970PS × 155RPM	6000PS × 165RPM	11200 × 112	15400 × 106rpm	10500BHP×155RPM
BHP(NCR)	10800PS × 118 RPM	12960PS × 118RPM		8160PS × 150RPM		9700 × 107	13900 × 103 rpm	9560BHP×150RPM
GM(F.Load)	2.453(0.560)	3.630(0.603)	3.672(0.562)	1.354(0.582)	1.402(0.273)	2.69(0.10)	1.77(0.35)	1.57
GM(Ballast)	3.074(0.341)	6.775(0.304)	7.128(0.157)	4.996(0.186)	1.812(0.086)	5.95(0.19)	3.90(0.37)	1.94
Stab.range(Deg)	78, 82	70, 95	74, 97	57, 100	76, 84		68, 75	
Generator (Type & Capacity)	4-CYCLE, SINGLEACTIONG TURBODIESEL 3 SETS 890BHP	T-220L-ST 2SETS 1000PS × 900RPM	6GL-ST 2SETS 1100PS×720RPM	T220L-UT × 3SET 750PS × 720RPM	YANMAR-6ML-DT 490PS×720RPM×3SETS	FEK 50E-10 900KW(1125KVA)×450V 60HZ, 3PHASE	1375KVA × 1SET AC450V×60HZ×3PH ASE×720RPM 813KVA×1SET AC450V×60HZ×3PH ASE×720RPM	DIESEL DRIVEN GEN.×3SETS 680KW×720RPM×845KVA ERGENCY ALTERNATOR×1SET 90KW×440/60/3
Complement	38	38	41	27	22	33	41	34

TANKER

Ship kind	CHEMICAL TANKER	TANKER FOR OIL/CHEMICAL	PRODUCT CARRIER	OIL TANKER	PRODUCT CARRIER	PRODUCT OIL CARRIER	PRODUCT CARRIER	76,000DWT O.B.O CARRIER
Owner	Essar Bulk Carrier Co.	K/S A/S ERVIKEN	WELLIS LTD.	ANDERS JAHRE SHIPPING A/S	JIOMICA S. A.	PERTAMINA	ATLANTIS SHIPPING ENTERPRISE	LEIF/HOEGH
Intend Cargo	Paraldehyde IMCO type Ⅲ	CAUSTIC SODA, CRUDE, ETC.	PRODUCT OIL		PRODUCT OIL		PRODUCT OIL, CHEMICAL	OIL BULK ORE
Class	LR+100AI+LMC	ABS+A1 Ⓔ	ABS+A1 E	D.N.V	L.R+100A1,+LMC, IGS	LR & BKI	DNV+1A1	DNV
LOA(m)	108,15	182,6	183,62	265,00	179,95	158,0	157,60	243,0
LBP(m)	100,00	172,9	172,21	257,00	171,10	150,0	148,60	235,1
B(m)	17,00	29,6	25,91	48,50	30,00	25,8	22,96	32,2
D(m)	8,60	15,6	14,33	22,30	15,00	10,8	13,10	20,0
d1(design)(m)	7,00	10,6	10,71	14,60	9,118	7,0	10,01	12,5
d2(scantlg.)(m)	7,00	10,6		15,018	9,118	7,0	10,01	14,2
GT	4275,37	21,809	19070,17	82967,59	19249,44	12692	12286,34	44833,34
NT	2179,06	14,774	9971	84876,09	11888,33	4969	8327,37	26969,06
Δ at d2	9088	43527		158,419	38077	22764	28579	93983
Vs	13,5	15,25(91% MCR)	15,964	14,00	15,625(MCR)	13,1	14,36	15,65(80)
Grain Capacity			39733		40259		25587,30	84772
Bale Capacity								
Cb	0,742	0,779	0,7813	0,823	0,7929	0,819	0,8152	0,8520
Cp	0,754	0,784	0,7846	0,825	0,7985	0,823	0,8186	0,8550
Cw	0,873	0,855	0,8852	0,884	0,8602	0,893	0,8193	0,9269
Cv	0,850	0,911	0,8826	0,931	0,9458	0,917	0,9950	0,9965
FOT(m^3)	123,84, 470,93	414,5, 2136,5	213, 2471	2510, 1954	192, 1403	605	194,50, 1218,50	356,3
LOT(m^3)	39,07	121,5	123	87	98	34	83,60	4466,5
WBT(m^3)	1303,35	13688,0	1369	55000	13376	7840	(HOLD)5055,10	153,5, (HOLD)27209,8
M.E.Type	KOBE 6 UET45/80D	MITSUI B&W 6L67GFCA(D) 1SET	SULZER 6 RLB 66	B&W 8L 55GUCA 2 SETS	MITSUBISHI SULZER 6RLB66	HITACHI B&W 6L45GFCA	B&W GL55GFCA	B & W 5L80GFCA
BHP(MCR)	4500PS×230RPM	11200PS×112RPM	11100PS×124RPM	10500 PS × 155 RPM	11100PS×124RPM	5910PS×175RPM	8040PS×150RPM	15400×100rpm
BHP(NCR)		9700×107	9990PS×120RPM	8400PS×80RPM	9990PS×120RPM	5380PS×170RPM	7320PS×145RPM	13900×103rpm
GM(F.Load)	1,559(0,325)	2,73(0,12)	2,839(0,600)	6,26(1,397)	4,280(0,461)	5,25	1,511(0,629)	1,77(0,35)
GM(Ballast)	2,533(0,197)	6,18(0,20)	2,827(0,324)	14,620(0,381)	5,958(0,096)	7,28	5,268(0,187)	3,92(0,37)
Stab.range(Deg)	74, 88		82, 82		82, 84	90, 82	59, 115	68, 75
Generator (Type & Capacity)	TAIYO AE 41A-10POLE 10×3250KVA×445V -324A×720RPM	FE 45E-10 600KW(750 KVA)×450V 60HZ, 3PHASE	4-CYCLE, SINGLE ACTING TURBO DIESEL 2SET 1000PS×720RPM	DIESEL ENGINE GEN. 1390KW 1SET×1550KVA×440V×60HZ×3φ EMER. 150KW DIESEL1SET×188KVA×440V×60H Z3φ SHAFT GENERATOR 2SETS×5000KW×6000V×60HZ	4-CYCLE, SINGLE ACTING TURBOCHARGED DIESEL 3SETS AC 450V, 500KW	DRIP-PROOF SELF-VENT BRUSHLESS 3SETS 500KVA×AC 450V×720R/M	S185-UT, 3SETS 480PS × 900RPM	NO.1 IF C5 634-3TA83 1SET AC450V×60HZ×3PHASE OUTPUT:1375KVA×720RPM NO2. IF C5 562-3TA83 1SET AC450V×60HZ×3PHASE OUTPUT:813KVA×720RPM
Complement	34	36	40	37	42	42	29	38

BULK CARRIER

Ship kind	111,000DWT BC	Bulk Log/Carr.	LUMBER CARRIER	138,000 DWT BULK CARRIER	138,500 DWT BULK CARRIER	BULK CARRIER	LOG CARRIER	2500DWT BULK/LOG CARRIER
Owner	I.N.C	AMMC	SUN ARROZ MARITUMA, S.A.	FEDPAC	M. O. C	PAN OCEAN	SIRIUS SHIPPING S.A	JINYANG
Intend Cargo	GRAIN, ORE, COAL	cool, grain, iron ore, cement clinker&log	GENERAL & LUMBER	Coal, grain, Ore, bulf		BULK		Grain, Tron ore, coal, cement clinker, log,
Class	LR	KR, LR	NK, *NS, *MNS	LR	ABS AI E + AMS	KR, ABS	N.K	KR, LR
LOA(m)	264.43	157.932	102.00	266.50	266.50	223.91	109.050	157.932
LBP(m)	254.2	150.00	95.00	259.38	259.38	215.00	101.420	150.00
B(m)	40.8	26.00	17.00	42.97	42.97	32.00	16.400	26.00
D(m)	22.8	14.00	11.90	23.77	23.77	15.16	8.250	14.00
d1(design)(m)	15.25	10.00	6.75	16.58	16.58	10.55		10.00
d2(scantlg.)(m)	16.73	10.00	6.8	16.65	16.64	10.55	6.740	10.00
GT	69281.93	14433.35	2874.42	74729.18	66714.41	29160.34	3889.93	14456.49
NT	51368.36	8970.86	1882.47	58381.69	52755	20041.50	2593.30	8687.17
Δ at d2	147788	30827.8	8516.20	162227.3	162198.3			30827.8
Vs	15.9(90%MCR)	16.42	14.5(100/15)	15.08	14.52(O)	15.93		16.50(90/15)
Grain Capacity	147486.2	30732.1	11836.7	165610.2	166065.6	61874	8694.50	30732.1
Bale Capacity	140111.9		11147.2			60855	8085.60	
Cb	0.7929	0.7690	0.749	0.8509	0.8509	0.7832		0.7690
Cp	0.7954	0.7753	0.756	0.852	0.8524	0.7862		0.7753
Cw		0.8778	0.863	0.925	0.9251	0.8622		0.8778
Cv	0.9968	0.9918	0.868	0.9983	0.9982	0.9084		0.9918
FOT(m^3)	4537.9(100%)	288.96, 1401.8	107.80, 537.82	400.5, 4211.5	425.0, 4163.7	246, 2233	16.87(F.O), 89.36(D.O)	1397.03, 288.96
LOT(m^3)	221(100%)	129.2	12.18	348.1	226.4	65	9.19	129.20
WBT(m^3)	52607.2	8114.4	736.64	41232.2	42049.4	16705	784.08	8114.37
M.E.Type	B&W 6L80GFCA	HTUNDAI B&W 5L67GFCA	AKASAKA,, 6UEC 37/88H	B&W 6L80GFCA	B&W 6L 80GFCA	HYUN DAI SULZER 6RLA66	6EL44 1SET	B&W 5L 67GFCA
BHP(MCR)	18400 × 106	10900 ×123	3900PS × 210RPM	18400 ×106	18400 ×106	11850PS × 136RPM	4000PS × 220RPM	10900 × 123
BHP(NCR)	16700 × 103	9900 × 119	3315PS × 199RPM	16700 × 103	16700 × 103	10665PS × 131RPM	3400PS × 208RPM	9900 × 119
GM(F.Load)	4.18(0.27)	2.55	0.38	0.21	4.77(0.06)	4.541(0.164)	1.53(0.34)	2.50
GM(Ballast)	15.0(0.94)	2.62	2.44	0.69		9.363(0.036)	3.26(0.64)	2.57
Stab.range(Deg)		80.42, 80.35	85, 97		59.50	85, 90		79.37, 79.73
Generator (Type & Capacity)	Drip proof enclosed type 750kw × 720rpm × 2sets AC450V × 60HZ × 3PHase	Drip proof enclosure type 400KW(500KVA) × 2SETS AC450V × 60HZ × 3PHase × 900RPM	TYPE : DRIP-PROOF, SELF-VENTILATING. CAPA : 250KVA × 445V ×324A ×60HZ ×6POL MAKER : TAIYO, TYR35 B-6 NO. : 2SETS	Salient Pole type × 2sets Drip Proof Enclosed Ventilated W/Air filter 750KW × 720rpm 450V × 60HZ × 3Phase	750KW × 720RPM × 2SETS AC450V×60HZ×3Phase	4-CYCLE, VERT SOLID TURBOCHARGE DIESEL 3SETS 750PS×720RPM	FE35C-8 2 SETS 250 KVA AC445V, 60HZ, 3φ	Drip proof enclosure type M.C.O. : 400KW ×2 Sets 450V × 60HZ × 3Phase × 900RPM
Complement	38	31	25	31	42			31

BULK CARRIER

Ship kind	64,000DWT BULK CARRIER	37000DWT LOG/BULK CARRIER	47,000 D/W BULK	BULK CARRIER	47000 DWT LOG/BULKER	BULK CARRIER	DWT 37000 BULK/LOG CARRIER	37900DWT BULK/LOG CARRIER
Owner	SEALION INTERNATIONAL N.V	AMMC	NIARCHOS	UPPER LAKES	SAMMISA	BEN-LINE STEAMERS LTD.	CHO YANG SHIPPING CO. LTD.	SISCO
Intend Cargo	GRAIN,GEN.BULK, ORE	BULK	GRAIN,ORE, TIMBER	GRAIN,ORE	GRAIN,COAL,BULK,ORE,LOG,TIMBER		GRAIN,ORE,COAL,LOG,IRON,ETC,DRY BULK	BULK,LOG,CONTAINER
Class	DNV+1A1,HC/E,IB (+),EO	KR, LR	LR+100AI, LMC LIMS	LLOYD	K.R. N.K.	LLOYD'S REGISTER	KR+KSE+MKS, ABS+AL E+AMS+AOC	LR+100AI+LMC
LOA(m)	223.76	186.3	196.07	243.035	196.07	273.96	186.30	190.06
LBP(m)	213.75	178.0	186.00	235.1	186.00	262.00	178.00	181.80
B(m)	32.24	28.4	32.20	32.2	32.20	43.20	28.40	28.40
D(m)	18.00	15.6	16.60	20.0	16.60	33.00	15.60	15.60
d1(design)(m)	12.50	9.75	10.50	13.66	10.50	16.50	9.75	11.00
d2(scantlg.)(m)	13.09	11.00	11.67	14.0	11.67	17.589	11.00/11.021	11.00
GT	35911	21795.61	28268	44340	27280.22	78531.9	21685.90	23991
NT	22312	15544.67	15993	19671	18578.44	55600.76	15382.05	13042
Δ at d2	76420	45264.6	57243	92501	57339.4	175538	45270.6	46477.7
Vs	15.0(85% DMCR)	16.70(90/15)	14.91(90% MCR)	14.5(80/)	15.96(90% MCR)	13.6(20%)	14.87(15)	14.00
Grain Capacity	79102.3	46992.2	59548.1	75457.6	59962.0	166493	47076.0	49254.8
Bale Capacity	75490.0		56570.7		57339.0		44722.1	46673.2
Cb	0.828	0.7921	0.7981	0.8497	0.798	0.8575	0.7921	0.7963
Cp	0.831	0.7966	0.8015	0.8528	0.802	0.86	0.7966	0.8009
Cw	0.906	0.8871	0.8675	0.923	0.868	0.938	0.8868	0.8893
Cv	0.914	0.9943	0.920	0.9964	0.995	0.997	0.9943	0.9943
FOT(m^3)	325.8, 2945.7	499.76, 2908.26	369.0, 2400.8	353.8, 3013.6	369, 2350.1 98%	1005.4, 4154.4	392.8, 2907.5	118.6, 3311.6
LOT(m^3)	282.7	151.03	132.3	211.6	129.7 98%	164.14	171.1	98.6
WBT(m^3)	29717.6	10213.5	27130.6	35301.4	27209.2	97230.7	10305.3	21324.7
M.E.Type	2 CYCLE, SINGLE ACTING, CROSSHEAD MITSUI B&W 5L80GFCA *1SET	B&W 5L67GA	HYUNDAI B&W 6L67GFCA	B&W 5L80GFCA	B&W 6L67GFCA 1	SULZER 6 RLA-90 1SET	HYUNDAI SULZER 5RLB66	B&W 5L67GBE 1SET
BHP(MCR)	12600BHP*90RPM	10900BHP*123RPM	12000*120	15400*106	12000*120	21600BHP*98RPM	10875*140	9250BHP*117RPM
BHP(NCR)	10710BHP*85RPM	9900BHP*119RPM	10800*116	13900*103	10900*116	18360BHP*92.8RPM	9790*135	8400BHP*113RPM
GM(F.Load)	2.86(0.04)	2.75(0.38)	4.10(0.28)	0.80(0.09)	3.53	4.60(0.18)	2.88(0.38)	5.14
GM(Ballast)	6.02(0.02)	3.13(0.62)	5.39(0.46)	5.22(0.31)	8.06	9.660(0.70)	3.53(0.54)	2.44
Stab.range(Deg)		75, 75	84			76, 90	74.5, 74.5	80.50, 86.67
Generator (Type & Capacity)	VERTICAL,DIRECT INJECTION 3SETS X 520KW X 720RPM 450V,60HZ	DRIP PROOF ENCLOSURE TYPE 460KW*2SETS 450V X 60HZ X 3PHASE X 720RPM	SYNCHRONOUS A.C. GENE. BY DIESEL ENGINE 3SETS X 590KW X 720RPM 450V,60HZ	T.E.F.C. ENCLOSURE*3SETS 1250KW X 720RPM X 1SET 850KW X 720RPM X 2SETS AC440V X 3PHASE	3*500KW*AC450V*60HZ DIESEL ENGINE 750PS X 720RPM X 3SETS	ENCLOSED DRIP-PROOF TYPE 2SETS*1000KVA ENCLOSED DRIP-PROOF TYPE 1SET X 937.5KTA ENCLOSED DRIP-PROOF TYPE 1SET X 500KVA	DRIP PROOF-ENCLOSURE 500*A.C 450V*60HZ 3P X 2	DRIP PROOF-ENCLOSED TYPE * 3SETS 620KW X 720RPM AC450V X 60HZ X 3PHASE
Complement	33	34	31	37	33	39	31	46

BULK CARRIER

Ship kind	LOG CARRIER	138,000DWT BULK CARRIER	60000DWT BULK CARRIER	37,000DWT LOG/BULK CARRIER	64,200DWT BULK CARRIER	BULK/CONTAINER CARRIER	70,000DWT BULK/CONTAINER	63,700 LT DWT B/C
Owner	LEYTE NAVIGATION S.A.	JARDINE	KSC	AMMC	CANADIAN PACIFIC	AMMC	EURO CANADIAN	GULF/EAST
Intend Cargo	GENERAL & LOG	GRAIN, IRON ORE, COAL	ORE, GRAIN	BULK,ORE,LOG.	BULK, COAL	COAL,GRAIN,IRON ORE,CONTAINER	BULK, CONTAINER	BULK, ORE
Class	NK, NS*, MNS*	DNV	KR, ABS	KR, L.R.	L.R.	KR+KSE+MKS,LR+ID OAI+LME	D.N.V.	L.R.
LOA(m)	118.00M	265.00M	224.36	Abt. 186.30	ABT. 224.0	157.93	234.60	224.0
LBP(m)	110.00M	258.58M	215.00	178.00	215.0	150.00	225.00	215.00
B(m)	18.00M	42.97M	32.20	28.40	32.2	26.00	32.20	32.20
D(m)	9.10M	23.77M	18.00	15.60	18.0	14.00	18.60	18.00
d1(design)(m)	7.20M	16.58M	12.45	9.75	12.45	10.00	12.80	12.45(Mld)
d2(scantlg.)(m)		16.65M	12.45	11.00	13.00	10.02	13.45	13.00(Mld)
GT	4882.81	75330.40TON	34653.77	21906.28	36341.10	15178.77	40293.98	35762
NT	3264.51	51471.34TON	27125.63	15956.04	26371.94	9604.93	28623.46	20801
Δ at d2		161629.6	73241.6	45267.2	76701.8	30849.5	85307.9	76701.8
Vs	12.0KTS(15% S.M.)	15.22	17.02	14.6(91%,15%)	14.7(91/20)	15.46(91 MCR/15%)	14.22(15%)	13.80(91/10)
Grain Capacity	11270.5	165257.4	74639.2	46992.1	75141.1	33542.6C/M	84969.7	75141.8
Bale Capacity	10601.5					31865.5C/M	81511.6	52600.0
Cb	0.7449	0.8504	0.8268	0.7922	0.8317	0.7691	0.8512	0.8317
Cp	0.7543	0.852	0.8301	0.7967	0.8348	0.7755	0.8545	0.8348
Cw	0.8600	0.924	0.8878	0.8869	0.8956	0.8779	6.98	0.8956
Cv	0.8662	0.9983	0.9961	0.9943	0.9963	0.9918	0.9961	0.9953
FOT(m^3)	75.14M.T, 609.86M.T	439.1, 4211.4	317.9, 3537.6	499.76, 2908.26	314.4, 2412.9	292.0, 1440.53	311.4, 2101.4	3571.3, 288.7
LOT(m^3)	17.17M.T	348.1	143.8	148.53	236.1	130.4CUB/M	137.9	126.5
WBT(m^3)	953.45M.T	41062.0	21528.8	10213.3	21628.2	5744.6CUB/M	24315.0	21509.5
M.E.Type	FOUR STROKE, SINGLE ACTING, DIRECT INJECTION, TRUNK PISTON*1SET	B&W5L80GFCA	B&W 7L67GFCA 1SET	B&W 5L67GFCA HYUNDAI	B&W 7L67GFCA 2CYCLE, SINGLE ACTING CROSS HEAD	B&W 5L67GFCA ONE	4 RLA 90 1SET	B&W 7L67GFCA 1SET
BHP(MCR)	3900P.S*210RPM	13400*106	15200*123	10900*123	15200*123	10900*123	13600BHP*90RPM	12920*116.5
BHP(NCR)	3315P.S*199RPM	16700*103	13800*119	9900*119	13900*119	9900*119	12240BHP*87RPM	11760*113
GM(F.Load)	1.35M	0.21	2.46	2.94(0.21)	2.28(0.02)	2.71	0.82(0.02)	3.30(0.20)
GM(Ballast)	3.10M	0.18	6.23	2.92(0.39)	6.61(0.04)	3.08		6.01(0.42)
Stab.range(Deg)	73DEG, 86DEG		77.06, 86.46	74.5, 74.5	74.24, 88.66	74.5, 74.5	57.38	86.87, 88.15
Generator (Type & Capacity)	TYPE : DRIP-PROOF,SELFEXIT, SELF.VENT. CAPA : 250KVA×900RPM×445V×60HZ×325A MAKER : NISHISHIBA, NTA KL-V.C. NO.2SETS	750KW*720RPM*2SETS AC450V*3PHASE	SEMI-ENCLOSED 540KW*720RPM*3SETS AC450V×60HZ×3PHASE×720RPM	T.E.F.C. ENCLOSURE*2SETS 460KW*720RPM AC450V×60HZ×3PHASE	DRIP-PROOF ENCLOSED 820KW*720RPM*2SETS AC450V×60HZ×3PHASE	T.E.F.C.ENCLOSURE 2SETS 460KW×AC450V×60HZ×720RPM×1PHASE	BRUSHLESS, SELF-EXCITING 3SET 540KW×720RPM AC450V×60HZ×3PHASE	TOTALLY ENCLOSURE*2SETS OUTPUT:540KW*720 RPM AC450V×3phase 600KW×1SET S/G
Complement	28	32	34	32	40	32	27	34

BULK CARRIER

Ship kind	SELF-UNLOADING UREA CARRIER	138,500 DWT BULK CARRIER	LOG CARRIER	65,000 DWT BULK CARRIER	LOG CARRIER	LOG CARRIER	DRY BULK / CRUDE OIL
Owner	P.T. PUPUK SRIWIDJAJA	AMMC	HOUWA SHIPPING	M.O.C.	FORTUNE NAVIGATION S.A.	HOUWA SHIPHOLDING CO.	PHOENIX BULKSHIP I. INC.
Intend Cargo	UREA	GRAIN, IRON ORE, COAL	LOG & GENERAL	GRAIN, BULK, ORE	LOG & GENERAL	LOG & GENERAL	DRY BULK, CRUDE OIL
Class	L.R & B.K.I	KR + LR	NK, NS*, MNS*	ABS	NK, NS*, MNS*	NK	ABS
LOA(m)	115.70	266.50	109.05	224.36	109.05	107.59	931'-6"
LBP(m)	109.89	259.38	101.42	215.00	101.42	101.42	890'-2"
B(m)	20.00	42.97	16.40	32.20	16.40	16.4	140'-6"
D(m)	10.00	23.77	8.25	18.00	8.25	8.25	94'-0"
d1(design)(m)	7.764	16.58	6.76	12.45	6.76	6.76	57'-0"
d2(scantlg.)(m)	7.753	16.65	6.80	13.00	6.80	6.78	
GT	7579.97	74052.17	4028	35603	4035	3957	78000
NT	4357.62	49857.85	2491	22695	2491	2546	
Δ at d2		162195.1	8649	77137.2	8649	8623.0	
Vs	12(85/15)	15.44	15.048	17.00	12.5(90% MCR)	15.686	14.68KT(85%.MCR/84.2 RPM)
Grain Capacity	12642.3	165585.6	8697.9	74951.9	8697.9	8781.5	150934.2
Bale Capacity			8110.4		8110.4	8387.4	
Cb		0.851	0.744	0.8295	0.744	0.7453	0.7762
Cp		0.852	0.751	0.8326	0.751		0.7787
Cw		0.925	0.856	0.8939	0.856		0.8639
Cv		0.9983	0.869	0.9963	0.869		0.9968
FOT(m^3)	490.9	365.5 , 4765.1	106.06 , 448.93	323.2(D.O) , 3618.1	87.70 , 448.93	435 , 107	3450.1
LOT(m^3)	21.0	230.2	13.74	132.1	16.72	17	101.3
WBT(m^3)	4010.4	42049.7	906.08	21455.6	968.60	860	57613.3
M.E.Type	DAIHATSU 8DSM-32 WITH REDUCTION GEAR 2 SETS	B&W 5L90GBE	4 CYCLE SINGLE ACTING × 1SET (HANSHIN 6EL44)	B&W 7L67GFCA	2 STROKE, SINGLE ACTING × 1SET KOBE-MITSUBISHI 6UEC37H-D	FOUR CYCLE SINGLE ACTING TRUNK PISTON (6EL 44)	
BHP(MCR)	EACH 2500PS×600RPM/180RPM	16830 × 97	4000 PS × 220 RPM	14500 × 123	3900 × 210	4000PS × 220 RPM	
BHP(NCR)		15300 × 94	3400 PS × 208 RPM	13050 × 119	3510 × 203	3400PS × 208 RPM	
GM(F.Load)	2.52(0.03)	0.22	1.51(0.09)	3.27	1.40(0.11)	1.41(0.18)	2.20
GM(Ballast)		0.72	3.47(0.28)	6.44	3.23(0.25)	3.45(0.41)	9.01
Stab.range(Deg)	40°		88 , 80.5	89.5 , 89.05	79 , 87.5	76.0 , 86.0	85.47 , 89.50
Generator (Type & Capacity)	BRUSHLESS SELF-EXCITER (FE41B-6) 400KW×2 - - - - - - - - - - BRUSHLESS SELF-EXCITER (FB30C) 100KW×1	Drip proof Enclosed Type × 3 sets - - - - - - - - - - 640Kw × 720RPM AC450V × 3phase × 60Hz	SALIENT POLE TYPE DRIP PROOF MACHINE - - - - - - - - - - 890LES×200KVA×900 RPM×445VOLTS×260 AMP×2SETS	540KW×720RPM×3Sets AC450V × 3phase	TYPE : AC DRIP-PROOF,SELF VENTILATING 200KVA×445V×60Hz×AC3c 2SETS CAPA:200KVA X 445V X 60HZ X AC3C NO:2SETS	A.C DRIP-PROOF SELF-VENTILATING 200KVA×AC445V×60 Hz×3c×2Sets	
Complement	39	34	25	34	26	25	

CONTAINER

Ship kind	CONTAINER CARRIER	CONTAINER SHIP	FULL CONTAINER VESSEL	CONTAINER CARRIER	1989TEU CONTAINER CARRIER	1989TEU CONTAINER CARRIER	REFRIGERATED CARGO VESSEL
Owner	KOREA MARINE TRANSPORT	DONG SUE SHIPPING CO.	KMTC	CEYLON SHIPPING CO.	NEDLLOYD	NEDLLOYD	SALEN REEFER SERVICE S AB
Intend Cargo			CONTAINER		CONTAINER	CONTAINER	
Class	K.R	K.R	KR, ABS	N.V	LR	LR	
LOA(m)	106.00	106.00	198.03	138.50	210.00	210.00	152.30
LBP(m)	97.00	97.00	186.00	125.00	202.00	202.00	140.50
B(m)	16.00	16.00	28.60	21.50	32.24	32.24	24.00
D(m)	8.30	8.30	16.30	11.60	18.80	18.80	13.42
d1(design)(m)					10.60	10.60	8.60(Mld)
d2(scantlg.)(m)	6.578	6.660		8.017	12.00	12.00	8.60(Mld)
GT	3453.66	3459.63	21136.36	8438.01	33405.00	33405.00	12783
NT	1908.96	2018.28	11352.05	4527.82	13671.00	13671.00	4245
Δ at d2					52895.0	52895.0	9891
Vs			24.75	17.55(90%/15%)	18.67(85%,12%)	18.67(85%,12%)	20.67
Grain Capacity	6571.778	6673.77		14710.0			
Bale Capacity	5536.840		1036TEU				12830
Cb			0.5875		0.6582	0.6582	0.598
Cp			0.6066		0.6700	0.6700	0.603
Cw			0.7756		0.8594	0.8594	0.786
Cv			0.7575		0.9824	0.9824	0.761
FOT(m^3)	376.186	349.44 , 105.41	372 , 3351	1474.80 , 235.26	495.73 , 4087.72	495.73 , 4087.72	
LOT(m^3)	28.608	22.65	154	55.42	286.73	286.73	
WBT(m^3)	1269.098	1528.06	8390	2753.56	10484.00	10484.00	
M.E.Type	4-CYCLE, TRUNK PISTON TYPE AKASAKA 6UET 45/80D × 1	2 CYCLE, SINGLE ACTING 6UET 45/80D	SULZER 8RLA90	HITACHI B/W 2 STROKE CYCLE 8L55GFCA × 1	HITACHI B/W 2 STROKE CYCLE 8L55GFCA × 1	B&W 6L90GBE TWO STROKE CYCLE	B&W 6L67GBE (HYUNDAI)
BHP(MCR)	4500 × 230	4500 × 230	27200 × 95	1200 × 155	1200 × 155	23800 × 97	11600 × 120
BHP(NCR)	3825 × 218	3825 × 218	23120 × 90	10800 × 150	10800 × 150	20230 × 97	10440 × 115.9
GM(F.Load)	0.812(0)	0.945(0)	1.539(0.11)	1.39	1.35(0.08)	1.35(0.88)	1.75(0.39)
GM(Ballast)			3.928(0.121)	2.47(0.26)	6.83(0.22)	6.83(0.22)	2.02(0.64)
Stab.range(Deg)	40	40	70 , 105	40 , 40			61 , 74
Generator (Type & Capacity)	D.G : DRIP PROOF TAIYO AE 6635-6 3SETS 300KVA × AC445V × 60HZ	DRIP PROOF AE 6028-6-45.2 3SETS 225KVA × AC445V 60HZ × 3∅	6DS-22 3SETS 1100PS × 900RPM	BRUSHLESS-DRIPPROOF RE-45C-8×3, 562.5KVA × 900RPM, 445V×60HZ×3∅	BRUSHLESS-DRIPPROOF FE-45C-8×3, 562.5KVA × 900RPM, 445V×60HZ×3∅	1700KW×AC450V×3PHASE×60HZ×600RPM×2SETS D/G 800KW×AC450V×3Phase×720RPM×1SET D/G 1200KW×AC450V×60HZ×3Phase×73-97RPM×1SET S/G	STROMBERG HSPTL 10/554 748KW×900RPM
Complement	24	24	27	37	38	38	37

부록 VII 해상의 불규칙 파(Irregular Seaway)

VII-1. Representation of wave height of an irregular seaway

▶ Average wave height(H_a)

: At an given time and in a given location of the sea is the arithmetic mean of the heights of all the waves for a given set of observations, except waves less than one foot in height.

▶ Significant wave height or Characteristic wave height($H_{1/3}$)

: At any given time and in a given location in the sea is the arithmetic mean of the heights of the one-third highest waves for a given record. Again waves less than 1ft in height are ignored.

Similarly, the average of the 10% highest waves($H_{1/10}$) is the average of the heights of the one-tenth highest waves for the same observation, and the average of the 1% highest waves($H_{1/100}$) is the height of the one-hundredth highest waves for the same record.

〈Example by R. Battacharyya〉 The wave height characteristics from wave records are obtained as shown in the following table. Find the H_a, $H_{1/3}$, $H_{1/10}$, $H_{1/100}$.

(Sol.)

Wave height in feet	No. of waves having heights of ①	Approxi-mate %	Cumulative no. of waves observed reading from top of ②	①×②	①×② for $H_{1/3}$	①×② for $H_{1/10}$	①×② $H_{1/100}$
①	②	③	④	⑤	⑥	⑦	⑧
1	4	4	4	4			
2	40	39	44	80			
3	31	30	75	93	21(=3×7)		
4	25	25	100	100	100	32(=4×8)	
5	2	2	102	10	10	10	5(=5×1)
	Σ 102	Σ 100		Σ 287	Σ 131	Σ 42	Σ 5

From the above table, the followings are obtained :

- $H_a = 287/102 = 2.81$ ft
- $H_{1/3} = 131/34 = 3.85$ ft
- $H_{1/10} = 42/10 = 4.2$ ft
- $H_{1/100} = 5/1 = 5$ ft

VII-2. Wave Spectrum

An irregular wave pattern can be generated if a large number of sinusoidal waves of different wavelengths and heights are superimposed on each other.

The energy of a sinusoidal wave is given as

$$\frac{1}{2}\rho g \zeta_a^2$$

per the area of sea surface. Therefore the total energy per the area of sea surface.

$$E_T = \frac{1}{2}\rho g (\zeta_{a1}^2 + \zeta_{a2}^2 + \cdots + \zeta_{an}^2)$$

Thus any given seaway can be described by the energy distribution versus wave components. The frequency distribution of energy is called the energy spectrum for the particular seaway.

〈Example by R. Battacharyya〉 Find the energy distribution of an irregular seaway composed of four different waves having the following characteristics:

Wave number	1	2	3	4
Lenth(ft)	1265	562	316	202
Height(ft)	3	5	4	2

(Sol.)

The circular frequency expression is

$$\omega = \sqrt{\frac{2\pi g}{L_w}}$$

From which

$$\omega_1 = 0.4,\ \omega_2 = 0.6,\ \omega_3 = 0.8,\ \text{and } \omega_4 = 1.0 \text{ in sec}^{-1}$$

Thus the total energy per square foot of the wave surface

$$E_T = \frac{\rho g}{2} = (\zeta_{a1}^2 + \zeta_{a2}^2 + \zeta_{a3}^2 + \zeta_{a4}^2)$$

$$= \frac{62.4}{2}\left[1.5^2 + 2.5^2 + 2^2 + 1^2\right] = 70.2 + 195 + 124.8 + 31.2$$

$$= 421.2\,\mathrm{lb/ft}$$

$\omega(\sec^{-1})$	0	0.2	0.4	0.6	0.8	1.0
$S(\omega)\left[\frac{lb-\sec}{\mathrm{ft}}\right]$	0.0	0.0	351	975	624	156

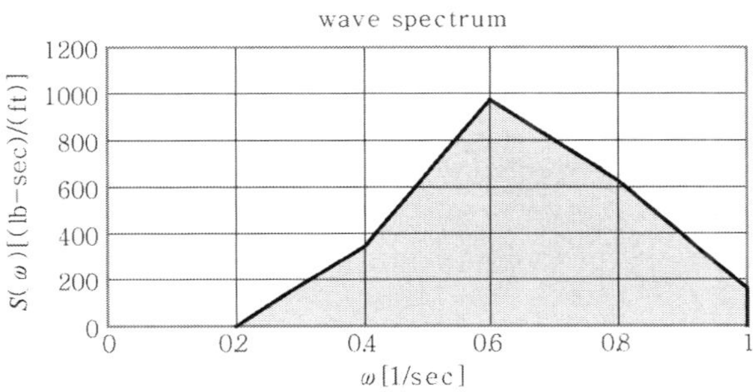

부도 VII · 1

VII-3. ITTC Spectra

$$S(\omega) = \frac{A}{\omega^5} e^{-B/\omega^4}$$

Where, $S(\omega)$: Spectral density function, ω : circular frequency,

A : $173\,H^2_{/T'1/3}$ or $8.10 \times 10\,g^2$, g : Acceleration of gravity,

B : $691/T^4$ or $3.11 \times 10^8 / H^2_{(H^2_{\in\ m})1/3}1/3$,

T : $2\pi(M_0/M_1)^{0.5}$ where M_0, M_1 : Moments of the area under the spectrum defined by $M_n = \int_0^\infty \omega^n S(\omega) d\omega$

VII-4. Encounter Frequency(ω_e) VS. Circular Frequency(ω)

Let a ship be travelling at speed V at angle α to the direction of a regular long crested sea, wave(phase) speed V_w and wavelength λ, as shown in the diagram :

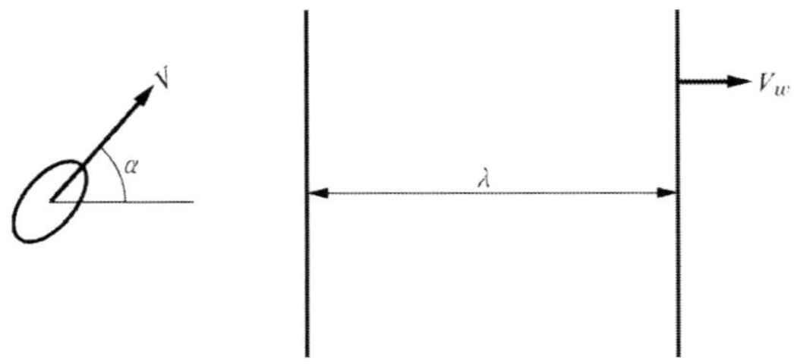

부도 Ⅶ · 2

The relative velocity in the direction of the waves is $V_w - V\cos\alpha$. For an overtaking sea this is

The period of encounter then is $T_e = \lambda(V_w - V \cdot \cos\alpha)^{-1}$

and since the period is $T = \lambda / V_w$, $T_e = T\left(1 - \frac{V}{V_w}\cos\alpha\right)^{-1}$.

Hence angular frequency of encounter ω_e is given by

$$\omega_e = \frac{2\pi}{T_e} = \omega\left(1 - \frac{V}{V_w}\cos\alpha\right), \qquad \left[\because T = \frac{2\pi}{\omega}\right]$$

$$\omega_e = \left(1 - \frac{\omega^2}{g} V\cos\alpha\right), \qquad \left[\because V_w = \frac{g}{\omega}\right]$$

For a following sea $\alpha = 0°$, $\omega_e = \omega - \frac{\omega^2}{g} V$,

For a head sea $\alpha = 180°$, $\omega_e = \omega + \frac{\omega^2}{g} V$.

VII-5. Definitions of Sea Conditions(: Wave and Sea) for Fully Arisen Sea

Sea-General		Wind				Sea								
Sea State	Description	(Beau-fort) Wind force	Des-cription	Range (knots)	Wind Velocity (knots)	Wave Height: Average	Wave Height: Signi-ficant	Wave Height: Average of One-Tenth Highest	Significant Range Periods [sec]	Periods of maximum Energy of Spectra $T_{max} = T_c$	Average Period $\widetilde{T}_z$	Average Wavelength $\widetilde{L}_w$ [ft unless otherwise indicated]	Minimum Fetch (nautical) miles)	Minimum Duration [hr unless otherwise indicated]
0	Sea like a mirror	U	Calm	1	0	0	0	0	-	-	-	-	-	-
	Ripples with the appearance of scales are formed, but without foam crests.	1	Light airs	1-3	2	0.04	0.01 0.01	0.09	1.2	0.75	0.5	10in	5	18 min
1	Small wavelets; short but pronounced crests have a glossy appearance, but do not break.	2	Light breeze	4-6	5	0.3	0.5	0.6	0.4-2.8	1.9	1.3	6.7ft	8	39 min
	Large wavelets; crests begin to break. Foam of glossy appearance. Perhaps scattered with horses.	3	Gentle breeze	7-10	8.5	0.8	1.3	1.6	0.8-5.0	3.2	2.3	20	9.8	1.7
2					10	1.1	1.8	2.3	1.0-6.0	3.2	2.7	27	10	2.4
3	Small waves, becoming larger; fairly frequent white horses.	4	Moderate breeze	11-16	12 13.5 14 16	1.6 2.1 2.3 2.9	2.6 3.3 3.6 4.7	3.3 4.2 4.6 6.0	1.0-7.0 1.4-7.6 1.5-7.8 2.0-8.8	4.5 5.1 5.3 6.0	3.2 3.6 3.8 4.3	40 52 59 71	18 24 28 40	3.8 4.8 5.2 6.6
4 5	Moderate waves, taking a more pronounced long form; many white horses are formed (chance of some spray).	5	Fresh breeze	17-21	18 19 20	3.7 4.1 4.6	5.9 6.6 7.3	7.5 8.4 9.3	2.5-10.0 2.8-10.6 3.0-11.1	6.8 7.2 7.5	4.8 5.1 5.4	90 99 111	55 65 75	8.3 9.2 10
6	Large waves begin to form; white crests are more extensive everywhere (probably some spray).	6	Strong breeze	22-27	22 24 24.5 26	5.5 6.6 6.8 7.7	8.8 10.5 10.9 12.3	11.2 13.3 13.8 15.6	3.4-12.2 3.7-13.5 3.8-13.0 4.0-14.5	8.3 9.0 9.2 9.8	5.9 6.4 6.6 7.0	134 160 164 188	100 130 140 180	12 14 15 17
7	Sea heaps up, and white foam from breaking waves being to be blown in streaks along the direction of the wind (Spindrift begins to be seen).	7	Moderate gale	28-33	28 30 30.5 32	8.9 10.3 10.6 11.6	14.3 16.4 16.9 18.6	18.2 20.8 21.5 23.6	4.5-15.5 4.7-16.7 4.8-17.0 5.0-17.5	10.6 11.3 11.5 12.1	7.5 8.0 8.2 8.6	212 250 258 285	230 280 290 340	20 23 24 27

Sea-General		Wind				Sea								
Sea State	Description	(Beaufort) Wind force	Description	Range (knots)	Wind Velocity (knots)	Wave Height: Average	Wave Height: Significant	Wave Height: Average of One-Tenth Highest	Significant Range Periods [sec]	Periods of maximum Energy of Spectra $T_{max} = T_c$	Average Period $\widetilde{T}_z$	Average Wavelength $\widetilde{L}_w$ [ft unless otherwise indicated]	Minimum Fetch (nautical) miles)	Minimum Duration [hr unless otherwise indicated]
7	Moderate high waves of greater length: edges of crests break into spindrift. The form is blown in well-marked streaks along the direction of the wind. Spray affects visibility.	8	Fresh gale	34-40	34 36 37 38 40	13.1 14.8 15.6 16.4 18.2	21.0 23.6 24.9 26.3 29.1	26.7 30.0 31.6 33.4 37.0	5.5-18.5 5.8-19.7 6-20.5 6.2-20.8 6.5-21.7	12.8 13.6 13.9 14.3 15.1	9.1 9.6 9.9 10.2 10.7	322 363 376 392 444	420 500 530 600 710	30 34 37 38 42
8	High waves. Dense streaks of foam along the direction of the wind. Sea begins to roll. Visibility affected. Very high waves with long over-hanging crests. The resulting foam is in great patches and is blown in dense white streaks along the direction of the wind. On the whole, the surface of the sea takes on a white appearance. The rolling of the sea becomes heavy and shocklike. Visibility is affected.	9	Strong gale	41-47	42 44 46	20.1 22.0 24.1	32.1 35.2 38.5	40.8 44.7 48.9	7-23 7-24.2 7-25	15.8 16.6 17.3	11.3 11.8 12.3	492 534 590	830 960 1110	47 52 57
9		10	Whole* gale	48-55	40 50 51.5 52 54	26.2 28.4 30.2 30.8 33.2	41.9 45.5 48.3 49.2 53.1	53.2 57.8 61.3 62.5 67.4	7-5.26 7-5.27 8-28.2 8-28.5 8-29.5	18.1 18.8 19.4 19.6 20.4	12.9 13.4 13.8 13.9 14.5	650 700 736 750 810	1250 1420 1560 1610 1800	63 69 73 75 81
	Exceptionally high waves. Sea completely covered with long white patches of foam lying in direction of wind. Everywhere edges of wave crests are blown into froth. Visibility affected.	11	Storm*	56-63	56 59.5	35.7 40.3	57.1 64.4	72.5 81.8	8.5-31 10-32	21.1 22.4	15 15.9	910 985	2100 2500	88 101
	Air filled with foam and spray. Sea white with driving spray. Visibility very seriously affected.	12	Hurricane*	64-71	>64	>46.6	74.5	94.6	10-35	24.1	17.2	-	-	-

* For hurricane winds (and often whole gale and storm winds) required durations and reports are barely attained. Seas are therefore not fully arisen

† Revised December 1964 by L. Moskowitz and W. Pierson. Used courtesy of The Navy Oceanographic Office.

부록 VIII 해상의 파랑부가저항 및 바람부가저항 산정용 표준계열

바람부가저항이나 파랑부가저항 중에서 한 가지만 계산하면 다음 표의 계수를 이용해서 두 가지 저항 전부를 간단히 추정할 수 있는 표준계열표를 다음에 수록하였다.

여기서 각 기호는 다음과 같은 의미를 나타낸다.

ΔR_{wave} : 해상의 불규칙 파에 의한 부가저항

ΔR_{wind} : 바람에 의한 부가저항

BN : Beaufort 수

FN : Froude 수

CB : 방형계수(block coefficient)

L : 선박의 길이(m)

또한 이 표의 작성법이 부도 Ⅷ · 1에 설명되어 있으며, 이 값을 이용해서 선속손실량이나 증가시켜야 할 동력(power)량을 복잡한 계산 없이 간단하게 구할 수 있으며, 이 방법을 부도 Ⅷ · 2에서 설명하고 있다. 아울러 이 약산법의 정도(accuracy)를 비교한 예를 부도 Ⅷ · 3 및 부도 Ⅷ · 4에 수록하였다. 이 그림의 참고문헌 번호는 제 14 장 것의 번호를 의미한다.

이 법에 관해서 좀 더 상세한 사항은 다음의 문헌을 참조하기 바란다.

Kwon, Y. J. & Kim, E. C. & Hwangbo, S. M., "Estimating the Effect of Wind and Waves on Ship Speed Performance", *The Naval Architect, International Journal of The Royal Institution of Naval Architects*, U.K., September, pp. 96~104, 2000.

Table 1A $\dfrac{\Delta R_{wave}}{\Delta R_{wave} + \Delta R_{wind}}$ Fn = 0.10 & 0.15(normal condition)

BN	L \ CB (FN)	0.10							0.15						
		0.55	0.60	0.65	0.70	0.75	0.80	0.85	0.55	0.60	0.65	0.70	0.75	0.80	0.85
3	100	0.091	0.095	0.110	0.145	0.200	0.235	0.250	0.085	0.090	0.125	0.195	0.250	0.300	0.335
	150	0.035	0.035	0.031	0.040	0.050	0.057	0.057	0.035	0.040	0.035	0.500	0.060	0.070	0.105
	200	0.012	0.005	0.000	0.000	0.000	0.010	0.010	0.005	0.005	0.005	0.005	0.005	0.010	0.014
	250	0.000	0.000	0.000	0.000	0.000	0.000	0.000	0.000	0.000	0.000	0.000	0.000	0.000	0.000
	300	0.000	0.000	0.000	0.000	0.000	0.000	0.000	0.000	0.000	0.000	0.000	0.000	0.000	0.000
	350	0.000	0.000	0.000	0.000	0.000	0.000	0.000	0.000	0.000	0.000	0.000	0.000	0.000	0.000
	400	0.000	0.000	0.000	0.000	0.000	0.000	0.000	0.000	0.000	0.000	0.000	0.000	0.000	0.000
4	100	0.782	0.795	0.795	0.780	0.780	0.800	0.825	0.685	0.670	0.655	0.740	0.780	0.800	0.800
	150	0.360	0.380	0.400	0.365	0.385	0.550	0.515	0.356	0.385	0.370	0.345	0.465	0.560	0.595
	200	0.130	0.160	0.190	0.155	0.195	0.355	0.425	0.160	0.200	0.210	0.200	0.270	0.355	0.420
	250	0.055	0.075	0.080	0.080	0.110	0.200	0.270	0.070	0.095	0.110	0.110	0.160	0.205	0.260
	300	0.025	0.030	0.035	0.050	0.060	0.095	0.135	0.019	0.035	0.050	0.065	0.090	0.110	0.140
	350	0.010	0.010	0.010	0.025	0.030	0.030	0.050	0.000	0.010	0.020	0.035	0.045	0.050	0.060
	400	0.000	0.000	0.005	0.005	0.010	0.010	0.010	0.000	0.005	0.010	0.010	0.015	0.020	0.026
5	100	0.940	0.950	0.950	0.950	0.940	0.950	0.931	0.726	0.800	0.875	0.895	0.915	0.915	0.915
	150	0.740	0.760	0.805	0.830	0.800	0.825	0.845	0.655	0.655	0.655	0.660	0.685	0.800	0.850
	200	0.535	0.560	0.610	0.630	0.600	0.665	0.735	0.451	0.470	0.490	0.510	0.555	0.685	0.760
	250	0.311	0.330	0.350	0.375	0.410	0.505	0.600	0.261	0.305	0.350	0.400	0.455	0.570	0.625
	300	0.135	0.160	0.190	0.230	0.295	0.370	0.455	0.143	0.185	0.225	0.300	0.360	0.445	0.500
	350	0.062	0.078	0.110	0.140	0.200	0.250	0.300	0.090	0.110	0.120	0.200	0.270	0.320	0.370
	400	0.039	0.050	0.060	0.085	0.120	0.135	0.130	0.065	0.700	0.070	0.115	0.185	0.210	0.256
6	100	0.995	0.995	0.980	0.990	0.980	0.975	0.980	0.941	0.950	0.960	0.965	0.970	0.965	0.961
	150	0.970	0.980	0.965	0.970	0.935	0.940	0.955	0.900	0.900	0.900	0.920	0.930	0.925	0.941
	200	0.915	0.920	0.910	0.920	0.875	0.885	0.895	0.820	0.820	0.820	0.850	0.870	0.880	0.900
	250	0.780	0.785	0.775	0.795	0.790	0.810	0.811	0.690	0.700	0.710	0.750	0.780	0.815	0.845
	300	0.600	0.610	0.600	0.635	0.680	0.710	0.725	0.535	0.545	0.575	0.635	0.685	0.745	0.785
	350	0.454	0.460	0.465	0.500	0.565	0.605	0.640	0.405	0.420	0.455	0.530	0.600	0.670	0.725
	400	0.325	0.330	0.350	0.385	0.455	0.515	0.550	0.271	0.320	0.370	0.460	0.550	0.600	0.650
7	100	0.000	0.000	0.995	0.995	0.990	0.990	0.990	0.960	0.970	0.980	0.980	0.985	0.975	0.975
	150	0.990	0.990	0.990	0.990	0.985	0.985	0.985	0.945	0.950	0.965	0.960	0.970	0.960	0.960
	200	0.978	0.980	0.980	0.975	0.970	0.970	0.970	0.916	0.920	0.925	0.930	0.945	0.940	0.945
	250	0.950	0.950	0.950	0.940	0.945	0.940	0.940	0.870	0.880	0.880	0.890	0.910	0.915	0.925
	300	0.900	0.900	0.900	0.895	0.905	0.895	0.890	0.810	0.820	0.825	0.845	0.870	0.890	0.900
	350	0.835	0.840	0.835	0.830	0.840	0.840	0.835	0.730	0.740	0.750	0.790	0.825	0.845	0.850
	400	0.755	0.765	0.745	0.750	0.750	0.765	0.770	0.640	0.645	0.650	0.710	0.770	0.780	0.730

Table 1B $\frac{\Delta R_{wave}}{\Delta R_{wave}+\Delta R_{wind}}$, Fn = 0.20 & 0.25(normal condition)

BN	L \ CB (FN)	0.20							0.25					
		0.55	0.60	0.65	0.70	0.75	0.80	0.85	0.55	0.60	0.65	0.70	0.75	0.80
3	100	0.080	0.090	0.115	0.215	0.295	0.365	0.390	0.075	0.095	0.140	0.220	0.310	0.380
	150	0.020	0.020	0.030	0.050	0.070	0.100	0.120	0.020	0.030	0.045	0.060	0.075	0.090
	200	0.005	0.005	0.005	0.010	0.010	0.015	0.020	0.000	0.000	0.000	0.005	0.005	0.015
	250	0.000	0.000	0.000	0.005	0.000	0.000	0.000	0.000	0.000	0.000	0.000	0.000	0.000
	300	0.000	0.000	0.000	0.005	0.000	0.000	0.000	0.000	0.000	0.000	0.000	0.000	0.000
	350	0.000	0.000	0.000	0.000	0.000	0.000	0.000	0.000	0.000	0.000	0.000	0.000	0.000
	400	0.000	0.000	0.000	0.000	0.000	0.000	0.000	0.000	0.000	0.000	0.000	0.000	0.000
4	100	0.550	0.660	0.715	0.740	0.790	0.805	0.830	0.360	0.485	0.600	0.695	0.775	0.840
	150	0.310	0.360	0.420	0.405	0.485	0.635	0.685	0.209	0.300	0.370	0.390	0.500	0.700
	200	0.160	0.185	0.200	0.205	0.315	0.460	0.525	0.121	0.170	0.205	0.230	0.320	0.555
	250	0.080	0.090	0.100	0.130	0.205	0.305	0.370	0.069	0.095	0.110	0.140	0.205	0.380
	300	0.030	0.040	0.040	0.085	0.125	0.185	0.230	0.030	0.045	0.050	0.080	0.130	0.200
	350	0.005	0.010	0.015	0.045	0.065	0.085	0.105	0.010	0.015	0.015	0.040	0.070	0.090
	400	0.000	0.005	0.010	0.005	0.015	0.020	0.025	0.000	0.005	0.010	0.015	0.015	0.025
5	100	0.850	0.855	0.880	0.890	0.905	0.950	0.920	0.670	0.700	0.780	0.810	0.875	0.930
	150	0.580	0.610	0.665	0.685	0.735	0.830	0.800	0.490	0.520	0.580	0.610	0.730	0.855
	200	0.390	0.430	0.480	0.540	0.615	0.750	0.815	0.350	0.385	0.440	0.490	0.615	0.775
	250	0.260	0.290	0.330	0.430	0.535	0.655	0.725	0.245	0.270	0.320	0.410	0.520	0.670
	300	0.180	0.190	0.215	0.335	0.450	0.550	0.600	0.160	0.185	0.225	0.340	0.450	0.560
	350	0.105	0.120	0.135	0.235	0.340	0.420	0.450	0.090	0.110	0.150	0.265	0.360	0.435
	400	0.060	0.065	0.090	0.140	0.195	0.260	0.300	0.020	0.050	0.090	0.170	0.240	0.295
6	100	0.940	0.940	0.940	0.955	0.960	0.965	0.960	0.820	0.840	0.865	0.905	0.930	0.950
	150	0.860	0.865	0.880	0.895	0.905	0.930	0.935	0.705	0.720	0.775	0.850	0.880	0.935
	200	0.755	0.775	0.800	0.815	0.840	0.880	0.900	0.570	0.610	0.690	0.785	0.830	0.905
	250	0.635	0.660	0.680	0.725	0.760	0.815	0.855	0.445	0.515	0.610	0.715	0.775	0.860
	300	0.500	0.525	0.545	0.630	0.680	0.750	0.805	0.350	0.425	0.530	0.645	0.715	0.805
	350	0.370	0.395	0.440	0.540	0.620	0.690	0.755	0.270	0.350	0.450	0.570	0.660	0.750
	400	0.265	0.300	0.370	0.475	0.590	0.645	0.700	0.215	0.280	0.380	0.495	0.610	0.700
7	100	0.950	0.955	0.965	0.970	0.980	0.985	0.985	0.860	0.865	0.896	0.930	0.955	0.960
	150	0.925	0.930	0.950	0.955	0.965	0.975	0.975	0.825	0.835	0.865	0.890	0.925	0.950
	200	0.890	0.890	0.910	0.920	0.935	0.950	0.950	0.770	0.785	0.815	0.850	0.895	0.935
	250	0.835	0.835	0.855	0.865	0.890	0.915	0.920	0.690	0.705	0.755	0.810	0.865	0.915
	300	0.765	0.765	0.790	0.810	0.845	0.880	0.895	0.585	0.615	0.685	0.770	0.830	0.890
	350	0.695	0.695	0.710	0.755	0.805	0.855	0.875	0.480	0.540	0.625	0.730	0.795	0.865
	400	0.620	0.620	0.635	0.700	0.770	0.845	0.860	0.400	0.480	0.575	0.700	0.750	0.840

Table 1C $\dfrac{\Delta R_{wave}}{\Delta R_{wave}+\Delta R_{wind}}$, Fn = 0.30(normal) & Fn = 0.10 ~ 0.25(ballast)

BN	FN / CB / L	0.30					0.10		0.15		0.20		0.25
		0.55	0.60	0.65	0.70	0.75	0.80	0.85	0.80	0.85	0.80	0.85	0.80
3	100	0.070	0.085	0.130	0.235	0.320	0.270	0.300	0.220	0.250	0.200	0.215	0.165
	150	0.020	0.030	0.030	0.040	0.050	0.090	0.100	0.070	0.080	0.050	0.080	0.040
	200	0.000	0.000	0.005	0.000	0.000	0.015	0.020	0.010	0.020	0.005	0.020	0.010
	250	0.000	0.000	0.000	0.000	0.000	0.000	0.000	0.000	0.000	0.000	0.000	0.000
	300	0.000	0.000	0.000	0.000	0.000	0.000	0.000	0.000	0.000	0.000	0.000	0.000
	350	0.000	0.000	0.000	0.000	0.000	0.000	0.000	0.000	0.000	0.000	0.000	0.000
	400	0.000	0.000	0.000	0.000	0.000	0.000	0.000	0.000	0.000	0.000	0.000	0.000
4	100	0.350	0.470	0.570	0.660	0.730	0.720	0.730	0.630	0.670	0.630	0.650	0.615
	150	0.215	0.290	0.370	0.400	0.415	0.570	0.650	0.475	0.510	0.485	0.540	0.455
	200	0.125	0.160	0.210	0.255	0.270	0.435	0.550	0.300	0.330	0.340	0.395	0.300
	250	0.065	0.085	0.100	0.165	0.185	0.270	0.330	0.120	0.150	0.200	0.235	0.150
	300	0.030	0.035	0.050	0.100	0.120	0.150	0.190	0.035	0.060	0.065	0.085	0.055
	350	0.010	0.015	0.020	0.050	0.075	0.075	0.080	0.000	0.020	0.015	0.035	0.010
	400	0.005	0.005	0.010	0.010	0.030	0.040	0.020	0.000	0.000	0.010	0.020	0.000
5	100	0.655	0.670	0.710	0.760	0.800	0.830	0.820	0.785	0.795	0.740	0.760	0.700
	150	0.460	0.515	0.560	0.605	0.640	0.750	0.780	0.690	0.720	0.665	0.700	0.625
	200	0.320	0.365	0.430	0.480	0.530	0.655	0.705	0.560	0.620	0.555	0.605	0.525
	250	0.225	0.265	0.320	0.380	0.470	0.555	0.620	0.440	0.490	0.420	0.475	0.400
	300	0.160	0.180	0.235	0.305	0.410	0.450	0.525	0.335	0.380	0.295	0.355	0.270
	350	0.095	0.110	0.160	0.235	0.325	0.345	0.420	0.230	0.270	0.200	0.240	0.160
	400	0.045	0.060	0.090	0.140	0.190	0.240	0.315	0.150	0.155	0.110	0.140	0.100
6	100	0.815	0.825	0.860	0.890	0.900	0.940	0.950	0.865	0.880	0.800	0.810	0.805
	150	0.670	0.700	0.770	0.815	0.840	0.880	0.880	0.800	0.825	0.765	0.780	0.745
	200	0.550	0.600	0.685	0.750	0.785	0.810	0.810	0.725	0.750	0.715	0.725	0.670
	250	0.450	0.500	0.600	0.685	0.740	0.735	0.740	0.635	0.670	0.645	0.660	0.600
	300	0.355	0.415	0.520	0.620	0.695	0.665	0.670	0.555	0.590	0.570	0.595	0.520
	350	0.280	0.345	0.450	0.560	0.645	0.610	0.615	0.480	0.510	0.500	0.530	0.450
	400	0.230	0.280	0.380	0.505	0.575	0.570	0.580	0.410	0.445	0.425	0.475	0.410
7	100	0.865	0.875	0.910	0.915	0.945	0.980	0.975	0.940	0.950	0.905	0.925	0.900
	150	0.820	0.835	0.870	0.880	0.895	0.740	0.950	0.940	0.950	0.905	0.925	0.900
	200	0.755	0.770	0.810	0.840	0.850	0.890	0.905	0.880	0.880	0.800	0.810	0.780
	250	0.660	0.690	0.740	0.795	0.810	0.830	0.845	0.830	0.830	0.755	0.765	0.750
	300	0.560	0.595	0.675	0.750	0.775	0.775	0.790	0.770	0.780	0.710	0.725	0.720
	350	0.470	0.520	0.615	0.710	0.750	0.730	0.745	0.705	0.715	0.665	0.685	0.680
	400	0.420	0.475	0.575	0.685	0.739	0.700	0.720	0.640	0.655	0.630	0.645	0.630

Table 2A Direction reduction factor in irregular waves, μ_i
(180° : head sea, 0° : following sea)

CB \ α \ BN \ FN		0.10						0.15					
CB	α	2	3	4	5	6	7	2	3	4	5	6	7
0.55	130°	1.0	1.0	0.6	0.5	0.5	0.7	1.0	1.0	0.6	0.5	0.5	0.6
	90°	1.0	1.0	0.5	0.4	0.3	0.5	1.0	1.0	0.5	0.3	0.3	0.4
	50°	1.0	1.0	1.0	0.9	0.4	0.2	1.0	1.0	0.9	0.9	0.3	0.2
	0°	1.0	1.0	1.0	0.9	0.2	0.2	1.0	1.0	0.7	0.8	0.3	0.2
0.60	130°	1.0	1.0	0.6	0.6	0.5	0.7	1.0	1.0	0.7	0.5	0.5	0.7
	90°	1.0	1.0	0.5	0.3	0.3	0.4	1.0	1.0	0.4	0.3	0.4	0.4
	50°	1.0	1.0	0.7	0.9	0.4	0.2	1.0	1.0	0.9	0.9	0.4	0.3
	0°	1.0	1.0	1.0	0.9	0.2	0.1	1.0	1.0	0.9	0.9	0.3	0.1
0.65	130°	1.0	1.0	0.7	0.7	0.5	0.7	1.0	1.0	0.7	0.5	0.6	0.7
	90°	1.0	1.0	0.4	0.3	0.3	0.4	1.0	1.0	0.4	0.4	0.3	0.4
	50°	1.0	1.0	0.4	0.9	0.3	0.2	1.0	1.0	0.9	0.9	0.4	0.3
	0°	1.0	1.0	1.0	0.9	0.1	0.0	1.0	1.0	0.9	0.9	0.3	0.2
0.70	130°	1.0	1.0	0.6	0.5	0.5	0.7	1.0	1.0	0.7	0.5	0.6	0.7
	90°	1.0	1.0	0.4	0.5	0.3	0.3	1.0	1.0	0.4	0.5	0.3	0.4
	50°	1.0	1.0	0.5	0.9	0.3	0.2	1.0	1.0	0.9	0.9	0.4	0.3
	0°	1.0	1.0	0.9	0.9	0.2	0.1	1.0	1.0	0.9	0.9	0.3	0.2
0.75	130°	1.0	1.0	0.6	0.5	0.2	0.7	1.0	1.0	0.7	0.6	0.6	0.7
	90°	1.0	1.0	0.4	0.4	0.3	0.3	1.0	1.0	0.4	0.4	0.4	0.4
	50°	1.0	1.0	0.5	0.9	0.3	0.2	1.0	1.0	0.9	0.9	0.3	0.3
	0°	1.0	1.0	1.0	0.9	0.5	0.2	1.0	1.0	0.9	0.9	0.3	0.2
0.80	130°	1.0	1.0	0.5	0.4	0.6	0.7	1.0	1.0	0.9	0.6	0.4	0.7
	90°	1.0	1.0	0.4	0.3	0.3	0.4	1.0	1.0	0.4	0.4	0.3	0.4
	50°	1.0	1.0	0.4	0.9	0.3	0.2	1.0	1.0	0.9	0.9	0.3	0.3
	0°	1.0	1.0	1.0	0.9	0.2	0.2	1.0	1.0	0.9	0.9	0.3	0.2

Table 2B Direction reduction factor in irregular waves, μ_i
(180° : head sea, 0° : following sea)

CB \ α \ BN \ FN		0.20						0.25					
CB	α \ BN	2	3	4	5	6	7	2	3	4	5	6	7
0.55	130°	1.0	1.0	0.9	0.7	0.7	0.7	1.0	1.0	0.7	0.8	0.8	0.7
	90°	1.0	1.0	0.3	0.6	0.5	0.3	1.0	1.0	0.4	0.7	0.6	0.3
	50°	1.0	1.0	0.9	0.7	0.4	0.2	1.0	1.0	0.9	0.7	0.6	0.2
	0°	1.0	1.0	0.9	0.8	0.4	0.3	1.0	1.0	0.9	0.7	0.5	0.2
0.60	130°	1.0	1.0	1.0	0.8	0.7	0.7	1.0	1.0	0.7	0.8	0.8	0.8
	90°	1.0	1.0	0.4	0.6	0.5	0.3	1.0	1.0	0.4	0.7	0.6	0.3
	50°	1.0	1.0	0.9	0.7	0.5	0.2	1.0	1.0	0.9	0.7	0.6	0.2
	0°	1.0	1.0	0.9	0.7	0.4	0.2	1.0	1.0	0.9	0.7	0.5	0.0
0.65	130°	1.0	1.0	0.9	0.7	0.7	0.8	1.0	1.0	0.6	0.8	0.8	0.8
	90°	1.0	1.0	0.5	0.7	0.5	0.3	1.0	1.0	0.5	0.7	0.6	0.3
	50°	1.0	1.0	0.9	0.8	0.6	0.3	1.0	1.0	1.0	0.8	0.6	0.2
	0°	1.0	1.0	0.9	0.7	0.4	0.0	1.0	1.0	0.9	0.7	0.5	0.0
0.70	130°	1.0	1.0	0.7	0.7	0.7	0.7	1.0	1.0	0.6	0.8	0.8	0.7
	90°	1.0	1.0	0.5	0.7	0.7	0.3	1.0	1.0	0.5	0.8	0.7	0.3
	50°	1.0	1.0	0.9	0.7	0.6	0.2	1.0	1.0	0.9	0.8	0.6	0.2
	0°	1.0	1.0	0.9	0.7	0.5	0.0	1.0	1.0	0.9	0.7	0.5	0.0
0.75	130°	1.0	1.0	0.7	0.7	0.8	0.7	1.0	1.0	0.6	0.8	0.8	0.7
	90°	1.0	1.0	0.5	0.7	0.5	0.3	1.0	1.0	0.5	0.8	0.7	0.4
	50°	1.0	1.0	0.9	0.7	0.6	0.2	1.0	1.0	0.9	0.8	0.6	0.3
	0°	1.0	1.0	0.9	0.7	0.6	0.1	1.0	1.0	0.9	0.7	0.6	0.1
0.80	130°	1.0	1.0	0.7	0.8	0.7	0.6	1.0	1.0	0.5	0.8	0.8	0.8
	90°	1.0	1.0	0.5	0.7	0.7	0.3	1.0	1.0	0.4	0.7	0.7	0.4
	50°	1.0	1.0	0.9	0.7	0.6	0.3	1.0	1.0	0.9	0.8	0.6	0.2
	0°	1.0	1.0	0.9	0.7	0.5	0.2	1.0	1.0	0.9	0.7	0.5	0.2

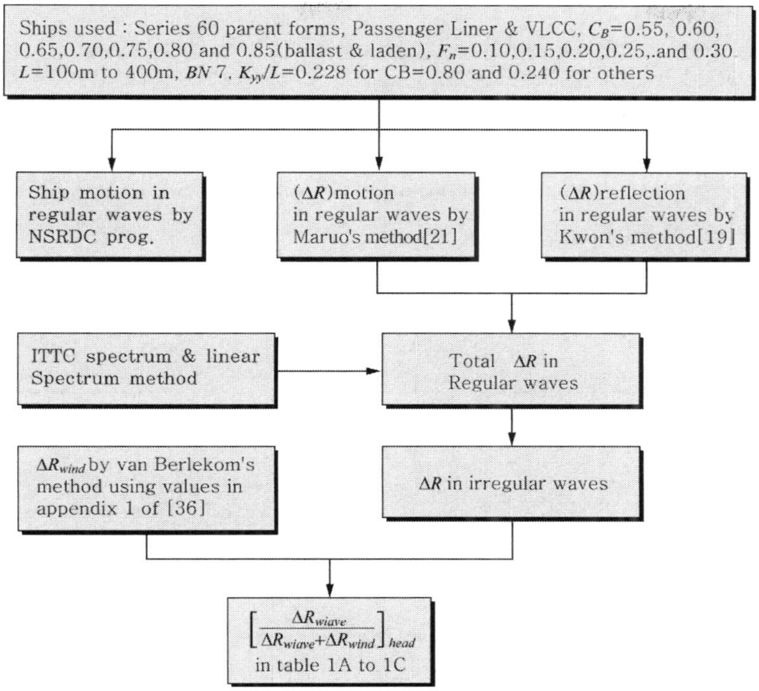

부도 VIII · 1 Calculation method for Table 1A ~ Table 1C

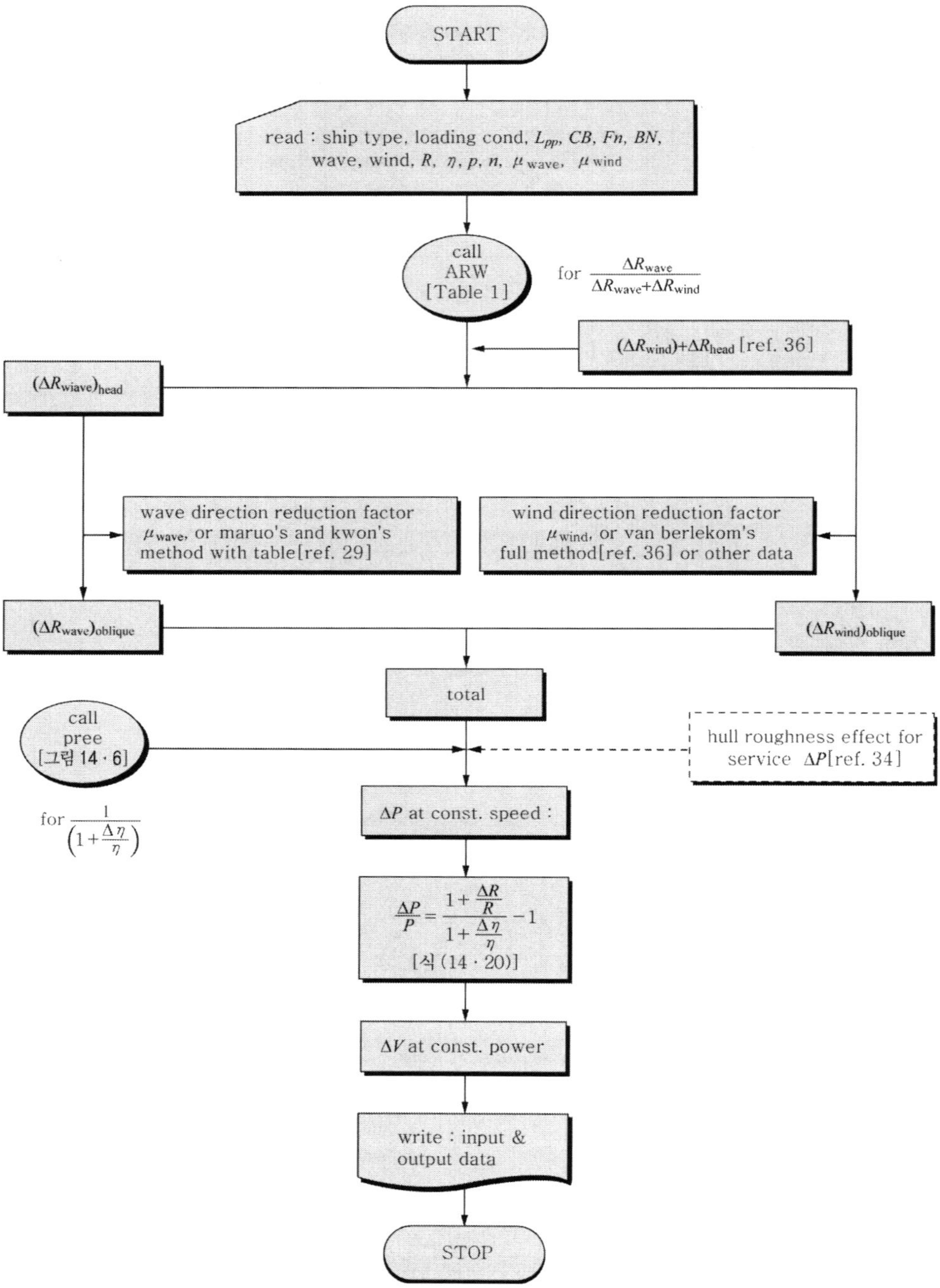

부도 VIII · 2 Flow chart for ΔR, ΔP, ΔV

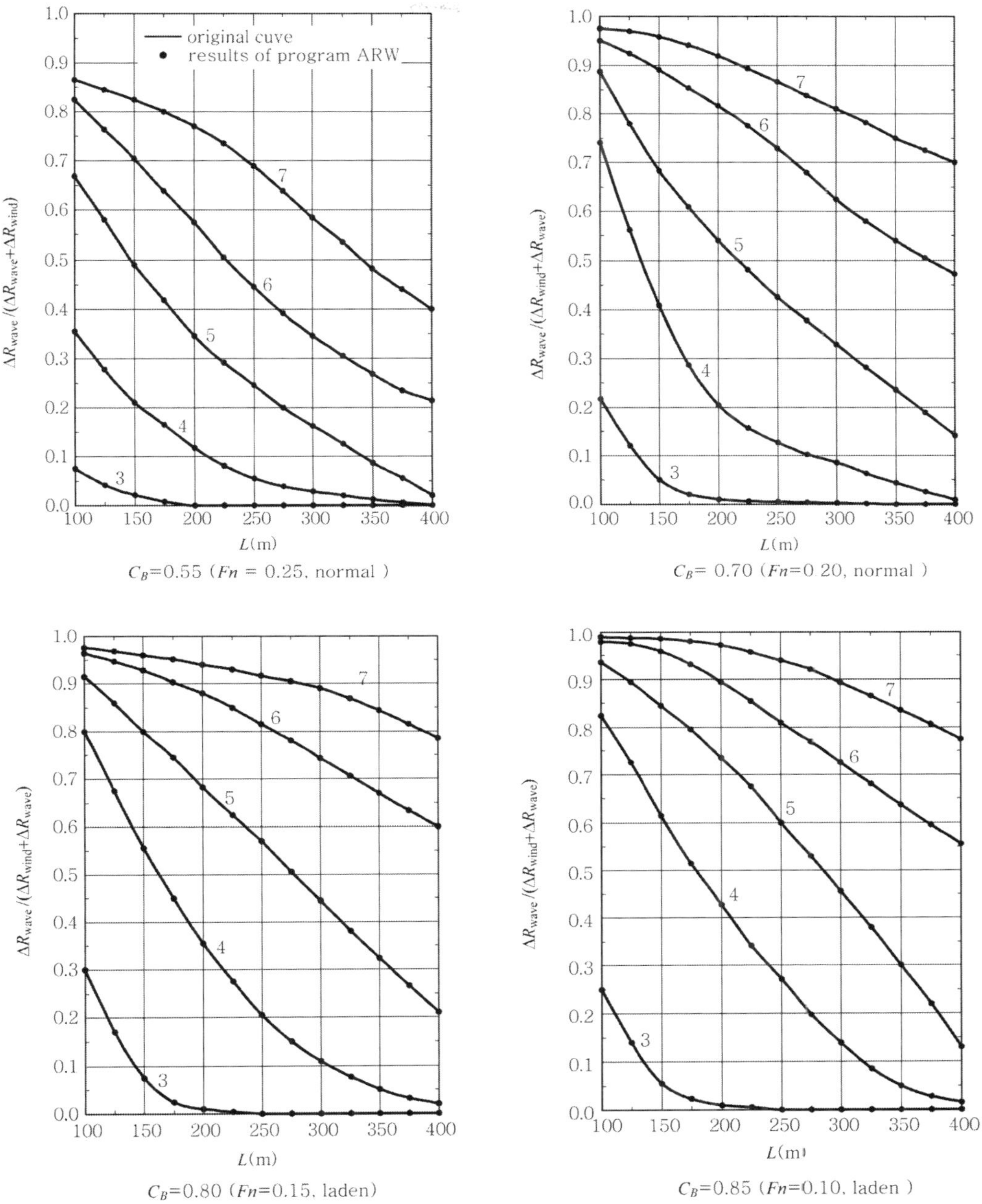

부도 VIII · 3 Comparison of results of the standard series with the original curve

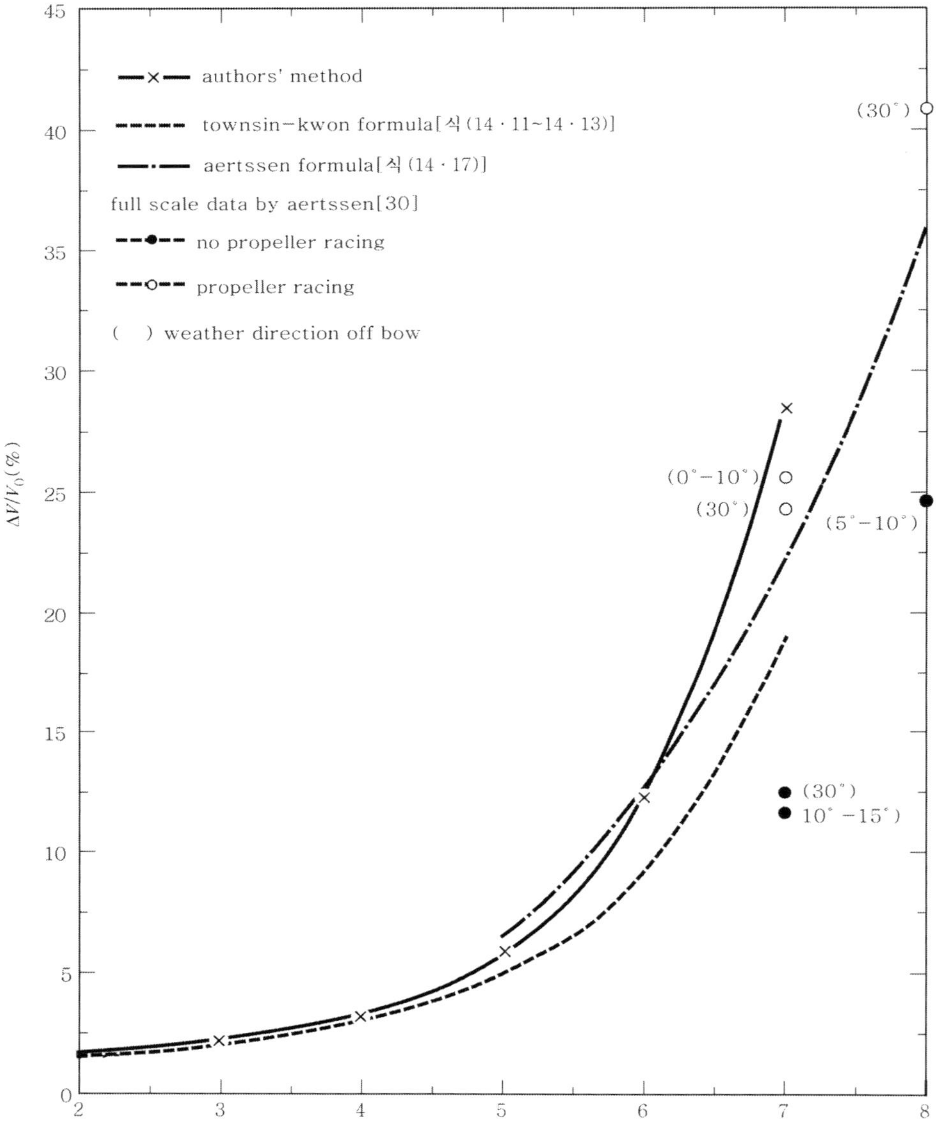

부도 Ⅷ · 4 Comparison of the approximate method with Aertssen formula, full scale data (DART EUROPE, Cb=0.59) and Townsin–Kwon formula for containership(Δ=30,000m^3, Cb=0.55)

부록 IX ISO 15016 - 제정 경과 및 파랑부가저항 산정법

IX-1. ISO 15016(선속 시운전 결과 해석법)의 제정 경과

- ▶ 1994.10 : ISO/TC 8에서는 일본이 제출한 "Evaluation on speed trial under wind and waves"라는 선속 시운전 표준해석법 제정 신청을 접수하고, 제정을 위한 추진 여부에 관하여 세계 회원국의 찬반 투표를 실시함.
- ▶ 1995.10 : 투표 결과 상기 제안의 추진이 결정되고, 작업을 위한 ISO/TC 8/SC 9/WG 2 작업위원회(WG)가 국제표준기구(ISO)에 설치되었으며, 이 작업반의 책임자는 일본선박연구소(SRC)의 Kitagawa 박사가 맡고 의장은 오사카대학의 Naito 교수가 맡아서 1차 초안을 작성하고 전 세계 회원국의 의견을 청취함. 이 1차 작업반 초안(1st draft of ISO/WD 15016)에서는 해상의 파랑과 바람 영향만을 고려하고 있음.
- ▶ 1996.06 : ISO/TC 8/SC 9/WG 2의 국제회의를 개최하여서(일본 동경), 그동안 접수된 수정 의견을 논의해서 2차 작업반 수정안(2nd draft of ISO/WD 15016)을 작성하고, 이 수정안을 ISO/TC 8 기술위원회에 회부함. 본 위원회에서는 파랑 및 바람 영향 이외에 표면조도, 수온, 수심, 흘수 등의 영향을 종합적으로 고려할 수 있는 해석법을 제정하기로 하고, WG 2(Working Group 2)에 전문가를 보완함. 이 WG 2의 책임자는 일본 IHI 연구소의 Fujino를 위촉하고, 의장에는 Yokohama대학의 Ikehata 교수를 위촉함. 이 위원회가 주관하여서 선속 시운전 수행 및 해석법에 대한 의견을 전 세계 회원국으로부터 접수함.
- ▶ 1998.03 : 전 세계 회원국의 수정안을 검토하여서 제3차 작업반 수정안(3rd draft of ISO/WD 15016)을 작성함.
- ▶ 1998.06 : ISO/TC 8/SC 9/WG 2의 2차 국제회의를 동경에서 개최하고, 상기 3차 작업반 수정안을 기본으로 해서 1차 Committee Draft인 ISO/CD 15016을 확정함. 이 Draft의 문안 수정은 미국 대표가 맡음.
- ▶ 1999.03 : 상기 1차 Committee Draft ISO/CD 15016에 관한 전 세계 회원국의 의견을 청취하여서 수정함.
- ▶ 1999.06 : 상기의 Committee Draft ISO/CD 15016을 전 세계 회원국들의 찬반 투표에 회부함.
- ▶ 2000.08 : 국제표준기구(ISO)의 최종안인 Draft International Standard ISO/DIS 15016 이 작성되고, 이 안에 관하여 전 세계 회원국의 의견을 접수한 후 수정된 ISO/DIS 15016이 다시 작성됨.
- ▶ 2002.06 : 상기 안에 관하여 전 세계 회원국의 의견을 또 다시 수렴하여서 작성된

안을 놓고 ISO 본회의의 심의 및 전체 회원국의 최종 투표 등의 절차를 거쳐서 ISO 의 표준법인 International Standard ISO 15016이 확정됨.

▶ 1998.10~2005.04 현재 : 한편 포르투갈 제안으로 유럽표준위원회(CEN: European Committee for Standardization)가 제정 중인 선박의 조종성 관련 법(DIN 1208)과 이미 국제표준기구(ISO)에서 제정되어 있는 ISO 15016(선속시운전 해석법)을 통합해서 종합적인 규정 ISO/FDIS 19019(International Organization for Standardization/Final Draft International Standard 19019)로 제정하는 작업이 현재 진행 중임. 이 작업이 그동안 회원국의 4차례에 걸친 투표를 마치고 거의 마지막 단계까지 와 있음이 2005년 3월 4일 대덕의 해양시스템안전연구소(KRISO)에서 개최된 'ISO 일반요건 한국 측 전문위원회(위원회 구성: 현대, 대우, 삼성, 한진, 삼호 등 5대 조선소, 기술표준원, 한국조선공업협회, KRISO, 울산대, 인하대 등 산.학.연의 전문가)'에서 알려졌음. 이 ISO/FDIS 19019 최종안에도 ISO가 이미 확정해 놓은 ISO 15016(선속 시운전 결과 해석법)은 그대로 인정해서 포함하도록 되어 있음. 이렇게 되면 'ISO 15016'은 ISO와 CEN이 공동으로 인정함으로써 이 법의 공인성이 한층 더 강화될 전망임.

IX-2. ISO 15016의 파랑 부가저항 추정법 : Annex B(normative) – Resistance increase due to waves

B.1 Calculation of resistance increase due to waves

B.1.1 Calculation method

Calculation of resistance increase due to waves is divided into two stages, basic calculations made beforehand and calculations to be made on board as shown in Figure B.1.

Wave data shall be determined from observations by eye performed by multiple observers, including the captain. if instruments can be used, the wave characteristics are determined either by measurement with buoys or from instruments on the ship.

When both seas and swell are observed and are to be taken into account, the total resistance increase is given by the sum of resistance increases due to seas and swell calculated independently.

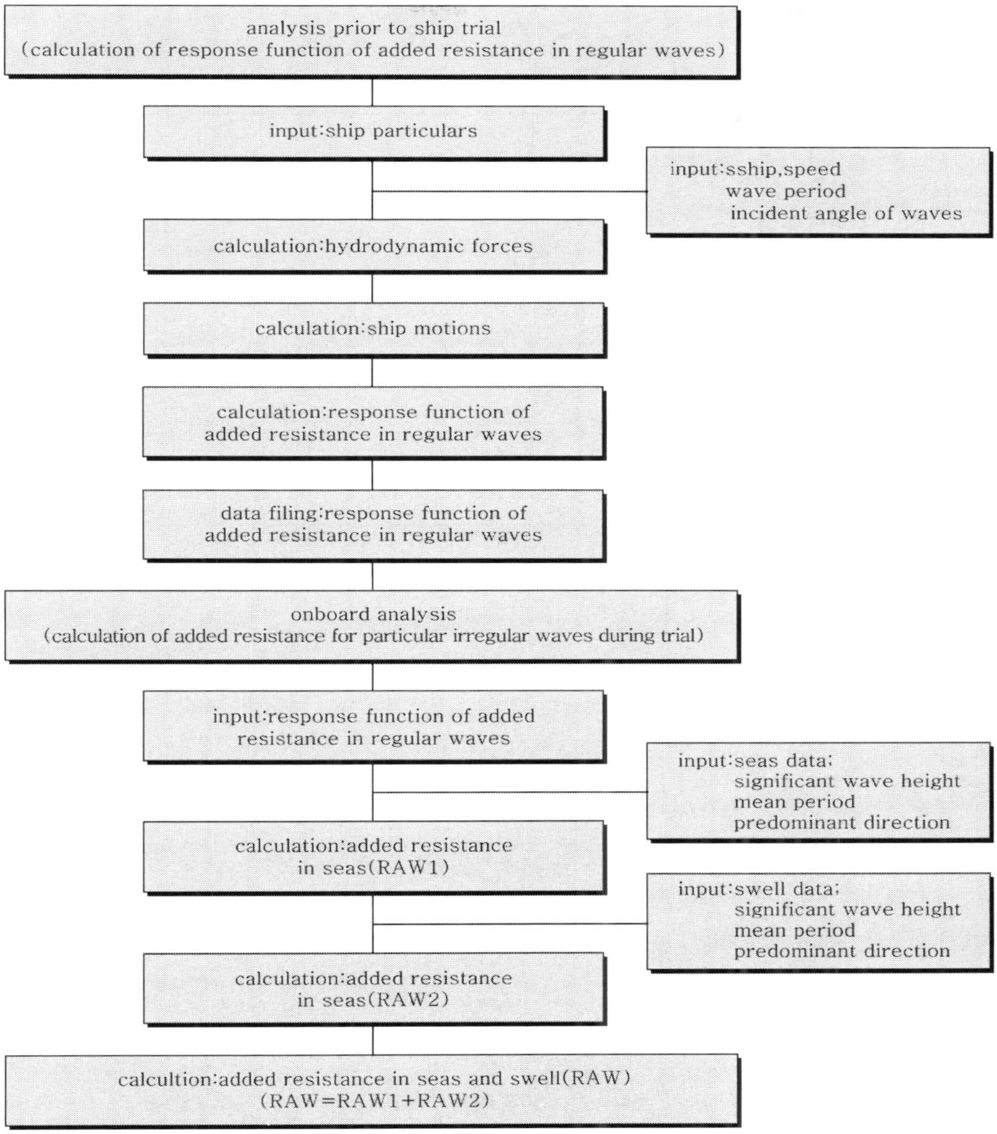

Figure B.1 Flowchart for calculation of resistance increase in waves

B.1.2 Response function of resistance due to waves

The most common response function of resistance increase due to waves, expressed in newtons per square metre, is given by Maruo's theory ([3] in the bibliography) as follows:

$$\frac{\Delta r_1}{\zeta_A^2} = \frac{\rho}{4\pi\zeta_A^2}\left[-\int_{-\infty}^{m_1} + \int_{m_1}^{m_3} + \int_{m_4}^{\infty}\right]\frac{k_u(m)(m-k\cos\chi)}{\sqrt{k_u^2(m)-m^2}}$$

$$(|C(m)|^2+|S(m)|^2)\,dm\,(\mathrm{N/m^2}) \qquad \text{(B.1)}$$

$$\left.\begin{matrix} m_1 \\ m_2 \end{matrix}\right\} = -\frac{k_0}{2}(1+2\tau \pm \sqrt{1+4\tau})$$

$$\left.\begin{matrix} m_3 \\ m_4 \end{matrix}\right\} = -\frac{k_0}{2}(1-2\tau \mp \sqrt{1-4\tau})$$

$$k_u(m) = \frac{(m+k_0\tau)^2}{k_0}$$

$$\tau = \frac{V_S w_e}{g}$$

where g : the acceleration due to gravity, in metres per second squared

k : the wave number$(=\omega^2/g)$, in 1/metre

k_0 : the wave number$(=g/V_S^2)$, in 1/metre

V_S : the ship's speed, in metres per second

Δr_1 : the resistance increase due to radiation in regular waves, in newtons

ζ_A : the wave amplitude, in metres

ρ : the mass density of sea water, in kilograms per cubic metre

w_e : the circular frequency of encounter, in radians per second

$C(m)$: the symmetric Kochin function, in cubic metres per second

$S(m)$: the asymmetric Kochin function, in metres per second

It is assumed that $m_3 = m_4$ for $\tau > 1/4$.

The Kochin functions are determined from singularity distributions which express the flow fiend of a ship as follows;

$$C(m) = \int_L Q(x)e^{imx}\,dx \qquad \text{(B.2)}$$

$$S(m) = \int_L D(x)e^{imx}\,dx$$

where $Q(x)$ and $D(x)$ are the intensity of source and doublet distributions on the x-axis, respectively. These singularity distributions shall be obtained by a strip method, unified theory or other alternative methods.

In short waves, in particular, marked diffraction of incident waves is observed around the bow, and this causes the main resistance increase in waves. The method based on an assumption of a slender ship cannot take exact equation (B.1). Fujii-Takahashi's formula([10] in the bibliography), Faltinsen's formula [12] and Kwon's formula [14] are recommended. These formulae can be used to calculate the response function of resistance increase due to diffraction in regular waves, $\Delta r_2/\zeta_A^2$.

Faltinsen's formula is as follows:

$$\frac{\Delta r_2}{\zeta_A^2} = \frac{1}{2}\rho g \alpha_1 \left[\int_{\mathrm{I}} \left[\sin^2(\chi-\theta) - \frac{2wV_S}{g}\{\cos\chi - \cos\theta\cos(\chi-\theta)\} \right] \sin\theta \right.$$
$$\left. + \int_{\mathrm{II}} \left[\sin^2(\chi+\theta) - \frac{2wV_S}{g}\{\cos\chi - \cos\theta\cos(\chi+\theta)\} \right] \sin\theta\, dl \right] (\mathrm{N/m^2}) \qquad \text{(B.3)}$$

where d : the draught of ship, in metres

I_1, K_1 : the modified Bessel functions

l : the coordinate along waterline, in metres

α_1 : the draught influence factor

$$\frac{\pi^2 I_1^2(1{,}5kd)}{\pi^2 I_1^2(1{,}5kd) + K_1^2(1{,}5kd)}$$

Δr_2 : the resistance increase due to diffraction in regular waves, in newtons

θ : the angle between water-line tangent and body axis, in radians

w : the circular frequency of incident waves, in radians per second

Kwon's formula is applicable for all directions of waves. Fujii-Takahashi's formula and Faltinsen's formula, however, should be applied only for the cases of head to beam waves. An assumption that waves are reflected along a ship's water line, under which the correction formulae are introduced, collapses in the case of following waves($\chi < \pi/2\,rad$). If the formulae are used, it is recommended that the resistance increase due to diffraction(Δr_2) equals zero when $\chi < \pi/2$.

The coordinate system, etc. are shown in Figure B.2.

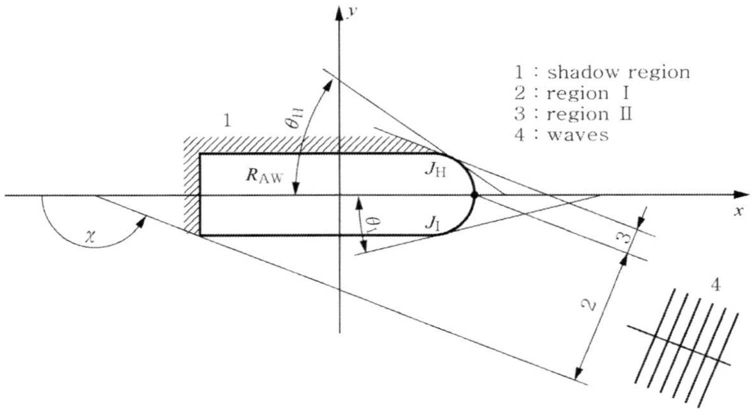

Figure B.2 Coordinate system

B.1.3 Calculation of resistance increase due to waves in the trial condition

Ships usually encounter irregular waves during trials. By making use of the response function of ships in regular waves, the resistance increase of ships in short-crested irregular waves, R_{AW}, in newtons, is obtained by [30] in Table 1:

$$R_{AW}(\chi) = 2\int_{-\pi}^{\pi} G(\alpha-\chi)\left[\int_{0}^{\infty} S(f)\frac{\Delta r(f,\alpha)}{\zeta_A^2}df\right]d\alpha \qquad \text{(B.4)}$$

where f : the frequency of the elementary incident wave, in 1/second

G : the direction distribution of incidence waves

$S(f)$: the frequency distribution of incident waves, in square metres per second

α : the direction of the elementary incident wave, in radians

$\frac{\Delta r}{\zeta_A^2}$: the response function of resistance increase in regular waves, in newtons per square metre

$= \frac{\Delta r_1}{\zeta_A^2} + \frac{\Delta r_2}{\zeta_A^2}$

When measured wave data are not available, significant wave height and mean period of waves are estimated by observations, and the following ITTC standard spectrum for seas shall be applied for the frequency distribution of incident waves.

$$S(f) = \frac{0{,}11 H_{1/3}^2 T_{01}}{(T_{01} f)^5} \exp\left\{-\frac{0{,}44}{(T_{01} f)^4}\right\} (m^2 \cdot s) \tag{B.5}$$

where $H_{1/3}$: the significant wave height, in metres

T_{01} : the mean wave period, in seconds

$$= \frac{\int_0^\infty S(f)\,df}{\int_0^\infty S(f)\,f\,df}$$

When wave data are determined by measurement, the wave spectrum is given by

$$S(f) = \frac{0{,}08 H_{1/3}^2 T_{02}}{(T_{02} f)^5} \exp\left\{-\frac{0{,}32}{(T_{02} f)^4}\right\} (m^2 \cdot s) \tag{B.6}$$

where T_{02} : the mean wave period, in seconds

$$= \sqrt{\frac{\int_0^\infty S(f)\,df}{\int_0^\infty S(f)\,f^2\,df}}$$

Directional distribution of waves for seas is standardized by $\cos^2$ type distribution. The directional distribution $G(\alpha)$ is given by

$$G(\alpha) = \frac{2}{\pi} cos^2 \alpha \quad \text{at} \quad \left(-\frac{\pi}{2} < \alpha < \frac{\pi}{2}\right) \tag{B.7}$$

The frequency distribution for swell is described by a narrow band spectrum. The JONSWAP spectrum is commonly applied for swell as follows:

$$S(f) = \frac{0{,}72 H_{1/3}^2 T_{01}}{(T_{01} f)^5} \exp\left\{-\frac{0{,}44}{(T_{01} f)^4}\right\} \times 3{,}3^{\exp\{-0{,}5(1{,}3 T_{01} f - 1)^2 / \sigma^2\}} (\mathrm{m}^2 \cdot \mathrm{s}) \tag{B.8}$$

$$\sigma = \begin{cases} 0{,}07 \text{ for } f \le (1{,}3 T_{01})^{-1} \\ 0{,}09 \text{ for } f > (1{,}3 T_{01})^{-1} \end{cases}$$

$$G(\alpha) = 2{,}447 \left(\cos\frac{\alpha}{2}\right)^{150} \quad \text{at} \quad (-\pi < \alpha < \pi) \tag{B.9}$$

B.2 Other prediction methods for resistance increase due to waves

The resistance increase due to waves may be obtained by other theoretical methods than those of clause B.1 or from model tests. One such typical method is modified Townsin-Kwon method ([15] in the bibliography).

IX-3. ISO 15016에 수록된 전체 Bibliography

[1] JTTC, A proposal for a standard method of speed trial analysis, Bull. SNAJ, No. 262, 1944.

[2] Guaranteed speed specifications and the analysis procedure, Notification No.174 of the Ministry of Transport, Japan, 1955.

[3] MARUO, H. On the increase of the resistance of a ship in rough seas (2nd report), J. SNAJ, Vol.108, 1960.

[4] TANGUCHI, K. and TAMURA, K. On a new method of correction for wind resistance relating to the analysis of speed trial results, 11th ITTC, 1966.

[5] JTTC, A tentative guide for the operation of speed trials with large vessels, Bull. SNAJ, No. 442, 1966.

[6] ITTC Performance Committee, ITTC guide for measured-mile trials, Report of the ITTC Performance Committee, Appendix I, 12th ITTC, 1969.

[7] Standardization code for trials and testing of new ships, The Ship Testing and Trial Trip Committee of the Association of Ship Technical Societies in Norway, 2nd Edition, 1971.

[8] A study of ship speed trials, No. 2 Standardization Panel, SRAJ, Res. Rep. No.12R, 1972.

[9] Code for Sea Trials, SNAME, 1989.

[10] FUJII, H. and TAKAHASHI, T., Experimental study on the resistance increase of a large full ship in regular oblique waves, J. SNAJ, Vol. 137, 1975.

[11] BSRA standard method of Speed Trial Analysis, BSRA Report NS 466, 1978.

[12] FALTINSEN, O. M. & MINSAAS, K. J. & LIAPIS, N. and SKJORDAL, S. O., Prediction of resistance and propulsion of a ship in a seaway, Proc. 13th Symposium on Naval Hydronamics, Tokyo, 1980.

[13] JINNAKA, T., On a method of analysis of ship speed trial results of ships, T. WSNAJ, No. 64, 1982.

[14] KWON, Y. J., The Effect of Weather, Particularly Short Sea Waves, on Ship Speed Performance, PhD Thesis, University of Newcastle upon Tyne, 1982.

[15] TOWNSIN, R. L., KWON, Y. J., BAREE, M. S. and Kim, D. Y., Estimating the influence of weather on ship performance, Tran., RINA, Vol. 135, 1993.

[16] LACKENBY, H., The Effect of Shallow Water on Ship Speed, Shipbuilder, 70, No. 672, 1963.

[17] ITTC Performance Committee, Hull Roughness, Report of the ITTC Performance Committee, 19th ITTC, 1990.

[18] VOSSERS, G., SWAAN, W. A. and RIJKEN, H., Experiments with series 60 Models in Waves, Tran., SNAME, Vol. 68, 1960.

[19] ITTC Powering Performance Committee An Update Guide For Speed/Powering Trials, Report of the ITTC Powering Performance Committee, Appendix I, 21st ITTC, 1996.

[20] Japan Ship Research Association SR208: New Speed Trial Analysis Method, Report of the SR208 Committee, 1993.

[21] ISO 7462, Shipbuilding – Principal ship dimensions – Terminology and definitions for computer applications.

[22] ISO 7463, Shipbuilding and marine structures – Symbols for computer applications.

찾아보기

〈국 문〉

ㄱ

ㄴ

ㄷ

ㅇ

ㅋ

ㅌ

ㅍ

ㅎ

〈영 문〉

A

B

C

D

E

F

G

H

I

J / K

L

U / V

W

Y / Z

편저자 약력

- 서울대학교 학사 · 석사[지도교수 : 김재근, 황종흘] 및 강사 역임
- 영국 Newcastle대학교 박사[지도교수 : R. L. Townsin / 박사논문법이 ISO 15016 (선박속도 시운전해석법 표준)에 채택됨] 및 객원교수 역임
- 육군사관학교 교수부 병기공학과 교관 역임(군복무, 전임강사, 대위 제대)
- 대한조선공사 감리 역임[내무부 경비정 건조 감리 및 설계보조('65)]
- 울산대학교 교수 / 대학원장 / 교무처장 / 연구센터소장 / 학과장등 역임
- 한국선급(KR) 특수선 기술분과 위원장(2008년까지 10년간 역임)
- 2021년 현재 활동
  - 울산대학교 조선해양공학부 명예교수
  - 대한조선학회 선박해양설계연구회 고문
  - 영국왕립조선학회(RINA) Fellow
  - The Engineering Council(영국)의 C. Eng.(Chartered Engineer)
- 대한조선학회 편찬도서 중에서 본 저자가 편집(또는 편찬)위원장을 역임한 도서
  ① 해양공학개론(1996, 동명사)
  ② 선박계산(1997, 동명사)
  ③ 선박건조공학(1998, 동명사)
  ④ 컴퓨터를 이용한 선박제도(1999, 문운당)
  ⑤ 선박의장(2000, 동명사)
- 본 저자 저술 기타 도서
  ① 선박기본설계학[1995(초판), 한국이공학사]
  ② 조선해양공학개론[2014(개정4판), 울산대학교 출판부]